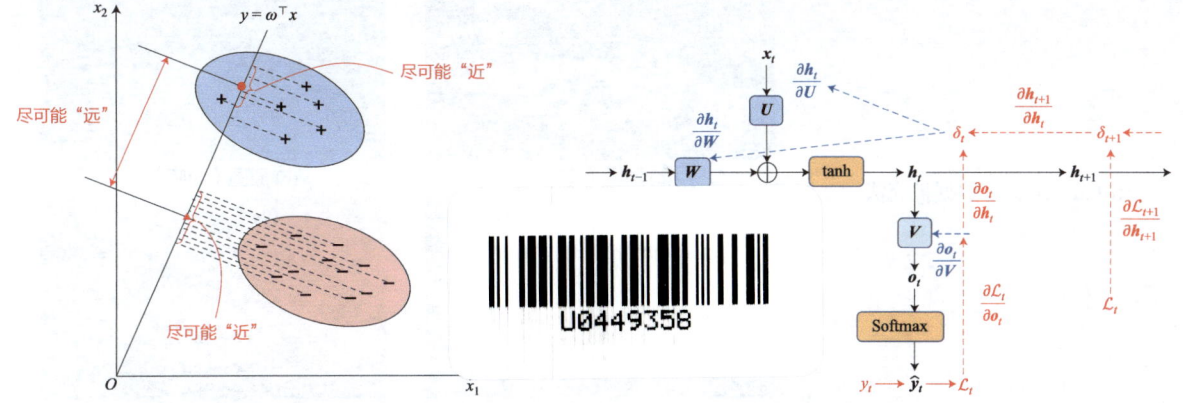

图 1.5 LDA 的二维示意图. "+"和"−"分别代表正例和反例，椭圆表示数据簇的外轮廓，虚线表示投影，红色实心圆和实心三角形分别表示两类样本投影后的中心点.

图 4.3 RNN 随时间反向传播操作示意图. 图中红色线表示梯度反向传播的中间过程，蓝色线代表计算梯度后对参数进行更新

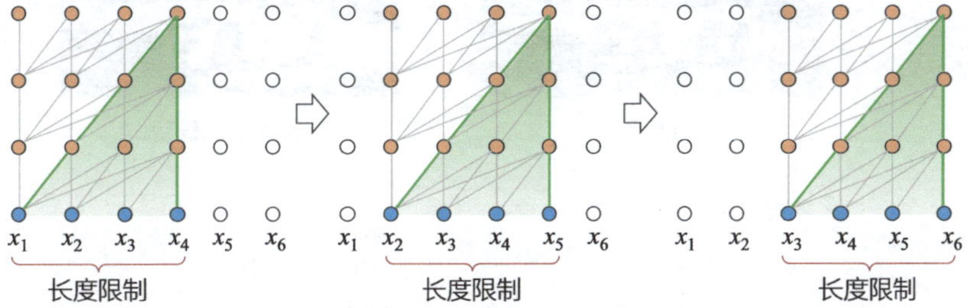

图 5.10 传统 Transformer 网络推理阶段的计算过程

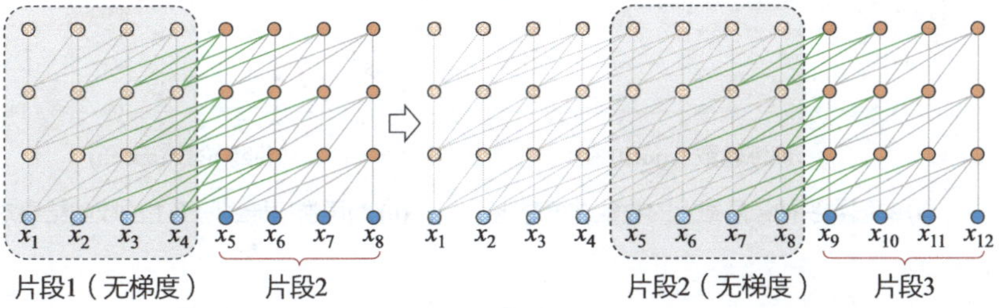

图 5.11 Transformer-XL 网络训练阶段的计算过程 (Dai et al., 2020)

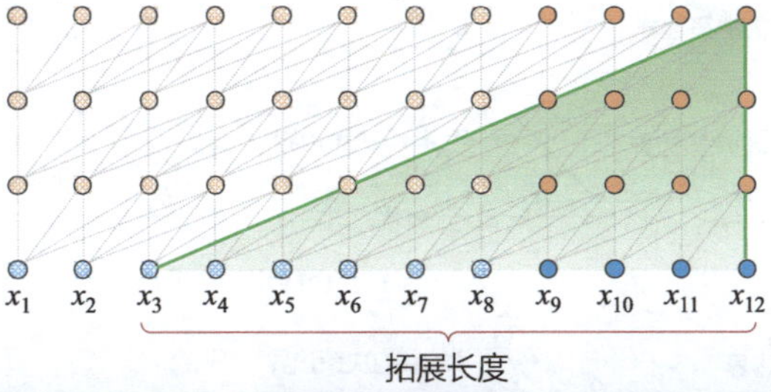

图 5.12 Transformer-XL 网络推理阶段的计算过程 (Dai et al., 2020)

(a) 场景图原图（标记为"海滩"）

(b) 原图对应的热力图

(c) 根据监督式数据扩充法抠取的两个图像块

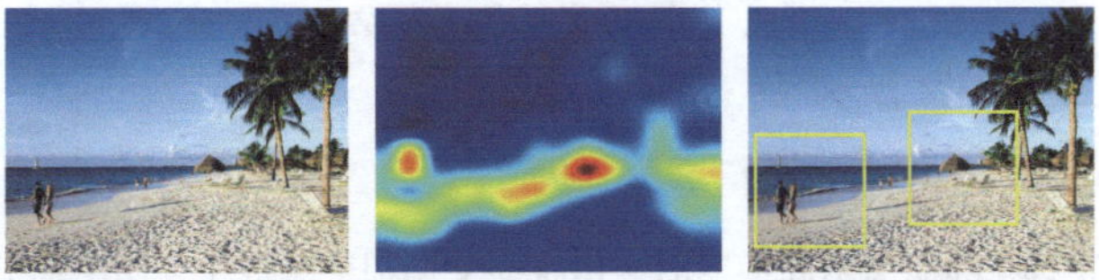

图 6.3 监督式数据扩充 (Yang, 2016) 示意图

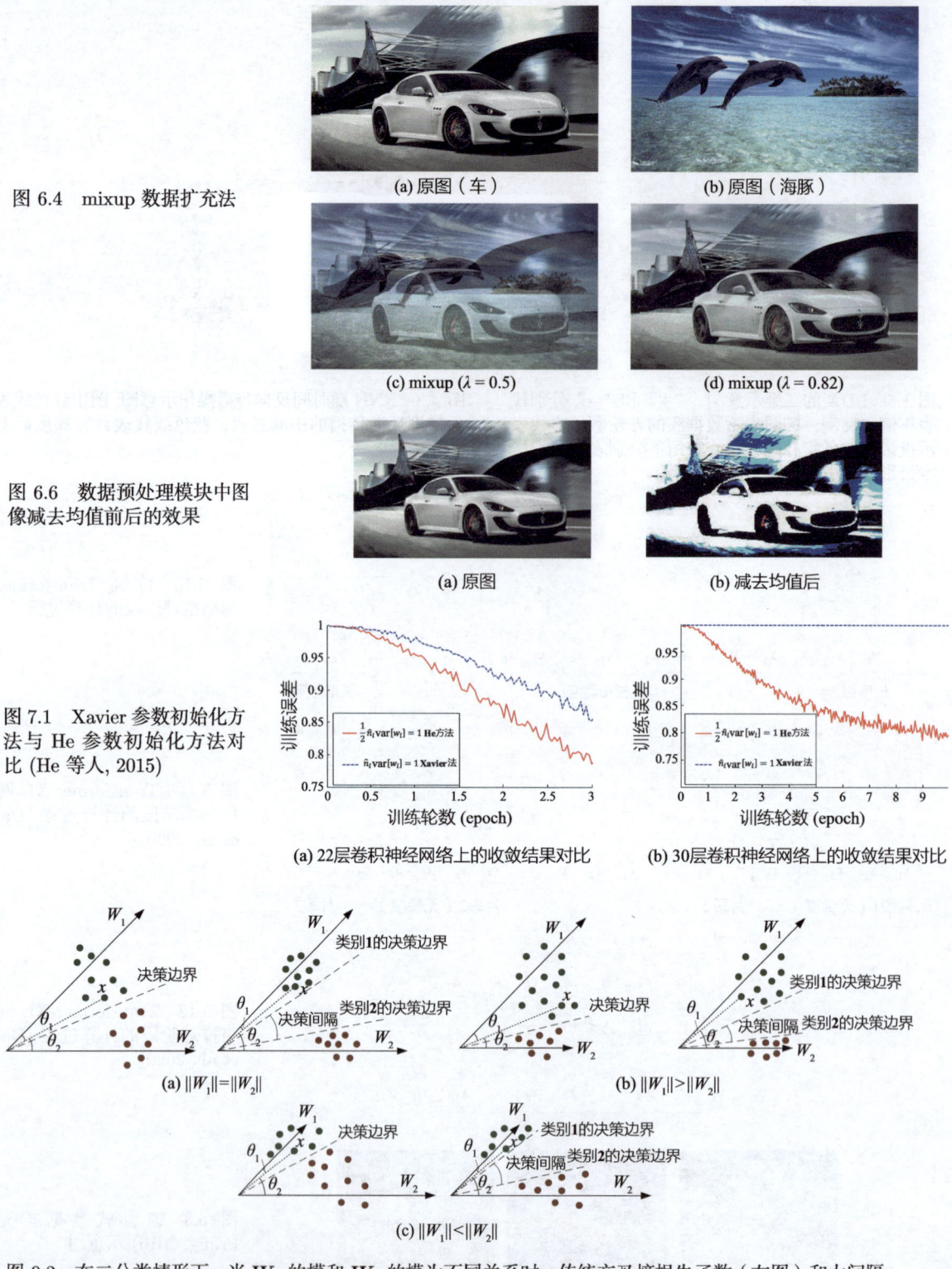

图 6.4 mixup 数据扩充法

(a) 原图（车）　　(b) 原图（海豚）

(c) mixup ($\lambda = 0.5$)　　(d) mixup ($\lambda = 0.82$)

图 6.6 数据预处理模块中图像减去均值前后的效果

(a) 原图　　(b) 减去均值后

图 7.1 Xavier 参数初始化方法与 He 参数初始化方法对比 (He 等人, 2015)

(a) 22 层卷积神经网络上的收敛结果对比　　(b) 30 层卷积神经网络上的收敛结果对比

(a) $\|W_1\|=\|W_2\|$　　(b) $\|W_1\|>\|W_2\|$

(c) $\|W_1\|<\|W_2\|$

图 9.2 在二分类情形下，当 $W_1$ 的模和 $W_2$ 的模为不同关系时，传统交叉熵损失函数（左图）和大间隔交叉熵损失函数（右图）决策边界对比 (Liu et al., 2016)

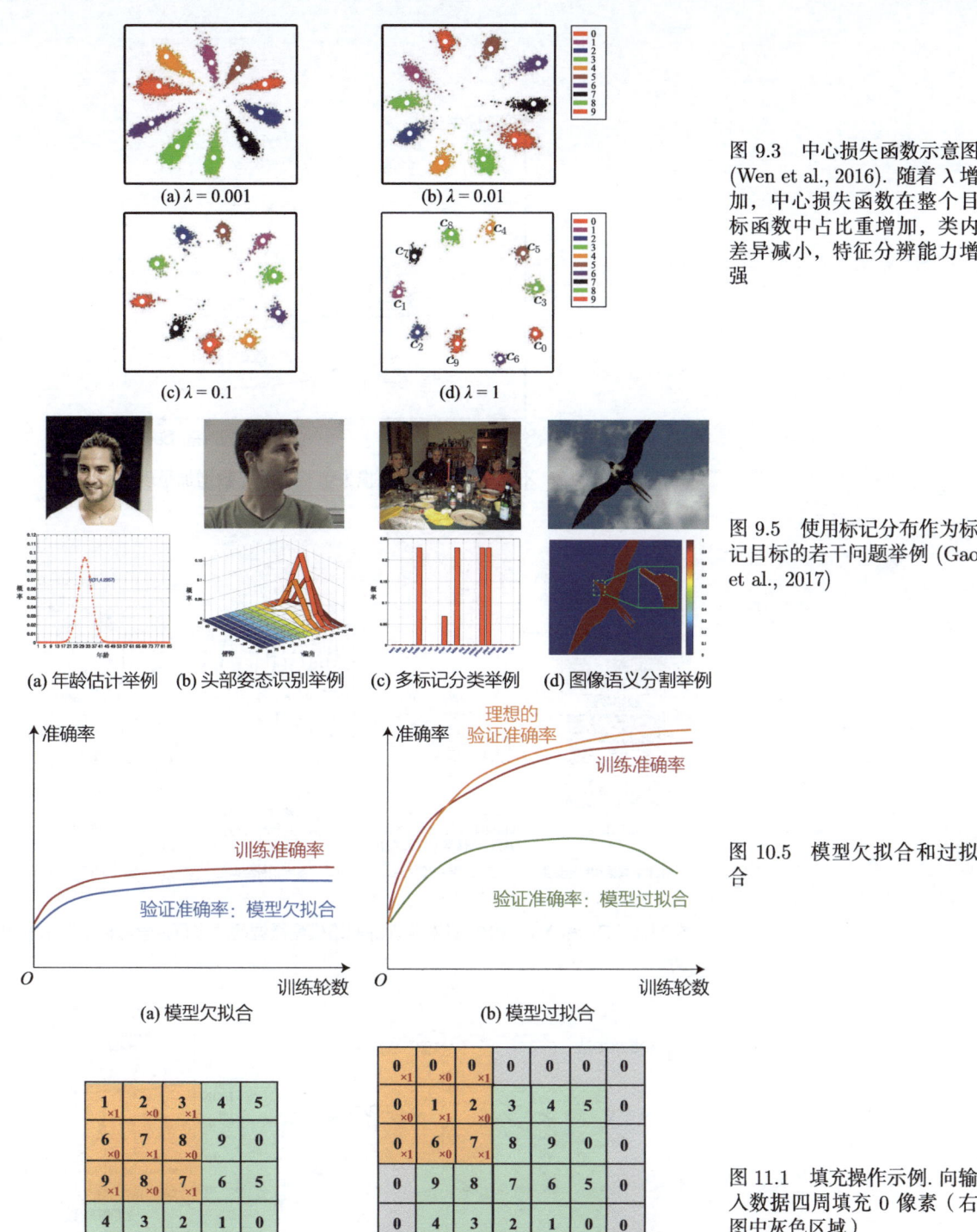

图 9.3 中心损失函数示意图 (Wen et al., 2016). 随着 $\lambda$ 增加, 中心损失函数在整个目标函数中占比重增加, 类内差异减小, 特征分辨能力增强

图 9.5 使用标记分布作为标记目标的若干问题举例 (Gao et al., 2017)

图 10.5 模型欠拟合和过拟合

图 11.1 填充操作示例. 向输入数据四周填充 0 像素（右图中灰色区域）

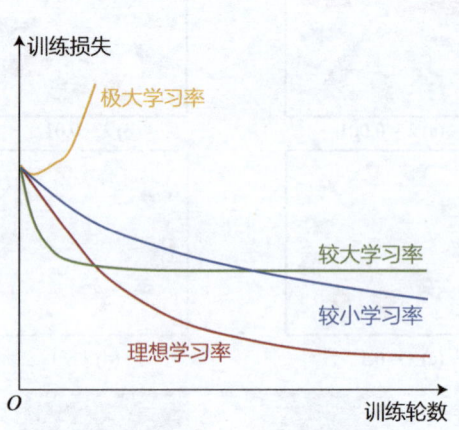

图 11.2 不同学习率下训练损失值随训练轮数增加呈现的状态

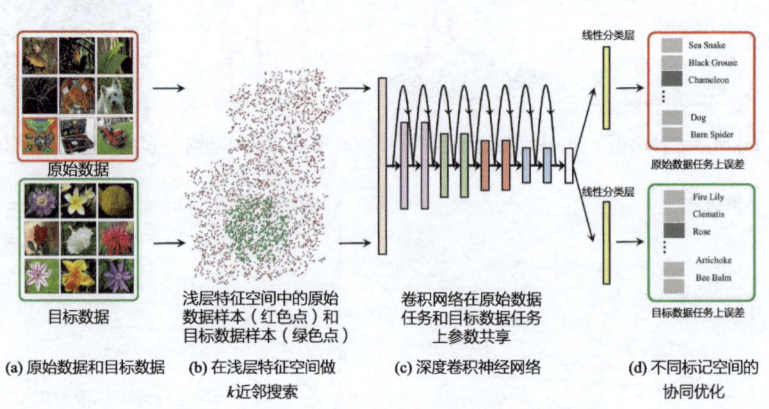

(a) 原始数据和目标数据　(b) 在浅层特征空间做 $k$ 近邻搜索　(c) 深度卷积神经网络　(d) 不同标记空间的协同优化

图 11.4 Ge 和 Yu (2017) 针对预训练网络模型微调的"多目标学习框架"示意图

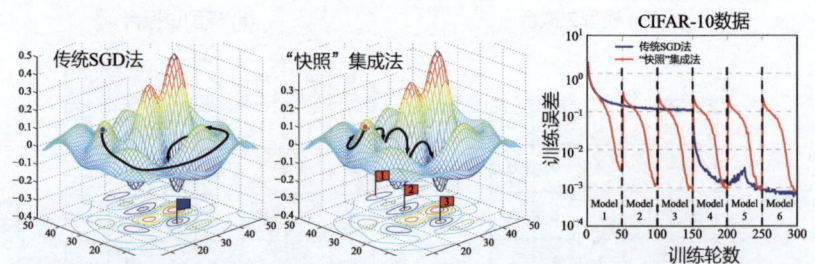

图 13.1 网络"快照"集成法. 左图为"传统 SGD 法"和"'快照'集成法"的收敛情况示意图；右图为两种方法在 CIFAR-10 数据集上的收敛曲线对比（红色曲线为"'快照'集成法"，蓝色曲线对应"传统 SGD 法"）

"十四五"国家重点出版物出版规划项目
人工智能前沿理论与技术应用丛书
江苏省高等学校重点教材（编号：2021-1-091）

# 解析深度学习

## （第2版）

魏秀参 主　编
杨　健 副主编

电子工业出版社
Publishing House of Electronics Industry
北京·BEIJING

## 内 容 简 介

深度学习是一种以人工神经网络等为架构，对数据资料进行表示学习的算法，它是计算机科学及人工智能的重要分支，其代表性成果（如卷积神经网络、循环神经网络等）作为信息产业与工业互联网等行业的主流工具性技术已被成功应用于诸多现实场景.

本书是一本面向中文读者的深度学习教科书，从"理论与实践相结合"的角度立意，贯彻"知行合一"的教育理念. 全书除绪论和附录外，共有 15 章，分四篇：第一篇"机器学习"（第 1 章），介绍机器学习的基本术语、基础理论与模型；第二篇"深度学习基础"（第 2～5 章），介绍深度学习基本概念、卷积神经网络、循环神经网络和 Transformer 网络等内容；第三篇"深度学习实践"（第 6～14 章），介绍深度学习模型自数据准备开始，到网络参数初始化、不同网络部件的选择、网络配置、网络模型训练、不平衡样本的处理，最终到模型集成等实践应用技巧和经验；第四篇"深度学习进阶"（第 15 章），本篇以计算机视觉中的基础任务为例，介绍深度学习的进阶发展及其应用情况.

本书不是一本编程类图书，而是希望通过"基础知识"和"实践技巧"两方面的内容使读者从更高维度了解、掌握并成功构建针对自身应用的深度学习模型.

本书可作为高等院校计算机、人工智能、自动化及相关专业的本科生或研究生教材，也可供对深度学习感兴趣的研究人员和工程技术人员阅读参考.

未经许可，不得以任何方式复制或抄袭本书之部分或全部内容.
版权所有，侵权必究.

**图书在版编目（CIP）数据**

解析深度学习 / 魏秀参主编. -- 2 版. -- 北京：
电子工业出版社，2025.1. --（人工智能前沿理论与技术应用丛书）. -- ISBN 978-7-121-49166-5

Ⅰ．TP181

中国国家版本馆 CIP 数据核字第 2024AP1627 号

责任编辑：刘　皎
文字编辑：李利健
印　　刷：北京捷迅佳彩印刷有限公司
装　　订：北京捷迅佳彩印刷有限公司
出版发行：电子工业出版社
　　　　　北京市海淀区万寿路 173 信箱　　邮编：100036
开　　本：787×980　1/16　印张：21.5　字数：572.4 千字　彩插：42
版　　次：2018 年 11 月第 1 版
　　　　　2025 年 1 月第 2 版
印　　次：2025 年 9 月第 3 次印刷
定　　价：129.00 元

凡所购买电子工业出版社图书有缺损问题，请向购买书店调换. 若书店售缺，请与本社发行部联系，联系及邮购电话：（010）88254888，88258888.

质量投诉请发邮件至 zlts@phei.com.cn，盗版侵权举报请发邮件至 dbqq@phei.com.cn.

本书咨询联系方式：Ljiao@phei.com.cn.

# 前言

深度学习是一种以人工神经网络等为架构,对数据资料进行表示学习的算法,它是计算机科学及人工智能的重要分支,其代表性成果如卷积神经网络、循环神经网络等作为信息产业与工业互联网等行业的主流工具性技术已被成功应用于诸多现实场景.深度学习课程作为计算机科学与技术、智能科学与技术、人工智能、软件工程等专业本科生与研究生的重要方向课程,其核心内容不仅涵盖基础知识与原理,同时涉及较为系统的技术应用方面的实践设置与工程经验.

本书是一本面向中文读者的深度学习教科书,从"理论与实践相结合"的角度立意,贯彻"知行合一"的教育理念,同时继承和延续了《解析深度学习:卷积神经网络原理与视觉实践》(亦即本书第 1 版)一书的初衷:在剖析深度学习技术涉及的基本思想、基本概念、基础知识、基本理论与基本操作的基础上,系统地讲解深度学习在实践应用方面的细节配置与工程技巧.《解析深度学习:卷积神经网络原理与视觉实践》纸质版自 2018 年首次付梓,至今已印刷 5 次,销量逾万册,并曾作为南京大学、南京理工大学等国内知名高校深度学习相关理论及实训课程的配套教材,也曾被用于华为昇腾 MindSpore 及旷视科技天元 MegEngine 等国内深度学习开源框架的指定配套教材.然而,第 1 版仅重点涵盖深度学习中以卷积神经网络为代表的相关理论及应用内容,未完全介绍深度学习其他重要的范式及相关应用实践技术,也缺少课后练习、相关重要代码示例等内容.

本书在第 1 版的基础上,重点增加了以"机器学习基础"、"循环神经网络"和"Transformer 网络"等为主的基本理论部分的内容.同时,考虑到计算机科学与人工智能领域的快速发展,本书新增了"以计算机视觉进阶与应用为例"的深度学习进阶知识,以紧跟科技前沿的最新发展.此外,本书大部分章节还增加了"总结与扩展阅读",以帮助读者巩固所学知识,并为自主扩展研究提供方向提示.同时提供了相应的理论练习和实践应用题,以检验读者的学习效果.另外,本书针对实践应用部分辅以最常用的 PyTorch 及华为 MindSpore 深度学习框架为示例语言进行实践应用部分讲解,通过代码示例片段及关键操作的注释提示对深度学习实践应用内容进行详细解析,强化读者的实践能力.

全书除绪论和附录外,共有 15 章,分四篇:第一篇"机器学习"(第 1 章),介绍机器学习的基本术语、基础理论与模型;第二篇"深度学习基础"(第 2~5 章),介绍深度学习基本概念、卷积神经网络、循环神经网络和 Transformer 网络等内容;第三篇"深度学习实践"

（第 6～14 章），介绍深度学习模型自数据准备开始，到网络参数初始化、不同网络部件的选择、网络配置、网络模型训练、不平衡样本的处理，最终到模型集成等实践应用技巧和经验；第四篇"深度学习进阶"（第 15 章），本篇以计算机视觉中的基础任务为例，介绍深度学习的进阶发展及其应用情况. 为了使尽可能多的读者通过本书对深度学习有所了解，笔者试图尽可能少地使用晦涩的数学公式，而尽可能多地使用具体的图表来形象表达. 本书的读者对象为对深度学习感兴趣的入门者，以及没有机器学习背景但希望能快速掌握这方面知识，并将其应用于实际问题的各行业从业者. 为方便读者阅读，本书附录给出了一些相关数学基础知识简介. 对深度学习感兴趣的读者可通读全书，做到"理论结合实践"；对希望迅速应用深度学习模型来解决实际问题的读者，也可直接参考第三、四篇的有关内容，做到"有的放矢".

本书已入选江苏省高等学校重点教材和"十四五"国家重点出版物出版规划项目"人工智能前沿理论与技术应用丛书". 在此特别感谢南京理工大学副校长李强教授在本书立项及编写过程中给予的大力支持与悉心指导. "重点教材"这枚小小图章如千钧重担，在编写本书的两年间，笔者每每想起，无不再次督促和鞭策自己笔耕不辍，以保证本书得以保质按时交付出版. 笔者在写作本书的过程中还得到很多师长、同人及学生的支持与帮助，在此谨列出他们的姓名以致谢意（以姓氏拼音为序）：陈昊、贺加贝、李翔、李宇峰、李云、申富饶、沈阳、肖亮、于泓涛、张道强、赵欣阳、钟秦等.

此外，特别感谢笔者家人在笔者成书过程中以及平日繁忙的教学和科研生活中一直以来的理解、体贴与照顾. 同时，感谢电子工业出版社的刘皎老师为本书出版所做的努力. 写就本书，笔者自认才疏学浅，仅略知皮毛，更兼时间和精力有限，书中错谬之处在所难免，若蒙读者不弃，还望不吝赐教，笔者将不胜感激！

魏秀参

2025 年 1 月于南京

提示：本书正文中提及"链接 1""链接 2"等时，可根据本书封底的"读者服务"提示获取链接文件.

# 第 1 版前言

人工智能，一个听起来熟悉但却始终让人备感陌生的词汇．让人熟悉的是科幻作家艾萨克·阿西莫夫笔下的《机械公敌》和《机器管家》，令人陌生的却是到底如何让现有的机器人咿呀学语、邯郸学步；让人熟悉的是计算机科学与人工智能之父图灵设想的"图灵测试"，令人陌生的却是如何使如此的高级智能在现实生活中不再子虚乌有；让人熟悉的是 2016 年年初 AlphaGo 与李世石在围棋上的五番对决，令人陌生的却是 AlphaGo 究竟是如何打通了"任督二脉"的 ……不可否认，人工智能就是人类为了满足自身强大好奇心而脑洞大开的产物．现在提及人工智能，就不得不提 AlphaGo，提起 AlphaGo 就不得不提到深度学习．那么，深度学习究竟为何物？

本书从实用角度着重解析了深度学习中的一类神经网络模型——卷积神经网络，向读者剖析了卷积神经网络的基本组件与工作机理，更重要的是系统地介绍了深度卷积神经网络在实践应用方面的细节配置与工程经验．笔者希望本书"小而精"，避免像某些国外相关教材一样浅尝辄止的"大而空"．

写作本书的主因源自笔者曾于 2015 年 10 月在个人主页（见"链接 1"）上开放的一个深度学习的英文学习资料"深度神经网络之必会技巧"（Must Know Tips/Tricks in Deep Neural Networks）．该资料随后被转帖至新浪微博，受到不少学术界和工业界朋友的好评，至今已有逾 36 万人次的阅读量，后又被国际知名论坛 KDnuggets 和 Data Science Central 特邀转载．在此期间，笔者频繁接收到国内外读过此学习资料的朋友通过微博私信或邮件来信表示感谢，其中多人提到希望开放一个中文版本以方便国人阅读学习．另一方面，随着深度学习领域发展的日新月异，当时总结整理的学习资料现在看来已略显滞后，不少最新研究成果并未涵盖其中，同时加上国内至今尚没有一本侧重实践的深度学习方面的中文图书，因此，笔者笔耕不辍，希望将自己些许的所学所知所得所感及所悟汇总于本书中，分享给大家参考和查阅．

这是一本面向中文读者的轻量级、偏实用的深度学习工具书，本书内容侧重深度卷积神经网络的基础知识和实践应用．为了使尽可能多的读者通过本书对卷积神经网络和深度学习有所了解，笔者试图尽可能少地使用晦涩的数学公式，而尽可能多地使用具体的图表来形象表达．本书的读者对象为对卷积神经网络和深度学习感兴趣的入门者，以及没有机器学习背景但希望能快速掌握这方面知识并将其应用于实际问题的各行业从业者．为方便读者阅读，本书附录给出了一些相关数学基础知识简介．

除绪论和附录外，全书共有 14 章，第 1～4 章，介绍卷积神经网络的基础知识、基本部件、经典结构和模型压缩等基础理论内容;第 5～14 章,介绍深度卷积神经网络自数据准备开始,到网络参数初始化、不同网络部件的选择、网络配置、网络模型训练、不平衡样本的处理,最终到模型集成等实践应用技巧和经验. 另外,本书基本在每章结束均有对应小结,读者在阅读完每章内容后不妨掩卷回忆,看是否完全掌握了此章重点. 对卷积神经网络和深度学习感兴趣的读者可通读全书,做到"理论结合实践";对希望迅速应用深度卷积神经网络来解决实际问题的读者,也可直接参考第 5～14 章的有关内容,做到"有的放矢".

笔者在本书写作过程中得到了很多同学和学术界、工业界朋友的支持与帮助,在此谨列出他们的姓名以致谢意(以姓氏拼音为序):高斌斌、高如如、罗建豪、屈伟洋、谢晨伟、杨世才、张晨麟等. 感谢高斌斌和罗建豪帮助起草本书部分内容. 此外,特别感谢南京大学周志华教授、吴建鑫教授和澳大利亚阿德莱德大学沈春华教授等众多师长在笔者求学科研过程中不厌其烦且细致入微的指导、教育和关怀. 同时,感谢电子工业出版社的刘皎老师为本书出版所做的努力. 最后非常感谢笔者的父母,感谢他们的养育和一直以来的理解、体贴与照顾. 写就本书,笔者自认才疏学浅,仅略知皮毛,更兼时间和精力有限,书中错谬之处在所难免,若蒙读者不弃,还望不吝赐教,笔者将不胜感激!

魏秀参

2017 年 5 月于澳大利亚阿德莱德

# 主要符号表

| | |
|---|---|
| $x$ | 标量 |
| $\boldsymbol{x}$ | 向量 |
| $x_{1:T}$ | 序列 $x_1, x_2, \ldots, x_T$ 的缩写 |
| $\boldsymbol{A}$ | 矩阵 |
| $\boldsymbol{I}$ | 单位阵 |
| $\boldsymbol{X}^{-1}$ | 方阵 $\boldsymbol{X}$ 的逆 |
| $\mathcal{X}$ | 样本空间或状态空间 |
| $\mathcal{D}$ | 数据样本 (数据集) |
| $\mathcal{H}$ | 假设空间 |
| $H$ | 假设集 |
| $\mathbb{R}$ | 实数集 |
| $(\cdot, \cdot, \cdot)$ | 行向量 |
| $(\cdot; \cdot; \cdot)$ | 列向量 |
| $(\cdot)^\top$ | 向量或矩阵转置 |
| $\{\cdots\}$ | 集合 |
| $\lvert\{\cdots\}\rvert$ | 集合 $\{\cdots\}$ 中元素个数 |
| $\lVert \cdot \rVert_p$ | $\ell_p$ 范数, $p$ 缺省时为 $\ell_2$ 范数 |
| $P(\cdot), P(\cdot \mid \cdot)$ | 概率质量函数, 条件概率质量函数 |
| $p(\cdot), p(\cdot \mid \cdot)$ | 概率密度函数, 条件概率密度函数 |
| $\mathbb{E}_{\cdot \sim \mathcal{D}}[f(\cdot)]$ | 函数 $f(\cdot)$ 对 $\cdot$ 在分布 $\mathcal{D}$ 下的数学期望; 意义明确时将省略 $\mathcal{D}$ 和 (或) $\cdot$ |
| $\text{sign}(\cdot)$ | 符号函数, 在 $\cdot < 0, \cdot = 0, \cdot > 0$ 时分别取值为 $-1, 0, 1$ |
| $\mathcal{O}(\cdot)$ | 大 $O$ 表示法 |

# 目　录

**第 0 章　绪论** ............................................................. 1
 0.1　引子 ............................................................. 1
 0.2　人工智能 ......................................................... 2
 0.3　深度学习 ......................................................... 5
 参考文献 ............................................................... 9

**第一篇　机器学习** ......................................................... 11

**第 1 章　机器学习基础** ................................................... 13
 1.1　机器学习基本术语 ................................................. 13
 1.2　模型评估与选择 ................................................... 14
  1.2.1　经验误差与过拟合 ........................................... 15
  1.2.2　常用的评估方法 ............................................. 16
  1.2.3　性能度量 ................................................... 17
  1.2.4　偏差与方差 ................................................. 20
 1.3　线性模型 ......................................................... 21
  1.3.1　基本形式 ................................................... 21
  1.3.2　线性回归 ................................................... 22
  1.3.3　线性判别分析 ............................................... 23
  1.3.4　多分类学习 ................................................. 25
  1.3.5　支持向量机 ................................................. 26
 1.4　机器学习基本理论 ................................................. 29
  1.4.1　PAC 学习理论 ............................................... 30
  1.4.2　No Free Lunch 定理 ......................................... 31
  1.4.3　奥卡姆剃刀原理 ............................................. 32
  1.4.4　归纳偏置 ................................................... 32
 1.5　总结与扩展阅读 ................................................... 33

1.6 习题 ············································································· 34
参考文献 ············································································· 35

## 第二篇 深度学习基础 ············································································· 37

## 第 2 章 深度学习基本概念 ············································································· 39
2.1 发展历程 ············································································· 39
2.2 "端到端"思想 ············································································· 43
2.3 基本结构 ············································································· 45
2.4 前馈运算 ············································································· 47
2.5 反馈运算 ············································································· 47
2.6 总结与扩展阅读 ············································································· 50
2.7 习题 ············································································· 51
参考文献 ············································································· 52

## 第 3 章 卷积神经网络 ············································································· 54
3.1 卷积神经网络基本组件与操作 ············································································· 54
    3.1.1 符号表示 ············································································· 55
    3.1.2 卷积层 ············································································· 55
    3.1.3 汇合层 ············································································· 59
    3.1.4 激活函数 ············································································· 61
    3.1.5 全连接层 ············································································· 63
    3.1.6 目标函数 ············································································· 63
3.2 卷积神经网络经典结构 ············································································· 64
    3.2.1 卷积神经网络结构中的重要概念 ············································································· 64
    3.2.2 经典网络案例分析 ············································································· 68
3.3 卷积神经网络的压缩 ············································································· 81
    3.3.1 低秩近似 ············································································· 82
    3.3.2 剪枝与稀疏约束 ············································································· 84
    3.3.3 参数量化 ············································································· 88
    3.3.4 二值网络 ············································································· 91
    3.3.5 知识蒸馏 ············································································· 93

## 目 录

  3.3.6 紧凑的网络结构 ····················································· 95
 3.4 总结与扩展阅读 ························································· 97
 3.5 习题 ········································································· 99
 参考文献 ········································································· 101

## 第 4 章 循环神经网络 ···························································· 106
 4.1 循环神经网络基本组件与操作 ······································ 106
  4.1.1 符号表示 ······························································ 107
  4.1.2 记忆模块 ······························································ 108
  4.1.3 参数学习 ······························································ 110
  4.1.4 长程依赖问题 ························································ 113
 4.2 循环神经网络经典结构 ··············································· 115
  4.2.1 长短时记忆网络 ···················································· 115
  4.2.2 门控循环单元网络 ················································· 117
  4.2.3 堆叠循环神经网络 ················································· 118
  4.2.4 双向循环神经网络 ················································· 119
 4.3 循环神经网络拓展 ····················································· 120
  4.3.1 递归神经网络 ························································ 121
  4.3.2 图神经网络 ··························································· 122
 4.4 循环神经网络训练 ····················································· 123
 4.5 总结与扩展阅读 ························································ 124
 4.6 习题 ········································································ 126
 参考文献 ········································································ 128

## 第 5 章 Transformer 网络 ··················································· 130
 5.1 Transformer 网络基本组件与操作 ································ 130
  5.1.1 符号表示 ······························································ 131
  5.1.2 位置编码 ······························································ 132
  5.1.3 多头注意力机制 ···················································· 133
  5.1.4 编码器 ·································································· 137
  5.1.5 解码器 ·································································· 138

## 5.2 Transformer 网络经典结构 · · · · · · · · · · · · · · · · · · · · · · · · · · · · · · · · · · · · · · · · 141
### 5.2.1 Transformer-XL · · · · · · · · · · · · · · · · · · · · · · · · · · · · · · · · · · · · · · · · 141
### 5.2.2 Longformer · · · · · · · · · · · · · · · · · · · · · · · · · · · · · · · · · · · · · · · · · · · 145
### 5.2.3 Reformer · · · · · · · · · · · · · · · · · · · · · · · · · · · · · · · · · · · · · · · · · · · · · 146
### 5.2.4 Universal Transformer · · · · · · · · · · · · · · · · · · · · · · · · · · · · · · · · · 149
## 5.3 Transformer 网络训练 · · · · · · · · · · · · · · · · · · · · · · · · · · · · · · · · · · · · · · · · · 151
## 5.4 总结与扩展阅读 · · · · · · · · · · · · · · · · · · · · · · · · · · · · · · · · · · · · · · · · · · · · · · · 154
## 5.5 习题 · · · · · · · · · · · · · · · · · · · · · · · · · · · · · · · · · · · · · · · · · · · · · · · · · · · · · · · · · · 156
## 参考文献 · · · · · · · · · · · · · · · · · · · · · · · · · · · · · · · · · · · · · · · · · · · · · · · · · · · · · · · · · · · · 157

# 第三篇 深度学习实践 · · · · · · · · · · · · · · · · · · · · · · · · · · · · · · · · · · · · · · · · · · 159

# 第 6 章 数据扩充与数据预处理 · · · · · · · · · · · · · · · · · · · · · · · · · · · · · · · · · · · · 161
## 6.1 简单的数据扩充方式 · · · · · · · · · · · · · · · · · · · · · · · · · · · · · · · · · · · · · · · · · · · 161
## 6.2 特殊的数据扩充方式 · · · · · · · · · · · · · · · · · · · · · · · · · · · · · · · · · · · · · · · · · · · 162
### 6.2.1 Fancy PCA · · · · · · · · · · · · · · · · · · · · · · · · · · · · · · · · · · · · · · · · · · · · · 162
### 6.2.2 监督式数据扩充 · · · · · · · · · · · · · · · · · · · · · · · · · · · · · · · · · · · · · · · · 163
### 6.2.3 mixup 法 · · · · · · · · · · · · · · · · · · · · · · · · · · · · · · · · · · · · · · · · · · · · · · · 164
### 6.2.4 自动化数据扩充 · · · · · · · · · · · · · · · · · · · · · · · · · · · · · · · · · · · · · · · · 169
## 6.3 深度学习数据预处理 · · · · · · · · · · · · · · · · · · · · · · · · · · · · · · · · · · · · · · · · · · · 171
## 6.4 总结与扩展阅读 · · · · · · · · · · · · · · · · · · · · · · · · · · · · · · · · · · · · · · · · · · · · · · · 173
## 6.5 习题 · · · · · · · · · · · · · · · · · · · · · · · · · · · · · · · · · · · · · · · · · · · · · · · · · · · · · · · · · · 174
## 参考文献 · · · · · · · · · · · · · · · · · · · · · · · · · · · · · · · · · · · · · · · · · · · · · · · · · · · · · · · · · · · · 177

# 第 7 章 网络参数初始化 · · · · · · · · · · · · · · · · · · · · · · · · · · · · · · · · · · · · · · · · · · · · · 179
## 7.1 全零初始化 · · · · · · · · · · · · · · · · · · · · · · · · · · · · · · · · · · · · · · · · · · · · · · · · · · · · 179
## 7.2 随机初始化 · · · · · · · · · · · · · · · · · · · · · · · · · · · · · · · · · · · · · · · · · · · · · · · · · · · · 181
## 7.3 其他初始化方法 · · · · · · · · · · · · · · · · · · · · · · · · · · · · · · · · · · · · · · · · · · · · · · · 194
## 7.4 总结与扩展阅读 · · · · · · · · · · · · · · · · · · · · · · · · · · · · · · · · · · · · · · · · · · · · · · · 194
## 7.5 习题 · · · · · · · · · · · · · · · · · · · · · · · · · · · · · · · · · · · · · · · · · · · · · · · · · · · · · · · · · · 195
## 参考文献 · · · · · · · · · · · · · · · · · · · · · · · · · · · · · · · · · · · · · · · · · · · · · · · · · · · · · · · · · · · · 197

# 第 8 章 激活函数 ................ 198

## 8.1 Sigmoid 函数 ................ 198
## 8.2 tanh($x$) 函数 ................ 199
## 8.3 修正线性单元（ReLU）................ 200
## 8.4 Leaky ReLU ................ 201
## 8.5 参数化 ReLU ................ 201
## 8.6 随机化 ReLU ................ 203
## 8.7 指数化线性单元（ELU）................ 204
## 8.8 激活函数实践 ................ 204
## 8.9 总结与扩展阅读 ................ 206
## 8.10 习题 ................ 207
## 参考文献 ................ 209

# 第 9 章 目标函数 ................ 210

## 9.1 分类任务的目标函数 ................ 210
### 9.1.1 交叉熵损失函数 ................ 210
### 9.1.2 合页损失函数 ................ 216
### 9.1.3 坡道损失函数 ................ 219
### 9.1.4 大间隔交叉熵损失函数 ................ 221
### 9.1.5 中心损失函数 ................ 228
## 9.2 回归任务的目标函数 ................ 231
### 9.2.1 $\ell_1$ 损失函数 ................ 232
### 9.2.2 $\ell_2$ 损失函数 ................ 235
### 9.2.3 Tukey's biweight 损失函数 ................ 238
## 9.3 其他任务的目标函数 ................ 239
## 9.4 总结与扩展阅读 ................ 241
## 9.5 习题 ................ 242
## 参考文献 ................ 244

# 第 10 章 网络正则化 ................ 245

## 10.1 $\ell_2$ 正则化 ................ 246

10.2 $\ell_1$ 正则化 · · · · · · · · · · · · · · · · · · · · · · · · · · · · · · · · · · · · · · · · · · · · · · · · · · · · · · · · 246

10.3 最大范数约束 · · · · · · · · · · · · · · · · · · · · · · · · · · · · · · · · · · · · · · · · · · · · · · · · · · · 247

10.4 随机失活 · · · · · · · · · · · · · · · · · · · · · · · · · · · · · · · · · · · · · · · · · · · · · · · · · · · · · · · 247

10.5 验证集的使用 · · · · · · · · · · · · · · · · · · · · · · · · · · · · · · · · · · · · · · · · · · · · · · · · · · · 249

10.6 总结与扩展阅读 · · · · · · · · · · · · · · · · · · · · · · · · · · · · · · · · · · · · · · · · · · · · · · · · 250

10.7 习题 · · · · · · · · · · · · · · · · · · · · · · · · · · · · · · · · · · · · · · · · · · · · · · · · · · · · · · · · · · · · 251

参考文献 · · · · · · · · · · · · · · · · · · · · · · · · · · · · · · · · · · · · · · · · · · · · · · · · · · · · · · · · · · · · · 253

## 第 11 章 超参数设定和网络训练 · · · · · · · · · · · · · · · · · · · · · · · · · · · · · **254**

11.1 网络超参数设定 · · · · · · · · · · · · · · · · · · · · · · · · · · · · · · · · · · · · · · · · · · · · · · · · 254

    11.1.1 输入图像像素大小 · · · · · · · · · · · · · · · · · · · · · · · · · · · · · · · · · · · · · · · 254

    11.1.2 卷积层超参数的设定 · · · · · · · · · · · · · · · · · · · · · · · · · · · · · · · · · · · 255

    11.1.3 汇合层超参数的设定 · · · · · · · · · · · · · · · · · · · · · · · · · · · · · · · · · · · 256

11.2 训练技巧 · · · · · · · · · · · · · · · · · · · · · · · · · · · · · · · · · · · · · · · · · · · · · · · · · · · · · · · 256

    11.2.1 训练数据随机打乱 · · · · · · · · · · · · · · · · · · · · · · · · · · · · · · · · · · · · · · 256

    11.2.2 学习率的设定 · · · · · · · · · · · · · · · · · · · · · · · · · · · · · · · · · · · · · · · · · · 256

    11.2.3 批规范化操作 · · · · · · · · · · · · · · · · · · · · · · · · · · · · · · · · · · · · · · · · · · 258

    11.2.4 网络模型优化算法选择 · · · · · · · · · · · · · · · · · · · · · · · · · · · · · · · · · 271

    11.2.5 微调神经网络 · · · · · · · · · · · · · · · · · · · · · · · · · · · · · · · · · · · · · · · · · · 282

11.3 总结与扩展阅读 · · · · · · · · · · · · · · · · · · · · · · · · · · · · · · · · · · · · · · · · · · · · · · · · 286

11.4 习题 · · · · · · · · · · · · · · · · · · · · · · · · · · · · · · · · · · · · · · · · · · · · · · · · · · · · · · · · · · · · 288

参考文献 · · · · · · · · · · · · · · · · · · · · · · · · · · · · · · · · · · · · · · · · · · · · · · · · · · · · · · · · · · · · · 289

## 第 12 章 不平衡样本的处理 · · · · · · · · · · · · · · · · · · · · · · · · · · · · · · · · · · · · · **291**

12.1 数据层面处理方法 · · · · · · · · · · · · · · · · · · · · · · · · · · · · · · · · · · · · · · · · · · · · · 292

    12.1.1 数据重采样 · · · · · · · · · · · · · · · · · · · · · · · · · · · · · · · · · · · · · · · · · · · · 292

    12.1.2 类别平衡采样 · · · · · · · · · · · · · · · · · · · · · · · · · · · · · · · · · · · · · · · · · · 292

12.2 算法层面处理方法 · · · · · · · · · · · · · · · · · · · · · · · · · · · · · · · · · · · · · · · · · · · · · 294

    12.2.1 代价敏感方法 · · · · · · · · · · · · · · · · · · · · · · · · · · · · · · · · · · · · · · · · · · 294

    12.2.2 代价敏感法中权重的指定方式 · · · · · · · · · · · · · · · · · · · · · · · · · 295

12.3 总结与扩展阅读 · · · · · · · · · · · · · · · · · · · · · · · · · · · · · · · · · · · · · · · · · · · · · · · · 297

12.4 习题 · · · · · · · · · · · · · · · · · · · · · · · · · · · · · · · · · · · · · · · · · · · · · · · · · · · · · · · · · · · · 298

参考文献 ······· 300

## 第 13 章 模型集成方法 ······· 301

### 13.1 数据层面集成方法 ······· 301
#### 13.1.1 测试阶段数据扩充 ······· 301
#### 13.1.2 简易集成法 ······· 301
### 13.2 模型层面集成方法 ······· 302
#### 13.2.1 单模型集成 ······· 302
#### 13.2.2 多模型集成 ······· 303
### 13.3 总结与扩展阅读 ······· 306
### 13.4 习题 ······· 307
参考文献 ······· 308

## 第 14 章 深度学习开源工具简介 ······· 310

### 14.1 常用框架对比 ······· 310
### 14.2 代表性框架的各自特点 ······· 312
#### 14.2.1 Caffe ······· 312
#### 14.2.2 Jittor ······· 312
#### 14.2.3 Keras ······· 313
#### 14.2.4 MatConvNet ······· 313
#### 14.2.5 MindSpore ······· 314
#### 14.2.6 MXNet ······· 314
#### 14.2.7 PyTorch ······· 314
#### 14.2.8 TensorFlow ······· 315
#### 14.2.9 Theano ······· 315
#### 14.2.10 Torch ······· 316
参考文献 ······· 317

# 第四篇 深度学习进阶 ······· 319

## 第 15 章 计算机视觉进阶与应用 ······· 321

### 15.1 图像识别 ······· 321
#### 15.1.1 数据集和评价指标 ······· 322

15.1.2　Inception 模型 ································· 325
　　　15.1.3　ResNet 及其衍生模型 ························· 326
　　　15.1.4　EfficientNet 模型 ···························· 330
　　　15.1.5　Vision Transformer 模型 ····················· 332
　15.2　目标检测 ··········································· 335
　　　15.2.1　数据集和评价指标 ···························· 335
　　　15.2.2　二阶段目标检测方法 ·························· 338
　　　15.2.3　单阶段目标检测方法 ·························· 342
　15.3　图像分割 ··········································· 346
　　　15.3.1　数据集和评价指标 ···························· 346
　　　15.3.2　语义分割 ···································· 348
　　　15.3.3　实例分割 ···································· 353
　15.4　视频理解 ··········································· 356
　　　15.4.1　数据集和评价指标 ···························· 357
　　　15.4.2　基于 2D 卷积的动作识别 ······················ 359
　　　15.4.3　基于 3D 卷积的动作识别 ······················ 363
　　　15.4.4　时序动作定位 ································ 367
　15.5　总结与拓展阅读 ···································· 373
　15.6　习题 ··············································· 373
　参考文献 ················································· 375

# 附录 ···················································· **379**

# 附录 A　向量、矩阵及其基本运算 ························ **381**
　A.1　向量及其基本运算 ··································· 381
　　　A.1.1　向量 ········································· 381
　　　A.1.2　向量范数 ····································· 381
　　　A.1.3　向量运算 ····································· 382
　A.2　矩阵及其基本运算 ··································· 382
　　　A.2.1　矩阵 ········································· 382
　　　A.2.2　矩阵范数 ····································· 383
　　　A.2.3　矩阵运算 ····································· 383

## 附录 B 微积分 · 384

### B.1 微分 · 384
- B.1.1 导数 · 384
- B.1.2 可微函数 · 385
- B.1.3 泰勒公式 · 385

### B.2 积分 · 386
- B.2.1 不定积分 · 386
- B.2.2 定积分 · 387
- B.2.3 常见积分公式 · 387

### B.3 矩阵微积分 · 388
- B.3.1 矩阵微分 · 388
- B.3.2 矩阵积分 · 389

### B.4 常见函数的导数 · 390
### B.5 链式法则 · 391
### B.6 随机梯度下降 · 392

## 附录 C 线性代数 · 395

### C.1 线性代数与深度学习 · 395
### C.2 矩阵类型 · 396
### C.3 特征值与特征向量 · 397
### C.4 矩阵分解 · 397
- C.4.1 LU 分解 · 398
- C.4.2 QR 分解 · 398
- C.4.3 奇异值分解 · 399

## 附录 D 概率论 · 400

### D.1 概率论与深度学习 · 400
### D.2 样本空间 · 401
### D.3 事件和概率 · 401
### D.4 条件概率分布 · 402
### D.5 贝叶斯定理 · 402

- D.6 随机变量、期望和方差 ······················································· 403
  - D.6.1 随机变量 ······································································ 403
  - D.6.2 期望 ············································································ 404
  - D.6.3 方差 ············································································ 405
- D.7 常见的连续随机变量概率分布 ············································· 405

# 第 0 章
# 绪论

## 0.1 引子

2015 年 10 月，一场围棋的人机对决正在进行，但由于是闭门对弈，这场比赛在进行时可谓"悄无声息"……

围棋起源于中国，是目前最古老的人类智力游戏之一. 它的有趣和神奇不仅在于规则简洁、优雅且玩法千变万化，而且还因为它是世界上最复杂的棋盘游戏之一，是在此之前唯一一种机器不能战胜人类的棋类游戏. 那场对决的一方是三届欧洲围棋冠军的樊麾二段，另一方则是 Google DeepMind 开发的"AlphaGo"人工智能（Artificial Intelligence, AI）围棋系统，双方以正式比赛中使用的十九路棋盘进行了无让子的五局较量. 与比赛进行时的状况大相径庭的是，赛后结局并非无人问津，而是举世哗然：AlphaGo 以 5:0 全胜的纪录击败樊麾二段，而樊麾二段则成为世界上第一个于十九路棋盘上被 AI 围棋系统击败的职业棋手. 樊麾二段在赛后接受 *Nature* 采访时曾谈到："如果事先不知道 AlphaGo 是一台计算机，我会以为对手是棋士，一名有点儿奇怪的高手." 霎时间，消息不胫而走，媒体报道铺天盖地，莫非人类就如此这般轻易地丢掉了自己的"尊严"？莫非所有棋类游戏均已输给 AI？……

当然没有. 樊麾一战过后不少围棋高手和学界专家站出来质疑 AlphaGo 取胜的"含金量"，为人类"背书"：此役机器仅仅战胜了人类的围棋职业二段，根本谈不上战胜了围棋高手，何谈战胜人类呢！就在人们以一副淡定姿态评论这次"小游戏"时，AlphaGo 正在酝酿下一次"大对决"，因为它要在 2016 年 3 月迎战韩国籍世界冠军李世石九段. 李世石是当时夺取世界冠军头衔次数最多的超一流棋手，所以从严格意义上讲，这才是真正的"人机大战".

与上次不同，2016 年 3 月这次人机"巅峰对决"堪称举世瞩目、万人空巷. 不过在赛前仍有不少人唱衰 AlphaGo，特别是整个围棋界满是鄙视，基本上认为 AlphaGo 能赢一盘保住"面子"就善莫大焉了. 但是随着比赛的进行，结果却令人错愕. 第一局李世石输了！"是不是李世石的状态不对，没发挥出真正的水平？"第二局李世石又输了！"AlphaGo 还是蛮厉害的. 不过 AlphaGo 大局观应该不行，若李世石九段在这方面加强，那么他应该能赢."第三局李世石再次输了！赛前站在人类棋手一方的乐观派陷入了悲观. "完了！虽然比赛已输，但李九段怎么说也要赢一盘吧."果然，第四局 78 手出现神之一手，李世石终于赢了一盘，让人有了些许安慰. 但末盘 AlphaGo 没有再给李世石机会，最终以 4:1 大胜人类围棋的顶级高手，彻底宣告人类"丧失"了在围棋上的统治地位. AlphaGo 则迅速成为全世界热议的话题. 在 AlphaGo 大红大紫的同时，人们也牢牢记住了一个原本陌生的专有名词——"深度学习"（deep learning）.

## 0.2 人工智能

人工智能是当今科学与技术领域中备受瞩目的前沿领域之一. 随着计算机技术的飞速发展和大数据时代的来临，人工智能正以前所未有的速度深刻改变着我们的生活方式、社会结构和产业格局. 作为人类智慧的一种延伸和模拟，人工智能旨在创造能够理解、学习、推理和决策的智能系统，以解决各种复杂问题，从医疗诊断到自动驾驶，再到自然语言处理和图像识别，人工智能的应用领域正在不断扩展.

1950 年，英国数学家 Alan Turing[1]发表了一篇有着重要影响力的论文"Computing machinery and intelligence"（Turing, 1950），文中预言了创造出具有真正智能的机器的可能性. 由于"智能"一词难以定义，他提出了著名的图灵测试（Turing Test）：如果一台机器能够与人类展开对话（通过电传设备）而不被辨别出其机器身份，那么称这台机器具有智慧.[2] 这意味着计算机能够以一种与人类相似的方式进行自然语言对话、理解问题、做出回应并表现出一定的推理和学习能力. 图灵测试引发了人们对人工智能的深刻思考和研究. 它提出了一个核心问题：计算机是否能够表现出与人类智能无法区分的行为？虽然图灵测试并没有提供确凿的答案，但它成了评估和讨论人工智能系统智能程度的一种有用方法. 在过去的几十年中，人工智能领域的研究者们一直在努力提高计算机在

---

[1] Alan Turing（1912—1954）是英国数学家、逻辑学家、计算机科学家和密码学家，被公认为计算机科学的奠基人之一. 在二战期间，他领导了英国戴斯蒙德项目，成功解密了德国的 Enigma 密码机，为盟军取得重要胜利做出了贡献. Turing 还提出了著名的"图灵机"概念，被认为是计算理论的奠基性工作.

[2] 法国启蒙思想家和唯物主义哲学家 Denis Diderot 曾提出另一种图灵测试的标准："如果他们发现一只鹦鹉可以回答一切问题，我会毫不犹豫地宣布它存在智慧."

图灵测试中的表现.

1956 年,位于美国新罕布什尔州达特茅斯学院的一场历史性会议成为人工智能领域的奠基石,这次会议被称为"达特茅斯会议"(Dartmouth Workshop). 这次会议汇集了一批杰出的数学家、计算机科学家和认知科学家,包括 John McCarthy[1]、Marvin Minsky[2]、Claude Shannon[3]、Nathaniel Rochester[4] 等,共同探讨了一项旨在模拟人类思维和智能的科学挑战. 在达特茅斯会议上,与会者们提出了一个雄心勃勃的目标:要通过计算机程序实现智能,使计算机能够像人类一样思考、学习和解决问题. 这标志着人工智能的正式诞生,同时也奠定了其研究和发展的基础.

会议上的讨论围绕着几个关键问题展开,包括如何用计算机表示知识、如何使计算机学习、如何模拟推理和解决问题等. 虽然当时的计算机性能相对有限,但这次会议鼓励了研究者们在各自的领域进行探索,并在未来几十年内取得了显著的进展. 达特茅斯会议被认为是人工智能领域的起点,它引领了人工智能研究的方向和目标,激发了无数科学家和工程师的兴趣,推动了人工智能技术的发展. 尽管在当时,人工智能的进展可能被高估了,但这次会议的精神和愿景继续影响着今天人工智能领域的发展,如深度学习、机器学习和自然语言处理等领域的研究取得了巨大成功.

随后,人工智能在接下来的几十年间发展迅猛,历经了令人瞩目的里程碑和关键时刻. 其发展历程大体上可以分为三个主要阶段,分别是"推理期"、"知识期"和"学习期".

- 推理期(1956 年—1970 年):人工智能的起源可以追溯到 1956 年的达特茅斯会议,这个时期被称为"推理期". 在这个阶段,研究者主要关注如何通过符号推理和规则系统来构建智能系统. 代表性的工作包括逻辑推理(logical reasoning)和一些早期的机器学习方法. 然而,推理期的研究受到计算资源和知识表示的限制,出现了一些瓶颈.
- 知识期(1970 年—1985 年):从 20 世纪 70 年代到 20 世纪 80 年代中期,人工智能进入了"知识期". 这一时期的关键思想是将领域知识编码到计算机中,以帮助解决特定问题. 专家系统(expert system)和知识图谱(knowledge graph)是这个时期的代表性成果. 然而,知识的获取和维护变得复杂,产生了知识库的局限性.

---

[1] John McCarthy,计算机科学家,他因在人工智能领域的贡献而在 1971 年获得图灵奖. 实际上,正是他在 1956 年的达特茅斯会议上提出了"人工智能"这个概念.

[2] Marvin Minsky,计算机科学家,因其在人工智能领域的贡献于 1969 年获得图灵奖.

[3] Claude Shannon,数学家、电子工程师和密码学家,被誉为信息论的创始人.

[4] Nathaniel Rochester,计算机科学家,曾是 IBM 701 总设计师,编写了第一个汇编语言,并参与了人工智能领域的创立.

- 学习期（1985 年至今）：20 世纪 80 年代后期，人工智能进入了"学习期". 对于许多人类智能行为，如语言理解和图像理解，其底层原理和背后的知识结构往往难以捉摸，使我们难以用传统的知识和推理方法来实现这些智能任务. 为了应对这一挑战，研究者开始转向让计算机通过自主学习的方式获取智能. 实际上，"学习"本身也被视为一种智能行为. 早在人工智能的早期，一些科学家就尝试着让机器自动学习，这就是机器学习的起源. 机器学习的核心目标是设计和研究各种学习算法，使计算机能够自动从数据和经验中提取模式和规律，并将这些知识应用于未知数据的预测，从而协助人们完成各种任务，提高工作效率.

当下，人工智能领域涵盖了广泛且多样的关键领域，其中主要包括但不限于以下几个方面.

- 机器学习（Machine Learning，ML）：机器学习是人工智能的核心组成部分，它涉及开发算法和模型，使计算机能够从数据中学习和改进性能. 其中，监督学习、无监督学习、强化学习等是机器学习的重要分支，已经在自然语言处理、图像识别、推荐系统等领域取得了显著成就.
- 深度学习（Deep Learning，DL）：深度学习是一种机器学习技术，它通过深度神经网络（deep neural network）、深度森林（deep forest）[1]等模型来提取和学习特征，已经在计算机视觉、自然语言处理和语音识别等领域取得了巨大突破.
- 计算机视觉（Computer Vision，CV）：计算机视觉致力于让计算机具备类似人类视觉的能力，能够理解并解释图像和视频. 这个领域的研究包括目标检测、图像分割、物体识别等，应用于医疗影像、自动驾驶、安防监控等领域.
- 自然语言处理（Natural Language Processing，NLP）：自然语言处理旨在使计算机能够理解、处理和生成自然语言文本. 这一领域包括机器翻译、情感分析、问答系统等，并且已经在智能助手、智能搜索和在线内容分析中有广泛应用.

这些领域之间相互交叉，共同推动了人工智能技术的不断发展和应用扩展. 未来，随着技术的进一步演进，人工智能将继续影响各个领域，并为社会带来更多的创新和改变.

---

[1] "深度森林"是南京大学周志华教授于 2019 年提出的领域内首个基于不可微模块构建的深度模型（Zhou et al., 2019），不依赖于反向传播或梯度. 它在表格数据方面表现出优势，并在未来可以通过像深度神经网络中的 GPU 那样的树学习硬件进行增强.

## 0.3 深度学习

比起深度学习,大家对"机器学习"一词更为熟知. 机器学习是人工智能的一个分支,它致力于研究如何通过计算的手段,利用经验(experience)来改善计算机系统自身的性能. 通过从经验中获取知识(knowledge),机器学习算法摒弃了人为向机器输入知识的操作,转而凭借算法自身学习到所需知识. 对于传统机器学习算法,"经验"往往对应以"特征"(feature)形式存储的"数据"(data),传统机器学习算法所做的事情便是依靠这些数据产生"模型"(model).

但是"特征"为何物?如何设计特征更有助于算法产生优质模型?……一开始人们通过"特征工程"(feature engineering)[1]形式的工程试错方式得到数据特征. 可是随着机器学习任务越来越复杂和多变,人们逐渐发现针对具体任务生成特定特征不仅费时费力,同时还特别敏感,很难将其应用于另一任务. 此外,对于一些任务,人们根本不知道该如何使用特征有效地表示数据. 例如,人们知道一辆汽车的样子,但完全不知道设计多少像素值并配合起来才能让机器"看懂"这是一辆汽车. 这种情况就会导致:若特征"造"得不好,最终学习任务的性能也会受到极大程度的制约. 可以说,特征工程的质量决定了最终任务的性能. 聪明而倔强的人类并没有屈服,既然模型学习的任务可以通过机器自动完成,那么特征学习这个任务自然也可以完全通过机器实现. 于是,人们尝试将特征学习这一过程也让机器自动地"学"出来,这便是"表示学习"(representation learning).

表示学习的发展大幅提高了人工智能应用场景下任务的最终性能,同时由于其具有自适应性,这使得人们可以很快将人工智能系统移植到新的任务上去. "深度学习"便是表示学习中的一个经典代表.

深度学习以数据的原始形态(raw data)作为算法输入,由算法将原始数据逐层抽象为自身任务所需的最终特征表示,最后以特征到任务目标的映射(mapping)作为结束. 从原始数据到最终任务目标"一气呵成",并无夹杂任何人为操作. 如图 0.1 所示,相比传统机器学习算法仅学得模型这一单一"任务模块",深度学习除模型学习外,还有特征学习、特征抽象等任务模块的参与,借助多层任务模块完成最终的学习任

[1] 特征工程是机器学习领域中的一个关键概念,指的是通过选择、构建、转换和优化数据特征,以改善模型性能、提高预测准确性的过程. 在特征工程中,数据科学家和机器学习工程师通过深入理解问题领域,精心挑选和设计特征,使得模型能够更好地捕捉数据的关键信息,从而提高模型的泛化能力和效果. 良好的特征工程能够影响模型的训练速度、性能稳定性,以及最终在实际应用中的表现.

务，故称其为"深度"学习. 特别地，神经网络算法是深度学习中的一类代表算法，其中包括深度置信网络（deep belief network）、循环神经网络（recurrent neural network）和卷积神经网络（convolution neural network），等等. 有关人工智能、机器学习、表示学习和深度学习等概念间的关系，可由如图 0.2 所示的韦恩图来表示.

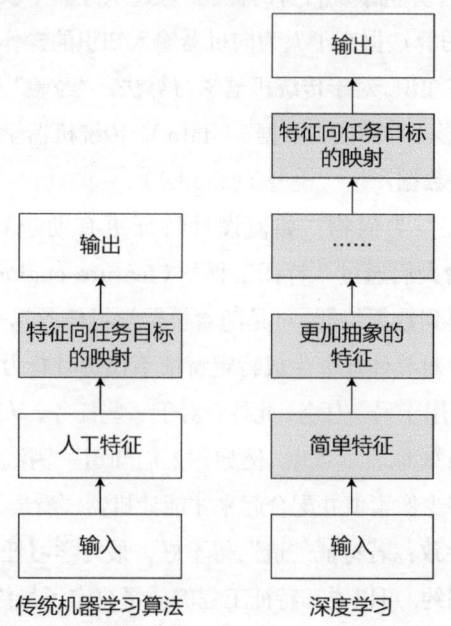

图 0.1 传统机器学习算法与深度学习概念性对比. 图中阴影标注的模块表示该模块可由算法直接从数据中自学习得

虽说 AlphaGo 一鸣惊人，但它背后的深度学习这个概念却由来已久. 相对今日之繁荣，它一路走来的发展不能说"一帆风顺"，甚至有些"跌宕起伏". 回顾历史，深度学习的思维范式实际上是人工神经网络（artificial neural network）. 追溯历史，该类算法的发展经历了三次高潮和两次衰落.

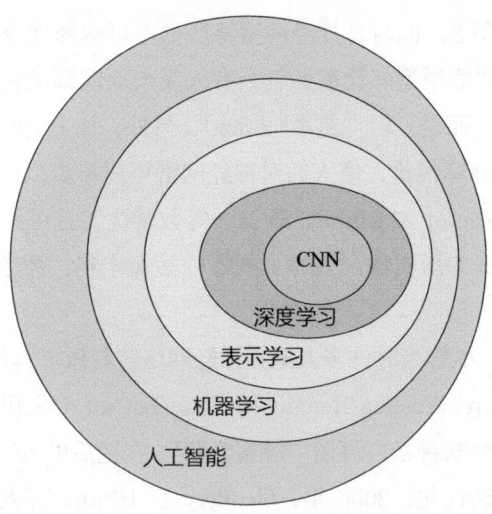

图 0.2 人工智能、机器学习、表示学习、深度学习和卷积神经网络（CNN）之间的关系

第一次高潮是 20 世纪 40 年代至 20 世纪 60 年代时广为人知的控制论（cybernetics）. 当时的控制论是受神经科学启发的一类简单的线性模型，其研究内容是给定一组输入信号 $x_1, x_2, \ldots, x_n$，去拟合一个输出信号 $y$，所学模型便是最简单的线性加权：$f(\boldsymbol{x}, \boldsymbol{\omega}) = x_1\omega_1 + \cdots + x_n\omega_n$. 显然，如此简单的线性模型令其应用领域极为受限，最为著名的是，它不能处理"异或"问题（XOR function）. 因此，人工智能之父 Marvin Minsky 曾在当时撰文，批判神经网络存在两个关键问题：首先，单层神经网络无法处理"异或"问题；其次，当时的计算机缺乏足够的计算能力以满足大型神经网络长时间的运行需求. Minsky 对神经网络的批判使有关它的研究从 20 世纪 60 年代末开始进入"寒冬"，后来人工智能虽产生了很多不同的研究方向，可唯独神经网络好像逐渐被人淡忘.

直到 20 世纪 80 年代，David Rumelhar 和 Geoffery E. Hinton 等人提出了反向传播（back propagation）算法（Rumelhart et al., 1986），解决了两层神经网络所需要的复杂计算量问题，同时克服了 Minsky 所说的神经网络无法解决的"异或"问题，自此神经网络"重获生机"，迎来了第二次高潮，即 20 世纪 80 年代至 20 世纪 90 年代的连接主义（connectionism）. 但好景不长，受限于当时数据获取的瓶颈，神经网络只能在中小规模数据上训练. 因此，过拟合（overfitting）极大地困扰着神经网络算法. 同时, 神经网络算法的不可解释性令它俨然成为一个 "黑盒", 训练模型好比撞运气, 有人无奈地讽刺说它根本不是 "科学"（science）, 而是一门 "艺术"（art）. 另外, 加上当时硬件性能不足而带来的巨大计算代价, 使人们对神经网络望而却步, 相反, 支持向量机（Support Vector Machine, SVM）等数学优美且可解释性强的机器学习算法逐渐成为历史舞台上的 "主角". 短短十年, 神经网络再次跌入 "谷底".[1]

可贵的是, 尽管当时许多人抛弃神经网络转行做了其他方向, 但 Geoffery E. Hinton、Yoshua Bengio 和 Yann LeCun 等人仍坚持不懈, 在神经网络领域默默耕耘, 可谓 "卧薪尝胆". 在随后的 30 年, 软件算法和硬件性能不断优化, 2006 年, Geoffery E. Hinton 等人在 *Science* 上发表文章 (Hinton et al., 2006) 提出: 一种称为 "深度置信网络"（deep belief network）的神经网络模型可通过逐层预训练（greedy layer-wise pretraining）的方式, 有效完成模型训练过程. 很快, 更多的实验结果证实了这一发现, 更重要的是, 除了证明神经网络训练的可行性, 实验结果还表明神经网络模型的预测能力相比其他传统机器学习算法可谓 "鹤立鸡群". Hinton 发表在 *Science* 上的这篇文章无疑为神经网络类算法带来了一缕曙光. 被冠以 "深度学习" 名称的神经网络终于可以大展拳脚, 它首先于 2011 年在语音识别领域大放异彩[2], 其后便是在 2012 年计算机视觉 "圣杯" ImageNet 竞赛上强势夺冠, 接着于 2013 年被《MIT 科技纵览》（*MIT Technology Review*）评为年度十大科技突破之首……这就是第三次高潮, 也就是大家都比较熟悉的深度学习（deep learning）时代. 其实, 深度学习中的 "deep" 一词是为了强调当下人们已经可以训练和掌握相比之前神经网络层数多得多的网络模型. 有效数据的急剧扩增、高性能计算硬件的实现, 以及训练方法的大幅完善, 三者共同作用, 最终促成了神经网络的第三次 "复兴".

细细想来, 其实第三次神经网络的鼎盛与前两次大有不同, 这次深度学习的火热不仅体现在学术研究领域的繁荣, 它更引发相关技术的爆发, 并产生了巨大的现实影响力和商业价值——人工智能不再是一张 "空头支票". 尽管目前阶段的人工智能还没有达到科幻作品中的强人工智能水平, 但当下的系统质量和性能已经足以让机器在特定任务中完胜人类, 也足以产生巨大的产业生产力.

---

[1] 当时只要和神经网络沾边的学术论文几乎都会收到类似这样的评审意见: "The biggest issue with this paper is that it relies on neural networks." （"这篇论文最大的问题, 就是它使用了神经网络."）

[2] 2011 年, 在微软研究院（MSR）语音研究首席研究员邓力博士主导下, 其团队利用深度学习技术首次将语音识别任务精度超过传统语音识别方法, 标志着深度学习在语音识别领域统治地位的确立.

深度学习作为当前人工智能热潮的技术核心，哪怕研究高潮日后会有所回落，但应不会再像前两次衰落时一样被人们彻底遗忘.它的伟大意义在于，它就像一个人工智能时代人类不可或缺的工具，真正让研究者或工程师摆脱了复杂的特征工程，可以专注于解决更加宏观的关键问题；它又像一门人工智能时代人类必须使用的语言，掌握了它就可以用之与机器"交流"完成之前无法企及的现实智能任务.因此，许多著名的大型科技公司，如 Google、Amazon、微软、百度、腾讯和阿里巴巴等纷纷第一时间成立了聚焦深度学习的人工智能研究院或研究机构.相信随着人工智能大产业的发展，逐渐地，人类重复性的工作可被机器替代，社会运转效率得以大幅提升，从而将人们从枯燥的劳动中解放出来参与到其他更富创新的活动中去.[1] 有人说，"人工智能是不懂美的".即便 AlphaGo 在围棋上赢了人类，但它根本无法体会"落子知心路"给人带来的微妙感受.不过转念一想，如果真有这样一位可随时与你"手谈"的朋友，怎能不算是一件乐事？我们应该庆幸可以目睹且亲身经历甚至参与这次人工智能的革命浪潮，相信今后一定还会有更多像 AlphaGo 一样的奇迹发生.

---

[1] 这段文字写于笔者 2017 年本书第 1 版初就之时，如今，ChatGPT 等全新一代人工智能应用横空出世，在许多任务（如职业等级考试、绘画等）上取得了强于人类的表现，实在让人不免感慨万千.

# 参考文献

HINTON G E, SALAKHUTDINOV R R, 2006. Reducing the dimensionality of data with neural networks[J]. Science: 504-507.

RUMELHART D E, HINTON G E, WILLIAMS R J, 1986. Learning representations by back-propagating errors[J]. Nature(323): 533-536.

TURING A M, 1950. Computing machinery and intelligence[J]. Mind, 49: 433-460.

ZHOU Z H, FENG J, 2019. Deep forest[J]. National Science Review, 6(1): 74-86.

# 第一篇

# 机器学习

# 第一篇

# 初等器化

# 第 1 章
# 机器学习基础

当谈论到深度学习时，我们不能忽略其底层所依赖的机器学习基础. 机器学习是指让计算机从数据中学习并自动改进算法来提高性能的技术. 深度学习是机器学习的一个子领域，它借助于多层神经网络等技术，能够处理大量的数据并提取其中的特征，从而在计算机视觉[1]、自然语言处理[2]、语音识别[3]等领域取得了许多突破性进展. 因此，在我们开始深度学习的探索之前，需要先了解机器学习的基本术语、模型评估与选择、线性模型，以及机器学习的基本理论等知识，这有助于我们更好地理解和掌握深度学习技术.

## 1.1 机器学习基本术语

机器学习的定义为："假设用 $P$ 来评估计算机程序在某任务类 $T$ 上的性能，若一个程序通过利用经验 $E$ 在 $T$ 中任务上获得了性能改善，则我们就说关于 $T$ 和 $P$，该程序对 $E$ 进行了学习."(Mitchell, 1997)

对一个机器学习任务而言，我们根据其监督信息的情况将其分为：监督学习（supervised learning）、无监督学习（unsupervised learning）和半监督学习（semi-supervised learning）三种类型. "监督学习"是指在训练数据中每个样本（sample）[4]都有标签（label），学习算法首先根据样本和标签的对应关系来学习模型，然后用这个模型去预测新样本的标签. "无监督学习"是指训练数据中没有标签信息，学习算法只能从数据中挖掘出某些结构或模式，如聚类[5]、降维[6]等. "半监督学习"则介于监督学习和无监督学习之间，它是指在训练数据中一部分样本有标签，一部分样本没有标签，学习算法要利用已有的标签信息和未标记数据的信息来学习模型.

除了学习类型，还有一些重要的概念需要在机器学习中掌握. 其中，

---

[1] 计算机视觉是指让计算机通过图像或视频数据来理解和解释视觉信息的能力.

[2] 自然语言处理是指让计算机理解、处理和生成人类语言的技术.

[3] 语音识别是一种将语音信号转换为文本形式的技术，使计算机能够理解和解码口述语言.

[4] 亦可称为 "instance".

[5] 聚类是无监督学习中研究最多、应用最广的一类任务，其试图将数据集中的样本划分为若干个通常不相交的子集，每个子集称为一个 "簇"（clustering）.

[6] 降维也被称为 "维度约简"，指通过某种数学变换将原始高维属性空间转变为一个低维 "子空间"（subspace）.

"数据集"（data set）是指被收集的所有数据的集合. 每一个数据集都由若干个"示例"（sample 或 instance）组成，每个示例可以被看作一个数据集中的一个样本. 例如，在图 1.1 中涉及的银行贷款风险预估任务中，训练数据集的每一行为一个示例或样本. 每个示例都包含若干个"属性"（attribute）或"特征"（feature），这些属性或特征可以被看作对该示例进行描述的不同方面. 例如，是否有存款、是否有犯罪记录、是否有违约纪律等. "维度"（dimension）是指每个示例的特征数目，在该任务中，其示例的特征维度为 3，即"存款"、"犯罪"和"违约". "类别标记"（label）或"真相"（ground truth）是指数据集中每个样本的标签或真实标签，即"是否有贷款风险". "学习器"（learner）是指机器学习算法的具体实现，如决策树、神经网络、支持向量机、Boosting、贝叶斯网等. 学习器的任务是根据给定的数据集，通过学习数据中的规律和模式来进行预测和决策.

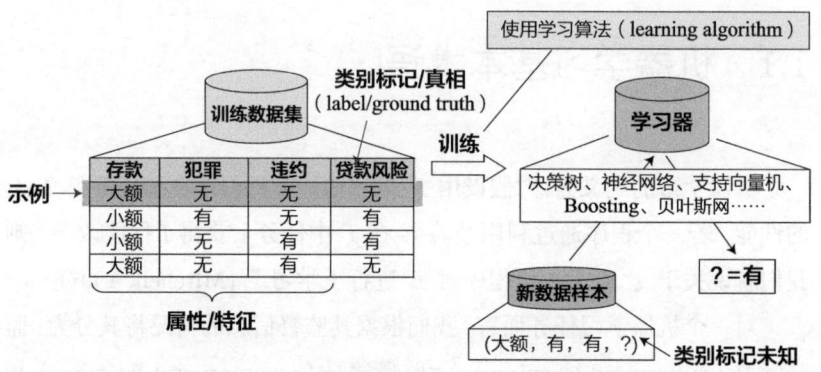

图 1.1 机器学习基本术语：以银行贷款风险预估（分为"有风险"和"无风险"）任务为例.

## 1.2 模型评估与选择

当我们使用机器学习算法来解决一个具体问题时，我们需要对算法的表现进行评估和选择. 这是因为，在训练一个机器学习模型的过程中，我们通常会面临两个重要问题：经验误差和过拟合。"经验误差"是指训练数据上的误差；"过拟合"则是指模型在训练数据上的表现过于优秀，但在测试数据上的表现较差的现象. 因此，我们需要通过一系列的评估方法和性能度量来判断模型的泛化能力.[1]

本节将详细讨论模型评估与选择的相关概念，涉及经验误差与过拟合、常用的评估方法、性能度量的定义，以及如何选择最佳模型等方面. 我们还将探讨偏差与方差的概念，并讨论如何在模型训练中进行平衡. 通过对本节的学习，我们可了解如何在机器学习中评估和选择最优模型，从而提高算法的泛化能力和准确性.

## 1.2.1 经验误差与过拟合

当我们训练机器学习模型时，我们的目标是使其能够在未来的新数据上进行准确的预测. 为了实现这个目标，我们需要通过训练数据来估计模型的能力，即使它能够泛化到新的数据上. "训练误差"（training error）是衡量模型在训练数据上的表现的指标，其中，"误差"是指学习器的实际预测输出与样本的真实输出之间的差异.[2] 如果模型在训练数据上的表现很好，但在新数据上的表现很差，我们称这种情况为"过拟合"（overfitting）. "过拟合"是机器学习中常见的问题，它会导致模型对训练数据过于敏感，从而忽略了一般规律和趋势.

在机器学习中，我们通常将数据集划分为训练集（training set）和测试集（test set）. 训练集用于训练模型，而测试集则用于评估模型在新数据上的表现. 如果模型在训练集上表现很好，但在测试集上表现很差，则说明模型可能过拟合了. 过拟合的一个常见原因是模型太过复杂，以至于它能够"记忆"训练数据，而不是"学习"它们的一般规律. 当模型过于复杂时，它可能会在训练数据上达到很高的准确率，但在新数据上表现很差.

为了避免出现过拟合的问题，我们可以采取一些策略. 一种策略是正则化（regularization）[3]，它通过惩罚模型中的复杂度来防止过拟合. 另一种策略是提前停止训练（early stopping），即模型在训练集上表现最好时停止训练，而不是让它继续学习训练数据. 这可以防止模型过拟合训练数据.[4]

---

[1] 泛化能力是指机器学习算法在面对新的、之前未见过的数据时，能够良好地适应和预测的能力.

[2] 通常，我们把分类错误的样本数占样本总数的比例称为"错误率"（error rate），即如果在 $m$ 个样本中有 $a$ 个样本分类错误，则错误率 $E = a/m$；相应地，$1 - (a/m)$ 被称为"精度"（accuracy），即"精度 = 1 − 错误率".

[3] 常见的正则化方法包括 $\ell_1$ 正则化和 $\ell_2$ 正则化. $\ell_1$ 正则化通过在损失函数中添加模型参数的 $\ell_1$ 范数惩罚，使得部分参数变为 0，从而实现特征选择和稀疏性. $\ell_2$ 正则化则通过添加模型参数的 $\ell_2$ 范数惩罚，使得参数的值趋向于较小的值，从而达到平滑模型的效果.

[4] 在深度学习中更多防止过拟合的手段参见本书第 10 章的相关内容.

在实际应用中，我们需要在训练数据和测试数据之间进行权衡. 一方面，如果我们使用较少的训练数据，则可能会遇到"欠拟合"（under-fitting）问题，这意味着模型没有足够的数据来学习一般规律. 另一方面，如果我们使用大量的训练数据，则可能会遇到"过拟合"问题. 因此，我们需要仔细选择适当的训练集大小，以平衡这两个极端的问题.

### 1.2.2 常用的评估方法

当我们学习了经验误差与过拟合后，需要进一步考虑如何评估机器学习模型的性能. 评估方法是指用来评价机器学习算法性能的方法，常见的评估方法包括：留出法（hold-out）、交叉验证法（cross-validation）、自助法（bootstrapping）等.

留出法是最简单、最直接的评估方法之一. 它将数据集划分为训练集和测试集两部分，其中训练集用于模型的训练和参数调整，测试集则用于评估模型在未知数据上的性能表现. 需要注意的是，划分数据集的比例需要根据实际情况进行选择，训练集和测试集的比例在 6:4 或 7:3 较为常见. 同时，为了消除随机性，我们可以多次随机划分数据集后进行多次实验，并取平均值作为模型的评价指标.

交叉验证法是比较常用的一种评估方法，它将数据集划分为 $k$ 个子集（通常 $k$ 取 10 或 5），其中一个子集作为验证集，其余 $k-1$ 个子集用于训练模型.[1] 通过这种方法，可以获得 $k$ 个不同的训练集和验证集，从而获得 $k$ 个模型，每个模型都使用不同的训练集进行训练，然后使用不同的验证集进行验证. 最后，将这 $k$ 个模型的性能指标取平均值[2]，作为模型的最终评价指标，如图 1.2 所示. 需要注意的是，交叉验证法会消耗更多的计算资源，但相对于留出法，它对模型的性能评估更加准确.

自助法是一种基于自助采样的评估方法. 自助法从原始数据集中随机采样，生成一个新的数据集，新数据集的大小和原始数据集相同，但是新数据集中的样本可能会重复. 由于自助采样的随机性，一个样本在新数据集中不出现的概率是 $(1-1/n)^n$（其中 $n$ 为采样次数），当 $n$ 趋于无穷大时，这个概率趋于 $1/e$.[3] 因此，原始数据集中约有 $1/e$ 的样本不会出现在新数据集中，这些样本可以用于测试模型. 自助法的缺点是生成的新数据集可能与原始数据集存在较大的差异，这可能导致评估结果

[1] 亦称"$k$ 折交叉验证".

[2] 更多内容参见本书第 13 章.

[3] $\lim\limits_{n\to\infty}\left(1-\dfrac{1}{n}\right)^n \to \dfrac{1}{e} \approx 0.368$，其中 e 为自然常数.

出现偏差. 同时，由于自助法生成的新数据集的大小和原始数据集相同，因此计算成本相对较高.

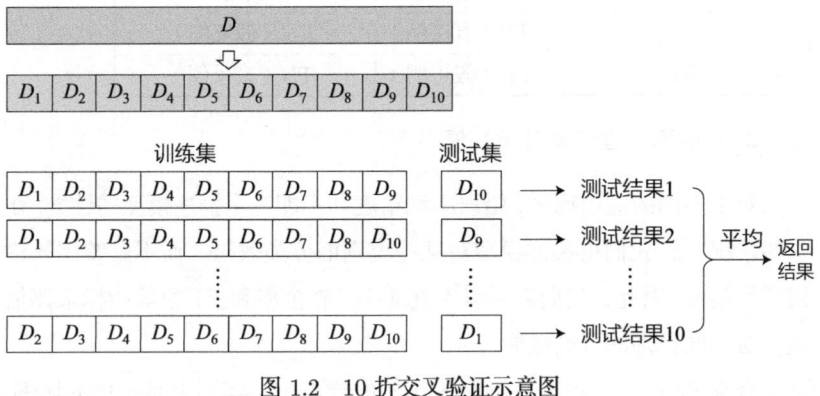

图 1.2　10 折交叉验证示意图

### 1.2.3　性能度量

当我们评估一个机器学习模型的性能时，需要使用一些指标来衡量其在数据集上的表现. 本节将介绍几种分类（classification）任务[1]常用的性能度量：错误率与精度，查准率、查全率与 F1 值，以及 ROC 曲线和 AUC.

[1] 关于回归（regression）任务，其常用性能度量包括：均方误差（Mean Squared Error, MSE）、均方根误差（Root Mean Squared Error, RMSE）、平均绝对误差（Mean Absolute Error, MAE）等，这些指标用于衡量模型预测值与实际观测值之间的差异，帮助评估模型对于连续型目标变量的拟合程度.

**1. 错误率与精度**

错误率指的是模型在数据集上分类错误的样本数占总样本数的比例，而精度则是模型在数据集上分类正确的样本数占总样本数的比例. 它们是分类问题中最常用的性能度量之一. 它们的计算公式如下

$$\text{错误率} = \frac{FP + FN}{TP + TN + FP + FN}, \tag{1.1}$$

$$\text{精度} = \frac{TP + TN}{TP + TN + FP + FN}, \tag{1.2}$$

其中，TP 表示真正例的数量，TN 表示真反例的数量，FP 表示假正例的数量，FN 表示假反例的数量，其具体含义请见表 1.1. 错误率与精度的数值都介于 0 和 1 之间，错误率越接近 1，则模型的性能越差，越接近 0，则模型的性能越好.

表 1.1　分类结果混淆矩阵

| 真实情况 | 预测结果 | |
|---|---|---|
| | 正例 | 反例 |
| 正例 | TP（真正例） | FN（假反例） |
| 反例 | FP（假正例） | TN（真反例） |

**2. 查准率、查全率与 F1 值**

对于不同的应用场景，错误率和精度并不能完全描述模型的性能. 在一些情况下，我们更关注模型对某些类别的分类效果，而不是整体的错误率和精度. 因此，我们需要引入查准率、查全率和 F1 值等指标来评估模型对不同类别的分类性能.

查准率[1] 指的是模型在预测为正例的样本中，实际上是正例的比例，计算公式如下

$$\text{查准率} = \frac{\text{TP}}{\text{TP} + \text{FP}}, \tag{1.3}$$

[1] 查准率也被称为"准确率".

查全率[2] 指的是模型在所有正例中，成功预测为正例的比例，计算公式如下

$$\text{查全率} = \frac{\text{TP}}{\text{TP} + \text{FN}}. \tag{1.4}$$

[2] 查全率也被称为"召回率".

需要指出的是，虽然查准率和查全率都是用于评估分类器性能的指标，在通常情况下，二者是相互矛盾的，若提高其中一个指标，就可能会降低另一个指标. 在实际应用中，分类器的优化目标往往取决于具体的应用场景和需求. 例如，如果我们关注的是在所有真正例中，有多少被正确识别出来，那么我们就应该关注查全率；如果我们更关注在被分类器预测为正例的样本中，有多少是真正例，那么我们就应该关注查准率.

因此，我们需要综合考虑两个指标，才能评估分类器的性能. 而 F1 值是查准率和查全率的调和平均数，是一个综合了查准率和查全率的指标，计算公式如下

$$F1 = \frac{2 \times \text{查准率} \times \text{查全率}}{\text{查准率} + \text{查全率}}, \tag{1.5}$$

其中，F1 值的范围在 0 到 1 之间，它越接近 1，则模型对该类别的分类

性能越好.

### 3. ROC 与 AUC

在二分类问题中，我们通常需要对分类器的性能进行评估. 而 ROC 曲线（Receiver Operating Characteristic Curve）与 AUC（Area Under the Curve）是用来评估分类器在不同阈值下的表现的一种常用方法.

ROC 曲线是以分类器的阈值为横轴，以真正例率（True Positive Rate, TPR）为纵轴，得到的一条曲线. 其中真正例率是指实际为正例且被分类器预测为正例的样本数占所有正例样本数的比例. 即

$$\mathrm{TPR} = \frac{\mathrm{TP}}{\mathrm{TP} + \mathrm{FN}}, \tag{1.6}$$

其中，TP 是指真正例数，FN 是指实际为正例但被分类器预测为反例的样本数. 在 ROC 曲线中，纵轴越高，分类器的性能越好. 如果分类器能够将所有的正例都正确分类，则 ROC 曲线会沿着左上角一直到 $(0, 1)$ 处. 如果分类器的性能较差，则 ROC 曲线会在 $y = x$ 的对角线附近，如图 1.3 所示.

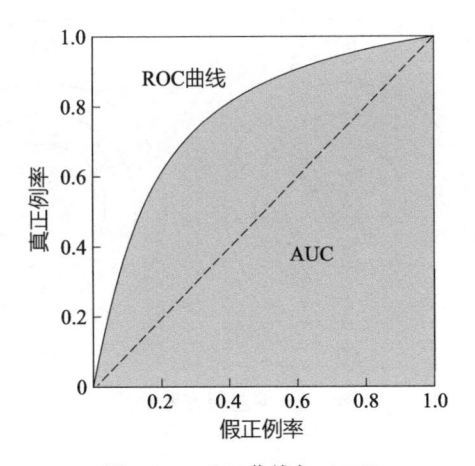

图 1.3 ROC 曲线与 AUC

AUC 是 ROC 曲线下的面积，其值在 $[0, 1]$ 之间，越接近 1，表示分类器性能越好. 当 AUC 等于 0.5 时，表示分类器的性能等同于随机猜测. 在实际应用中，通常将 AUC 大于 0.8 的分类器视为具有较好的性能.

ROC 曲线与 AUC 的优点在于，它们不受不同数据集的不平衡影

[1]数据不平衡是指在数据集中各个类别的样本数差异较大的情况. 在某个特定的分类问题中, 某些类别的样本数远远多于其他类别, 这可能导致训练模型倾向于更多样本的类别, 而对少数样本的类别表现较差. 解决数据不平衡问题通常涉及采用一系列技术, 如过采样、欠采样、生成合成样本等, 以确保模型在训练过程中能够更平衡地学习各个类别的特征, 提高对少数类别的分类准确性. 这一问题在机器学习和深度学习任务中经常出现, 尤其是在医学诊断、欺诈检测等领域. 关于 "不平衡样本的处理" 参见本书第 12 章.

响[1], 因为它们仅仅与分类器在不同阈值下的表现有关, 而与数据本身的分布无关. 此外, ROC 曲线可以帮助我们选择最适合应用的分类器阈值. 如果需要更高的查准率, 则可以将阈值设得较高; 如果需要更高的查全率, 则可以将阈值设得较低.

### 1.2.4 偏差与方差

在机器学习中, 偏差和方差是两个重要的概念, 用于评估模型的预测性能. 偏差表示模型的预测值和真实值之间的差异程度, 而方差表示模型在不同数据集上预测结果的差异程度, 如图 1.4 所示.

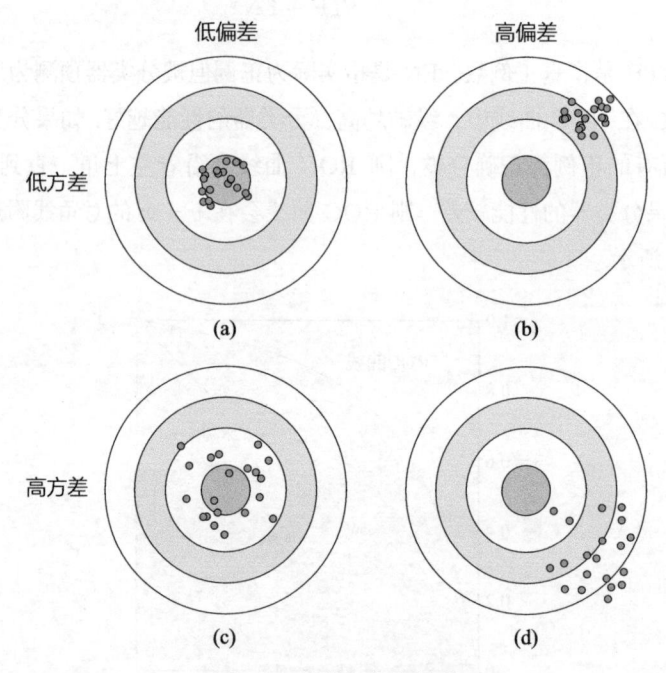

图 1.4 偏差与方差示意

当模型的偏差较大时, 通常会导致欠拟合 (underfitting) 的问题. 这意味着模型无法捕捉到数据集中的真实关系, 因此预测结果可能不准确. 例如, 一个线性模型[2]在拟合一个非线性模型[3]时, 可能会产生较大的偏差.

当模型的方差较大时, 通常会导致过拟合 (overfitting) 的问题. 这意味着模型在训练数据上表现很好, 但在测试数据上表现较差. 因为模

[2]线性模型通过线性函数对输入特征与目标变量之间的关系进行建模, 并基于这个线性关系进行预测和推断. 常见的线性模型包括线性回归、线性判别分析等.

[3]非线性模型是指输入特征与目标变量之间存在非线性关系的模型. 这类模型可以通过引入非线性的函数来描述输入与输出之间的复杂关系. 常见的非线性模型包括神经网络和决策树等.

型过于复杂,可能会过分拟合训练数据中的噪声,导致在新数据上的表现不佳.

为了解决偏差和方差的问题,需要对模型进行调整.对于偏差较大的情况,我们可以增加模型的复杂度,例如使用高阶多项式回归模型来拟合非线性数据;对于方差较大的情况,我们可以减少模型的复杂度,例如通过正则化来约束模型的参数.

在实际应用中,需要平衡偏差和方差.通过选择适当的模型和调整其参数,可以在训练集和测试集之间取得良好的平衡.一般来说,当模型的复杂度适中时,可以得到较好的泛化性能.

## 1.3 线性模型

线性模型是机器学习中最基本的一类模型,它将输入的特征线性组合后再进行预测或分类,具有简单、可解释性强、训练快速等优点,在许多应用场景中被广泛使用.

线性模型有多种形式,包括线性回归、线性判别分析和多分类学习等.其中,线性回归是最基础的一种线性模型,其目的是找到一条直线(或超平面[1]),使得该直线能够最好地拟合训练数据中的输入和输出之间的关系.线性判别分析则是一种经典的分类算法,它试图将不同类别的样本在高维空间中投影到一条直线上,从而使得不同类别的样本在该直线上的投影尽可能地分开.多分类学习则是将线性模型推广到多个类别的情况下.此外,支持向量机也是一种重要的线性模型.它不仅可以处理线性可分的情况,还可以通过核函数(kernel function)[2]将低维空间的数据映射到高维空间,从而实现非线性分类.支持向量机具有较好的泛化性能和鲁棒性.因此它在许多应用领域得到了广泛的应用.

### 1.3.1 基本形式

机器学习中的线性模型是使用线性函数进行预测的一类模型.线性函数是指输入特征的线性组合,因此线性模型也可以被称为参数化的线

---

[1] 超平面指在 $n$ 维空间中的一个 $n-1$ 维子空间.在二维空间中,超平面就是一条直线;在三维空间中,它是一个平面.更一般地,在 $n$ 维空间中,一个超平面可以用一个 $n-1$ 维的子空间来表示.在机器学习和统计学中,超平面通常被用于分割数据空间,将数据点划分为两个不同的类别.

[2] 支持向量机中的核函数是一种将输入特征从原始空间映射到高维特征空间的技术,以便在非线性问题上通过线性分类器进行有效分类的方法.常用的核函数包括:线性核函数、多项式核函数、高斯核函数等.

性函数.

线性模型的基本形式可以表示为

$$f(\boldsymbol{x}) = \boldsymbol{\omega}^\top \boldsymbol{x} + b, \tag{1.7}$$

其中, $\boldsymbol{x}$ 表示输入的特征向量, $\boldsymbol{\omega}$ 表示特征权重向量, $b$ 表示偏置项. $\boldsymbol{\omega}$ 和 $b$ 是模型的参数, 需要从数据中学习得到.

线性模型的预测输出结果是一个实数, 对于分类问题, 我们需要将输出结果映射到类别上. 最简单的方式是使用一个阈值进行二分类, 即

$$\hat{y} = \begin{cases} 1, & f(\boldsymbol{x}) \geqslant \theta; \\ 0, & f(\boldsymbol{x}) < \theta, \end{cases} \tag{1.8}$$

其中, $\theta$ 是阈值, $\hat{y}$ 是对应的类别预测. 如果 $f(\boldsymbol{x})$ 大于或等于阈值 $\theta$, 则预测为正例; 否则, 预测为反例. 当然, 对于多分类问题, 可以采用不同的方式来映射输出结果到类别上.

线性模型的训练可以使用最小二乘法[1]、梯度下降法[2]等优化算法. 在训练过程中, 我们希望通过调整 $\boldsymbol{\omega}$ 和 $b$ 的值, 使得模型的预测输出与真实标签尽可能接近, 从而得到一个能够准确预测的模型.

### 1.3.2 线性回归

线性回归 (linear regression) 是一种常见的监督学习方法, 用于建立一个关于自变量 $\boldsymbol{x}$ 和因变量 $y$ 之间线性关系的模型. 该模型可以用来预测未知数据的因变量值, 或者用于探索自变量与因变量之间的关系.

在线性回归中, 假设自变量 $\boldsymbol{x}$ 和因变量 $y$ 之间存在线性关系, 我们的目标是找到一条直线, 使其最能够拟合已知数据点, 并能够准确预测未知数据点的因变量值. 这条直线的一般形式可以表示为

$$y = \theta_0 + \theta_1 x_1 + \theta_2 x_2 + \cdots + \theta_p x_p + \epsilon, \tag{1.9}$$

其中, $\theta_0, \theta_1, \theta_2, \ldots, \theta_p$ 是待求参数, 表示截距和各自变量的系数, $\epsilon$ 是误差项.

为了找到最佳的参数组合, 我们需要定义一个损失函数, 衡量实际

---

[1] 最小二乘法 (least squares method) 是一种数学优化方法, 用于寻找一个数学模型中的参数, 以最小化观测数据与模型预测之间的误差平方和, 通常用于拟合数据或估计模型参数.

[2] 梯度下降法 (gradient descent) 是一种优化算法, 通过迭代调整参数以最小化目标函数, 它沿着目标函数的负梯度方向更新参数, 以找到函数的局部最小值或全局最小值.

值和预测值之间的误差大小. 一般使用平方误差作为损失函数, 即

$$\min \sum_{i=1}^{n}(y_i - \hat{y}_i)^2, \tag{1.10}$$

其中, $n$ 是样本数, $y_i$ 是第 $i$ 个样本的实际因变量值, $\hat{y}_i$ 是使用模型预测的因变量值.

通过最小化损失函数, 可以得到最优的参数组合 $\theta_0, \theta_1, \theta_2, \ldots, \theta_p$, 从而得到最佳拟合直线. 在优化时, 梯度下降等优化算法可用来求解其最优参数.

线性回归可以用于单变量和多变量的情况, 也可以通过引入多项式项来处理非线性关系. 在实际应用中, 线性回归也有很多扩展和变种, 如岭回归 (ridge regression) (Hoerl et al., 1970)、Lasso 回归 (Lasso regression) (Tibshirani, 1996)、弹性网络回归 (elastic net regression) (Zou et al., 2005) 等.

### 1.3.3 线性判别分析

线性判别分析 (Linear Discriminant Analysis, LDA) 是一种经典的分类方法, 它是一种监督学习方法, 通常用于解决二分类问题, 因其最早由 Fisher (1936) 提出, 所以也被称为 "Fisher 判别分析". LDA 的基本思想是将数据在低维度的空间中进行划分, 从而实现分类. 图 1.5 给出了一个二维示意图.

具体地说, LDA 的目标是将数据投影到一条直线上, 使得同类样本的投影点尽可能接近, 不同类别的样本的投影点尽可能分开. 在二分类问题中, 我们首先可以将两类样本投影到同一个维度上, 然后通过一个阈值将它们分开. 在多分类问题中, 我们首先可以将样本投影到多个维度上, 然后通过一些决策规则将它们分到对应的类别中.

在 LDA 中, 我们一般假设每个类别的样本都是从高斯分布中独立采样得到的, 并且每个类别的高斯分布有相同的协方差矩阵. 然后, 我们通过最大化类间距和最小化类内距离的方式求解投影向量, 从而实现分类. 具体地说, 我们可以通过以下步骤来实现 LDA 分类.

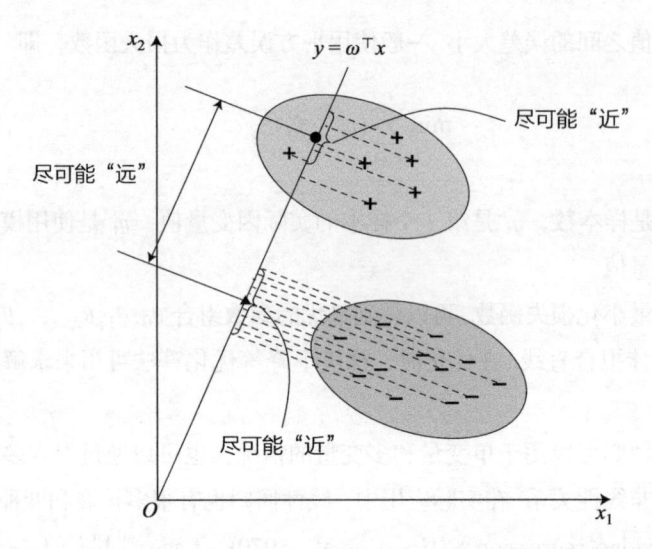

图 1.5 LDA 的二维示意图. "+" 和 "−" 分别代表正例和反例, 椭圆表示数据簇的外轮廓, 虚线表示投影, 红色实心圆和实心三角形分别表示两类样本投影后的中心点.

① 对于每个类别 $i$, 计算其样本的均值向量, 即将该类别中所有样本的特征向量求平均得到的向量 $\boldsymbol{\mu}_i$.

② 计算类内散度矩阵 (within-class scatter matrix) $\boldsymbol{S}_\text{W}$, 它表示每个类别内部的样本之间的距离. 具体地, 对于每个类别, 首先计算该类别中所有样本的特征向量与该类别的均值向量之间的差, 然后将所有差的外积相加, 即可得到该类别的类内散度矩阵

$$\boldsymbol{S}_\text{W} = \sum_{i=1}^{k} \sum_{\boldsymbol{x} \in \mathcal{D}_i} (\boldsymbol{x} - \boldsymbol{\mu}_i)(\boldsymbol{x} - \boldsymbol{\mu}_i)^\top, \tag{1.11}$$

其中, $k$ 表示类别数目, $\mathcal{D}_i$ 表示第 $i$ 个类别中的样本集合, $\boldsymbol{\mu}_i$ 表示第 $i$ 个类别的均值向量.

③ 计算类间散度矩阵 (between-class scatter matrix) $\boldsymbol{S}_\text{B}$, 它表示不同类别之间的距离. 具体地, 首先计算所有类别的均值向量之间的差, 然后将差的外积相加, 即可得到类间散度矩阵

$$\boldsymbol{S}_\text{B} = \sum_{i=1}^{k} n_i (\boldsymbol{\mu}_i - \boldsymbol{\mu})(\boldsymbol{\mu}_i - \boldsymbol{\mu})^\top, \tag{1.12}$$

其中，$n_i$ 表示第 $i$ 个类别的样本数，$\boldsymbol{\mu}$ 表示所有样本的均值向量.

④计算投影向量 $\boldsymbol{\omega}$，使得

$$J(\boldsymbol{\omega}) = \frac{\boldsymbol{\omega}^\top \boldsymbol{S}_{\mathrm{B}} \boldsymbol{\omega}}{\boldsymbol{\omega}^\top \boldsymbol{S}_{\mathrm{W}} \boldsymbol{\omega}} \tag{1.13}$$

最大化，这样便可使类中心之间的距离尽可能大（异类样本的投影点尽可能远离），并且同类样本投影点的协方差尽可能小（同类样本的投影点尽可能接近）. 在求解时，通过拉格朗日乘子法[1]，可得 $\boldsymbol{\omega}$ 的闭式解为 $\boldsymbol{S}_{\mathrm{W}}^{-1} \boldsymbol{S}_{\mathrm{B}}$ 的前 $k$ 个最大广义特征值所对应的特征向量 $\boldsymbol{\xi}_1, \boldsymbol{\xi}_2, \ldots, \boldsymbol{\xi}_k$ 组成的矩阵.

⑤将原始样本 $\boldsymbol{x}$ 投影到新的空间中，得到 $k$ 维特征向量 $\boldsymbol{z} = (z_1, z_2, \ldots, z_k)$：$\boldsymbol{z} = [\boldsymbol{\xi}_1, \boldsymbol{\xi}_2, \ldots, \boldsymbol{\xi}_k]^\top \boldsymbol{x}$.

LDA 算法的优点在于，在对数据进行降维时，可以同时保留数据中最有判别性的信息. 但是，LDA 的缺点是它的性能非常依赖于数据的分布情况，如果数据分布不符合 LDA 的假设，那么 LDA 的性能就会大大降低.

[1] 拉格朗日乘子法（Lagrange multiplier）是一种优化方法，用于求解带有约束条件的优化问题. 它通过在目标函数中引入拉格朗日乘子来将约束条件转化为目标函数的一部分，从而转化为无约束优化问题. 该方法的基本思想是在考虑约束条件的同时，最大化或最小化目标函数，使得约束条件下的最优解也成为目标函数的最优解. 拉格朗日乘子法在机器学习中广泛应用，尤其是在支持向量机和逻辑回归等算法中.

### 1.3.4 多分类学习

多分类学习是指训练一个分类器，使其能够将输入数据分为多个类别中的一类，在此我们考虑 $N$ 个类别的分类问题. 与二分类不同，多分类任务有三种不同的方法：一对一（One vs. One，简称 OvO）、一对多（One vs. Rest，简称 OvR）、多对多（Many vs. Many，简称 MvM）.

OvO 方法是指将 $N$ 个类别之间两两配对，训练 $N(N-1)/2$ 个分类器，每个分类器首先只考虑两个类别的样本，然后将所有分类器的结果投票得到最终分类结果. 这种方法的缺点是分类器数量较多，并且每个分类器的训练数据较少，易产生过拟合.

OvR 方法是指将 $N$ 个类别中的一类作为正例，其余类别作为反例，训练 $N$ 个分类器，每个分类器都只考虑正例和反例之间的区别. 在测试时，每个分类器都对输入样本进行分类，选择其中置信度最高的作为最终分类结果. 相比 OvO 方法，OvR 方法需要的分类器数量较少，但会存在类别不平衡问题，即某些类别可能会被误分类为多个其他类别. 图 1.6

给出了一个示意图.

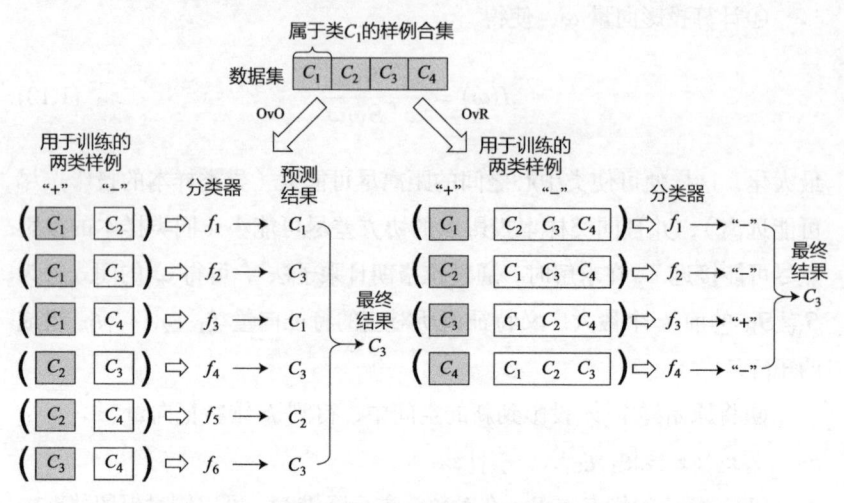

图 1.6　OvO 与 OvR 示意图

MvM 方法是每次将若干类作为正类, 若干其他类作为反类, 直接将 $N$ 个类别之间的关系考虑在内, 构建一个输出空间为 $N$ 的分类器, 输出为每个类别的概率分布. 显然, OvO 和 OvR 是 MvM 的特例. 但需要指出的是, MvM 的正、反类构造必须有特殊的设计, 不能随意选取, 其中一种最常用的 MvM 技术为"纠错输出码"(Error Correction Output Code, ECOC), 感兴趣的读者可阅读扩展材料 (Dietterich et al., 1995). 相比 OvO 和 OvR 方法, MvM 方法能够更好地处理类别不平衡问题, 但需要更多的数据和计算量.

### 1.3.5　支持向量机

支持向量机(SVM)是一种经典的机器学习分类算法, 它的基本模型是定义在特征空间上的基于最大间隔(maximum margin)的线性分类器. SVM 的训练过程是在特征空间中寻找最优分离超平面[1], 该超平面将不同类别的样本分开, 并且距离最近的训练样本离超平面的距离最大, 图 1.7 给出了一个示意图.

在 SVM 模型的训练过程中, 需要考虑最优分离超平面的选择, 以及超平面到样本点的距离. 此外, 为了解决线性不可分问题, 引入了核函

---

[1] 分离超平面(separation hyperplane)是一个数学概念, 它是一个用于将不同类别的数据点分开的决策边界, 通常用于二分类问题, 将数据点分为两个类别.

## 1.3 线性模型

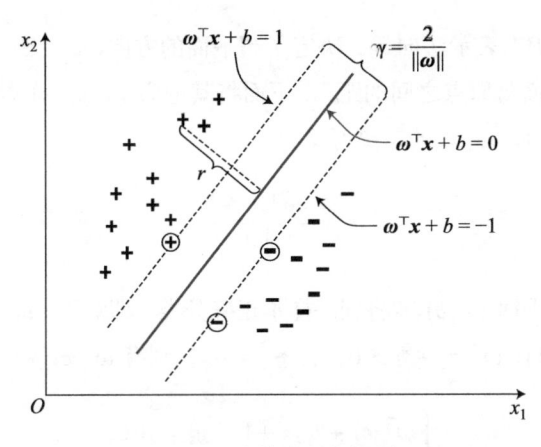

图 1.7 支持向量与间隔

数（kernel function），将低维的线性不可分问题通过映射到高维空间转化为线性可分问题，然后在高维空间中求解最优分离超平面，从而实现非线性的分类. 其中，常用的核函数有线性核（linear kernel）、多项式核（polynomial kernel）和径向基函数核（RBF kernel）等.

除了基本的二分类 SVM 模型，SVM 还可以扩展到多分类问题，其中包括一对一、一对多和多对多等不同的方法. 此外，SVM 还可以用于回归问题，这种回归问题被称为"支持向量回归"（Support Vector Regression，SVR）.

总的来说，SVM 是一种强大的机器学习方法，具有较好的泛化性能和鲁棒性，适用于分类和回归等不同的任务. 其中，线性支持向量机（linear SVM）是一种常用的分类模型，它基于定义在特征空间上的超平面，将不同类别的数据分开. 线性支持向量机的特点在于它能够处理高维度、非线性可分的数据（通过引入核函数），并具有快速的训练速度和较好的泛化性能. 目前已有不少 SVM 的软件包，其中比较著名的有 LIBSVM[1] 和 LIBLINEAR.[2]

下面详细讲解线性支持向量机的模型和求解方法.

假设给定一个训练集 $\mathcal{D} = \{(\boldsymbol{x}_1, y_1), (\boldsymbol{x}_2, y_2), \ldots, (\boldsymbol{x}_m, y_m)\}$，其中，$\boldsymbol{x}_i \in \mathbb{R}^n$ 表示第 $i$ 个样本的 $n$ 维特征向量，$y_i \in \{-1, +1\}$ 表示第 $i$ 个样本的类别标记. 线性支持向量机的目标是构建一个超平面，将不同类别的样本分开. 由于我们只考虑线性可分的情况，因此该超平面可以表示为

$$\boldsymbol{\omega}^\top \boldsymbol{x} + b = 0, \tag{1.14}$$

[1] LIBSVM 访问：见"链接 2".
[2] LIBLINEAR 访问：见"链接 3".

其中，$\boldsymbol{\omega} \in \mathbb{R}^n$ 表示法向量，决定了超平面的方向，$b \in \mathbb{R}$ 表示偏置项，决定了超平面与原点之间的距离. 下面将其记为 $(\boldsymbol{\omega}, b)$. 样本空间中任意点 $\boldsymbol{x}$ 到超平面 $(\boldsymbol{\omega}, b)$ 的距离可写为

$$r = \frac{|\boldsymbol{\omega}^\top \boldsymbol{x} + b|}{\|\boldsymbol{\omega}\|}. \tag{1.15}$$

假设超平面 $(\boldsymbol{\omega}, b)$ 能将训练样本正确分类，即对于 $(\boldsymbol{x}_i, y_i) \in \mathcal{D}$，若 $y_i = +1$，则有 $\boldsymbol{\omega}^\top \boldsymbol{x}_i + b > 0$；若 $y_i = -1$，则有 $\boldsymbol{\omega}^\top \boldsymbol{x}_i + b < 0$. 令

$$\begin{cases} \boldsymbol{\omega}^\top \boldsymbol{x}_i + b \geqslant +1, & y_i = +1, \\ \boldsymbol{\omega}^\top \boldsymbol{x}_i + b \leqslant -1, & y_i = -1. \end{cases} \tag{1.16}$$

如图 1.7 所示，距离超平面最近的这几个训练样本点使式(1.16)的等号成立，其被称为"支持向量"（support vector），两个异类支持向量到超平面的距离之和为

$$r = \frac{2}{\|\boldsymbol{\omega}\|}, \tag{1.17}$$

其被称为"间隔"（margin）.

根据上面的讨论，为了使分类的性能更加鲁棒，我们希望让超平面到正负样本最近的距离（即分类间隔）最大化，即

$$\begin{aligned} &\max_{\boldsymbol{\omega}, b} \quad \frac{2}{\|\boldsymbol{\omega}\|} \\ &\text{s.t.} \quad y_i(\boldsymbol{\omega}^\top \boldsymbol{x}_i + b) \geqslant 1, \quad i = 1, 2, \ldots, m. \end{aligned} \tag{1.18}$$

显然，为了最大化间隔，只需最大化 $\|\boldsymbol{\omega}\|^{-1}$，这等价于最小化 $\|\boldsymbol{\omega}\|^2$. 于是，式(1.18)可重写为

$$\begin{aligned} &\min_{\boldsymbol{\omega}, b} \quad \frac{1}{2}\|\boldsymbol{\omega}\|^2 \\ &\text{s.t.} \quad y_i(\boldsymbol{\omega}^\top \boldsymbol{x}_i + b) \geqslant 1, \quad i = 1, 2, \ldots, m. \end{aligned} \tag{1.19}$$

这就是支持向量机的基本形式. 即，在优化过程中，只需最小化 $\boldsymbol{\omega}$ 的平方范数，并保证所有的训练样本距离超平面的距离大于或等于 1，即可得到最优的分类超平面.

我们希望求解式(1.19)来得到大间隔划分超平面所对应的模型

$$f(\boldsymbol{x}) = \boldsymbol{\omega}^\top \boldsymbol{x} + b, \tag{1.20}$$

其中，$\boldsymbol{x}$ 和 $b$ 是模型参数. 注意到式(1.19)本身是一个凸二次规划问题[1]，这类问题可直接用现成的优化计算包求解，如 CVXOPT[2]、Gurobi[3] 等.

## 1.4 机器学习基本理论

机器学习基本理论是指从理论层面分析机器学习算法的性质和可行性的一门学科. 本节将介绍几个重要的机器学习基本理论，包括"PAC 学习理论"、"No Free Lunch 定理"、"奥卡姆剃刀原理"和"归纳偏置". PAC 学习理论是机器学习理论中最重要的部分之一，PAC 代表"概率近似正确"（probably approximately correct）. 该理论旨在研究如何从有限的样本数据中，以较高的概率获得近似于真实模型的模型. 一个 PAC 可学习（PAC-learnable）的算法是指该学习算法能够在多项式时间内从合理数量的训练数据中学习到一个近似正确的模型.

No Free Lunch 定理是指在所有可能的问题和算法之间，不存在一种算法能够在所有问题上表现最优，这也暗示了不同算法在不同问题上的表现可能存在着很大差异. 该定理强调了在选择机器学习算法时需要根据具体的问题进行选择，并不能一概而论.

奥卡姆剃刀原理（Occam's Razor）是一种常用的启发式原则，强调在多个解释或假设都能够解释一个现象时，应选择最简单的解释或假设. 在机器学习中，该原理也常常用于解决模型选择的问题.

归纳偏置（inductive bias）是指当学习算法面临许多可能的解释或模型时，该算法可能会倾向于选择某些模型而忽略其他模型的倾向或偏置. 该偏置可能源于学习算法的设计或样本数据的选择. 在机器学习中，了解归纳偏置可以帮助我们更好地选择合适的算法和样本数据，以获得更好的模型效果.

---

[1] 凸二次规划（convex quadratic programming）问题是一种特殊形式的凸优化问题，因为目标函数是凸函数，约束是仿射的（即线性的）. 凸二次规划的特性使得它在数学理论和优化算法方面都有很好的性质，有许多高效的算法可以用于求解. 这些算法包括内点法、活动集法等. 在实际应用中，凸二次规划的求解对于优化问题的建模和解决具有广泛的意义.

[2] CVXOPT 是一个流行的 Python 包，提供了一些优化算法来求解凸优化问题，包括线性规划、二次规划和半定规划等. CVXOPT 还包含一些工具函数，用于将优化问题转换为凸优化问题. 见"链接 4".

[3] Gurobi 是一个商业优化软件，提供了快速和高效的优化算法来求解各种类型的凸优化问题，包括线性规划、二次规划、半定规划等. Gurobi 还提供了 Python、Matlab 和 C++ 等语言的 API. 见"链接 5".

### 1.4.1 PAC 学习理论

PAC 学习理论是由 Leslie Valiant[1] 在 1984 年提出的一种机器学习理论. 该理论旨在解决从有限的数据中学习一个近似正确的模型或函数的问题.

机器学习中一个很关键的问题是期望错误（expectation error）和经验错误（empirical error）之间的差异，被称为"泛化错误"（generalization error）. 泛化错误可以衡量一个机器学习模型 $f$ 是否可以很好地泛化到未知数据，即

$$\mathcal{G}_\mathcal{D}(f) = \mathcal{R}(f) - \mathcal{R}_\mathcal{D}^{\text{emp}}(f), \tag{1.21}$$

其中，$\mathcal{G}_\mathcal{D}(f)$ 为泛化错误，$\mathcal{R}(f)$ 为期望错误，$\mathcal{R}_\mathcal{D}^{\text{emp}}(f)$ 为经验错误，$\mathcal{D}$ 表示数据集.

根据大数定律，当训练集大小 $|\mathcal{D}|$ 趋向于无穷大时，泛化错误趋向于 0，即经验风险趋近于期望风险

$$\lim_{|\mathcal{D}|\to\infty} \mathcal{R}(f) - \mathcal{R}_\mathcal{D}^{\text{emp}}(f) = 0. \tag{1.22}$$

由于我们不知道真实的数据分布 $p(\boldsymbol{x},y)$，也不知道真实的目标函数 $g(\boldsymbol{x})$，因此期望从有限的训练样本上学习到一个期望错误为 0 的函数 $f(\boldsymbol{x})$ 是不切实际的. 因此，需要降低对学习算法能力的期望，只要求学习算法可以以一定的概率学习到一个近似正确的假设，即 PAC 学习.

PAC 学习理论包含以下两个要素："近似正确"和"可能".

- 近似正确（approximately correct）：一个假设 $f \in \mathcal{F}$ 是"近似正确"的，是指其在泛化错误 $\mathcal{G}_\mathcal{D}(f)$ 小于一个界限 $\epsilon$. $\epsilon$ 一般为 0 到 $\frac{1}{2}$ 之间的数，$0 < \epsilon < \frac{1}{2}$. 如果 $\mathcal{G}_\mathcal{D}(f)$ 比较大，说明模型不能用来做正确的"预测".
- 可能（probably）：一个学习算法 $\mathcal{A}$ 有"可能"以 $1-\delta$ 的概率学习到这样一个"近似正确"的假设. $\delta$ 一般为 0 到 $\frac{1}{2}$ 之间的数，$0 < \delta < \frac{1}{2}$.

PAC 学习可用下面的公式进行描述

---

[1] Leslie Valiant，理论计算机科学家，他提出了"Probably Approximately Correct"（PAC）学习理论，是现代机器学习的理论基础之一. 因其在计算理论和机器学习领域的开创性工作，他于 2010 年获得图灵奖.

$$P((\mathcal{R}(f) - \mathcal{R}_{\mathcal{D}}^{\text{emp}}(f)) \leqslant \epsilon) \geqslant 1 - \delta, \tag{1.23}$$

其中，$\epsilon$ 和 $\delta$ 是与样本数 $N$ 以及假设空间 $\mathcal{F}$ 相关的变量．如果固定 $\epsilon$ 和 $\delta$，可以反推出需要的样本数量，即

$$N(\epsilon, \delta) \geqslant \frac{1}{2\epsilon^2} \left( \log |\mathcal{F}| + \log \frac{2}{\delta} \right), \tag{1.24}$$

其中，$|\mathcal{F}|$ 为假设空间的大小．从上式可看出，模型越复杂，即假设空间 $\mathcal{F}$ 越大，模型的泛化能力越差；要达到相同的泛化能力，越复杂的模型需要的样本数就越多．

总结而言，PAC 学习理论提供了一种形式化的理论分析方法，以便我们可以估计一个学习算法的有效性．然而，该理论仅适用于某些情况下的学习问题，并且在实践中可能会受到许多限制．

### 1.4.2 No Free Lunch 定理

No Free Lunch 定理是机器学习领域中的一项基本定理，它由 David Wolpert 等人于 1996 年在最优化理论中首次提出：对于基于迭代的最优化算法，不存在某种算法对所有问题（有限的搜索空间内）都有效．这个定理表明，对于一种机器学习算法，如果在某些问题上表现出色，那么必定会在另一些问题上表现糟糕．也就是说，在平均意义下，所有算法的性能都是相同的．

No Free Lunch 定理主要告诉我们两点：一是没有一种通用的机器学习算法能够解决所有问题；二是在使用机器学习算法之前，需要根据具体问题来选择合适的算法．这个定理提示我们，需要对每个问题都进行具体分析和处理，不能盲目套用某个算法．需要注意的是，尽管 No Free Lunch 定理给出了一种平均意义上的结论，但是在实际应用中，我们仍然可以通过合理的选择和设计来提高算法的性能，这也是机器学习的核心之一．

### 1.4.3 奥卡姆剃刀原理

奥卡姆剃刀原理又被称为"奥卡姆削减法则"或"简单原则"[1]，是指在多个解释或假设存在时，应该优先选择最简单、最直观的那个解释或假设. 该原理认为，任何现象的最简单解释通常也是最可能正确的解释.

在机器学习中，奥卡姆剃刀原理被视为一个重要的指导原则，特别是在模型选择和特征选择方面. 在模型选择中，通常会选择复杂度适中的模型，以避免过拟合；在特征选择中，则通常会选择那些对预测结果最有贡献的特征，而舍弃那些不必要的特征，以降低模型的复杂度.

然而，奥卡姆剃刀原理并不是一条绝对正确的规则，因为简单的解释不一定总是正确的解释. 在实际应用中，我们需要在简单性和准确性之间进行权衡，并根据具体问题的特点和需求来选择最适合的解释或假设.

### 1.4.4 归纳偏置

归纳偏置（inductive bias）是指在机器学习算法中对学习任务的先验假设或者启发式偏好，它是决定学习算法具有一定泛化能力的重要因素之一.

归纳偏置源自认知心理学领域的研究，认知心理学家认为人类具有某种普遍的偏好，可以帮助我们对自然界进行有效的推断. 同样地，机器学习算法也需要一些偏好来提高学习效率和泛化性能.

归纳偏置通常包括以下几个方面.
- 偏好简单模型：例如奥卡姆剃刀原理，认为一个简单的模型比一个复杂的模型更可靠，因为一个简单的模型更容易推广到新的数据上.
- 偏好特定类型的函数：例如线性模型假设数据是线性分布的，而决策树假设数据可以被分成多个矩形区域. 这些偏好使得学习算法更加高效，并且能够更好地处理特定类型的问题.
- 偏好小的参数：例如 $\ell_1$ 正则化和 $\ell_2$ 正则化[2] 假设参数越小，模型越简单，更不容易过拟合. 这种偏好也使得学习算法更加高效，并且可以在一定程度上避免过拟合.

总之，归纳偏置是机器学习算法中的一个重要概念，它可以帮助算

---

[1] 在机器学习中，还有一句俗语来描述这一原则，即"若无必要，勿增实体".

[2] 正则化相关技术的内容参见本书第 10 章.

法学习到更加可靠和泛化性能更好的模型. 在设计机器学习算法时, 需要仔细考虑归纳偏置的设置, 以提高算法的性能.

## 1.5 总结与扩展阅读

本章首先介绍了机器学习的基本术语, 为后续学习奠定了基础. 接着, 探讨了模型的评估与选择, 包括经验误差与过拟合的关系以及不同的评估方法, 这对于选择合适的模型至关重要. 随后, 详细研究了性能度量, 包括错误率、精度、查准率、查全率、F1 值、ROC 曲线和 AUC 等指标, 帮助读者更好地理解模型性能的度量方式. 然后, 讨论了一些经典的线性模型, 包括线性回归、线性判别分析、多分类学习以及支持向量机, 这些模型在实际问题中有着广泛的应用. 最后, 介绍了机器学习的基本理论, 包括 PAC 学习理论、No Free Lunch 定理、奥卡姆剃刀原理和归纳偏置等概念, 这些理论为我们提供了深刻的洞察, 帮助我们更好地理解机器学习的本质.

此外, 下面还为读者提供了一些扩展阅读材料, 供读者更深入地理解机器学习的各个方面, 并为进一步学习和研究提供支持.

- 《机器学习》(周志华, 2016): 该书从机器学习的基础概念到高级算法都进行了详细讲解, 适合深入学习机器学习的同学, 是机器学习方面的经典教材.
- 《统计学习方法》(李航, 2012): 该书详细介绍了机器学习的基本概念、算法和应用, 是学习机器学习的经典读物之一.
- *Pattern Recognition and Machine Learning* (Bishop, 2006): 该书涵盖了模式识别和机器学习的广泛内容, 适合深入研究机器学习的理论和应用.
- *Understanding Machine Learning: From Theory to Algorithms* (Shalev-Shwartz et al., 2014): 该书从理论到实际算法的角度深入探讨了机器学习的核心概念, 适合希望深入理解机器学习原理的读者.
- 《机器学习理论导引》(周志华 等, 2020): 该书为机器学习理论学习和研究的读者提供了一个入门导引，在聚焦于可学性、（假设空间）复杂度、泛化界、稳定性等基本概念外，还给出了若干分析实例，是机器学习理论学习方面的经典教材.

- 在线课程《机器学习基石》[1] 和《机器学习技法》[2]：这两门课程涵盖了机器学习的基本概念和实际应用，提供了丰富的学习资源和案例.

[1] 在线资源：见"链接 6".
[2] 在线资源：见"链接 7".

## 1.6 习题

**习题 1-1** 试着对下列术语给出定义：样本、特征、标签、模型、参数、学习算法.

**习题 1-2** 试述经验误差和泛化误差的概念，并解释二者之间的关系.

**习题 1-3** 试述什么是过拟合，并请列举一些避免过拟合的方法.

**习题 1-4** 线性回归是一种最小二乘法求解的线性模型，试述最小二乘法的原理，并解释为什么可以通过最小化均方误差得到最优解.

**习题 1-5** 试自行推导求解线性判别分析法中的式(1.13)，并得到其闭式解.

**习题 1-6** 试述支持向量机的原理和优点，并解释线性支持向量机和非线性支持向量机的区别.

**习题 1-7** PAC 学习理论和 No Free Lunch 定理分别对机器学习算法的性能和效率提出了哪些要求和限制？试解释并给出例子.

**习题 1-8** 奥卡姆剃刀原理和归纳偏置在机器学习中的应用分别是什么？试解释并给出例子.

**习题 1-9** 给定以下三个点：$(1,1)$, $(2,0)$, $(3,-1)$，试求通过这三个点的线性回归模型，即 $y = \omega_0 + \omega_1 x$ 中 $\omega_0$ 和 $\omega_1$ 的值.

**习题 1-10** 假设在一个二分类问题中，有 10 个样本，其中 5 个样本的真实类别为正例，5 个样本的真实类别为反例，且分类器的预测结果如表 1.2 所示. 试求该分类器的查准率、查全率和 F1 值.

表 1.2　二分类问题某分类器预测结果

| 实际类别/预测类别 | 正例 | 反例 |
|---|---|---|
| 正例 | 4 | 1 |
| 反例 | 2 | 3 |

## 历史的天空

**Alan Turing**
（1912—1954）

　　英国数学家、逻辑学家、计算机科学家和密码学家，被誉为"计算机科学与人工智能之父"。在二战期间，他领导"Hut 8"小组负责德国海军密码的破译工作. 这期间他设计了一些加速破译德国密码的技术，包括改进波兰战前研制的机器 Bombe、一种可以找到 Enigma 密码机设置的机电机器. Alan Turing 在破译截获的编码信息方面发挥了关键作用，使盟军能够在包括大西洋战役在内的许多重要交战中击败轴心国海军，并因此帮助盟军赢得了战争.

　　Alan Turing 对于人工智能的发展有诸多贡献，例如，他曾写过一篇名为"Computing Machinery and Intelligence"的论文，提问"机器会思考吗？"（Can Machines Think?），作为一种用于判定机器是否具有智能的测试方法，即著名的"图灵测试". 计算机科学领域最负盛名的奖项、有"计算机界诺贝尔奖"之称的"图灵奖"便是为纪念 Alan Turing 而命名的.

# 参考文献

李航, 2012. 统计学习方法 [M]. 北京: 清华大学出版社.
周志华, 2016. 机器学习 [M]. 北京: 清华大学出版社.
周志华, 王魏, 高尉, 等, 2020. 机器学习导引 [M]. 北京: 机械工业出版社.
BISHOP C M, 2006. Pattern recognition and machine learning[M]. New York: Springer.

DIETTERICH T G, BAKIRI G, 1995. Solving multiclass learning problems via error-correcting output codes[J]. J. Artificial Intell. Research, 2(1): 263-286.

FISHER R A, 1936. The use of multiple measurements in taxonomic problems[J]. Annals of Eugenics, 7(2): 179-188.

HOERL A E, KENNARD R W, 1970. Ridge regression: Biased estimation for nonorthogonal problems[J]. Technometrics, 12(1): 55-67.

MITCHELL T M, 1997. Machine learning[M]. New York: McGraw-Hill Education.

SHALEV-SHWARTZ S, BEN-DAVID S, 2014. Understanding machine learning: From theory to algorithms[M]. New York: Cambridge University Press.

TIBSHIRANI R, 1996. Regression shrinkage and selection via the lasso[J]. J. Royal Statistical Society. Series B (Methodological), 58(1): 267-288.

ZOU H, HASTIE T, 2005. Regularization and variable selection via the elastic net[J]. J. Royal Statistical Society. Series B (Statistical Methodology), 67(2): 301-320.

# 第二篇

# 深度学习基础

# 第二章

## 相互匹配算法

# 第 2 章
# 深度学习基本概念

深度学习（Deep Learning，DL）是一种机器学习方法，其目标是让计算机能够自主地从数据中学习出复杂的表示和模式，并使用这些表示和模式来解决各种任务. 与传统的机器学习方法不同，深度学习可以处理较高维度的数据，并在大规模数据集上进行训练，因此在图像识别（image recognition）[1]、语音识别（audio recognition）[2]、自然语言处理（nature language processing）[3]、机器翻译（machine translation）[4]、推荐系统（recommendation system）[5]等领域取得了显著的成果.

深度学习的核心思想是构建一个由多层神经网络组成的模型，在每一层中使用非线性变换将输入数据映射到更高层次的抽象表示中. 这种分层表示的方法可以帮助深度学习模型自主地学习出数据中的复杂结构和规律，并在不同的任务中进行迁移学习.

目前，深度学习已经在多个领域取得了重要的应用，如图像识别中的人脸识别、物体识别、图像生成等；语音识别中的语音转文字、语音合成等；自然语言处理中的情感分析、文本分类、机器翻译等；推荐系统中的商品推荐、用户画像等. 深度学习技术的不断发展和创新，必将推动人工智能领域的快速发展.

本章以卷积神经网络为代表，首先对深度学习相关发展历程进行回顾，接着介绍深度学习的经典思想——"端到端学习"思想，并从抽象层面介绍深度学习的基本结构，以及深度学习的两类基本过程：前馈运算（预测和推理）和反馈运算（训练和学习）.

---

[1] 图像识别旨在使计算机系统能够理解和解释图像内容，从而识别和分类图像中的物体、场景或模式.

[2] 语音识别通过分析声音信号将口述的语音转换为文字，实现计算机对语音输入的理解与处理.

[3] 自然语言处理致力于使计算机能够理解、解释、生成，以及与人类自然语言进行交互，涵盖文本分析、语音识别、语义理解等多个方面.

[4] 机器翻译是指使用计算机自动将一种自然语言的文本或语音转换为另一种自然语言的文本或语音的技术.

[5] 推荐系统指通过算法来分析用户行为和物品特征，以个性化的方式向用户推荐相关的产品、服务或内容的技术.

## 2.1 发展历程

深度学习的发展历程可以追溯到 20 世纪六七十年代的人工神经网络（Artificial Neural Network，ANN）时代. 当时的神经网络主要由一层或多层感知机组成,可以解决一些简单的分类和回归问题.但是,由于当时计算机性能和数据量都比较有限,神经网络的规模和复杂度都受到了很大的限制.

直到 20 世纪 80 年代,反向传播算法(back propagation)(Rumelhart et al., 1986) 的提出,使得神经网络可以进行更深层次的训练,打破了一些限制.但是,由于反向传播算法在深度神经网络中容易出现梯度消失或梯度爆炸的问题,深度神经网络的训练一直受到了很大的挑战,直到 20 世纪 90 年代末期,引入了一些新的技术,如 Dropout (Srivastava et al., 2014)、批量归一化 (Ioffe et al., 2015) 等,才使得深度神经网络的训练变得更加容易和稳定.

随着大规模数据集和计算能力的提升,深度学习在近年来得到了快速发展. 2006 年,Geoffrey E. Hinton 等人提出了深度置信网络(Deep Belief Network, DBN)(Hinton et al., 2006b),这是第一个得到成功训练的深度神经网络模型. 2012 年,Geoffrey E. Hinton 等人在 ImageNet 图像识别比赛中提出的卷积神经网络(Convolutional Neural Network, CNN)一举夺冠[1],这标志着深度学习技术在计算机视觉领域的广泛应用.自此以后,深度学习在自然语言处理、语音识别、推荐系统等领域都取得了重要的进展,甚至在某些任务中超越了人类水平.

而在卷积神经网络发展历史中,其第一个里程碑事件发生在 20 世纪 60 年代左右的神经科学(neuroscience)领域中.加拿大神经科学家 Torsten Wiesel 和 David H. Hubel(见图 2.1)于 1959 年提出猫的初级视皮层中单个神经元的"感受野"(receptive field)概念,紧接着于 1962 年发现了猫的视觉中枢里存在感受野、双目视觉和其他功能结构,这标

[1] 2012 年,Geoffrey E. Hinton 等人凭借发明的 AlexNet 以 10 个百分点的巨大优势超越以人工特征(hand-crafted feature)为解决方案的其他队伍,取得了当年 ImageNet 的世界冠军——由此拉开了计算机视觉领域深度学习时代的序幕.

图 2.1 Torsten Wiesel(左)和 David H. Hubel(右).两人因在视觉系统信息处理方面的杰出贡献,于 1981 年获得诺贝尔生理学或医学奖

志着神经网络结构首次在大脑视觉系统中被发现.[1]

1980 年前后, 日本科学家 Kunihiko Fukushima 在 Hubel 和 Wiesel 工作的基础上, 模拟生物视觉系统并提出了一种层级化的多层人工神经网络, 即 "神经认知" (neurocognitron) (Fukushima, 1980), 以处理手写字符识别和其他模式识别任务. 神经认知模型在后来也被认为是现今卷积神经网络的前身. 在 Kunihiko Fukushima 的神经认知模型中, 两种最重要的组成单元是 "S 型细胞" (S-cells) 和 "C 型细胞" (C-cells), 两类细胞交替堆叠在一起构成了神经认知网络, 如图 2.2 所示. 其中, S 型细胞用于抽取局部特征 (local feature), C 型细胞则用于抽象和容错, 不难发现这与现今卷积神经网络中的卷积层 (convolution layer) 和汇合层 (pooling layer) 可一一对应.

[1] 相关视频资料见 "链接 8".

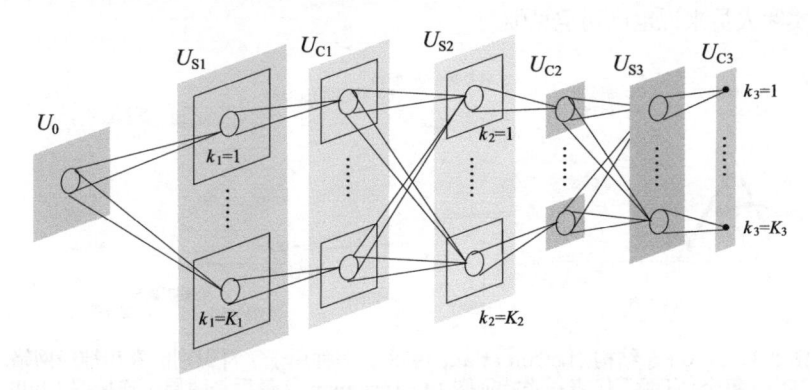

图 2.2 1980 年日本科学家 Kunihiko Fukushima 提出的神经认知模型 (Fukushima, 1980)

随后, Yann LeCun 等人在 1998 年提出了基于梯度学习的卷积神经网络算法 (LeCun et al., 1998), 并将其成功应用于手写数字字符识别中, 在那时的技术条件下就能取得低于 1% 的错误率. 因此, LeNet 这一卷积神经网络在当时便效力于全美几乎所有的邮政系统, 用来识别手写邮政编码, 进而分拣邮件和包裹. 可以说, LeNet 是第一个产生实际商业价值的卷积神经网络 (见图 2.3), 同时也为卷积神经网络以后的发展奠定了坚实的基础. 鉴于此, Google 在 2015 年提出 GoogLeNet (Szegedy et al., 2015) 时还特意将 "L" 大写, 以此向 "前辈" LeNet 致敬.

时间来到 2012 年, 在有计算机视觉界 "世界杯" 之称的 ImageNet 图像分类竞赛四周年之际, Geoffrey E. Hinton 等人凭借卷积神经网络

Alex-Net 力挫日本东京大学、英国牛津大学 VGG 组等劲旅，并且以超越第二名近 11% 的准确率一举夺得该竞赛冠军 (Krizhevsky et al., 2012)，霎时间，学界、业界一片哗然. 自此揭开了深度学习在计算机视觉领域称霸一方的序幕[1]，此后每年 ImageNet 竞赛的冠军非深度卷积神经网络莫属. 直到 2015 年，在改进了卷积神经网络中的激活函数（activation function）后，卷积神经网络在 ImageNet 数据集上的性能（Top-5 预测错误率 4.94%）第一次超过了人类预测错误率（Top-5 预测错误率 5.1%）(He et al., 2015). 近年来，随着神经网络，特别是卷积神经网络相关领域研究者的增多、技术的日新月异，卷积神经网络也变得愈宽、愈深、愈加复杂，从最初的 5 层、16 层到微软亚洲研究院（MSRA）等提出的 152 层 Residual Net (He et al., 2016)，甚至上千层网络对广大研究者和工程实践人员来说也已司空见惯.

[1] 有人称 Alex-Net 诞生的 2012 年为计算机视觉领域中的深度学习元年. 同时也有人将 Hinton 提出深度置信网络（Deep Belief Network, DBN）(Hinton et al., 2006a) 的 2006 年视为机器学习领域中的深度学习元年.

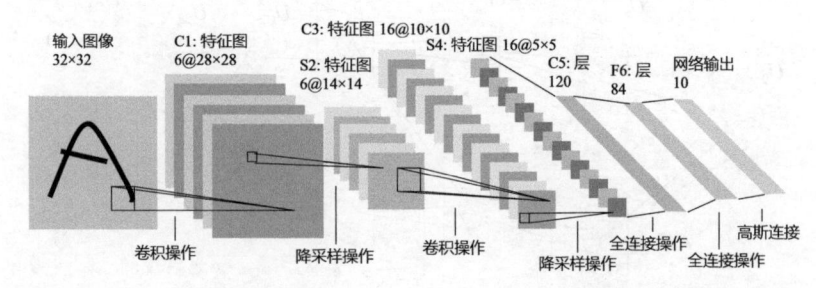

图 2.3 LeNet-5 结构 (LeCun et al., 1998)：一种用于字符识别的卷积神经网络. 其中，每个"矩形"代表一张特征图（feature map），最后是两层全连接层（fully connected layer）

不过有趣的是，我们从如图 2.4(a) 所示的 Alex-Net 网络结构可以发现，在基本结构方面它与十几年前的 LeNet 几乎毫无差异. 但数十载间，数据和硬件设备（尤其是 GPU）的发展确实是翻天覆地的，它们实际上才是进一步助力神经网络领域革新的主引擎. 正是如此，才使得深度神经网络不再是"晚会的戏法"和象牙塔里的研究，真正变成了切实可行的工具和应用手段. 深度卷积神经网络自 2012 年一炮走红，到现在俨然已成为人工智能领域一个举足轻重的研究方向，甚至可以说深度学习是诸如计算机视觉、自然语言处理等领域主宰性的研究技术，更是工业界各大公司和创业机构着力发展、力求抢占先机的技术奇点.

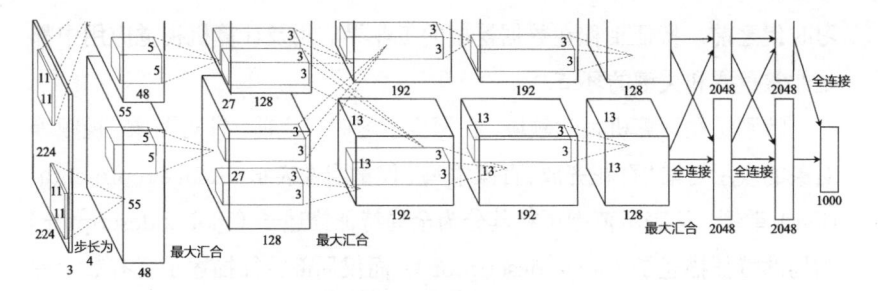

(a) Alex-Net 结构 (Krizhevsky et al., 2012)

(b) Geoffrey E. Hinton

图 2.4　Alex-Net 网络结构和 Geoffrey E. Hinton. 值得一提的是，Hinton 因其杰出的研究成就，获得 2016 年度电气电子工程师学会（IEEE）与爱丁堡皇家科学会（Royal Society of Edinburgh）联合颁发的 James Clerk Maxwell 奖，以表彰其在深度学习方面的突出贡献；于 2018 年与 Yann LeCun 和 Yoshua Bengio 共享了图灵奖；并于 2024 年与 John J. Hopfield 因其 "为利用人工神经网络进行机器学习做出的基础性发现和发明" 共享了诺贝尔物理学奖

## 2.2　"端到端"思想

深度学习的一个重要思想是 "端到端" 的学习方式（end-to-end manner），属于表示学习（representation learning）[1]的一种. 这也是深度学习区别于其他机器学习算法的最重要方面之一. 其他机器学习算法，如特征选择（feature selection）算法、分类器（classifier）算法、集成学习（ensemble learning）算法等，均假设样本特征表示是给定的，并在此基础上设计具体的机器学习算法. 在深度学习时代之前，样本表示基本都使用人工特征（hand-crafted feature），但 "巧妇难为无米之炊"，人工特征的优劣往往在很大程度上决定了最终的任务精度. 这样便催生了一种特殊的机器学习分支——特征工程（feature engineering）. 在深度学

[1] 表示学习（representation learning）是一个广泛的概念，并不特指深度学习. 实际上在深度学习兴起之前，就有不少关于表示学习的研究，如 "词包" 模型（bag-of-word model）和浅层自动编码机（shallow autoencoder）等.

习时代之前，特征工程在数据挖掘的工业界应用及计算机视觉应用中都是非常重要和关键的环节.

特别是在计算机视觉领域，在深度学习时代之前，针对图像、视频等对象的表示可谓"百花齐放,百家争鸣". 仅拿图像表示（image representation）举例，从表示范围可将其分为全局特征描述子（global descriptor）和局部特征描述子（local descriptor），而仅局部特征描述子就有数十种之多，如 SIFT (Lowe, 2005)、PCA-SIFT (Ke et al., 2004)、SURF (Bay et al., 2006)、HOG (Dalal et al., 2005)、steerable filters (Freeman et al., 1991)……同时，不同局部特征描述子擅长的任务又不尽相同，一些适用于边缘检测，一些适用于纹理识别，这便使得在实际应用中挑选合适的特征描述子成为一件令人头疼的事情. 对此，甚至有研究者于 2004 年在相关领域国际顶级期刊 *TPAMI*（*IEEE Transactions on Pattern Analysis and Machine Intelligence*）上发表实验性综述 "A Performance Evaluation of Local Descriptors" (Mikolajczyk et al., 2005)，系统地描述不同局部特征描述子的作用，该综述至今已获得逾 11000 次引用. 而在深度学习普及之后，人工特征已逐渐被表示学习根据任务自动需求"学到"的特征表示所取代.[1]

更重要的是，过去解决一个人工智能问题（以图像识别为例）往往通过分治法将其分解为预处理、特征提取与选择、分类器设计等若干步骤. 分治法的动机是将图像识别的母问题分解为简单、可控且清晰的若干小的子问题. 不过在分步解决子问题时，尽管可在子问题上得到最优解，但在子问题上的最优并不意味着就能得到全局问题的最优解. 对此，深度学习则为我们提供了另一种范式（paradigm），即"端到端"的学习方式，其在整个学习流程中并不进行人为的子问题划分，而是完全交给深度学习模型直接学得从原始输入到期望输出的映射. 相比分治策略，"端到端"的学习方式具有协同增效的优势，有更大的可能获得全局最优解.

如图 2.5 所示，对于深度模型，其输入数据是未经任何人为加工的原始样本形式，后续则是堆叠在输入层上的众多操作层. 这些操作层整体可被看作一个复杂的函数 $f_{\text{CNN}}$，最终损失函数由数据损失（data loss）和模型参数的正则化损失（regularization loss）共同组成，深度模型的训练则在最终损失驱动下对模型进行参数更新并将误差反向传播至网络各层. 模型的训练过程可以被简单地抽象为从原始数据向最终目标的直

---

[1] 笔者曾有幸于 2013 年在北京与 2018 年图灵奖得主、深度学习领域资深学者 Yoshua Bengio 共进晚餐，当时深度学习并不像如今这样在诸多领域占据"统治地位"，倒更像一股"星星之火". 席间，笔者曾问 Yoshua："你觉得今后深度学习与人工特征方面的研究是怎样一种关系？" Yoshua 几乎没有思考，回答坚定且自信，只有一词："Replace!"

接"拟合",而中间的这些部件正起到了将原始数据映射为特征(特征学习),随后再映射为样本标记(目标任务,如分类)的作用.下面来看看组成 $f_{\text{CNN}}$ 的各个基本组件.

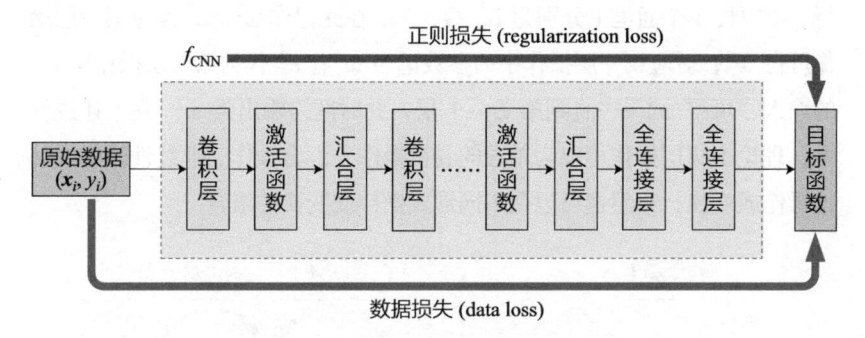

图 2.5 卷积神经网络基本流程图

## 2.3 基本结构

总体来说,深度学习网络是一种层次模型(hierarchical model),其输入是原始数据(raw data),如 RGB 图像、原始音频数据等.具体到卷积神经网络,其通过卷积(convolution)操作、汇合(pooling)操作和非线性激活函数(non-linear activation function)映射等一系列操作的层层堆叠,将高层语义信息从原始数据输入层中抽取出来,逐层抽象,这一过程便是"前馈运算"(feed-forward).其中,不同类型的操作在深度学习网络中一般被称为"层":卷积操作对应"卷积层",汇合操作对应"汇合层",等等.最终,深度学习网络的最后一层将目标任务(分类、回归等)形式化为目标函数(objective function).[1] 通过计算预测值与真实值之间的误差或损失(loss),凭借反向传播算法[back-propagation algorithm (Rumelhart et al., 1986)]将误差或损失由最后一层逐层向前反馈(back-forward),更新每层参数,并在更新参数后再次前馈,如此往复,直到网络模型收敛,从而达到训练模型的目的.

更通俗地讲,深度学习网络操作犹如"搭积木"的过程(如图 2.6 所示),将卷积等操作层作为"基本单元"依次"搭"在原始数据(见图 2.6 中

---

[1]目标函数有时也被称为代价函数(cost function)或损失函数(loss function)

[1]RGB 颜色空间是一种基于三原色的颜色模型，其中红（R）、绿（G）、蓝（B）三种颜色的不同组合形成了广泛应用于数字图像和显示技术的颜色表示方式。

的 $x^1$）上，逐层"堆砌"，以损失函数的计算（见图 2.6 中的 $z$）作为过程结束，其中每层的数据形式是一个三维张量（tensor）。具体地说，在计算机视觉应用中，深度学习网络的数据层通常是 RGB 颜色空间[1]的图像：$H$ 行、$W$ 列、3 个通道（分别为 R、G、B），在此记作 $x^1$。$x^1$ 经过第一层操作可得 $x^2$，对应第一层操作中的参数记为 $\omega^1$；$x^2$ 作为第二层操作层 $\omega^2$ 的输入，可得 $x^3$……直到第 $L-1$ 层，此时网络输出为 $x^L$。在上述过程中，理论上每层操作可以为单独的卷积操作、汇合操作、非线性映射或其他操作或变换，当然也可以是不同形式操作或变换的组合。

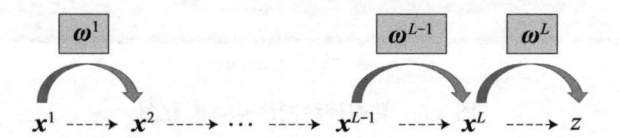

图 2.6 深度学习网络构建示意图。其中实线粗箭头表示数据层经过操作层的过程，虚线箭头表示数据层流程

最后，整个网络以损失函数的计算结束。若 $y$ 是输入 $x^1$ 对应的真实标记（ground truth），则损失函数可以表示为

$$z = \mathcal{L}(x^L, y), \tag{2.1}$$

其中，函数 $\mathcal{L}(\cdot)$ 中的参数即为 $\omega^L$。事实上，可以发现对于层中的特定操作，参数 $\omega^i$ 是可以为"空"的，如汇合操作、无参的非线性映射，以及无参损失函数的计算等。在实际应用中，对于不同任务，损失函数的形式也随之改变。以回归问题为例，常用的 $\ell_2$ 损失函数即可作为卷积网络的目标函数，此时有 $z = \mathcal{L}_{\text{regression}}(x^L, y) = \frac{1}{2}\|x^L - y\|^2$；对于分类问题，网络的目标函数常采用交叉熵（cross entropy）损失函数，有 $z = \mathcal{L}_{\text{classification}}(x^L, y) = -\sum_i y_i \log(p_i)$，其中 $p_i = \frac{\exp(x_i^L)}{\sum_{j=1}^C \exp(x_j^L)}$ $(i = 1, 2, \ldots, C)$，$C$ 为分类任务类别数。显然，无论是回归问题还是分类问题，在计算 $z$ 前，均需要通过合适的操作得到与 $y$ 同维度的 $x^L$，方可正确计算样本预测的损失/误差值。有关不同损失函数的对比参见本书第 9 章。

## 2.4 前馈运算

无论是在训练模型时计算误差还是在模型训练完毕后获得样本预测，深度学习网络的前馈（feed-forward）运算都较直观。同样以卷积神经网络的图像分类任务为例，假设网络已训练完毕，即其中参数 $\omega^1,\ldots,\omega^{L-1}$ 已收敛到某最优解，此时可用此网络进行图像类别预测。预测过程实际上就是一次网络的前馈运算：将测试集图像作为网络输入 $x^1$ 送入网络，之后经过第一层操作 $\omega^1$，可得 $x^2$，如此下去，直至输出 $x^L \in \mathbb{R}^C$。在上一节中提到，$x^L$ 是与真实标记同维度的向量。在利用交叉熵损失函数训练后得到的网络中，$x^L$ 的每一维可表示 $x^1$ 分别隶属 $C$ 个类别的后验概率。如此，可通过 $\arg\max\limits_{i} x_i^L$ 得到输入图像 $x^1$ 对应的预测标记。

## 2.5 反馈运算

同其他许多机器学习模型（支持向量机等）一样，深度学习网络都依赖最小化损失函数来学得模型参数，即最小化式(2.1)中的 $z$。不过需要指出的是，从凸优化理论来看，神经网络模型不仅是非凸（non-convex）函数[1]，而且异常复杂，这便造成优化求解的困难。在该情形下，深度学习模型采用随机梯度下降法（Stochastic Gradient Descent, SGD）和误差反向传播（error back propogation）进行模型参数更新。有关随机梯度下降法的详细内容可参见附录 B.6。

具体地讲，在求解深度学习网络时，特别是针对大规模应用问题（如 ImageNet 图像分类或检测任务），常采用批处理随机梯度下降法（mini-batch SGD）。批处理的随机梯度下降法在训练模型阶段随机选取 $n$ 个样本作为一批（batch）样本，先通过前馈运算做出预测并计算其误差，后通过梯度下降法更新参数，梯度从后往前逐层反馈，直至更新到网络的第一层参数，这样的一个参数更新过程被称为"批处理过程"。不同批处理之间按照无放回抽样遍历所有训练集样本，遍历一次训练样本被称为"一轮"（epoch）。其中，批处理样本的大小（batch size）不宜设置

---

[1]非凸函数是指在其定义域内存在至少一个局部极小值点，并且不是凸函数，其特点是存在凹陷或非凸部分，使得寻找全局极小值点更具挑战性。

得过小. 过小时（如 batch size 为 1、2 等），由于样本采样随机，那么基于该样本的误差更新模型参数不一定在全局上最优（此时仅为局部最优更新），这会使得训练过程产生振荡. 而批处理大小的上限则主要受到硬件资源的限制，如 GPU 显存大小. 一般而言，将批处理大小设为 32、64、128 或 256 即可. 当然在随机梯度下降更新参数时，还有不同的参数更新策略，具体参见本书第 11 章有关内容.

下面我们来看误差反向传播的详细过程. 按照 2.3 节的内容，假设某批处理前馈后得到 $n$ 个样本上的误差为 $z$，并且 $\mathcal{L}$ 表示最后一层的损失函数，则易得

$$\frac{\partial z}{\partial \boldsymbol{\omega}^L} = 0, \tag{2.2}$$

$$\frac{\partial z}{\partial \boldsymbol{x}^L} = \frac{\partial \mathcal{L}}{\partial \boldsymbol{x}^L}. \tag{2.3}$$

若 $\mathcal{L}$ 为 $\ell_2$ 损失函数，则 $\frac{\partial z}{\partial \boldsymbol{x}^L} = \boldsymbol{x}^L - \boldsymbol{y}$. 通过上式不难发现，实际上每层操作都对应了两部分导数：一部分是误差关于第 $i$ 层参数的导数 $\frac{\partial z}{\partial \boldsymbol{\omega}^i}$，另一部分是误差关于该层输入的导数 $\frac{\partial z}{\partial \boldsymbol{x}^i}$. 其中：

- 关于参数 $\boldsymbol{\omega}^i$ 的导数 $\frac{\partial z}{\partial \boldsymbol{\omega}^i}$，用于该层参数更新

$$\boldsymbol{\omega}^i \leftarrow \boldsymbol{\omega}^i - \eta \frac{\partial z}{\partial \boldsymbol{\omega}^i}. \tag{2.4}$$

$\eta$ 是每次随机梯度下降的步长，一般随训练轮数的增多而减小，详细内容参见本书 11.2.2 节.

- 关于输入 $\boldsymbol{x}^i$ 的导数 $\frac{\partial z}{\partial \boldsymbol{x}^i}$，则用于误差向前层的反向传播. 可将其视作最终误差从最后一层传递至第 $i$ 层的误差信号.

下面以第 $i$ 层参数更新为例. 当误差更新信号（导数）反向传播至第 $i$ 层时，第 $i+1$ 层的误差导数为 $\frac{\partial z}{\partial \boldsymbol{x}^{i+1}}$，第 $i$ 层参数更新时需要计算 $\frac{\partial z}{\partial \boldsymbol{\omega}^i}$ 和 $\frac{\partial z}{\partial \boldsymbol{x}^i}$ 的对应值. 根据链式法则（参见本书附录 B.5），可得

$$\frac{\partial z}{\partial \boldsymbol{\omega}^i} = \frac{\partial z}{\partial \boldsymbol{x}^{i+1}} \cdot \frac{\partial \boldsymbol{x}^{i+1}}{\partial \boldsymbol{\omega}^i}, \tag{2.5}$$

$$\frac{\partial z}{\partial \boldsymbol{x}^i} = \frac{\partial z}{\partial \boldsymbol{x}^{i+1}} \cdot \frac{\partial \boldsymbol{x}^{i+1}}{\partial \boldsymbol{x}^i}. \tag{2.6}$$

前面提到，由于在第 $i+1$ 层时已计算得到 $\frac{\partial z}{\partial \boldsymbol{x}^{i+1}}$，即式(2.5)和式(2.6)中等号右端的左项. 另一方面，在第 $i$ 层，由于 $\boldsymbol{x}^i$ 经 $\boldsymbol{\omega}^i$ 直接作用得 $\boldsymbol{x}^{i+1}$，故反向求导时也可直接得到其偏导数 $\frac{\partial \boldsymbol{x}^{i+1}}{\partial \boldsymbol{x}^i}$ 和 $\frac{\partial \boldsymbol{x}^{i+1}}{\partial \boldsymbol{\omega}^i}$. 如此，可求得式(2.5)和式(2.6)中等号左端项 $\frac{\partial z}{\partial \boldsymbol{\omega}^i}$ 和 $\frac{\partial z}{\partial \boldsymbol{x}^i}$. 后根据式(2.4)更新该层参数，并将 $\frac{\partial z}{\partial \boldsymbol{x}^i}$ 作为该层误差传至前层，即第 $i-1$ 层，如此下去，直至更新到第 1 层，从而完成一个批处理的参数更新. 基于上述反向传播算法的模型训练如算法 2.1 所示.

**算法 2.1** 反向传播算法

**输入：** 训练集（$N$ 个训练样本及对应标记）$(\boldsymbol{x}_n^1, \boldsymbol{y}_n)$, $n = 1, \ldots, N$；训练轮数 $T$

**输出：** $\boldsymbol{\omega}^i$, $i = 1, \ldots, L$

1: **for** $t = 1, \ldots, T$ **do**
2:    **while** 训练集数据未遍历完全 **do**
3:       前馈运算得到每层 $\boldsymbol{x}^i$，并计算最终误差 $z$;
4:       **for** $i = L, \ldots, 1$ **do**
5:          (a) 用式(2.5)反向计算第 $i$ 层误差对该层参数的导数 $\frac{\partial z}{\partial \boldsymbol{\omega}^i}$;
6:          (b) 用式(2.6)反向计算第 $i$ 层误差对该层输入数据的导数 $\frac{\partial z}{\partial \boldsymbol{x}^i}$;
7:          (c) 用式(2.4)更新参数：$\boldsymbol{\omega}^i \leftarrow \boldsymbol{\omega}^i - \eta \frac{\partial z}{\partial \boldsymbol{\omega}^i}$;
8:       **end for**
9:    **end while**
10: **end for**
11: **return** $\boldsymbol{\omega}^i$

当然，上述方法是通过手动书写导数，并用链式法则计算最终误差对每层不同参数的梯度的，之后仍需通过代码将其实现. 可见这一过程不仅烦琐，且容易出错，特别是对一些复杂操作，其导数很难求得甚至无法显式写出. 针对这种情况，一些深度学习库，如 PyTorch[1]、MindSpore[2]、Theano[3] 和 Tensorflow[4] 等都采用了符号微分的方法进行自动求导来训

[1] 见"链接 9".
[2] 见"链接 10".
[3] 见"链接 11".
[4] 见"链接 12".

练模型. 符号微分可以在编译时就计算导数的数学表示, 并进一步利用符号计算方式进行优化. 在实际应用时, 用户只需把精力放在模型构建和前向代码书写上, 不用担心复杂的梯度求导过程. 不过, 在此需指出的是, 读者有必要对上述反向梯度传播过程加以了解, 也要有能力推导求得正确的导数形式.

## 2.6 总结与扩展阅读

本章介绍了深度学习的基本概念, 为读者提供了对这一领域的全面理解. 首先, 本章回顾了深度学习的发展历程, 从其起源到如今的繁荣, 展示了深度学习在解决各种复杂问题上的重要性. 本章还探讨了"端到端"思想, 强调了将整个问题映射到一个统一的深度学习模型中的重要性, 这种思想在现代深度学习中具有广泛的应用.

在基本结构部分, 本章详细介绍了深度学习模型的构建. 前馈运算的讨论帮助读者理解深度学习模型是如何处理输入数据, 进行特征提取和推理的. 反馈运算则强调了深度学习模型中的反向传播算法, 它是训练深度网络的关键. 通过这些基本概念, 读者可对深度学习的核心原理有清晰的认识.

为了深入学习和探索深度学习领域的更多知识, 下面列出一些扩展阅读材料, 它们提供了不同角度和深度的深度学习理论及应用.

- *Deep Learning* (Goodfellow et al., 2016): 该书被认为是深度学习领域的经典教材, 全面覆盖了深度学习的基本概念和高级技术, 适合深入研究.
- *Neural Networks and Deep Learning*: 该在线图书[1] 以可视化和直观的方式解释了神经网络和深度学习的基础知识, 适合初学者阅读参考.
- *Deep Learning for Computer Vision* (Shanmugamani, 2018): 该书专注于深度学习在计算机视觉领域的应用, 提供了实际案例和示例, 帮助读者将理论应用到实践中.
- 在线课程: 美国斯坦福大学的 CS231n: Deep Learning for Computer Vision 课程[2] 及《动手学深度学习》[3].

[1] 在线资源见"链接 13".
[2] 在线资源见"链接 14".
[3] 在线资源见"链接 15".

## 2.7 习题

**习题 2-1** 试述深度学习的发展历程，并阐述深度学习与传统机器学习的异同.

**习题 2-2** 试述"端到端"思想的含义，并列出其优缺点.

**习题 2-3** 试述深度学习模型组成的基本结构.

**习题 2-4** 试述前馈神经网络的结构和原理.

**习题 2-5** 试述反馈运算的原理和作用.

**习题 2-6** 对于下式

$$z = x^2 + y^2 - \frac{x}{y} + xy.$$

（1）试计算当 $x = 2$，$y = 0.5$ 时，函数 $z$ 的取值，并结合本章内容体会网络前馈运算.

（2）试推导函数 $z$ 分别关于变量 $x$ 和 $y$ 的偏导数 $\frac{\partial z}{\partial x}$ 及 $\frac{\partial z}{\partial y}$.

（3）试计算当 $x = 2$，$y = 0.5$ 时，以上两个偏导数的取值，并结合本章内容体会网络反馈运算.

**习题 2-7** 试设计一个前馈神经网络来解决 XOR 问题，要求该前馈神经网络具有两个隐藏神经元和一个输出神经元，并使用 ReLU 激活函数[1] 作为激活函数.

**习题 2-8** 对于一个单层的感知机模型，假设输入为 $x_1$ 和 $x_2$，输出为 $y$，权重分别为 $\omega_1$ 和 $\omega_2$，偏置为 $b$，激活函数为 Sigmoid 函数.[2] 试写出该感知机模型的前馈运算表达式和反馈运算表达式.

**习题 2-9** 对于一个两层的全连接神经网络模型，输入为 $x$，输出为 $y$，第一层隐藏层的神经元个数为 $n$，激活函数为 ReLU 激活函数，第二层输出层的激活函数为 Sigmoid 函数. 试写出该神经网络模型的前馈运算表达式和反馈运算表达式.

**习题 2-10** 阅读 1980 年 Kunihiko Fukushima 提出神经认知模型的文献 "Neocognitron: A Self-Organizing Neural Network Model for A Mechanism of Pattern Recognition Unaffected by Shift in Position"（Fukushima, 1980），试对比其与现代卷积神经网络模型的异同.

---

[1] ReLU（Rectified Linear Unit）函数是目前深度学习中最常用的激活函数之一. 其定义为：$f(x) = \max(0, x)$. 更多内容参见本书 3.1.4 节.

[2] Sigmoid 函数是一种常用的激活函数，可以将其输入映射到 0 和 1 之间的概率值. Sigmoid 函数的形式为：$f(x) = \frac{1}{1+e^{-x}}$. 更多内容参见本书 3.1.4 节.

## 历史的天空

**Claude Shannon**
（1916—2001）

美国国家科学院院士、伦敦皇家科学院院士、数学家、电子工程师和密码学家，曾获美国国家科学奖章（1996年），被誉为"信息论之父". 1948年，Claude Shannon 发表了划时代的论文——《通讯的数学理论》，奠定了现代信息论的基础. 不仅如此，他还被认为是数字计算机理论和数字电路设计理论的创始人. 1937年，21岁的 Claude Shannon 是麻省理工学院的硕士研究生，他在其硕士论文中提出，将布尔代数（Boolean algebra）应用于电子领域，能够构建并解决任何逻辑和数值关系，该论文被誉为有史以来最具水平的硕士论文之一. 在二战期间，Claude Shannon 为军事领域的密码分析——密码破译和保密通信——做出了很大的贡献.

# 参考文献

BAY H, TUYTELAARS T, GOOL L V, 2006. SURF: Speeded up robust features[C]//Proc. Eur. Conf. Comp. Vis. Berlin, Spinger: 404-417.

DALAL N, TRIGGS B, 2005. Histograms of oriented gradients for human detection[C]//Proc. IEEE Conf. Comp. Vis. Patt. Recogn. Santiago, IEEE: 886-893.

FREEMAN W T, ADELSON E H, 1991. The design and use of steerable filters[J]. IEEE Trans. Pattern Anal. Mach. Intell., 13(9): 891-906.

FUKUSHIMA K, 1980. Neocognitron: A self-organizing neural network model for a mechanism of pattern recognition unaffected by shift in position[J]. Biological Cybernetics, 36: 193-202.

GOODFELLOW I, BENGIO Y, COURVILLE A, 2016. Deep learning[M]. Boston: The MIT Press.

HE K, ZHANG X, REN S, et al., 2015. Delving deep into rectifiers: Surpassing human-level performance on ImageNet classification[C]//Proc. IEEE Int. Conf. Comp. Vis. Santiago, IEEE: 1026-1034.

HE K, ZHANG X, REN S, et al., 2016. Deep residual learning for image recognition[C]//Proc. IEEE Conf. Comp. Vis. Patt. Recogn. Las Vegas, IEEE: 770-778.

HINTON G E, SALAKHUTDINOV R, 2006a. Reducing the dimensionality of data with neural networks[J]. Science: 504-507.

HINTON G E, OSINDERO S, TEH Y W, 2006b. A fast learning algorithm for deep belief nets[J]. Neural Computation, 18(7): 1527-1554.

IOFFE S, SZEGEDY C, 2015. Batch normalization: Accelerating deep network training by reducing internal covariate shift[C]//Proc. Int. Conf. Mach. Learn. Lile, ACM: 448-456.

KE Y, SUKTHANKAR R, 2004. PCA-SIFT: A more distinctive representation for local image descriptors[C]//Proc. IEEE Conf. Comp. Vis. Patt. Recogn. Washington, IEEE: 506-513.

KRIZHEVSKY A, SUTSKEVER I, HINTON G E, 2012. ImageNet classification with deep convolutional neural networks[C]//Advances in Neural Inf. Process. Syst. Nevada, MIT: 1097-1105.

LECUN Y, BOTTOU L, BENGIO Y, et al., 1998. Gradient-based learning applied to document recognition[J]. Proceedings of the IEEE: 2278-2324.

LOWE D, 2005. Distinctive image features from scale-invariant keypoints[J]. Int. J. Comput. Vision, 2(60): 91-110.

MIKOLAJCZYK K, SCHMID C, 2005. A performance evaluation of local descriptors[J]. IEEE Trans. Pattern Anal. Mach. Intell., 27(10): 1615-1630.

RUMELHART D E, HINTON G E, WILLIAMS R J, 1986. Learning representations by back-propagating errors[J]. Nature(323): 533-536.

SHANMUGAMANI R, 2018. Deep learning for computer vision[M]. London: Packt Publishing.

SRIVASTAVA N, HINTON G E, KRIZHEVSKY A, et al., 2014. Dropout: A simple way to prevent neural networks from overfitting[J]. J. Mach. Learn. Res., 15: 1929-1958.

SZEGEDY C, LIU W, JIA Y, et al., 2015. Going deeper with convolutions[C]//Proc. IEEE Conf. Comp. Vis. Patt. Recogn. Boston, IEEE: 1-9.

# 第 3 章
# 卷积神经网络

[1] 参见本书第 4 章.

[2] Boltzmann 机是一种基于能量模型和随机采样的概率图模型,用于建模和学习数据中的潜在关系和分布特征.

卷积神经网络(Convolutional Neural Network,CNN)是一类特殊的人工神经网络,区别于其他神经网络模型(如循环神经网络[1]、Boltzmann 机[2]等),它最主要的特点是卷积运算操作(convolution operator). 因此,CNN 在诸多领域的应用,特别是图像相关任务上表现优异,例如图像分类(image classification)、图像语义分割(image semantic segmentation)、图像检索(image retrieval)、物体检测(object detection)等计算机视觉问题. 此外,随着 CNN 研究的深入,像自然语言处理(natural language processing)中的文本分类、软件工程数据挖掘(software mining)中的软件缺陷预测等问题都在尝试利用卷积神经网络进行解决,并取得了比传统方法甚至其他深度网络模型更优的预测效果.

本章将主要介绍卷积神经网络中的一些重要部件(或模块),正是这些部件的层层堆叠使得卷积神经网络可以直接从原始数据(raw data)中学习其特征表示并完成最终的学习任务. 此外,本章还将介绍卷积神经网络的经典结构与若干重要概念,并以四类典型的卷积神经网络模型为例做案例分析. 最后介绍卷积神经网络的压缩与轻量化部署.

## 3.1 卷积神经网络基本组件与操作

卷积神经网络(CNN)作为深度学习的核心架构,在计算机视觉、图像识别等领域取得了巨大的成功. 在深入理解 CNN 之前,我们需要掌握其基本组件与操作. 本节将首先介绍 CNN 的符号表示,并深入讲解有关卷积层、汇合层、激活函数、全连接层以及目标函数等关键要素. 这些基本组件构成了 CNN 的基本骨架,对于理解其工作原理、训练过程以及应用具有关键性的意义. 通过系统学习这些基础知识,读者将能够更好地理解 CNN 的内在机制,为深入学习更复杂的网络结构奠定基础.

## 3.1.1 符号表示

与上一章类似,在此用三维张量 $\boldsymbol{x}^l \in \mathbb{R}^{H^l \times W^l \times D^l}$ 表示卷积神经网络第 $l$ 层的输入,用三元组 $(i^l, j^l, d^l)$ 来指示该张量对应第 $i^l$ 行、第 $j^l$ 列、第 $d^l$ 通道(channel)位置的元素,其中 $0 \leqslant i^l < H^l$, $0 \leqslant j^l < W^l$, $0 \leqslant d^l < D^l$,如图 3.1 所示. 不过,一般在工程实践中,由于采用了批处理(mini-batch)训练策略,网络第 $l$ 层输入通常是一个四维张量,即 $\boldsymbol{x}^l \in \mathbb{R}^{H^l \times W^l \times D^l \times N}$,其中 $N$ 为批处理每一批的样本数.

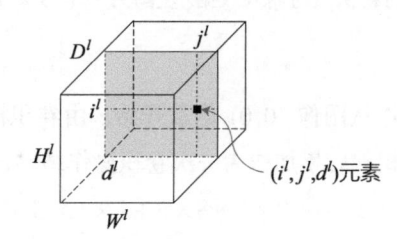

图 3.1 卷积神经网络第 $l$ 层输入 $\boldsymbol{x}^l$ 示意图

以 $N = 1$ 为例,$\boldsymbol{x}^l$ 经过第 $l$ 层操作处理后可得 $\boldsymbol{x}^{l+1}$,为了后面章节书写方便,特将此简写为 $\boldsymbol{y}$,以作为第 $l$ 层对应的输出,即 $\boldsymbol{y} = \boldsymbol{x}^{l+1} \in \mathbb{R}^{H^{l+1} \times W^{l+1} \times D^{l+1}}$.

## 3.1.2 卷积层

卷积层(convolution layer)是卷积神经网络中的基础操作,甚至在网络最后起分类作用的全连接层在工程应用时也是借助卷积操作来实现的.

### 1. 什么是卷积

卷积运算实际上是分析数学中的一种运算方式,在卷积神经网络中通常仅涉及离散卷积的情形. 下面以 $d^l = 1$ 的情形为例介绍二维场景下的卷积操作.

假设输入图像(输入数据)为如图 3.2 所示右侧的 $5 \times 5$ 矩阵,其对应的卷积核(亦称卷积参数,convolution kernel 或 convolution filter)

为一个 $3 \times 3$ 的矩阵. 同时, 假定卷积操作时每做一次卷积操作, 卷积核移动一个像素位置, 即卷积步长 (stride) 为 1.

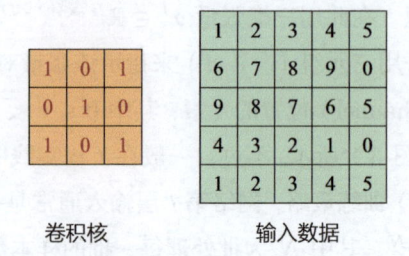

图 3.2 二维场景下的卷积核与输入数据. 左图为一个 $3 \times 3$ 的卷积核, 右图为 $5 \times 5$ 的输入数据

第一次卷积操作从图像 (0,0) 像素开始, 由卷积核中的参数与对应位置图像像素逐位相乘后累加作为一次卷积操作结果, 即 $1 \times 1 + 2 \times 0 + 3 \times 1 + 6 \times 0 + 7 \times 1 + 8 \times 0 + 9 \times 1 + 8 \times 0 + 7 \times 1 = 1 + 3 + 7 + 9 + 7 = 27$, 如图 3.3(a) 所示. 类似地, 在步长为 1 时, 如图 3.3(b) ~ 图 3.3(d) 所示, 卷积核按照步长大小在输入图像上从左至右、自上而下依次将卷积操作进行下去, 最终输出 $3 \times 3$ 大小的卷积特征, 同时该结果将作为下一层操作的输入.

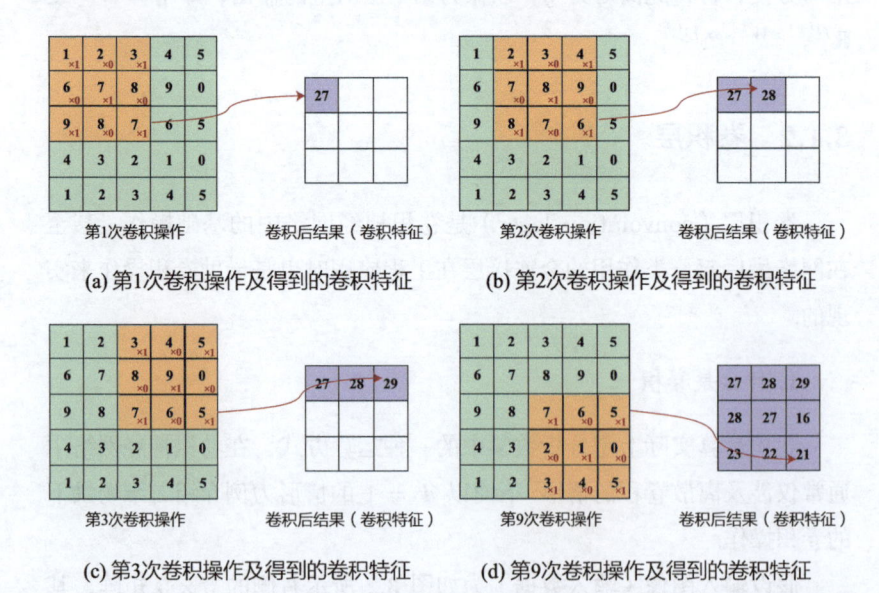

(a) 第1次卷积操作及得到的卷积特征

(b) 第2次卷积操作及得到的卷积特征

(c) 第3次卷积操作及得到的卷积特征

(d) 第9次卷积操作及得到的卷积特征

图 3.3 卷积操作示例

与之类似，若三维场景下的卷积层 $l$ 的输入张量为 $\boldsymbol{x}^l \in \mathbb{R}^{H^l \times W^l \times D^l}$，则该层卷积核为 $\boldsymbol{f}^l \in \mathbb{R}^{H \times W \times D^l}$. 在三维场景下卷积操作实际上只是将二维卷积扩展到了对应位置的所有通道上（即 $D^l$），最终将一次卷积处理的所有 $HWD^l$ 个元素求和作为该位置卷积结果，如图 3.4 所示.

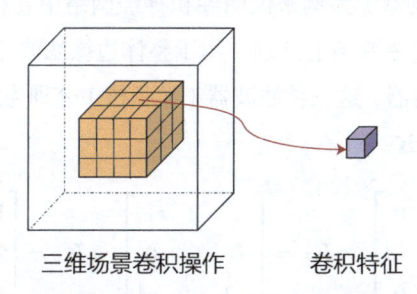

图 3.4 三维场景下的卷积核与输入数据. 左图卷积核大小为 $3 \times 4 \times 3$，右图为在该位置进行卷积操作后得到的 $1 \times 1 \times 1$ 的输出结果

进一步地，若类似 $\boldsymbol{f}^l$ 这样的卷积核有 $D$ 个，则在同一个位置上可得到 $1 \times 1 \times 1 \times D$ 维度的卷积输出，而 $D$ 即为第 $l+1$ 层特征 $\boldsymbol{x}^{l+1}$ 的通道数 $D^{l+1}$. 形式化的卷积操作可表示为

$$y_{i^{l+1},j^{l+1},d} = \sum_{i=0}^{H} \sum_{j=0}^{W} \sum_{d^l=0}^{D^l} f_{i,j,d^l,d} \times x^l_{i^{l+1}+i,j^{l+1}+j,d^l}, \tag{3.1}$$

其中，$(i^{l+1}, j^{l+1})$ 为卷积结果的位置坐标，满足

$$0 \leqslant i^{l+1} < H^l - H + 1 = H^{l+1}, \tag{3.2}$$

$$0 \leqslant j^{l+1} < W^l - W + 1 = W^{l+1}. \tag{3.3}$$

需要指出的是，式(3.1)中的 $f_{i,j,d^l,d}$ 可被视为学习到的权重（weight），可以发现该项权重对不同位置的所有输入都是相同的，这便是卷积层"权值共享"（weight sharing）特性. 除此之外，通常还会在 $y_{i^{l+1},j^{l+1},d}$ 上加入偏置项（bias term）$b_d$.[1] 在误差反向传播时可针对该层权重和偏置项分别设置随机梯度下降法[2] 的学习率. 当然根据实际问题需要，也可以将某层偏置项设置为全 0，或将学习率设置为 0，以起到固定该层偏置或权重的作用. 此外，在卷积操作中有两个重要的超参数（hyper parameters）[3]：卷积核大小（filter size）和卷积步长（stride）. 合适的超参数设置会给最终模型带来理想的性能提升，详细内容请参见本书 11.1 节.

[1] 卷积神经网络中的偏置项用于引入模型的平移不变性，调整每个卷积层的激活函数的阈值，使网络能够更好地适应输入数据的偏移和变化.

[2] 梯度下降法是一种基于梯度信息的迭代优化算法，用于最小化（或最大化）函数. 它在机器学习和深度学习中被广泛应用，帮助模型不断优化参数以达到更好的性能.

[3] 超参数是机器学习算法中需要手动设定的参数，不是通过训练数据学习得到的，用于控制模型的行为、结构和性能，影响训练过程和结果.

### 2. 卷积操作的作用

从前面的内容可以看出，卷积是一种局部操作，通过一定大小的卷积核作用于局部图像区域获得图像的局部信息. 下面以三种边缘卷积核（也可称为滤波器）为例来说明卷积神经网络中卷积操作的作用. 如图 3.5 所示，我们在原图上分别作用于整体边缘滤波器、横向边缘滤波器和纵向边缘滤波器，这三种滤波器（卷积核）分别为式(3.4)中的 $3 \times 3$ 大小卷积核 $\boldsymbol{K}_\mathrm{e}$、$\boldsymbol{K}_\mathrm{h}$ 和 $\boldsymbol{K}_\mathrm{v}$.

$$\boldsymbol{K}_\mathrm{e} = \begin{bmatrix} 0 & -4 & 0 \\ -4 & 16 & -4 \\ 0 & -4 & 0 \end{bmatrix} \quad \boldsymbol{K}_\mathrm{h} = \begin{bmatrix} 1 & 2 & 1 \\ 0 & 0 & 0 \\ -1 & -2 & -1 \end{bmatrix} \quad \boldsymbol{K}_\mathrm{v} = \begin{bmatrix} 1 & 0 & -1 \\ 2 & 0 & -2 \\ 1 & 0 & -1 \end{bmatrix}. \tag{3.4}$$

(a) 原图　　　　　　　　(b) 整体边缘滤波器 $\boldsymbol{K}_\mathrm{e}$

(c) 横向边缘滤波器 $\boldsymbol{K}_\mathrm{h}$　　　　(d) 纵向边缘滤波器 $\boldsymbol{K}_\mathrm{v}$

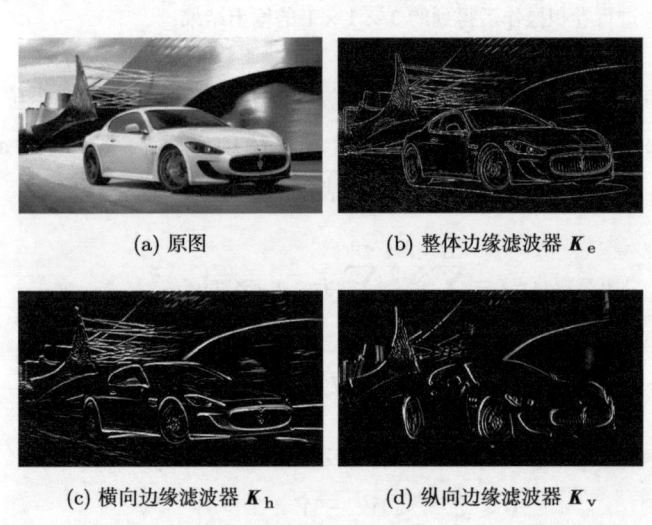

图 3.5　卷积操作作用示例

试想：若原图像素 $(x,y)$ 处可能存在物体边缘，则其四周 $(x-1,y)$、$(x+1,y)$、$(x,y-1)$、$(x,y+1)$ 处的像素值应与 $(x,y)$ 处有显著差异. 此时，如果作用于整体边缘滤波器 $\boldsymbol{K}_\mathrm{e}$，则可消除四周像素值差异小的图像区域而保留显著差异区域，以此可检测出物体边缘信息. 同理，类似 $\boldsymbol{K}_\mathrm{h}$ 和 $\boldsymbol{K}_\mathrm{v}$ [1] 的横向、纵向边缘滤波器可分别保留横向、纵向的边缘信息.

事实上，卷积网络中的卷积核参数是通过网络训练学得的，除了可以学得类似的横向、纵向边缘滤波器，还可以学得任意角度的边缘滤波器. 当然，不仅如此，检测颜色、形状、纹理等众多基本模式（pattern）

---

[1] 实际上，$\boldsymbol{K}_\mathrm{h}$ 和 $\boldsymbol{K}_\mathrm{v}$ 在数字图像处理中被称为 Sobel 操作（Sobel operator）或 Sobel 滤波器（Sobel filter）.

的滤波器（卷积核）都可以被包含在一个足够复杂的深层卷积神经网络中. 通过"组合"[1] 这些滤波器（卷积核）以及随着网络后续操作的进行，基本而一般的模式（generic patterns）会逐渐被抽象为具有高层语义（high-level semantics）的"概念"表示，并以此对应到具体的样本类别. 这颇有"盲人摸象"后将各自结果集大成之意.

[1] 卷积神经网络中的"组合"操作可通过随后介绍的汇合层、非线性映射层等操作来实现.

### 3.1.3 汇合层

本节讨论第 $l$ 层操作为汇合（pooling）[2] 时的情况. 通常使用的汇合操作为平均值汇合（average-pooling）和最大值汇合（max-pooling）. 需要指出的是，与卷积层操作不同，汇合层不包含需要学得的参数. 使用时只需指定汇合类型（平均值汇合或最大值汇合等）、汇合操作的核大小（kernel size）和汇合操作的步长（stride）等超参数即可.

[2] 之前的中文文献多将"pooling"译为"池化"，属字面直译，含义并不直观，本书将其译为"汇合".

**1. 什么是汇合**

遵循上一节的符号表示，第 $l$ 层汇合核可表示为 $p^l \in \mathbb{R}^{H \times W \times D^l}$. 平均值（最大值）汇合在每次操作时，将汇合核覆盖区域中所有值的平均值（最大值）作为汇合结果，即

平均值汇合：

$$y_{i^{l+1},j^{l+1},d} = \frac{1}{HW} \sum_{0 \leqslant i < H, 0 \leqslant j < W} x^l_{i^{l+1} \times H + i, j^{l+1} \times W + j, d^l}, \tag{3.5}$$

最大值汇合：

$$y_{i^{l+1},j^{l+1},d} = \max_{0 \leqslant i < H, 0 \leqslant j < W} x^l_{i^{l+1} \times H + i, j^{l+1} \times W + j, d^l}, \tag{3.6}$$

其中，$0 \leqslant i^{l+1} < H^{l+1}$, $0 \leqslant j^{l+1} < W^{l+1}$, $0 \leqslant d < D^{l+1} = D^l$.

图 3.6 为 $2 \times 2$ 大小、步长为 1 的最大值汇合操作示例.

除了上述最常用的两种汇合操作外，随机汇合（stochastic-pooling）(Zeiler et al., 2013) 则介于二者之间. 随机汇合操作非常简单，只需对输入数据中的元素按照一定概率值大小随机选择，其并不像最大值汇合那样永远只取那个最大值元素. 对随机汇合而言，元素值大的响应（activation）被选中的概率也大，反之亦然. 可以说，在全局意义上，随

机汇合与平均值汇合近似；在局部意义上，则服从最大值汇合的准则.

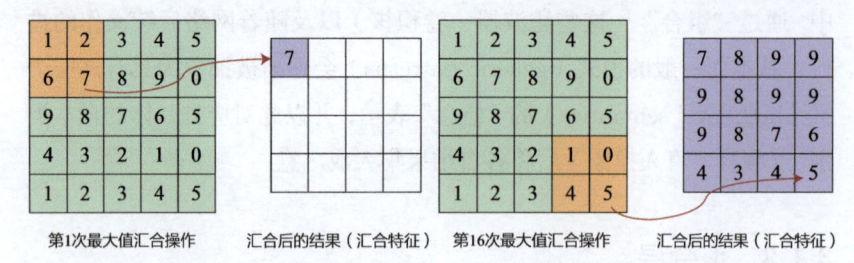

(a) 第1次汇合操作及得到的汇合特征　　　(b) 第16次汇合操作及得到的汇合特征

图 3.6　最大值汇合操作示例

**2. 汇合操作的作用**

从如图 3.6 所示的例子可以发现，汇合操作后的结果相比其输入减小了，汇合操作实际上就是一种"降采样"（down-sampling）操作. 另外，汇合操作也被看作一个用 $p$-范数（$p$-norm）[1] 作为非线性映射的"卷积"操作，特别是，当 $p$ 趋近正无穷时其就是最常见的最大值汇合.

[1] 有关 $p$-范数的具体内容参见本书附录 A.

汇合层的引入是仿照了人的视觉系统对视觉输入对象进行降维（降采样）和抽象操作. 在过去关于卷积神经网络的工作中，研究者普遍认为汇合层有如下三个特点.

- 特征不变性（feature invariant）. 汇合操作使模型更关注是否存在某些特征而不是特征具体的位置. 可将其看作一种很强的先验，使特征学习包含某种程度的自由度，能容忍一些特征微小的位移.
- 特征降维. 由于汇合操作的降采样作用，汇合结果中的一个元素对应于原输入数据的一个子区域（sub-region）. 因此，汇合操作相当于在空间范围内做了维度约减[2]，从而使模型可以抽取更广范围的特征. 同时减小了下一层输入大小，进而减少计算量和参数个数.
- 在一定程度上防止过拟合（overfitting），更方便优化.

[2] 维度约减（dimension reduction）是一种数据处理方法，旨在减少数据的特征数量，保留最重要的信息，以降低计算复杂性、去除冗余信息，并提高模型的效率和性能. 这通常涉及从原始数据集中选择或变换特征，以获得更紧凑、更易处理的表示. 维度约减在处理高维数据时尤为重要，例如图像、文本和生物信息学中的数据. 通过降低数据的维度，不仅能够提高计算效率，还能够更好地理解数据的结构和模式，有助于构建更精确可解释的模型.

不过，汇合操作并不是卷积神经网络必需的组件或操作. 德国弗赖堡大学（University of Freiburg）的研究者曾提出，用一种特殊的卷积操作（stride convolutional layer）来代替汇合层实现降采样，进而构建一个只含卷积操作的网络（all convolution net），其实验结果显示这种改造的网络可以达到甚至超过传统卷积神经网络（卷积层、汇合层交替）的分类精度 (Springenberg et al., 2015).

## 3.1.4 激活函数

激活函数（activation function）层又被称为非线性映射（non-linearity mapping）层. 顾名思义, 激活函数的引入目的是增加整个网络的表达能力（非线性）, 否则, 若干线性操作层的堆叠仍然只能起到线性映射的作用, 无法形成复杂的函数. 在实际使用中, 有多达十几种激活函数可供选择, 有关激活函数选择和对比的详细内容请参见本书第 8 章. 本节以 Sigmoid 型激活函数和 ReLU 激活函数为例, 介绍涉及激活函数的若干基本概念和问题.

直观上, 激活函数模拟了生物神经元特性: 接收一组输入信号并产生输出. 在神经科学中, 生物神经元通常有一个阈值, 当神经元所获得的输入信号累积效果超过了该阈值时, 神经元就被激活而处于兴奋状态; 否则处于抑制状态. 在人工神经网络中, 因 Sigmoid 函数可以模拟这个生物过程, 从而其在神经网络发展历史进程中曾处于相当重要的地位.

Sigmoid 函数也被称为 Logistic 函数, 可以表示为

$$\sigma(x) = \frac{1}{1+\exp(-x)}, \tag{3.7}$$

其函数曲线如图 3.7(a) 所示. 可以看出, 经过 Sigmoid 函数作用后, 输出响应的值域被压缩到 [0,1] 之间, 而 "0" 对应了生物神经元的 "抑制状态", "1" 则恰好对应了 "兴奋状态". 不过再深入地观察还能发现, 在 Sigmoid 函数两端, 对于大于 5（或小于 −5）的值无论多大（或多小）都会被压缩到 1（或 0）. 如此便带来一个严重问题, 即梯度的 "饱和效应"（saturation effect）.[1] 对照 Sigmoid 函数的梯度图 [如图 3.7(b)], 大于 5（或小于 −5）部分的梯度接近 0, 这会导致在误差反向传播过程中, 导数处于该区域的误差将很难甚至根本无法传递至前层, 进而导致整个网络无法训练（导数为 0 将无法更新网络参数）. 此外, 在参数初始化的时候还需要特别注意, 要避免初始化参数直接将输出值域带入这一区域. 一种可能的情形是当初始化参数过大时, 将直接引发梯度饱和效应而无法训练.

为了避免梯度饱和效应的发生, Nair 和 Hinton 于 2010 年将修正线性单元（Rectified Linear Unit, ReLU）引入神经网络 (Nair et al.,

---

[1] 梯度的 "饱和效应" 是指在某些神经网络层中, 当激活函数的输入值变得非常大或非常小时, 梯度会变得非常小, 导致网络的学习速度变慢或者停止学习, 使得网络无法有效地更新参数, 进而影响模型的性能和收敛性. 简单地说, 就是梯度在极端情况下无法传播或传播受限, 导致网络难以学习和优化.

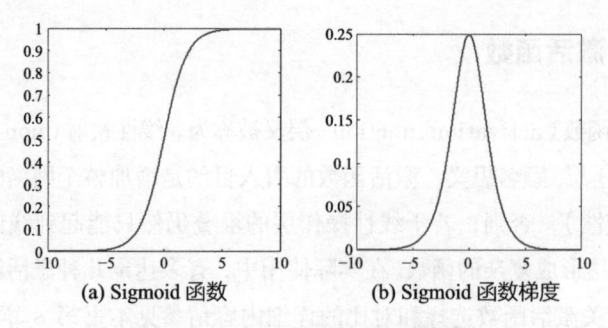

图 3.7  Sigmoid 函数及其函数梯度

2010). ReLU 激活函数是目前深度卷积神经网络中最为常用的激活函数之一. 另外, 根据 ReLU 激活函数改进的其他激活函数也展示出很好的性能（参见本书第 8 章的内容）.

ReLU 激活函数实际上是一个分段函数, 其定义为

$$\text{ReLU}(x) = \max\{0, x\} = \begin{cases} x, & x \geqslant 0 \\ 0, & x < 0 \end{cases}. \tag{3.8}$$

由图 3.8 可见, ReLU 激活函数的梯度在 $x \geqslant 0$ 时为 1, 反之为 0. 对 $x \geqslant 0$ 部分完全消除了 Sigmoid 函数的梯度饱和效应. 同时, 在实验中还发现相比 Sigmoid 函数, ReLU 激活函数有助于随机梯度下降方法收敛, 收敛速度快 6 倍左右 (Krizhevsky et al., 2012). 正是由于 ReLU 激活函数的这些优秀特性, ReLU 激活函数已成为目前卷积神经网络及其他深度学习模型（如递归神经网络[1] 等）激活函数的首选.

[1] 递归神经网络是一种具有循环连接的神经网络, 可用于处理序列数据并捕捉序列中的时序关系. 具体内容参见本书第 4 章.

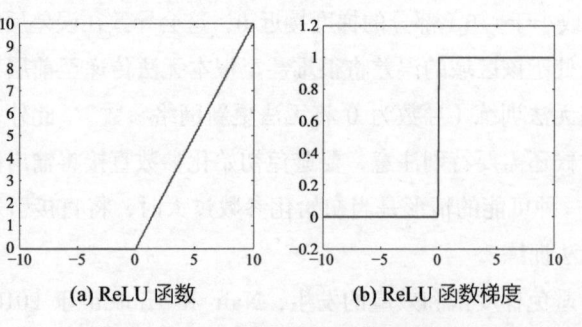

图 3.8  ReLU 激活函数及其函数梯度

### 3.1.5 全连接层

全连接层（fully connected layer）在整个卷积神经网络中起到 "分类器" 的作用. 如果说卷积层、汇合层和激活函数层等操作是将原始数据映射到隐藏层特征空间，全连接层则起到将学到的特征表示映射到样本的标记空间的作用. 在实际使用中，全连接层可由卷积操作实现：对于前层是全连接的全连接层，可以将其转化为卷积核为 $1\times1$ 的卷积；对于前层是卷积层的全连接层，则可以将其转化为卷积核为 $h\times w$ 的全局卷积，其中，$h$ 和 $w$ 分别为前层卷积输出结果的高和宽. 以经典的 VGG-16 (Simonyan et al., 2015) 网络模型[1] 为例，对于卷积核为 $224\times224\times3$ 的图像输入，最后一层卷积层（指 VGG-16 中的 "Pool$_5$"）可得输出为 $7\times7\times512$ 的特征张量. 若后层是含 4096 个神经元的全连接层，则可用卷积核为 $7\times7\times512\times4096$ 的全局卷积来实现这一全连接运算过程，其中该卷积核的具体参数如下：

[1] VGG-16 网络模型由英国牛津大学 VGG 实验室提出，其在 ImageNet 数据集上的预训练模型（pre-trained model）见 "链接 16".

```
# The first fully connected layer
filter_size = 7
padding = 0
stride = 1
D_in = 512
D_out = 4096
```

经过此卷积操作后可得 $1\times1\times4096$ 的输出. 如需再次叠加包含 2048 个神经元的一个全连接层，可设定以下参数的卷积层操作：

```
# The second fully connected layer
filter_size = 1
padding = 0
stride = 1
D_in = 4096
D_out = 2048
```

### 3.1.6 目标函数

在前面已提到，全连接层的作用是将网络特征映射到样本的标记空间做出预测，目标函数的作用则是衡量该预测值与真实样本标记之间的误差. 在当下的卷积神经网络中，交叉熵损失函数和 $\ell_2$ 损失函数分别是分类问题和回归问题中最常用的目标函数. 同时，越来越多的针对不同问题特性的目标函数被提出. 详细内容参见本书第 9 章.

## 3.2 卷积神经网络经典结构

在之前的章节中，我们介绍了卷积神经网络中的几种基本组件：卷积层、汇合层、激活函数、全连接层和目标函数. 虽说卷积神经网络模型就是这些基本组件的按序层叠，可"纸上得来终觉浅"，在实践中究竟如何"有机组合"才能让模型工作并发挥效能呢？本节首先介绍卷积神经网络结构中的三个重要概念，并以四类典型的卷积神经网络模型为例做案例分析.

### 3.2.1 卷积神经网络结构中的重要概念

**1. 感受野**

感受野（receptive field）原指听觉、视觉等神经系统中一些神经元的特性，即神经元只接收其所支配的刺激区域内的信号. 在视觉神经系统中，视觉皮层中神经细胞的输出依赖于视网膜上的光感受器. 当光感受器受刺激兴奋时，会将神经冲动信号传导至视觉皮层. 不过需要指出的是，并不是所有神经皮层中的神经元都会接收这些信号，如在 2.1 节提到的一样，正是由于感受野等功能结构在猫的视觉中枢中被发现，催生了 Kunihiko Fukushima 的带卷积和子采样操作的多层神经网络.

现代卷积神经网络中的感受野又是怎么回事呢？下面慢慢道来. 先以单层卷积操作为例 [见图 3.9(a)]，该示例是一个卷积核大小为 $7 \times 7$、步长为 1 的卷积操作，对后层的每一个输出神经元（如紫色区域）来说，它的前层感受野即为黄色区域，可以发现这与神经系统的感受野定义大同小异. 不过，由于现代卷积神经网络拥有多层甚至超多层卷积操作，随着网络深度的增加，后层神经元在第一层输入层的感受野会随之增大. 如图 3.9(b) 所示是卷积核大小为 $3 \times 3$、步长为 1 的卷积操作，同单层卷积操作一样,相邻两层中后层神经元在前层的感受野仅为 $3 \times 3$,但随着卷积操作的叠加,第 $L+3$ 层的神经元在第 $L$ 层的感受野可扩增至 $7 \times 7$.

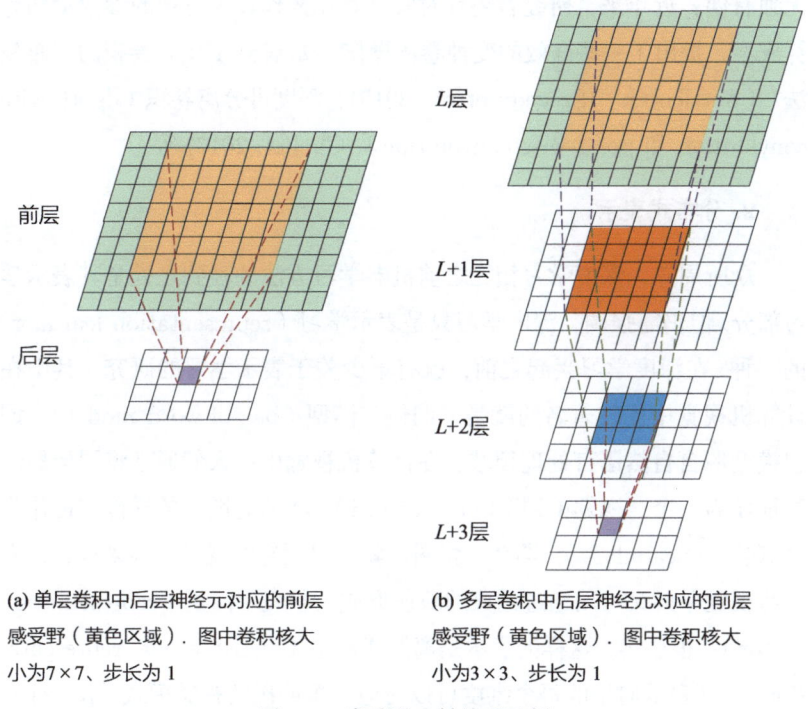

(a) 单层卷积中后层神经元对应的前层感受野(黄色区域). 图中卷积核大小为$7 \times 7$、步长为 1

(b) 多层卷积中后层神经元对应的前层感受野(黄色区域). 图中卷积核大小为$3 \times 3$、步长为 1

图 3.9 感受野映射关系示例

也就是说,小卷积核(如 $3 \times 3$)通过多层叠加可取得与大卷积核(如 $7 \times 7$)同等规模的感受野. 此外,采用小卷积核可带来另外两个优势:第一,由于小卷积核需多层叠加,因此增加了网络深度,进而增大了网络容量(model capacity)和复杂度(model complexity);第二,增大网络容量的同时减少了参数个数. 若假设上述示例中卷积核的对应的输入、输出特征张量的深度均为 $C$,则 $7 \times 7$ 卷积核的对应参数有 $C \times (7 \times 7 \times C) = 49C^2$ 个. 而三层 $3 \times 3$ 卷积核堆叠只需 3 倍于单层 $3 \times 3$ 卷积核个数的参数,即 $3 \times [C \times (3 \times 3 \times C)] = 27C^2$,远小于 $7 \times 7$ 卷积核的参数个数.

此外,需要指出的是,目前已有不少研究工作为提升模型预测能力,通过改造现有卷积操作试图扩大原有卷积核在前层的感受野大小,或使原始感受野不再是矩形区域,而是更自由可变的形状. 对以上内容感兴趣的读者可参考"扩张卷积操作"（dilated convolution）(Yu et al., 2016) 和"可变卷积网络"（deformable convolutional networks）(Dai et al., 2017). 无独有偶，近年来，研究者还针对常规卷积操作较为可观的参数量和计算成本，提出了一些高效的变种卷积操作，如基于 $1 \times 1$ 卷积的"瓶颈法"（bottleneck）(Szegedy et al., 2015)、深度可分离卷积（depth-wise convolution 和 point-wise convolution）(Chollet, 2017) 等.

### 2. 分布式表示

众所周知，深度学习相比之前机器学习方法的独到之处是其表示学习部分. 但仍需强调，深度学习只是表示学习（representation learning）的一种. 在深度学习兴起之前，就有不少关于表示学习的研究，其中在计算机视觉中比较著名的就是"词包"模型（bag-of-word model）. 词包模型源自自然语言处理领域，在计算机视觉中，人们通常将图像局部特征作为一个"视觉单词"（visual word），将所有图像的局部特征作为"词典"（vocabulary），那么一张图像就可以用它的视觉单词来描述，而这些视觉单词又可以通过词典的映射形成一条表示向量（representation vector）. 很显然，这样的表示是离散式表示（distributional representation），其表示向量的每个维度可以对应一个明确的视觉模式（pattern）或概念（concept）. 词包模型示意图如图 3.10 所示.

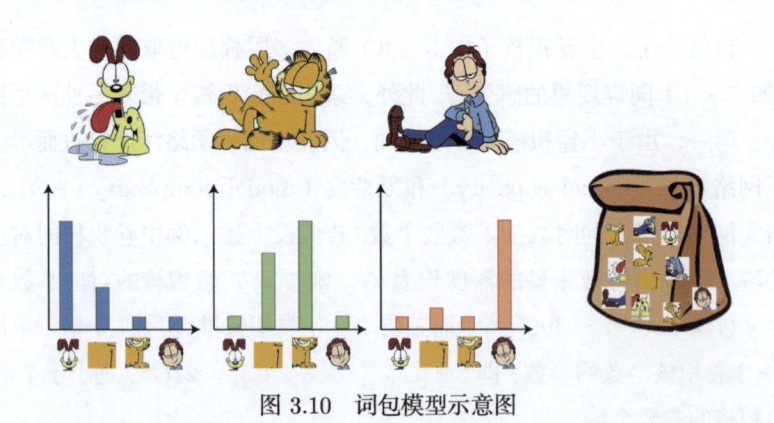

图 3.10 词包模型示意图

不同的是，在深度学习中，深度卷积神经网络呈现"分布式表示"（distributed representation）(Hinton, 1986; Bengio et al., 2013) 的特性. 神经网络中的"分布式表示"指语义概念（concept）到神经元（neuron）

是一个多对多映射,直观来讲,即每个语义概念由许多分布在不同神经元中被激活的模式(pattern)表示;而每个神经元又可以参与到许多不同语义概念的表示中去.

举个例子,如图 3.11 所示,将一些物体为中心的图像(object-centric image)送入在 ImageNet 数据集 (Russakovsky et al., 2015) 上预训练(pre-train)的卷积网络[1],若输入图像分辨率为 $224 \times 224$,则最后一层汇合层(即 $\text{Pool}_5$)可得 $7 \times 7 \times 512$ 大小的响应张量(activation tensor),其中"512"对应了最后一层卷积核的个数,512 个卷积核对应了 512 个不同的卷积结果(512 个特征图或称"通道"). 在可视化时,对于"鸟"或"狗"这组图像,我们分别从 512 张 $7 \times 7$ 的特征图(feature map)中随机选取相同的四张,并将特征图与对应原图叠加,即可得到有高亮部分的可视化结果. 从图中可明显发现并证实神经网络中的分布式表示特性. 以鸟类这组图像为例,对上、下两张"鸟"的图像,虽然是同一卷积核(如第 108 个卷积核),但其在不同原图中响应(activate)的区域可谓大相径庭:对上图,其响应在"鸟爪"部位;对下图,其响应却在三个角落即背景区域. 关于第三个随机选取的特征图(对应第 375 个卷积核),对上图其响应在"头部"区域,对下图则响应在"躯干"部位. 更有甚者,同一卷积核(第 284 个卷积核)对下图响应在"躯干"部位,而对上图却毫无响应. 这也就证实了:对于某个模式,如鸟的"躯干",会

[1]在此以 VGG-16 (Simonyan et al., 2015) 为例,其预训练模型可由"链接 16"访问.

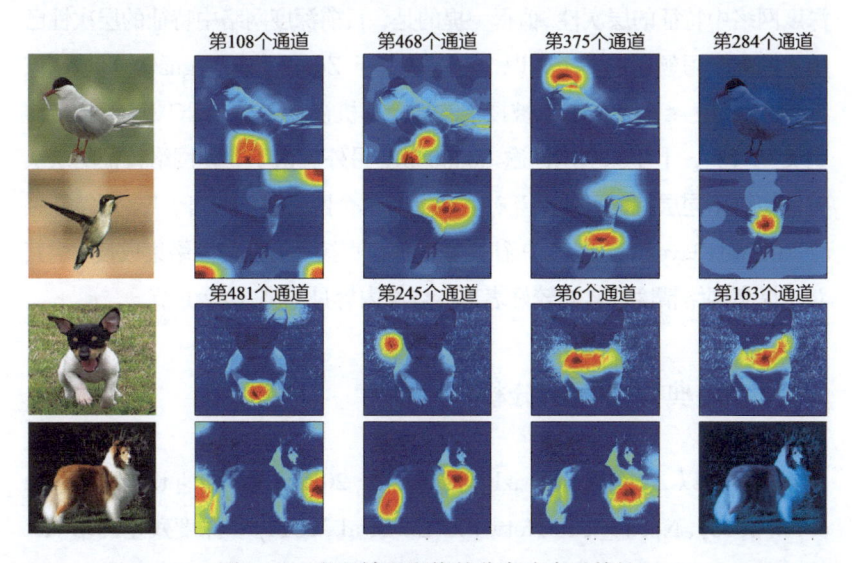

图 3.11 卷积神经网络的分布式表示特性

有不同卷积核（其实就是神经元）产生响应；同时对于某个卷积核（神经元），会在不同模式上产生响应，如"躯干"和"头部"。另外，需要指出的是，除了分布式表示特性，还可从图中发现，神经网络响应的区域多呈现稀疏（sparse）特性，即响应区域集中且占原图比例较小.

**3. 深度特征的层次性**

前面介绍了同一层的神经元的特性，下面介绍不同层神经元的表示特点，即深度特征的层次性. 之前提到，卷积操作可获取图像区域不同类型的特征，而汇合等操作可对这些特征进行融合和抽象，随着若干卷积、汇合等操作的堆叠，从各层得到的深度特征逐渐从泛化特征（如边缘、纹理等）过渡到高层语义表示（躯干、头部等模式）.

2014 年，Zeiler 和 Fergus (Zeiler et al., 2014) 曾利用反卷积技术 (Zeiler et al., 2011) 对卷积神经网络［(Zeiler et al., 2014) 中以 Alex-Net (Krizhevsky et al., 2012) 为例］特征进行可视化，洞察了卷积网络的诸多特性，其中之一即层次性. 如图 3.12 所示，可以发现，浅层卷积核学到的是基本模式，如第一层中的边缘、方向和第二层中的纹理等特征表示. 随着网络的加深，较深层（如从第三层开始）除了出现一些泛化模式，也开始出现一些高层语义模式，如"车轮"、"文字"和"人脸"形状的模式. 直到第五层，更具有分辨能力的模式被卷积网络所捕获……以上的这些观察就是深度网络中特征的层次性. 值得一提的是，目前深度网络中特征的层次性已成为深度学习领域的一个共识，也正是由于 Zeiler 和 Fergus 的贡献，该工作 (Zeiler et al., 2014) 被授予欧洲计算机视觉大会 ECCV 2014[1] 最佳论文提名奖，十年间引用已逾 23000 次. 另外，由于卷积网络特征的层次特性使得不同层特征可信息互补，故此对单个网络模型而言，"多层特征融合"（multi-layer ensemble）往往是一种很直接且有效的网络集成技术，其对于提高网络精度通常有较好表现，详细内容见本书 13.2.1 节.

### 3.2.2 经典网络案例分析

本节将以 Alex-Net (Krizhevsky et al., 2012)、VGG-Nets (Simonyan et al., 2015)、Network-In-Network (Lin et al., 2014) 和深度残差网络 (He 等人, 2016) 为例，分析几类经典的卷积神经网络. 在此请读者注意，此

---

[1] 计算机视觉领域公认的三大顶级国际会议："国际计算机视觉和模式识别大会"（Computer Vision and Pattern Recognition, CVPR）、"国际计算机视觉大会"（International Conference on Computer Vision, ICCV）和"欧洲计算机视觉大会"（European Conference on Computer Vision, ECCV）. 其中，CVPR 每年一届，ICCV 和 ECCV 两年一届交替举办. 另外，计算机视觉领域的一些顶级期刊包括：IEEE Transactions on Pattern Analysis and Machine Intelligence（TPAMI）、International Journal of Computer Vision（IJCV）和 IEEE Transactions on Image Processing（TIP）等.

处的分析比较并不是不同网络模型的"精度较量",而是希望读者体会卷积神经网络自始至今的发展脉络和趋势,这样会更有利于对卷积神经网络的理解,进而举一反三,提高解决实际问题的能力.

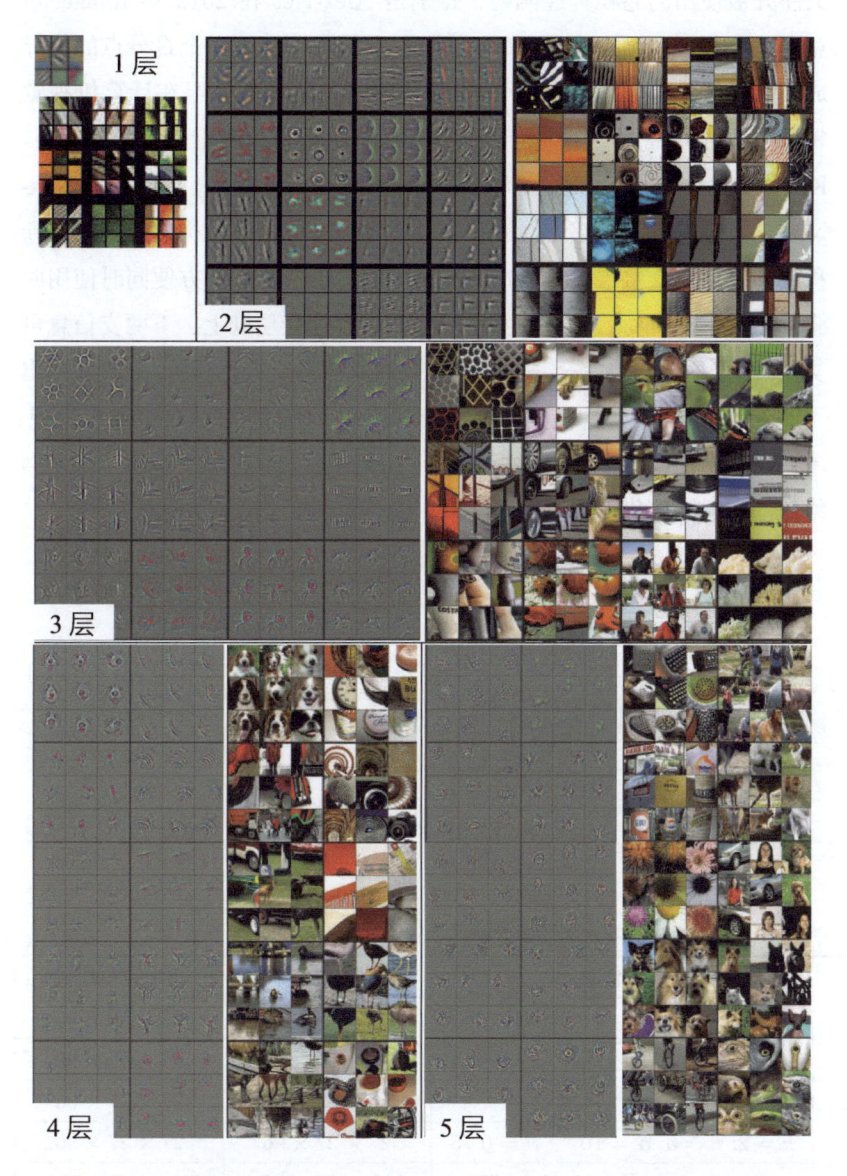

图 3.12 卷积神经网络深度特征的层次特性 (Zeiler et al., 2014). 在该图中,由于第 1 层卷积核相对较大,可对第一层学到的卷积核直接可视化. 而深层的卷积核往往很小,直接可视化效果不佳,因此对第 2~5 层的可视化做以下处理: 在验证集图像中,将响应最大的前 9 个卷积核利用反卷积技术投影到像素空间,以此完成后面深层卷积层参数的可视化

## 1. Alex-Net 模型

Alex-Net (Krizhevsky et al., 2012) 是计算机视觉领域中首个被广泛关注并被使用的卷积神经网络,特别是 Alex-Net 在 2012 年 ImageNet 竞赛 (Russakovsky et al., 2015) 中以超越第二名 10.9 个百分点的优异成绩一举夺冠,从而打响了卷积神经网络乃至深度学习在计算机视觉领域中研究热潮的 "第一枪"。Alex-Net 由加拿大多伦多大学的 Alex Krizhevsky、Ilya Sutskever 和 Geoffrey E. Hinton 提出,网络名 "Alex-Net"[1] 即取自第一作者名。图 3.13 是 Alex-Net 网络结构,共含五层卷积层和三层全连接层。其中,Alex-Net 的上下两支是为方便同时使用两张 GPU[2] 并行训练,不过在第三层卷积和全连接层处上、下两支信息可交互。由于两支网络完全一致,在此仅对其中一支进行分析。表 3.1 列出了 Alex-Net 网络架构及具体参数。对比 2.1 节提到的 LeNet 可以发现,单在网络结构或基本操作模块方面,Alex-Net 的改进非常微小,构建网络的基本思路变化不大,仅在网络深度、复杂度上有较大优势。

[1] 关于 Alex-Net,还有一则坊间传闻:由于 Alex-Net 具有划时代的意义,并由此开启了深度学习在工业界的应用. 2015 年,Alex 和 Ilya 两位作者连同 "半个" Hinton 被 Google 重金(据传高达 3500 万美元)收买. 但为何说 "半个" Hinton? 只因当时 Hinton 只是花费一半时间在 Google 工作,而另一半时间仍然留在多伦多大学.

[2] 图形处理单元(Graphics Processing Unit,GPU)是一种专门设计用于处理图形和并行计算任务的处理器。原本主要用于图形渲染,但由于其在并行计算方面的出色性能,GPU 在深度学习中扮演着至关重要的角色。

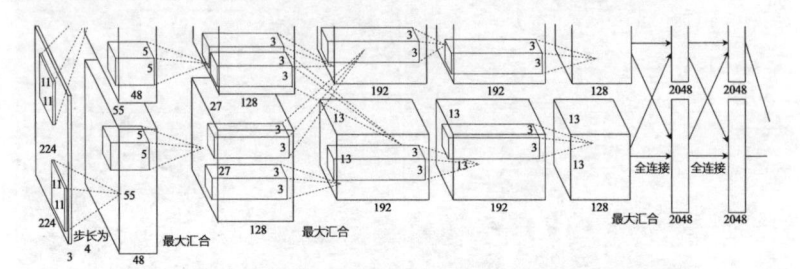

图 3.13 Alex-Net 网络结构 (Krizhevsky et al., 2012)

表 3.1 Alex-Net 网络架构及具体参数

| | 操作类型 | 参数信息 | 输入数据维度 | 输出数据维度 |
|---|---|---|---|---|
| 1 | 卷积操作 | $f=11; s=4; d=96$ | $227 \times 227 \times 3$ | $55 \times 55 \times 96$ |
| 2 | ReLU | — | $55 \times 55 \times 96$ | $55 \times 55 \times 96$ |
| 3 | 最大值汇合操作 | $f=3; s=2$ | $55 \times 55 \times 96$ | $27 \times 27 \times 96$ |
| 4 | LRN 规范化 | $k=2; n=5; \alpha=10^{-4}; \beta=0.75$ | $27 \times 27 \times 96$ | $27 \times 27 \times 96$ |
| 5 | 卷积操作 | $f=5; p=2; s=1; d=256$ | $27 \times 27 \times 96$ | $27 \times 27 \times 256$ |
| 6 | ReLU | — | $27 \times 27 \times 256$ | $27 \times 27 \times 256$ |
| 7 | 最大值汇合操作 | $f=3; s=2$ | $27 \times 27 \times 256$ | $13 \times 13 \times 256$ |

## 3.2 卷积神经网络经典结构

（续表）

| | 操作类型 | 参数信息 | 输入数据维度 | 输出数据维度 |
|---|---|---|---|---|
| 8 | LRN 规范化 | $k=2; n=5; \alpha=10^{-4}; \beta=0.75$ | $13 \times 13 \times 256$ | $13 \times 13 \times 256$ |
| 9 | 卷积操作 | $f=3; p=1; s=1; d=384$ | $13 \times 13 \times 256$ | $13 \times 13 \times 384$ |
| 10 | ReLU | — | $13 \times 13 \times 384$ | $13 \times 13 \times 384$ |
| 11 | 卷积操作 | $f=3; p=1; s=1; d=384$ | $13 \times 13 \times 384$ | $13 \times 13 \times 384$ |
| 12 | ReLU | — | $13 \times 13 \times 384$ | $13 \times 13 \times 384$ |
| 13 | 卷积操作 | $f=3; p=1; s=1; d=256$ | $13 \times 13 \times 384$ | $13 \times 13 \times 256$ |
| 14 | ReLU | — | $13 \times 13 \times 256$ | $13 \times 13 \times 256$ |
| 15 | 最大值汇合操作 | $f=3; s=2$ | $13 \times 13 \times 256$ | $6 \times 6 \times 256$ |
| 16 | 全连接层 | $f=6; s=1; d=4096$ | $6 \times 6 \times 256$ | $1 \times 1 \times 4096$ |
| 17 | ReLU | — | $1 \times 1 \times 4096$ | $1 \times 1 \times 4096$ |
| 18 | 随机失活 | $\delta=0.5$ | $1 \times 1 \times 4096$ | $1 \times 1 \times 4096$ |
| 19 | 全连接层 | $f=1; s=1; d=4096$ | $1 \times 1 \times 4096$ | $1 \times 1 \times 4096$ |
| 20 | ReLU | — | $1 \times 1 \times 4096$ | $1 \times 1 \times 4096$ |
| 21 | 随机失活 | $\delta=0.5$ | $1 \times 1 \times 4096$ | $1 \times 1 \times 4096$ |
| 22 | 全连接层 | $f=1; s=1; d=C$ | $1 \times 1 \times 4096$ | $1 \times 1 \times C$ |
| 23 | 损失函数层 | Softmax loss | $1 \times 1 \times C$ | — |

在表 3.1 中，$f$ 为卷积核 / 汇合核大小，$s$ 为步长，$d$ 为该层卷积核个数（通道数），$p$ 为填充参数，$\delta$ 为随机失活的失活率，$C$ 为分类任务类别数（如在 ImageNet 数据集上为 1000），$k$、$n$、$\alpha$、$\beta$ 为局部响应规范化（Local Response Normalization，LRN）操作的参数.[1]

[1] 各层输出数据维度可能因所使用深度学习开发工具的不同而略有差异.

不过仍需指出 Alex-Net 的几点重大贡献，正因如此，Alex-Net 方可在整个卷积神经网络甚至连接主义机器学习发展进程中占据里程碑式的地位.

- Alex-Net 首次将卷积神经网络应用于计算机视觉领域的海量图像数据集 ImageNet (Russakovsky et al., 2015)（该数据集共计 1000 类图像，训练图像总数约 128 万张），揭示了卷积神经网络拥有强大的学习能力和表示能力. 另外，海量数据同时也使卷积神经网络免于过拟合. 可以说，二者相辅相成，缺一不可. 自此便引发了深度学习，特别是卷积神经网络在计算机视觉领域中"井喷"式的研究.
- 利用 GPU 实现网络训练. 在上一轮神经网络研究热潮中，由于计算资源发展受限，研究者无法借助更加高效的计算手段（如 GPU），这也较大程度地阻碍了当时神经网络的研究进程."工欲善其事,必先利其器",在 Alex-Net 中,研究者借助 GPU 将原本需数周甚至数月的网络训练过程大大缩短至 5 到 6 天甚至更短. 在揭示卷积神经网络强大能力的同时,这无疑也大大缩短了深度网络和大型网络模型开发研究的周期,并降低了时间成本. 缩短了迭代周期,正是得益于此,数量繁多、立意新颖的深度学习模型和应用才能如雨后春笋般层出不穷.

- 一些训练技巧的引入使"不可为"变成"可为",甚至是"大有可为". 如 ReLU 激活函数、局部响应规范化操作、为防止过拟合而采取的数据增广(data augmentation)和随机失活(dropout)等,这些训练技巧不仅保证了模型性能,更重要的是,为后续深度卷积神经网络的构建提供了范本. 实际上,此后的卷积神经网络大体都遵循这一网络构建的基本思路.

有关 Alex-Net 涉及的训练技巧,本书第三篇对应章节会有系统性介绍. 在此仅对局部响应规范化做解释.

局部响应规范化(Local Response Normalization,LRN)要求对相同空间位置上相邻深度(adjacent depth)的卷积结果做规范化. 假设 $a_{i,j}^d$ 为第 $d$ 个通道的卷积核在 $(i,j)$ 位置处的输出结果(即响应),随后经过 ReLU 激活函数的作用,其局部响应规范化的结果 $b_{i,j}^d$ 可表示为

$$b_{i,j}^d = a_{i,j}^d / \left( k + \alpha \sum_{t=\max(0,d-n/2)}^{\min(N-1,d+n/2)} \left(a_{i,j}^d\right)^2 \right)^\beta, \quad (3.9)$$

其中,$n$ 指定了使用 LRN 的相邻深度卷积核数目,$N$ 为该层所有卷积核数目. $k$、$n$、$\alpha$、$\beta$ 等为超参数,需通过验证集进行选择,在原始 Alex-Net 中,这些参数的具体赋值如表 3.1 所示. 使用 LRN 后,在 ImageNet 数据集上 Alex-Net 的性能分别在 Top-1 和 Top-5 错误率上降低了 1.4% 和 1.2%. 此外,一个四层的卷积神经网络使用 LRN 后,在 CIFAR-10 数据上的错误率也从 13% 降至 11% (Krizhevsky et al., 2012).

LRN 目前已经作为各个深度学习工具箱的标准配置,将 $k$、$n$、$\alpha$、$\beta$ 等超参数稍做改变,即可实现其他经典规范化操作. 如当 "$k=0, n=N$, $\alpha=1, \beta=0.5$" 时便是经典的 $\ell_2$ 规范化

$$b_{i,j}^d = a_{i,j}^d / \sqrt{\sum_d \left(a_{i,j}^d\right)^2}. \qquad (3.10)$$

**2. VGG-Nets 模型**

VGG-Nets（Simonyan et al., 2015）由英国牛津大学研究组 VGG（Visual Geometry Group）提出，是 2014 年 ImageNet 竞赛定位任务（localization task）第一名和分类任务第二名方案中的基础网络. 由于 VGG-Nets 具备良好的泛化性能，因而其在 ImageNet 数据集上的预训练模型（pre-trained model）被广泛应用于除最常用的特征抽取（feature extraction）(Cimpoi et al., 2016; Gao et al., 2015) 外的诸多问题，如物体候选框（object proposal）生成（Ghodrati et al., 2015）、细粒度图像定位与检索（fine-grained object localization and image retrieval）(Wei et al., 2022, 2017a)、图像协同定位（co-localization）(Wei et al., 2017b) 等.

以 VGG-Nets 中的代表 VGG-16 为例，表 3.2 列出了其每层具体的参数信息. 可以发现，相比 Alex-Net，VGG-Nets 中普遍使用了小卷积核以及本书 11.1.2 节提到的"保持输入大小"等技巧，目的是在增加网络深度（即网络复杂度）时确保各层输入大小随深度增加而不急剧变小. 同时，网络卷积层的通道数（channel）也从 "$3 \to 64 \to 128 \to 256 \to 512$" 逐渐增加.

表 3.2  VGG-16 网络架构及参数

| | 操作类型 | 参数信息 | 输入数据维度 | 输出数据维度 |
|---|---|---|---|---|
| 1 | 卷积操作 | $f=3; p=1; s=1; d=64$ | $224 \times 224 \times 3$ | $224 \times 224 \times 64$ |
| 2 | ReLU | — | $224 \times 224 \times 64$ | $224 \times 224 \times 64$ |
| 3 | 卷积操作 | $f=3; p=1; s=1; d=64$ | $224 \times 224 \times 64$ | $224 \times 224 \times 64$ |
| 4 | ReLU | — | $224 \times 224 \times 64$ | $224 \times 224 \times 64$ |
| 5 | 最大值汇合操作 | $f=2; s=2$ | $224 \times 224 \times 64$ | $112 \times 112 \times 64$ |
| 6 | 卷积操作 | $f=3; p=1; s=1; d=128$ | $112 \times 112 \times 64$ | $112 \times 112 \times 128$ |
| 7 | ReLU | — | $112 \times 112 \times 128$ | $112 \times 112 \times 128$ |
| 8 | 卷积操作 | $f=3; p=1; s=1; d=128$ | $112 \times 112 \times 128$ | $112 \times 112 \times 128$ |
| 9 | ReLU | — | $112 \times 112 \times 128$ | $112 \times 112 \times 128$ |
| 10 | 最大值汇合操作 | $f=2; s=2$ | $112 \times 112 \times 128$ | $56 \times 56 \times 128$ |
| 11 | 卷积操作 | $f=3; p=1; s=1; d=256$ | $56 \times 56 \times 128$ | $56 \times 56 \times 256$ |

（续表）

| | 操作类型 | 参数信息 | 输入数据维度 | 输出数据维度 |
|---|---|---|---|---|
| 12 | ReLU | — | $56 \times 56 \times 256$ | $56 \times 56 \times 256$ |
| 13 | 卷积操作 | $f=3; p=1; s=1; d=256$ | $56 \times 56 \times 256$ | $56 \times 56 \times 256$ |
| 14 | ReLU | — | $56 \times 56 \times 256$ | $56 \times 56 \times 256$ |
| 15 | 卷积操作 | $f=3; p=1; s=1; d=256$ | $56 \times 56 \times 256$ | $56 \times 56 \times 256$ |
| 16 | ReLU | — | $56 \times 56 \times 256$ | $56 \times 56 \times 256$ |
| 17 | 最大值汇合操作 | $f=2; s=2$ | $56 \times 56 \times 256$ | $28 \times 28 \times 256$ |
| 18 | 卷积操作 | $f=3; p=1; s=1; d=512$ | $28 \times 28 \times 256$ | $28 \times 28 \times 512$ |
| 19 | ReLU | — | $28 \times 28 \times 512$ | $28 \times 28 \times 512$ |
| 20 | 卷积操作 | $f=3; p=1; s=1; d=512$ | $28 \times 28 \times 512$ | $28 \times 28 \times 512$ |
| 21 | ReLU | — | $28 \times 28 \times 512$ | $28 \times 28 \times 512$ |
| 22 | 卷积操作 | $f=3; p=1; s=1; d=512$ | $28 \times 28 \times 512$ | $28 \times 28 \times 512$ |
| 23 | ReLU | — | $28 \times 28 \times 512$ | $28 \times 28 \times 512$ |
| 24 | 最大值汇合操作 | $f=2; s=2$ | $28 \times 28 \times 512$ | $14 \times 14 \times 512$ |
| 25 | 卷积操作 | $f=3; p=1; s=1; d=512$ | $14 \times 14 \times 512$ | $14 \times 14 \times 512$ |
| 26 | ReLU | — | $14 \times 14 \times 512$ | $14 \times 14 \times 512$ |
| 27 | 卷积操作 | $f=3; p=1; s=1; d=512$ | $14 \times 14 \times 512$ | $14 \times 14 \times 512$ |
| 28 | ReLU | — | $14 \times 14 \times 512$ | $14 \times 14 \times 512$ |
| 29 | 卷积操作 | $f=3; p=1; s=1; d=512$ | $14 \times 14 \times 512$ | $14 \times 14 \times 512$ |
| 30 | ReLU | — | $14 \times 14 \times 512$ | $14 \times 14 \times 512$ |
| 31 | 最大值汇合操作 | $f=2; s=2$ | $14 \times 14 \times 512$ | $7 \times 7 \times 512$ |
| 32 | 全连接层 | $f=7; s=1; d=4096$ | $7 \times 7 \times 512$ | $1 \times 1 \times 4096$ |
| 33 | ReLU | — | $1 \times 1 \times 4096$ | $1 \times 1 \times 4096$ |
| 34 | 随机失活 | $\delta=0.5$ | $1 \times 1 \times 4096$ | $1 \times 1 \times 4096$ |
| 35 | 全连接层 | $f=1; s=1; d=4096$ | $1 \times 1 \times 4096$ | $1 \times 1 \times 4096$ |
| 36 | ReLU | — | $1 \times 1 \times 4096$ | $1 \times 1 \times 4096$ |
| 37 | 随机失活 | $\delta=0.5$ | $1 \times 1 \times 4096$ | $1 \times 1 \times 4096$ |
| 38 | 全连接层 | $f=1; s=1; d=C$ | $1 \times 1 \times 4096$ | $1 \times 1 \times C$ |
| 39 | 损失函数层 | Softmax loss | $1 \times 1 \times C$ | — |

其中，$f$ 为卷积核/汇合核大小，$s$ 为步长，$d$ 为该层卷积核个数（通道数），$p$ 为填充参数，$C$ 为分类任务类别数（在 ImageNet 数据集上为 1000）.[1]

---

[1] 各层输出数据维度可能因所使用深度学习开发工具的不同而略有差异.

### 3. Network-In-Network 模型

Network-In-Network（NIN）(Lin et al., 2014) 是由新加坡国立大学 LV 实验室提出的异于传统卷积神经网络的一类经典网络模型，它与其他卷积神经网络的最大差异是用多层感知机（即多层全连接层和非线性函数的组合）替代了先前卷积网络中简单的线性卷积层，如图 3.14 所示. 我们知道，传统（线性）卷积层的复杂度有限，利用线性卷积进行层间映射也只能将上层特征或输入进行"简单"的线性组合形成下层特征. 而 NIN 采用了复杂度更高的多层感知机作为层间映射形式，这一方面提供了网络层间映射的一种新可能，另一方面，增加了网络卷积层的非线性能力，使得上层特征可以更复杂地被映射到下层，这样的想法也被后期出现的残差网络 (He 等人, 2016) 和 Inception (Szegedy et al., 2015) 等网络模型所借鉴.

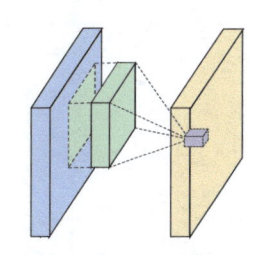

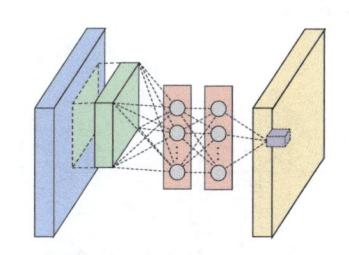

图 3.14 传统（线性）卷积层（左图）与多层感知机卷积层（右图）对比 (Lin et al., 2014)

同时，NIN 网络模型的另一个重大突破是摒弃了全连接层作为分类层的传统，转而改用全局汇合操作，如图 3.15 所示. NIN 最后一层共有 $C$ 张特征图（feature map），分别对应分类任务的 $C$ 个类别. 全局汇合操作分别作用于每张特征图，最后将汇合结果映射到样本真实标记. 可以发现，在这样的标记映射关系下，$C$ 张特征图上的响应将很自然地分别对应到 $C$ 个不同的样本类别，这也是相对先前卷积网络来讲，NIN 在模型可解释性上的一个优势.

### 4. 残差网络模型

相关实验[1]已经表明，神经网络的深度（depth）和宽度（width）是表征网络复杂度的两个核心因素，不过深度相比宽度，在增加网络的复

---
[1] 如 ImageNet 竞赛等参赛的深度神经网络的结果.

杂性方面更加有效，这也正是 VGG 网络想方设法增加网络深度的一个原因. 然而，随着深度的增加，训练会变得愈加困难. 这主要是因为在基于随机梯度下降的网络训练过程中，误差信号的多层反向传播非常容易引发梯度"弥散"[1]或者"爆炸"[2]现象. 目前，一些特殊的权重初始化策略（参见本书第 7 章）以及批规范化（batch normalization）策略 (Ioffe et al., 2015) 等方法使这个问题得到极大的改善——网络可以正常训练了！但是，实际情形仍不容乐观. 当深度网络收敛时，其他问题又随之而来：随着继续增加网络的深度，训练数据的训练误差没有降低，反而升高 (Srivastava et al., 2015; He 等人, 2016)，这种现象如图 3.16 所示. 这一观察与直觉极其不符，因为如果一个浅层神经网络可以被训练优化求解到某一个很好的解，那么与之对应的深层网络至少表现也应可比，而不是更差. 这一现象在一段时间内困扰着更深层卷积神经网络的设计、训练和应用.

[1] 梯度过小会使回传的训练误差极其微弱.
[2] 梯度过大会导致模型训练出现"NaN".

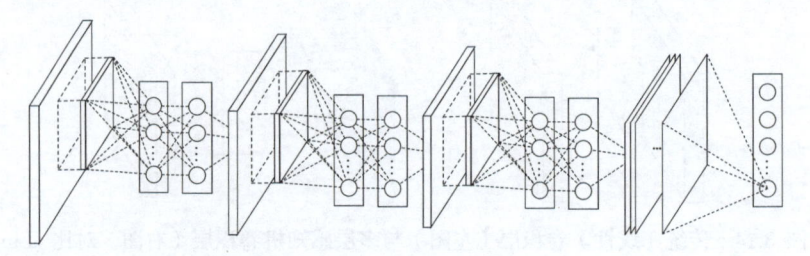

图 3.15　NIN 网络模型整体结构 (Lin et al., 2014). 此示例中的 NIN 堆叠了三个多层感知机卷积层模块和一个全局汇合操作层作为分类层

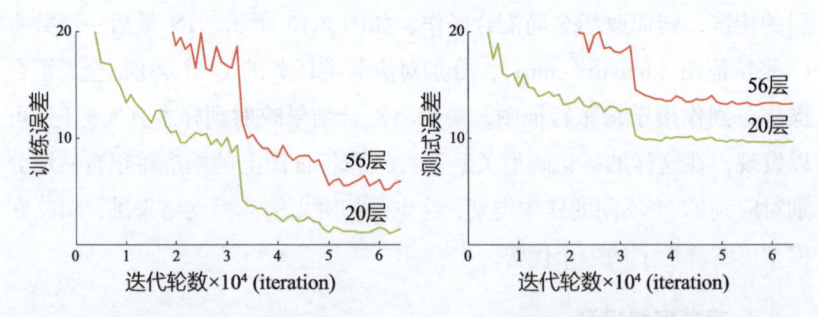

图 3.16　20 层和 56 层的常规网络在 CIFAR-10 数据集上的训练错误率（左图）和测试错误率（右图）

不过很快，该方面便涌现出一个优秀的网络模型，这便是著名的残

差网络（residual network）(He 等人，2016). 由于残差网络很好地解决了网络深度带来的训练困难的问题，因此它的网络性能（完成任务的准确度和精度）远超传统网络模型，曾在 ILSVRC 2015[1] 和 COCO 2015[2] 竞赛的检测、定位和分割任务中纷纷斩获第一，同时发表的残差网络的论文也获得了计算机视觉与模式识别领域国际顶级会议 CVPR 2016 的最佳论文奖. 残差网络模型的出现不仅备受学界、业界瞩目，同时也拓宽了卷积神经网络研究的"道路"，在介绍残差网络前，不得不提到另一个该方面的代表模型——高速公路网络（highway network）.

[1] 见"链接 17".
[2] 见"链接 18".

**1）高速公路网络**

为克服深度增加带来的训练困难，Srivastava 等人 (Srivastava et al., 2015) 受长短时记忆网络[3] (Hochreiter et al., 1997) 中门（gate）机制 (Gers et al., 2000) 的启发，通过对传统的前馈神经网络进行修正，使得信息能够在多个神经网络层之间高效流动，这种修改后的网络也因此被称为"高速公路网络"（highway network）.

假设某常规卷积神经网络有 $L$ 层，其中第 $i$ 层（$i \in 1, 2, \ldots, L$）的输入为 $\boldsymbol{x}^i$，参数为 $\boldsymbol{\omega}^i$，则该层的输出 $\boldsymbol{y}^i = \boldsymbol{x}^{i+1}$. 为了表述上的简单，我们忽略层数和偏置，则它们之间的关系可表示为

$$\boldsymbol{y} = \mathcal{F}(\boldsymbol{x}, \boldsymbol{\omega}_\mathrm{f}), \tag{3.11}$$

其中，$\mathcal{F}$ 为非线性激活函数，参数 $\boldsymbol{\omega}_\mathrm{f}$ 的下标表明该操作对应于 $\mathcal{F}$. 对于高速公路网络，$\boldsymbol{y}$ 的计算定义为

$$\boldsymbol{y} = \mathcal{F}(\boldsymbol{x}, \boldsymbol{\omega}_\mathrm{f}) \cdot \mathcal{T}(\boldsymbol{x}, \boldsymbol{\omega}_\mathrm{t}) + \boldsymbol{x} \cdot \mathcal{C}(\boldsymbol{x}, \boldsymbol{\omega}_\mathrm{c}). \tag{3.12}$$

与式(3.11)类似，$\mathcal{T}(\boldsymbol{x}, \boldsymbol{\omega}_\mathrm{t})$ 和 $\mathcal{C}(\boldsymbol{x}, \boldsymbol{\omega}_\mathrm{c})$ 是两个非线性变换，分别称为"变换门"和"携带门". 变换门负责控制变换的强度，携带门则负责控制原输入信号的保留强度. 换句话说，$\boldsymbol{y}$ 是 $\mathcal{F}(\boldsymbol{x}, \boldsymbol{\omega}_\mathrm{f})$ 和 $\boldsymbol{x}$ 的加权组合，其中 $\mathcal{T}$ 和 $\mathcal{C}$ 分别控制了两项对应的权重. 为了简化模型，在高速公路网络中，设置 $\mathcal{C} = 1 - \mathcal{T}$，因此式(3.12)可表示为

$$\boldsymbol{y} = \mathcal{F}(\boldsymbol{x}, \boldsymbol{\omega}_\mathrm{f}) \cdot \mathcal{T}(\boldsymbol{x}, \boldsymbol{\omega}_\mathrm{t}) + \boldsymbol{x} \cdot (1 - \mathcal{T}(\boldsymbol{x}, \boldsymbol{\omega}_\mathrm{t})). \tag{3.13}$$

由于增加了恢复原始输入的可能，这种改进后的网络层 [ 见式(3.13) ] 要

[3] 长短时记忆网络（Long Short-Term Memory, LSTM）是一种时间递归神经网络，论文首次发表于 1997 年. 由于独特的设计结构，LSTM 适合处理和预测时间序列中间隔和延迟非常长的重要事件. LSTM 的表现通常比时间递归神经网络及隐马尔可夫模型（HMM）更好，比如用在不分段连续手写识别上. 2009 年，用 LSTM 构建的人工神经网络模型赢得过 ICDAR 手写识别比赛冠军. LSTM 还普遍用于自主语音识别，2013 年运用 TIMIT 自然演讲数据库创造了 17.7% 错误率的纪录. 作为非线性模型，LSTM 可作为复杂的非线性单元来构造更大型的深度神经网络. 更多内容参见本书第 4 章.

比常规网络层［见式(3.11)］更加灵活. 特别地, 对于特定的变换门, 我们可以得到不同的输出

$$y = \begin{cases} x, & \mathcal{T}(x, \omega_t) = 0; \\ \mathcal{F}(x, \omega_f), & \mathcal{T}(x, \omega_t) = 1. \end{cases} \quad (3.14)$$

其实不难发现, 当变换门为恒等映射[1]时, 高速公路网络则退化为常规网络.

[1] 恒等映射是指集合 $A$ 到 $A$ 自身的映射 $\mathcal{I}$, 若使得 $\mathcal{I}(x) = x$ 对于一切 $x \in A$ 成立, 则这样的映射 $\mathcal{I}$ 被称为 $A$ 上的恒等映射.

**2）深度残差网络**

事实上, He 等人 (2016) 提出的深度残差网络与高速公路网络的出发点极其相似, 甚至残差网络可以被看作高速公路网络的一种特殊情况. 当高速公路网络中的携带门和变换门都为恒等映射时, 式(3.12)可表示为

$$y = \mathcal{F}(x, \omega) + x. \quad (3.15)$$

对式(3.15)做简单的变换, 可得

$$\mathcal{F}(x, \omega) = y - x. \quad (3.16)$$

也就是说, 网络需要学得的函数 $\mathcal{F}$ 实际上是式(3.16)右端的残差项 $y - x$, 被称为"残差函数". 如图 3.17 所示, 残差学习模块有两个分支：其一是左侧的残差函数；其二是右侧的对输入的恒等映射. 这两个分支经过一个简单的整合（对应的元素相加）后, 再经过一个非线性的变换（ReLU 激活函数）, 最后形成整个残差学习模块. 由多个残差模块堆叠而成的网络结构被称为"残差网络".

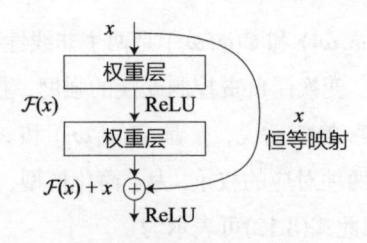

图 3.17　残差学习模块 (He 等人, 2016)

图 3.18 展示了两种不同形式的残差模块. 左图为刚才提到的常规

残差模块，由两个 $3 \times 3$ 卷积堆叠而成，但是随着网络深度的进一步增加，这种残差函数在实践中并不是十分有效. 右图所示为"瓶颈残差模块"（bottleneck residual block），依次由 $1 \times 1$、$3 \times 3$ 和 $1 \times 1$ 三个卷积层构成，这里 $1 \times 1$ 卷积能够对通道（channel）数量起到降维或者升维的作用，从而令 $3 \times 3$ 的卷积可以在相对较低维度的输入上进行，以达到提高计算效率的目的. 在层次非常深的网络中，"瓶颈残差模块"可大幅降低计算代价.

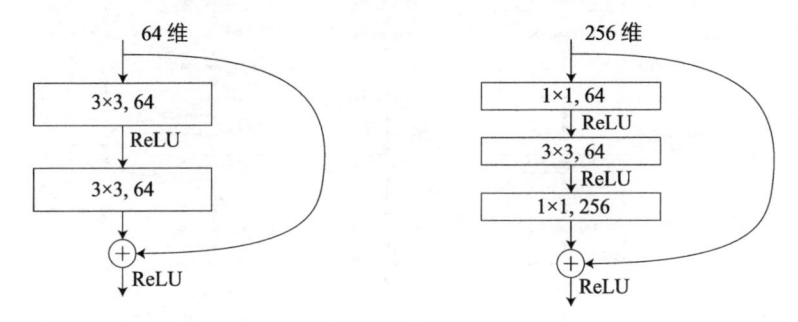

图 3.18　两种不同的残差学习模块 (He 等人, 2016). 左图为常规的残差模块，右图为瓶颈残差模块

和高速公路网络相比，残差网络的不同点在于，残差模块中的近路连接（short-cut connection）可直接通过简单的恒等映射完成，而不需要复杂的携带门和变换门去实现. 因此，在残差函数输入、输出维度一致的情况下，残差网络不需要引入额外的参数和计算的负担. 与高速公路网络相同的是，通过这种近路连接的方式，即使面对层次特别深的网络，也可以通过反向传播进行端到端的学习，同时使用简单的随机梯度下降的方法就能进行训练. 这主要受益于近路连接使梯度信息可以在多个神经网络层之间有效传播.

此外，将残差网络与传统的 VGG 网络模型对比（见图 3.19）可以发现，若无近路连接，则残差网络实际上就是更深的 VGG 网络，只不过残差网络以全局平均汇合层替代了 VGG 网络结构中的全连接层，这一方面使得参数大大减少，另一方面，降低了过拟合风险. 同时需要指出的是，这种"利用全局平均汇合操作替代全连接层"的设计理念早在 2015 年提出的 GoogLeNet (Szegedy et al., 2015) 中就已经被使用.

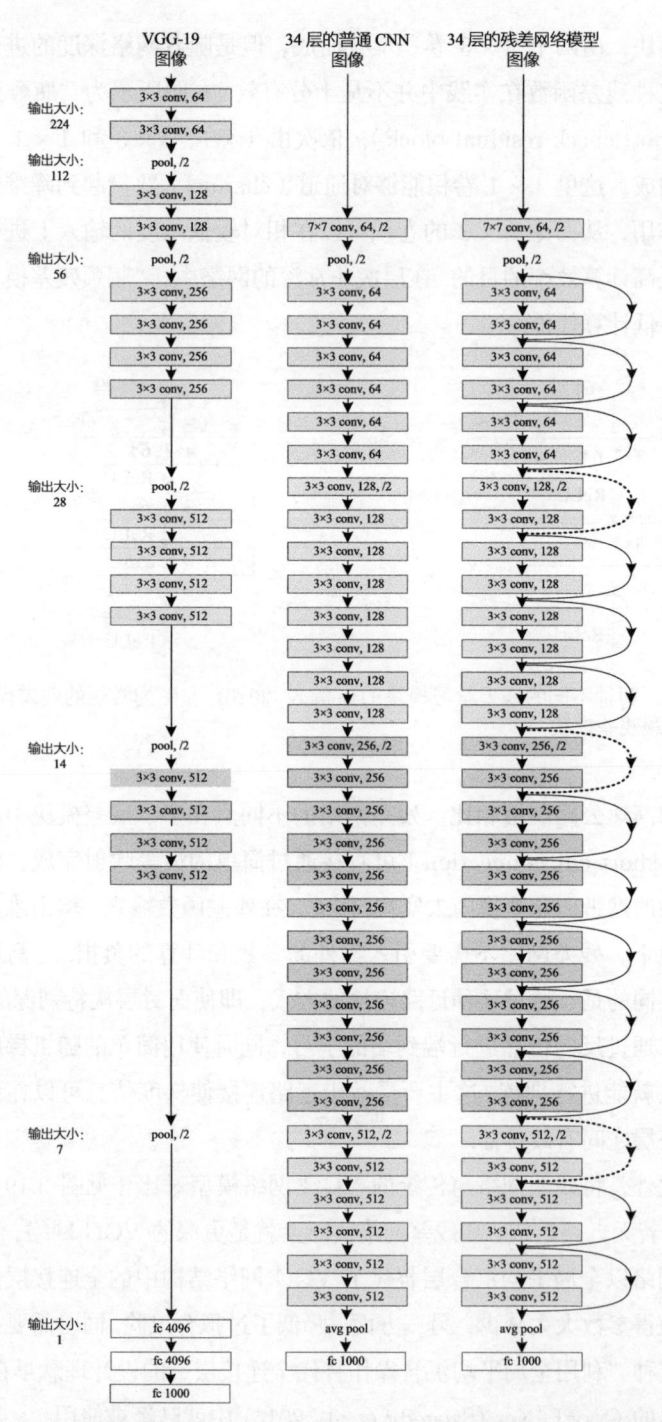

图 3.19 VGG 网络模型（VGG-19）、34 层的普通网络模型与 34 层的残差网络模型对比 (He 等人, 2016)

## 3.3 卷积神经网络的压缩

尽管卷积神经网络在诸如计算机视觉、自然语言处理等领域均取得了极佳的效果，但其动辄过亿的参数数量使得诸多实际应用（特别是基于嵌入式设备的应用）望而却步. 以经典的 VGG-16 网络（Simonyan et al., 2015) 为例，其参数达到了 1 亿 3 千多万个，占用逾 500MB 的磁盘存储空间，需要进行 309 亿次浮点运算[1]（FLoating-point OPeration, FLOP）才能完成一张图像的识别任务. 如此巨大的存储代价以及计算开销，严重制约了深度网络在移动端等小型设备上的应用.

虽然云计算可以将一部分计算需求转移到云端，但对于一些高实时性的计算场景，云计算的带宽、延迟和全时可用性均面临着严峻的挑战，因此无法替代本地计算. 同时这些场景下的设备往往并不具备超高的计算性能. 鉴于此，尽管深度学习带来了巨大的性能提升，但对于这部分实际场景却因计算瓶颈而无法得到有效应用.

另外，许多研究表明，深度神经网络面临着严峻的过参数化（over-parameterization）问题——模型内部参数存在着巨大的冗余. 如 Denil 等人 (2013) 发现，只给定很小一部分的参数子集（约全部参数量的 5%），便能完整地重构出剩余的参数，从而揭示了模型压缩的可行性. 需要注意的是，这种冗余在模型训练阶段是十分必要的. 因为深度神经网络面临的是一个极其复杂的非凸优化问题，对于现有的基于梯度下降的优化算法，这种参数上的冗余保证了网络能够收敛到一个比较好的最优值 (Hinton et al., 2012; Denton et al., 2014). 因而在一定程度上，网络层次越深，参数越多，模型越复杂，其最终的效果往往越好.

鉴于此，神经网络的压缩[2] 逐渐成为当下深度学习领域的热门研究课题. 研究者们提出了各种新颖的算法，在追求模型高准确度的同时，尽可能地降低其复杂度，以期达到性能与开销上的平衡.

总体而言，绝大多数的压缩算法，均旨在将一个庞大而复杂的预训练模型（pre-trained model）转化为一个精简的小模型. 当然，也有研究人员试图设计出更加紧凑的网络结构，通过对新的小模型进行训练来获得精简模型. 从严格意义上讲，这种算法不属于网络压缩的范畴，但本着降低模型复杂度的最终目的，我们也将其纳入本节的介绍内容.

---

[1] 以卷积层和全连接层的浮点运算为准，不包含其他计算开销. 本书将一次向量相乘视为两次浮点运算（乘法与加法），但在部分文献中以向量相乘作为基本浮点操作，因此在数值上可能存在 2 倍的差异.

[2] 本书所提及的压缩，不仅仅指体积上的压缩，也包括时间上的压缩，其最终目的是减少模型的资源占用.

按照压缩过程对网络结构的破坏程度，我们将模型压缩技术分为"前端压缩"与"后端压缩"两部分. 所谓"前端压缩"，是指不改变原网络结构的压缩技术，主要包括知识蒸馏（knowledge distillation）、紧凑的模型结构设计，以及滤波器（filter）层面的剪枝等；而"后端压缩"则包括低秩近似、未加限制的剪枝、参数量化，以及二值网络[1]等，其目标在于尽可能地减小模型大小，因而会对原始网络结构进行很大程度的改造. 其中，由于"前端压缩"未改变原有的网络结构，仅仅在原模型的基础上减少了网络的层数或者滤波器的个数，其最终的模型可完美适配现有的深度学习库，如 PyTorch 或 MindSpore 等. 相比之下，"后端压缩"为了追求极致的压缩比，不得不对原有的网络结构进行改造，如对参数进行量化表示等，而这样的改造往往是不可逆的. 同时，为了获得理想的压缩效果，必须开发配套的运行库，甚至是专门的硬件设备，其最终的结果往往是一种压缩技术对应于一套运行库，这带来了巨大的维护成本.

当然，上述两种压缩技术并不存在绝对的好与坏，它们均有各自的适应场景. 同时，两种压缩技术可以相互结合，将"前端压缩"的输出作为"后端压缩"的输入，能够在最大程度上降低模型的复杂度. 因此，本章所介绍的这两类压缩技术实际上是一种相互补充的关系. 我们有理由相信，"前端压缩"与"后端压缩"的结合能够开启深度模型走向"精简之美"的大门.

### 3.3.1 低秩近似

卷积神经网络的基本计算模式是卷积运算. 在具体的实现上，卷积操作由矩阵相乘完成，如许多深度学习开源工具中经典的 im2col 操作.[2] 不过在通常情况下，权重矩阵往往稠密且巨大，从而带来计算和存储上的巨大开销. 解决这种情况的一种直观想法是，若能将该稠密矩阵由若干个小规模矩阵近似重构出来，那么便能有效地降低存储和计算开销. 由于这类算法大多采用低秩近似的技术来重构权重矩阵，故我们将其归类为低秩近似算法.

例如，给定权重矩阵 $W \in \mathbb{R}^{m \times n}$，若能将其表示为若干个低秩矩阵的组合，即 $W = \sum_{i=1}^{n} \alpha_i M_i$，其中，$M_i \in \mathbb{R}^{m \times n}$ 为低秩矩阵，其秩为 $r_i$，并满足 $r_i \ll \min(m, n)$，则每一个低秩矩阵都可被分解为小规模矩

---

[1] 二值网络是一种神经网络结构，其中的权重和激活值被限制为二进制数（一般表示为 ±1），从而大大减少了模型的存储需求，降低了计算复杂度，提高了网络的运行效率. 二值网络通常采用二值化操作来近似实数权重，同时使用二值激活函数进行信号传递，从而在保持较低计算成本的同时实现模型的推理和预测任务. 尽管二值网络存在信息丢失的问题，但通过一定的训练技巧和优化算法，可以在各种应用领域实现高效而准确的计算.

[2] im2col 操作是一种将输入图像转换为矩阵形式的技术，在卷积神经网络中，它被广泛用于卷积层的计算. 它通过将图像的局部区域展开为列向量，使得我们能够利用矩阵运算进行高效的卷积操作.

阵的乘积，$M_i = G_i H_i^\top$，其中，$G_i \in \mathbb{R}^{m \times r_i}$, $H_i \in \mathbb{R}^{n \times r_i}$. 当 $r_i$ 的取值很小时，便能大幅降低总体的存储和计算开销.

基于以上想法，Sindhwani 等人 (2015) 提出使用结构化矩阵来进行低秩分解的算法. 结构化矩阵是一系列拥有特殊结构的矩阵，如 Toeplitz 矩阵，该矩阵的特点是任意一条平行于主对角线的直线上的元素都相同. Sindhwani 等人使用 Toeplitz 矩阵来近似重构原权重矩阵：$W = \alpha_1 T_1 T_2^{-1} + \alpha_2 T_3 T_4^{-1} T_5$，在此情况下，$W$ 和 $T$ 为方阵. 而每一个 Toeplitz 矩阵 $T$ 都可以通过置换操作（displacement action，如使用 Sylvester 替换算子[1]）被转化为一个非常低秩（例如秩小于或等于 2）的矩阵. 但该低秩矩阵与原矩阵并不存在直接的等价性，为了保证两者之间的等价性，还需借助数学工具（如 Krylov 分解），以达到使用低秩矩阵来重构原结构化矩阵的目的，从而减少存储开销. 计算方面得益于其特殊的结构，可使用快速傅里叶变换以实现计算上的加速. 最终，这样一个与寻常矩阵相乘截然不同的计算过程，在部分小数据集上能够压缩为原来的 $\frac{1}{3} \sim \frac{1}{2}$ 效果，而最终的精度甚至能超过压缩之前的网络.

[1]Sylvester 替换算子是一种用于矩阵计算的技术，通常应用于卷积神经网络中. 它通过巧妙的代数变换来实现对卷积操作的优化.

另外一种比较简便的做法是直接使用矩阵分解来减少权重矩阵的参数. 如 Denton 等人 (2014) 提出使用奇异值分解（Singular Value Decomposition，SVD）[2]来重构全连接层的权重. 其基本思路是先对权重矩阵进行 SVD 分解：$W = USV^\top$，其中 $U \in \mathbb{R}^{m \times m}$, $S \in \mathbb{R}^{m \times n}$, $V \in \mathbb{R}^{n \times n}$. 根据奇异值矩阵 $S$ 中的数值分布情况，可选择保留前 $k$ 个最大项. 于是，可通过两个矩阵相乘的形式来重构原矩阵，即 $W \approx (\tilde{U}\tilde{S})\tilde{V}^\top$. 其中，$\tilde{U} \in \mathbb{R}^{m \times k}$, $\tilde{S} \in \mathbb{R}^{k \times k}$，两者的乘积作为第一个矩阵的权重. $\tilde{V} \in \mathbb{R}^{k \times n}$ 为第二个矩阵的权重. 除此之外，对于一个三阶张量（卷积层的一个滤波器），也能通过类似的思想来进行分解. 如对于一个秩为 1 的三阶张量 $W \in \mathbb{R}^{m \times n \times k}$，可通过外积相乘的形式得到：$\|W - \alpha \otimes \beta \otimes \gamma\|_F$，其中 $\alpha \in \mathbb{R}^m$, $\beta \in \mathbb{R}^n$, $\gamma \in \mathbb{R}^k$ 可使用最小二乘法获得. 上述思想可轻松拓展到秩为 $K$ 的情况：给定一个张量 $W$，利用同样的算法获得 $(\alpha, \beta, \gamma)$，重复 $K$ 次更新计算以减小重构误差：$W^{(k+1)} \leftarrow W^k - \alpha \otimes \beta \otimes \gamma$. 最终的近似矩阵由这若干向量外积的结果相加得到

[2]奇异值分解是一种线性代数技术，用于将矩阵分解为三个矩阵的乘积，通常用于数据降维、特征提取和矩阵压缩等任务.

$$\tilde{W} = \sum_{k=1}^{K} \alpha_k \otimes \beta_k \otimes \gamma_k. \tag{3.17}$$

结合一些其他技术,利用矩阵分解能够将卷积层参数压缩为原来的 $\frac{1}{3} \sim \frac{1}{2}$,将全连接层参数压缩为原来的 $\frac{1}{13} \sim \frac{1}{5}$ 倍,速度提升 2 倍左右,而精度损失则被控制在 1% 之内.

低秩近似算法在中小型网络模型上取得了很不错的效果,但其超参数量与网络层数呈线性变化趋势 (Denton et al., 2014; Tai et al., 2016),随着网络层数的增加与模型复杂度的提升,其搜索空间会急剧增大 (Wen et al., 2016). 当面对大型神经网络模型时,是否仍能通过近似算法来重构参数矩阵,并使得性能下降保持在一个可接受范围内?最终的答案还是有待商榷的.

### 3.3.2 剪枝与稀疏约束

剪枝作为模型压缩领域中的一种经典技术,已经被广泛运用到各种算法的后处理中,如著名的 C4.5 决策树算法 (Quinlan, 1993). 剪枝处理在降低模型复杂度的同时,还能有效防止过拟合,提升模型泛化性. 剪枝操作可类比于生物学上大脑神经突触数量的变化情况. 很多哺乳动物在幼年时,其大脑神经突触的数量便已达到顶峰,随着大脑发育的成熟,突触数量会随之下降. 类似地,在神经网络的初始化训练中,我们需要参数数量有一定的冗余度来保证模型的可塑性与"容量"(capacity)[1],而在完成训练之后,则可以通过剪枝操作来移除这些冗余参数,使得模型更加成熟.

早在 1990 年,LeCun 等人 (1990) 便已尝试将剪枝运于神经网络的处理,通过移除一些不重要的权重,能够有效地加快网络的运行速度,提升泛化性能. 他们提出了一种名为"最佳脑损伤"(Optimal Brain Damage,OBD)的方法来对神经网络进行剪枝. 随后,更多的剪枝算法在神经网络中的成功应用也再次证明了其有效性 (Chechik et al., 1998; Hassibi et al., 1992). 然而,这类算法大多基于二阶梯度来计算各权重的重要程度,处理小规模网络尚可,当面对现代大规模的深度神经网络时,便显得捉襟见肘了.

进入深度学习时代后,如何对大型深度神经网络进行高效的剪枝,成为一个重要的研究课题. 研究人员提出了各种有效的剪枝方案,尽管各

---

[1] 模型容量是指机器学习模型表示不同函数的能力,高容量模型可以更灵活地拟合数据,但也容易过拟合.

种算法的具体细节不尽相同，但所采用的基本框架是相似的. 给定一个预训练好的网络模型，常用的剪枝算法一般都遵从如下操作流程：

①衡量神经元的重要程度. 这也是剪枝算法中最重要的核心步骤. 根据剪枝粒度（granularity）的不同，神经元的定义可以是一个权重连接，也可以是整个滤波器. 衡量其重要程度的方法也是多种多样的，从一些基本的启发式算法，到基于梯度的方案，它们的计算复杂度与最终的效果也各有千秋.

②剪除一部分不重要的神经元. 根据上一步的衡量结果，剪除部分神经元. 这里可以根据某个阈值来判断神经元是否可以被剪除，也可以按重要程度排序，剪除掉一定比例的神经元. 一般而言，后者比前者更加简便，灵活性也更高.

③对网络进行微调. 由于剪枝操作会不可避免地影响网络的精度，为防止对分类性能造成过大的破坏，需要对剪枝后的模型进行微调. 对于大规模图像数据集 [如 ImageNet (Russakovsky et al., 2015)]，微调会占用大量的计算资源. 因此，对网络微调到什么程度，也是一件需要斟酌的事情.

④返回第①步，进行下一轮剪枝操作.

基于如上循环剪枝框架，Han 等人 (2015) 提出了一个简单且有效的策略. 他们首先将低于某个阈值的权重连接全部剪除. 他们认为，如果某个连接（connectivity）的权重值过低，则意味着该连接并不十分重要，因而可以被剪除. 之后对剪枝后的网络进行微调以完成参数更新. 如此反复迭代，直到在性能和规模上达到较好的平衡. 最终，在保持网络分类精度不下降的情况下，可以将参数数量减少为原来的 $\frac{1}{11} \sim \frac{1}{9}$. 在实际操作中，还可以借助 $\ell_1$ 正则化或者 $\ell_2$ 正则化，以促使网络的权重趋向于 0.

该方法的不足之处在于，剪枝后的网络是非结构化的，即被剪除的网络连接在分布上没有任何连续性. 这种随机稀疏的结构一方面会导致 CPU 高速缓存（CPU cache）与内存之间的频繁切换，从而制约实际的加速效果. 另一方面，由于网络结构的改变，使得剪枝之后的网络模型极度依赖于专门的运行库，甚至需要借助特殊的硬件设备，才能达到理论上的加速比，严重制约了剪枝后模型的通用性.

基于此，也有学者尝试将剪枝的粒度提到滤波器级别 (Li et al., 2017;

Molchanov et al., 2017),即直接丢弃整个滤波器. 这样,模型的运行速度和大小均能得到有效提升,而剪枝后网络的通用性也不会受到任何影响. 这类算法的核心在于如何衡量滤波器的重要程度,通过剪除"不重要"的滤波器来减小对模型准确度的破坏. 其中,最简单的一种策略是基于滤波器权重本身的统计量,如分别计算每个滤波器的 $\ell_1$ 正则化或 $\ell_2$ 正则化值,将相应数值的大小作为重要程度的衡量标准. 这类算法以 Li 等人的算法 (Li et al., 2017) 为代表,Li 等人将每个滤波器权重的绝对值相加作为最终分值:$s_i = \sum |\boldsymbol{W}(i,:,:,:)|$. 基于权重本身统计信息的评价标准,在很大程度上是出于小权重值滤波器对于网络的贡献相对较小的假设,虽然简单易行,却与网络的输出没有直接关系. 在很多情况下,小权重值对于损失函数也能起到非常重要的影响. 当采用较大的压缩率时,直接丢弃这些权重将会对网络的准确度造成十分严重的破坏,从而很难恢复到原先的性能.

因此,由数据驱动的剪枝似乎是更合理的方案. 最简单的一种策略是根据网络输出中每一个通道 (channel) 的稀疏度来判断相应滤波器的重要程度 (Hu et al., 2016). 其出发点在于,如果某一个滤波器的输出几乎全部为 0,那么该滤波器便是冗余的,剪除这样的滤波器不会带来很大的性能损失. 但从本质上而言,这种方法仍属于启发式方法,我们只能根据实验效果来评价其好坏. 如何对剪枝操作进行形式化描述与推理,以得到一个更加理论化的选择标准,成为下一步亟待解决的问题. 对此,Molchanov 等人 (2017) 给出的方案是计算每一个滤波器对于损失函数 (loss function) 的影响程度. 如果某一滤波器的剪除不会带来很大的损失变化,那么自然可以安全地剪除该滤波器. 但直接计算损失函数的代价过于庞大,为此,Molchanov 等人使用 Taylor 展开式[1]来近似表示损失函数的变化,以便衡量每一个滤波器的重要程度.

与此同时,利用稀疏约束来对网络进行剪枝也成为一个重要的研究方向. 稀疏约束与直接剪枝在效果上有着异曲同工之妙,其思路是在网络的优化目标中加入权重的稀疏正则项,使得训练时网络的部分权重趋向于 0,而这些 0 值元素正是剪枝的对象. 因此,稀疏约束可以被视为动态的剪枝. 相对于剪枝的循环反复操作,稀疏约束的优点显而易见:只需进行一遍训练,便能达到网络剪枝的目的. 这种思想也被运用到 Han 等人 (2015) 的剪枝算法中,即利用 $\ell_1$、$\ell_2$ 正则化来促使权重趋向于 0.

---

[1] Taylor 展开式是一种数学方法,用于将一个函数在某一点附近近似为多项式,以便更容易进行分析和计算.

针对非结构化稀疏网络的缺陷，也有学者提出结构化的稀疏训练策略. 该策略有效地提升了网络的实际加速效果，降低了模型对于软、硬件的依赖程度 (Lebedev et al., 2016; Wen et al., 2016). 结构化稀疏约束可以被视为连接级别（connectivity level）的剪枝与滤波器级别（filter level）的剪枝之间的一种平衡. 连接级别的剪枝粒度太细，剪枝之后带来的非结构化稀疏网络很难在实际应用中得到广泛使用. 而滤波器层面的剪枝粒度则太过粗放，很容易造成精度的大幅降低，同时保留下来的滤波器内部还存在着一定的冗余. 而结构化的稀疏训练方法以滤波器、通道（channel）、网络深度作为约束对象，将其添加到损失函数的约束项中，可以促使这些对象的数值趋向于 0. 例如，Wen 等人 (2016) 定义了如下的损失函数

$$E(\boldsymbol{W}) = E_D(\boldsymbol{W}) + \lambda_n \cdot \sum_{l=1}^{L}\left(\sum_{n_l=1}^{N_l}\|\boldsymbol{W}_{n_l,:,:,:}^{(l)}\|_g\right) + \lambda_c \cdot \sum_{l=1}^{L}\left(\sum_{c_l=1}^{C_l}\|\boldsymbol{W}_{:,c_l,:,:}^{(l)}\|_g\right), \tag{3.18}$$

其中，$E_D(\boldsymbol{W})$ 表示原来的损失函数，$L$ 表示网络的层数. $\|\boldsymbol{w}\|_g = \sqrt{\sum_{i=1}^{n}(w_i)^2}$ 表示的是群 Lasso.[1] 式(3.18)在原损失函数的基础上，增加了对滤波器和通道的约束，促使这些对象整体趋向于 0. 由于结构化约束改变了网络结构（所得到的每一层的权重不再是一个完整的张量），因而在实际应用时，仍然需要修改现在的运行库以便支持新的稀疏结构.

总体而言，剪枝是一项有效降低模型复杂度的通用压缩技术，其关键是如何衡量个别权重对于整体模型的重要程度. 在这个问题上，人们对各种权重选择策略也是众说纷纭，尤其是对于深度学习，几乎不可能从理论上确保某一选择策略是最优的. 另外，由于剪枝操作对网络结构的破坏程度极小，这种良好的特性往往被用于网络压缩过程的前端处理. 将剪枝与其他后端压缩技术相结合，能够达到网络模型的最大程度压缩. 表 3.3 总结了以上几种剪枝方案在 ImageNet 数据集上的效果.

---

[1] 群 Lasso 是一种正则化技术，用于在特征选择和模型拟合中同时考虑特征的稀疏性和相关性，通过将特征分组并施加 $\ell_1$ 和 $\ell_2$ 范数惩罚，鼓励选择整个特征组或将组中的特征同时置零，以获得更具解释性和泛化能力的模型.

表 3.3　不同剪枝算法在 ImageNet 数据集 (Russakovsky et al., 2015) 上的性能比较. 其中,"参数数量"和浮点运算次数 "FLOPs" 显示了相对原始模型的压缩比例

| 方法 | 网络模型 | Top-1 精度 | Top-5 精度 | 参数数量 | FLOPs | 备注 |
| --- | --- | --- | --- | --- | --- | --- |
| Han 等人 (2015) | VGG-16 | +0.16% | +0.44% | 13× | 5× | 随机稀疏的结构难以应用 |
| APoZ (Hu et al., 2016) | VGG-16 | +1.81% | +1.25% | 2.70× | ≈ 1× | 只减少了参数数量 |
| Taylor-1 (Molchanov et al., 2017) | VGG-16 | — | −1.44% | ≈ 1× | 2.68× | 关注卷积层的剪枝来加快速度 |
| Taylor-2 (Molchanov et al., 2017) | VGG-16 | — | −3.94% | ≈ 1× | 3.86× | — |
| Weight sum (Li et al., 2017) | ResNet-34 | −1.06% | — | 1.12× | 1.32× | ResNet 网络冗余度低,更难剪枝 |
| Lebedev 等人 (2016) | Alex-Net | −1.43% | — | 3.23× | 3.2× | 依赖于特定运行库 |
| SSL (Wen et al., 2016) | Alex-Net | −2.03% | — | — | 3.1× | 依赖于特定运行库 |

### 3.3.3　参数量化

相比于剪枝操作,参数量化则是一种常用的后端压缩技术. 所谓"量化",是指从权重中归纳出若干"代表",由这些"代表"来表示某一类权重的具体数值. "代表"被存储在码本(codebook)中,而原权重矩阵只需记录各自"代表"的索引即可,从而极大地降低了存储开销. 这种思想可类比于经典的词包模型(bag-of-words model,如图 3.10 所示).

其中,最简单也是最基本的一种量化算法便是标量量化(scalar quantization). 该算法的基本思路是,对于每一个权重矩阵 $W \in \mathbb{R}^{m \times n}$,首先将其转化为向量形式: $w \in \mathbb{R}^{1 \times mn}$. 之后对该权重向量的元素进行 $k$ 个簇的聚类,这可借助于经典的 $k$-均值($k$-means)聚类算法快速完成

$$\arg\min_c \sum_{i}^{mn} \sum_{j}^{k} \|w_i - c_j\|_2^2. \tag{3.19}$$

如此一来,只需将 $k$ 个聚类中心($c_j$)存储在码本中便可,而原权重矩阵则只负责记录各自聚类中心在码本中的索引. 如果不考虑码本的存储开销,则该算法能将存储空间减小为原来的 $\log_2(k)/32$. 基于 $k$-均值算法的标量量化不仅简单,在很多应用中也非常有效. Gong 等人 (2014) 对比了不同的参数量化方法,发现即便采用最简单的标量量化算法,也能在保持网络性能不受显著影响的情况下,将模型大小减小到原来的 $\frac{1}{16} \sim \frac{1}{8}$. 其不足之处在于,当压缩率比较大时,很容易造成分

类精度的大幅下降.

Han 等人 (2016) 在文献中便采用了标量量化的思想. 如图 3.20 所示, 对于当前权重矩阵, 首先对所有的权重值进行聚类, 取 $k=4$, 可获得 4 个聚类中心, 并将其存储在码本中, 而原矩阵只负责记录相应的索引. 4 个聚类中心只需 2 比特即可, 从而极大地降低了存储开销. 由于量化会在一定程度上降低网络的精度, 因此为了弥补性能上的损失, Han 等人借鉴了网络微调思想, 利用后续层的回传梯度对当前的码本进行更新, 以降低泛化误差. 其具体过程如图 3.20 所示, 首先根据索引矩阵获得每一个聚类中心所对应的梯度值. 将这些梯度值相加, 作为每一个聚类中心的梯度, 最后利用梯度下降对原码本中存储的聚类中心进行更新. 当然, 这种算法是近似的梯度下降, 其效果十分有限, 只能在一定程度上缓解量化所带来的精度损失.

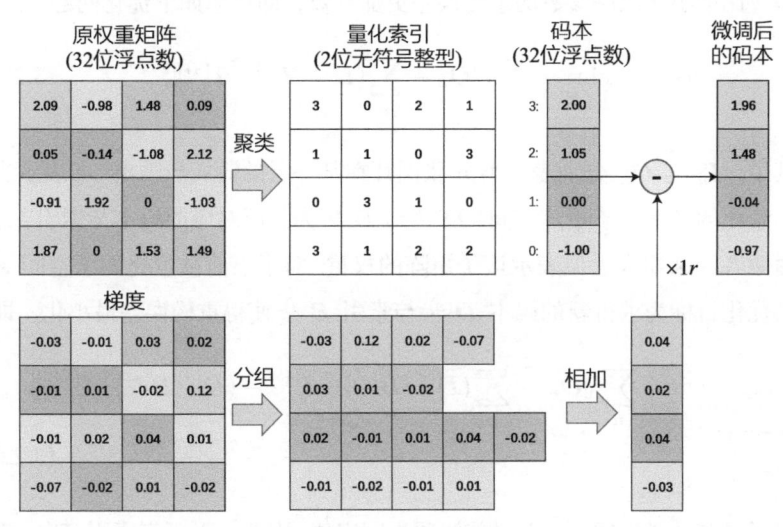

图 3.20 参数量化与码本微调示意图. 上图为对权重矩阵进行 $k$ 均值聚类, 得到量化索引与码本; 下图为使用回传梯度对码本进行更新

为了解决标量量化能力有限的弊端, 也有很多算法考虑结构化的向量量化方法. 其中最常用的一种算法是乘积量化 (Product Quantization, PQ). 该算法的基本思路是先将向量空间划分为若干个不相交的子空间, 之后依次对每个子空间执行量化操作. 即先按照列方向 (行方向亦可) 将权重矩阵 $W$ 划分为 $s$ 个子矩阵: $W^i \in \mathbb{R}^{m \times (n/s)}$, 之后对 $W^i$ 的每一行进行聚类

$$\arg\min_{\boldsymbol{c}} \sum_{z}^{m}\sum_{j}^{k} \|\boldsymbol{w}_z^i - \boldsymbol{c}_j^i\|_2^2, \tag{3.20}$$

其中, $\boldsymbol{w}_z^i \in \mathbb{R}^{1\times(n/s)}$ 表示子矩阵 $\boldsymbol{W}^i$ 的第 $z$ 行, $\boldsymbol{c}_j^i$ 为其对应的聚类中心. 最后, 依据标量量化的流程, 将原权重矩阵转化为码本的索引矩阵. 相对于标量量化, 乘积量化考虑了更多的空间结构信息, 具有更高的精度和健壮性. 但由于码本中存储的是向量, 所占用的存储空间不可忽略, 因此其压缩率为 $(32mn)/(32kn\log_2(k)ms)$.

Wu 等人 (2016) 以此为基础, 设计了一种通用的网络量化算法: QCNN (Quantized CNN). 由于乘积量化只考虑了网络权重本身的信息, 与输入、输出无直接关联, 因此很容易造成量化误差很低, 但网络的分类性能却很差的情况. 为此, Wu 等人认为, 最小化每一层网络输出的重构误差, 比最小化该层参数的量化误差更加有效, 即考虑如下优化问题

$$\arg\min_{\{\boldsymbol{D}^{(s)}\},\{\boldsymbol{B}^{(s)}\}} \sum_{n} \|\boldsymbol{O}_n - \sum_{s}(\boldsymbol{D}^{(s)}\boldsymbol{B}^{(s)})^\top \boldsymbol{I}_n^{(s)}\|_{\mathrm{F}}^2, \tag{3.21}$$

其中, $\boldsymbol{I}_n$ 与 $\boldsymbol{O}_n$ 分别表示第 $n$ 张图片在某一层的输入与输出, $s$ 表示当前量化的第 $s$ 个子矩阵空间, $\boldsymbol{D}^{(s)}$ 与 $\boldsymbol{B}^{(s)}$ 为其所对应的码本与索引, 即由两者的乘积来近似表示该子矩阵的权重. 对于当前欲量化的子空间 $s$, 其优化目标为求得新的码本 $\boldsymbol{D}^{(s)}$ 与索引 $\boldsymbol{B}^{(s)}$ 使得重构误差最小化, 即

$$\arg\min_{\boldsymbol{D}^{(s)},\boldsymbol{B}^{(s)}} \sum_{n} \|\boldsymbol{O}_n - \sum_{s'\neq s}(\boldsymbol{D}^{(s')}\boldsymbol{B}^{(s')})^\top \boldsymbol{I}_n^{(s')} - (\boldsymbol{D}^{(s)}\boldsymbol{B}^{(s)})^\top \boldsymbol{I}_n^{(s)}\|_{\mathrm{F}}^2. \tag{3.22}$$

对于当前的子空间 $s$, 上式前两项为固定值. 因此, 可固定索引 $\boldsymbol{B}^{(s)}$ 来优化码本 $\boldsymbol{D}^{(s)}$, 这可通过最小二乘法实现. 同理, 也可固定 $\boldsymbol{D}^{(s)}$ 来求 $\boldsymbol{B}^{(s)}$. 如此循环迭代每一个子空间, 直到最终的重构误差达到最小. 在实际操作中, 由于网络是逐层量化的, 因此对当前层完成量化操作之后, 势必会使得精度有所下降. 对此, 可通过微调后续若干层网络来弥补损失, 使得网络性能下降尽可能地小. 对于 VGG-16, 该方法能将模型 FLOPs 减少为原来的 20%, 体积缩小为原来的 5%, 而网络的 Top-5 精度损失仅为原来的 0.58%.

以上所介绍的基于聚类的参数量化算法, 其本质思想是将多个权重

映射到同一个数值，从而实现权重共享，降低存储开销. 权重共享是一个十分经典的研究课题，除了用聚类中心来代替该聚类簇的策略，也有研究人员考虑使用哈希技术（hashing）[1]来达到这一目的. Chen 等人 (2015) 提出了 HashedNets 算法来实现网络权重共享. 该算法有两个关键性的元素：码本 $c^\ell$ 与哈希函数 $h^\ell(i,j)$. 首先，选择一个合适的哈希函数，该函数能够将第 $\ell$ 层的权重位置 $(i,j)$ 映射到一个码本索引：$W_{ij}^\ell = c_{h^\ell(i,j)}^\ell$. 第 $\ell$ 层 $(i,j)$ 位置上的权重值由码本中所对应的数值来表示. 即所有被映射到同一个哈希桶（hash bucket）[2]中的权重共享同一个参数值. 而整个网络的训练过程与标准的神经网络大致相同，只是增加了权重共享的限制.

综合来看，参数量化作为一种常用的后端压缩技术，能够以很小的性能损失实现模型体积的大幅减小. 其不足之处在于，量化后的网络是"固定"的，很难再对其做任何改变. 另外，这一类方法的通用性较差，往往是一种量化方法对应于一套专门的运行库，这造成了较大的维护成本.

### 3.3.4 二值网络

二值网络可以被视为量化方法的一种极端情况：所有参数的取值只能是 $\pm 1$. 正是这种极端的设定，使得二值网络能够获得极大的压缩效益. 首先，在普通的神经网络中，一个参数是由单精度浮点数[3]来表示的，参数的二值化能将存储开销降低为原来的 1/32. 其次，如果中间结果也能二值化，那么所有的运算仅靠位操作便可完成. 借助同或门（XNOR gate）等逻辑门元件便能快速完成所有的计算. 而这一优点是其余压缩方法所不能比拟的. 深度神经网络的一大诟病就在于其巨大的计算代价，如果能够获得高准确度的二值网络，那么便可摆脱对 GPU 等高性能计算设备的依赖.

事实上，二值网络并非网络压缩的特定产物，其历史最早可追溯到人工神经网络的诞生之初. 早在 1943 年，神经网络的先驱 Warren McCulloch 和 Walter Pitts (McCulloch et al., 1943) 两人基于数学和阈值逻辑算法提出的人工神经元模型，便是二值网络的雏形. 纵观其发展史，缺乏有效的训练算法一直是困扰二值网络的最大问题. 即便在几年前，二值网络也只能在手写数字识别（如 MNIST）等小型数据集上取得一定

---

[1] 哈希技术是将输入数据映射到固定大小的散列值或哈希码的过程，通常用于快速数据检索和比较，以及数据加密和安全领域.

[2] 哈希桶（Hash Bucket）是一种数据结构，用于将元素按照哈希函数的结果分配到不同的桶中. 其主要提供了一种高效的数据组织方式，能够加快数据的查找和处理速度，并在不同领域的计算任务中发挥重要作用.

[3] 单精度浮点数是一种浮点数表示方法，用 32 位二进制位来表示一个实数，包括符号位、指数位和尾数位，通常用于计算机中的数值计算.

的准确度，距离真正的可实用性还有很大的距离. 直到近两年，二值网络在研究上取得了可观的进展，才再次引发了人们的关注.

现有的神经网络大多基于梯度下降来训练，但二值网络的权重只有 $\pm 1$，无法直接计算梯度信息，也无法进行权重更新. 为了解决这个问题，Courbariaux 等人 (2015) 提出了二值连接 (binary connect) 算法. 该算法退而求其次，采用单精度与二值相结合的方式来训练二值神经网络：网络的前向与反向回传是二值的，而权重的更新则针对单精度权重进行，从而促使网络能够收敛到一个比较满意的最优值. 在完成训练之后，所有的权重将被二值化，从而获得二值网络体积小、运算快的优点.

对于网络二值化，需要解决以下两个基本问题.

- 如何对权重进行二值化？权重二值化，通常有两种选择：一是直接根据权重的正负进行二值化：$x^{\mathrm{b}} = \mathrm{sign}(x)$；二是进行随机的二值化，即对每一个权重，以一定的概率取 $+1$. 在实际应用中，随机数的产生会非常耗时，因此，第一种策略更加实用.
- 如何计算二值权重的梯度？由于二值权重的梯度为 0，因此无法进行参数更新. 为了解决这个问题，需要对符号函数进行放松，即用 $\mathrm{Htanh}(x) = \max(-1, \min(1, x))$ 来代替 $\mathrm{sign}(x)$. 当 $x$ 在区间 $[-1, 1]$ 时，存在梯度值 1，否则梯度为 0.

在模型的训练过程中，存在两种类型的权重：一是原始的单精度权重；二是由该单精度权重得到的二值权重. 在前向过程中，首先对单精度权重进行二值化，由二值权重与输入进行卷积运算（实际上只涉及加法），获得该层的输出. 在反向更新时，则根据放松后的符号函数，计算相应的梯度值，并根据该梯度值对单精度的权重进行参数更新. 由于单精度权重发生了变化，因而其所对应的二值权重也会有所改变，从而有效地解决了二值网络训练困难的问题. 在 MNIST[1] 与 CIFAR-10[1] 等小型数据集上，该算法能够取得与单精度网络相当的准确度，甚至在部分数据集上超过了单精度的网络模型. 这是因为二值化对权重和激活值添加了噪声，这些噪声具有一定的正则化作用[2]，能够防止模型过拟合.

但二值连接算法只对权重进行了二值化，网络的中间输出值仍然是单精度的. 于是，Hubara 等人 (2016) 对此进行了改进，使得权重与中间值同时完成二值化，其整体思路与二值连接大体相同. 与二值连接相比，由于其中间结果也是二值化的，因此可借助同或门等逻辑门元件快速完

---

[1] 参见本书 15.1.1 节.

[2] 参见本书第 10 章.

成计算，而精度损失则保持在 0.5% 之内.

更进一步，Rastegari 等人 (2016) 提出用单精度对角阵与二值矩阵之积来近似表示原矩阵的算法，以提升二值网络的分类性能，弥补纯二值网络在精度上的弱势. 该算法将原卷积运算分解为如下过程

$$I * W \approx (I * B)\alpha, \tag{3.23}$$

其中，$I \in \mathbb{R}^{c \times w_{in} \times h_{in}}$ 为该层的输入张量，$W \in \mathbb{R}^{c \times w \times h}$ 为该层的一个滤波器，$B = \text{sign}(W) \in \{+1, -1\}^{c \times w \times h}$ 为该滤波器所对应的二值权重. Rastegari 等人认为，单靠二值运算，很难达到原单精度卷积运算的效果. 因此，他们使用额外的一个单精度缩放因子 $\alpha \in \mathbb{R}^+$ 来对该二值滤波器卷积后的结果进行缩放. 而关于 $\alpha$ 的取值，则可根据优化目标

$$\min \|W - \alpha B\|^2, \tag{3.24}$$

得到 $\alpha = \dfrac{1}{n}\|W\|_{\ell_1}$. 整个网络的训练过程与上述两个算法大体相同，不同之处在于梯度的计算过程还考虑了 $\alpha$ 的影响. 从严格意义上讲，该网络并不是纯粹的二值网络，每个滤波器还保留了一个单精度的缩放因子. 但正是这个额外的单精度数值，有效地降低了重构误差，并首次在 ImageNet 数据集上取得了与 Alex-Net (Krizhevsky et al., 2012) 相当的精度. 此外，如果同时对输入与权重都进行二值化，则可进一步提升运行速度，但网络性能会受到明显的影响，在 ImageNet 上，其分类精度降低了 12.6%.

尽管二值网络取得了一定的技术突破，但距离真正的可实用性还有很长一段路要走. 我们相信，随着技术的进步与研究的深入，其未来的发展前景将会更加美好.

### 3.3.5 知识蒸馏

对于监督学习，监督信息的丰富程度在模型的训练过程中起着至关重要的作用. 对于具有同样复杂度的模型，给定的监督信息越丰富，训练效果越好. 正如我们在本节开头所言，参数的冗余能够在一定程度上保证网络收敛到一个较好的最优值. 那么，在不改变模型复杂度的情况下，通过增加监督信息的丰富程度，是否也能带来性能上的提升呢？答案是

肯定的. 正是本着这样的思想, "知识蒸馏" (knowledge distillation) 应运而生.

所谓 "知识蒸馏", 其实是迁移学习[1]的一种, 其最终目的是将一个庞大而复杂的模型所学到的知识, 通过一定的技术手段迁移到精简的小模型上, 使得小模型能够获得与大模型相近的性能. 这两种不同规模的网络分别扮演着 "学生" (student) 和 "老师" (teacher) 的角色: 如果完全让 "学生" (小模型) 自学, 则收效往往甚微; 但若能经过 "老师" (大模型) 的指导, "学生" 学习的过程便能事半功倍, 甚至有可能超越 "老师".

实际上, 在机器学习中, 类似的想法在 2004 年就已有报道 (Zhou et al., 2004). 而具体到基于深度学习的知识蒸馏框架中, 有两个基本要素起着决定性的作用: 一是何谓 "知识", 即如何提取模型中的知识; 二是如何 "蒸馏", 即如何完成知识转移的任务.

Jimmy 等人 (2014) 认为, Softmax 层的输入与类别标签相比, 包含了更丰富的监督信息, 可以被视为网络中知识的有效概括. Softmax 的计算过程为: $p_k = e^{z_k}/\sum_j e^{z_j}$, 其中, 输入 $z_j$ 被称为 "logits", 使用 logits 来代替类别标签对小模型进行训练, 可以获得更好的训练效果. 他们将小模型的训练问题转化为一个回归问题

$$\mathcal{L}(W, \beta) = \frac{1}{2T} \sum_t \|g(x^{(t)}; W, \beta) - z^{(t)}\|_2^2, \qquad (3.25)$$

以促使小模型的输出尽可能地接近大模型的 logits. 在实验中, 他们选择浅层的小模型来 "模仿" 深层的大模型 (或者多个模型的集成). 然而, 为了达到和大模型相似的精度, 小模型中隐藏层的宽度要足够大, 因而参数总量并未明显减少, 其效果十分有限.

与此同时, Hinton 等人 (2015) 则认为, Softmax 层的输出会是一种更好的选择, 它包含了每个类别的预测概率, 可以被认为是一种 "软标签". 通常意义的类别标签只给出一个类别的信息, 各类之间没有任何关联. 而 Softmax 的预测概率, 除了包含该样本的类别归属, 还包含不同类别之间的相似信息: 两个类别之间的预测概率越接近, 这两类越相似. 因此, "软标签" 比类别标签包含了更多的信息. 为了获得更好的 "软标签", 他们使用了一个超参数来控制预测概率的平滑程度, 即

---

[1] 迁移学习 (transfer learning) 是一种机器学习方法, 通过将从一个任务中学到的知识应用到另一个相关任务中, 以提升模型性能.

$$q_i = \frac{\exp(z_i/T)}{\sum_j \exp(z_j/T)}, \tag{3.26}$$

其中，$T$ 被称为"温度"，其值通常为 1. $T$ 的取值越大，所预测的概率分布通常越平滑. 为了获得更高的预测精度，还可使用普通的类别标签来对"软标签"进行修正. 最终的损失函数由两部分构成: 第一部分是由小模型的预测结果与大模型的"软标签"所构成的交叉熵[1]；第二部分为预测结果与普通类别标签的交叉熵. 两者之间的重要程度可通过一定的权重进行调节. 在实际应用中，$T$ 的具体取值会影响最终的效果，一般而言，较大的 $T$ 能够获得较高的准确度. 当 $T$ 的取值比较恰当时，小模型能够取得与大模型相近的性能，但减少了参数数量，同时训练速度也得到了提升.

"软标签"的不足之处在于，温度 $T$ 的取值不易确定，而 $T$ 对小模型的训练结果有着较大的影响. 另外，当数据集的类别比较多时（如人脸识别中的数万个类别），即"软标签"的维度比较高时，模型的训练变得难以收敛 (Luo et al., 2016). 针对人脸识别数据集类别维度高的特点，Luo 等人 (2016) 认为，可以使用 Softmax 前一层网络的输出来指导小模型的训练. 这是因为，Softmax 以该层输出为基础进行预测计算，具有相当的信息量，却拥有更加紧凑的维度.[2] 但相比于"软标签"，前一层的输出包含更多的噪声和无关信息. 因此，Luo 等人设计了一个算法来对神经元进行选择，以去除这些无关维度，使得最终保留的维度更加紧凑与高效. 该算法的主要思想是，保留那些满足如下两点要求的特征维度: 一是该维度的特征必须具有足够强的区分度；二是不同维度之间的相关性必须尽可能低. 使用经过选择后的输出特征来对小模型进行训练，能够获得更好的分类性能，甚至可以超过大模型的精度.

总体而言，知识蒸馏作为前向压缩算法的一种补充，可以用来更好地指导小规模网络的训练. 但该方法目前的效果还十分有限，与主流的剪枝、量化等技术相比，存在一定的差距，需要未来进行更加深入的研究.

### 3.3.6 紧凑的网络结构

以上所介绍的各种方法，在模型压缩方面均卓有成效，能够有效降低神经网络的复杂度. 其实，我们迫切需要大模型的有效压缩策略，很大

---

[1] 交叉熵（cross entropy）是衡量两个概率分布之间差异的一种度量方式，在深度学习中常用于损失函数来衡量模型输出与实际标签之间的距离. 具体内容参见本书第 9 章.

[2] 相对于人脸识别中 Softmax 层的数万维度而言.

一部分原因是由于小模型的训练效果很难令人满意. 但直接训练小模型真的没法获得很好的精度吗？似乎也不尽然. 研究人员设计出了许多更加紧凑的网络结构, 并将这些新颖的结构运用到神经网络的设计中, 就能够在规模与精度之间取得一个较好的平衡.

诚然, 网络结构的设计是一项由实验推动的研究, 需要很大的技巧性. 但通过研究一些比较成熟的设计思想, 可以启迪更多可能的研究工作. 为了追求更少的模型参数, Iandola 等人 (2016) 设计了一种名为 Fire Module 的基本单元, 并基于这种单元提出了 SqueezeNet. Fire Module 的基本结构如图 3.21(a) 所示, 该结构主要分为两部分.

- 挤压. 特征维度的大小对于模型容量有着较大的影响, 当特征的维度不够高时, 模型的表示能力便会受到限制. 但高维的特征会直接导致卷积层参数的急剧增加. 为追求模型容量与参数的平衡, 可使用 $1\times 1$ 的卷积来对输入特征进行降维. 同时, $1\times 1$ 的卷积可综合多个通道的信息, 得到更加紧凑的输入特征, 从而保证了模型的泛化性.

- 扩张. 常见网络模型的卷积层通常由若干个 $3\times 3$ 的卷积核构成, 占用了大量的计算资源. 这里为了减少网络参数, 同时也为了综合多种空间结构信息, 使用了部分 $1\times 1$ 的卷积来代替 $3\times 3$ 的卷积. 为了使不同卷积核的输出能够拼接成一个完整的输出, 需要对 $3\times 3$ 的卷积输入配置合适的填充（padding）像素.

以该基本单元为基础所搭建的 SqueezeNet 具有良好的性能, 在 ImageNet 上能够达到 Alex-Net 的分类精度, 而其模型大小仅仅为 4.8 MB, 将这种规模的模型部署到手机等嵌入式设备中将变得不再困难.

另外, 为了弥补小网络在无监督领域自适应（domain adaptation）[1] 任务上的不足, Wu 等人 (2017) 认为, 增加网络中特征的多样性是解决问题的关键. 他们参考了 GoogLeNet (Szegedy et al., 2015) 的设计思想, 提出使用多个分支分别捕捉不同层次的图像特征, 以达到增加小模型特征多样性的目的. 其基本结构如图 3.21(b) 所示, 每一条分支首先都用 $1\times 1$ 的卷积对输入特征做降维处理. 在这一方面, 其设计理念与 SqueezeNet 基本相同. 三条分支分别为普通的卷积（convolution）、扩张卷积（dilated convolution）与反卷积 (deconvolution). 使用扩张卷积的目的是使用较少的参数获得较大的感受野, 使用反卷积则是为了重构输入特征, 提供

---

[1] 领域自适应是一种机器学习技术, 旨在通过从源域到目标域的知识转移, 解决在目标域中的数据分布偏移问题, 以提高模型在目标域上的性能和泛化能力.

与其他两条分支截然不同的卷积特征. 最后, 为了减少参数, 对每一条分支均使用了分组卷积. 三条分支在最后汇总, 拼接为新的张量, 作为下一层的输入. 最终的效果是以 4.1M 的参数数量实现了 GoogLeNet 的精度, 并且在领域自适应问题上取得了良好的性能表现.

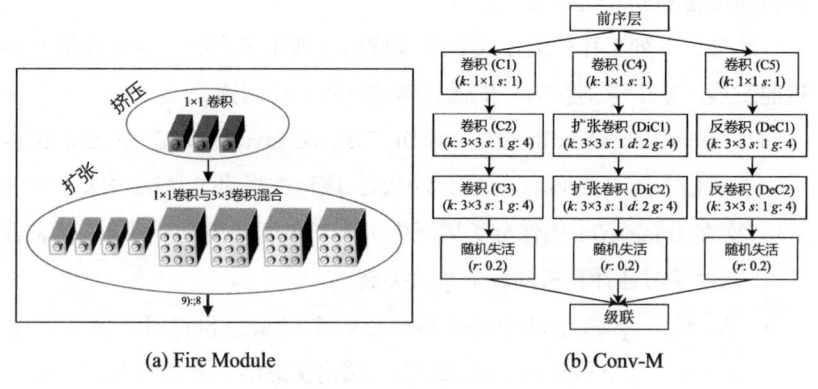

(a) Fire Module    (b) Conv-M

图 3.21　两种紧凑网络结构中所采用的基本模型单元

直接训练一个性能良好的小规模网络模型固然十分吸引人, 然而其结构设计并不是一件容易的事情, 这在很大程度上依赖于设计者本身的经验与技巧. 随着参数数量的减少, 网络的泛化性是否还能得到保障? 当一个紧凑的小规模网络被运用到迁移学习, 或者是检测、分割等其他任务上时, 其性能表现究竟如何, 也未可知.

## 3.4　总结与扩展阅读

本章介绍了卷积神经网络 (CNN), 为读者提供了对这一深度学习领域的核心概念和经典结构的全面理解. 首先, 介绍了 CNN 的基本组成部分, 包括卷积层、汇合层、激活函数、全连接层和目标函数. 这些组件构成了卷积神经网络的基本框架, 使其能够有效地提取图像等数据的特征. 接着, 介绍了 CNN 中的重要概念, 如感受野、分布式表示和深度特征的层次性. 这些概念可以帮助读者理解 CNN 如何逐渐提高特征的抽象级别, 从而实现更复杂的任务. 在经典网络案例分析部分, 介绍了几个经典的 CNN 结构, 包括 AlexNet、VGG-Nets、Network-In-Network 和残差网络模型. 这些案例展示了 CNN 在相关领域的成功应用, 可为读者提供深度学习模型设计的灵感. 最后, 介绍了 CNN 的压缩方法, 包括低秩近似、剪枝与稀疏约束、参数量化、二值网络、知识蒸馏和紧凑的网络结构. 这些方法有助于减少模型的计算和存储资源需求, 使 CNN 更适合移动设备和嵌入式系统.

此外, 下列工作代表了 CNN 领域的一些重要突破, 对深度学习领域的发展产生了深刻影响, 供感兴趣的读者扩展阅读.

- "ImageNet Classification with Deep Convolutional Neural Networks"(Krizhevsky et al., 2012): 该论文提出了 Alex-Net, 它首次在 ImageNet 图像分类挑战中引入了深度卷积神经网络, 标志着深度学习在计算机领域的重大突破.
- "Very Deep Convolutional Networks for Large-Scale Image Recognition"(Simonyan et al., 2015): 该论文提出了著名的 VGG-Nets, 是当时较深的卷积神经网络结构, 对图像分类任务产生了深刻影响.
- "Going Deeper with Convolutions"(Szegedy et al., 2015): 该论文是 Google Inception 系列 (InceptionV1) 的工作, 它引入了 Inception 结构, 旨在提高模型的计算效率和性能.
- "Deep Residual Learning for Image Recognition"(He 等人, 2016): 该论文介绍了深度残差网络 ResNet, 通过残差模块解决了深度神经网络中的梯度消失问题, 是深度学习中的重要突破之一, 获得了 CVPR 2016 的最佳论文奖.
- "Densely Connected Convolutional Networks"(Huang et al., 2017): 该论文提出了密集连接卷积神经网络 DenseNet, 通过全连接的密集连接块实现了高效的信息传递, 提高了模型的参数利用率, 获得了 CVPR 2017 的最佳论文奖.
- "MobileNets: Efficient Convolutional Neural Networks for Mobile Vision Applications"(Howard et al., 2017): 该论文提出了专为移动设备和嵌入式系统设计的高效卷积神经网络 MobileNets, 对于轻量级模型设计具有重要意义.
- "EfficientNet: Rethinking Model Scaling for Convolutional Neural Networks"(Tan et al., 2019): 该论文对模型缩放的方式进行了重新思考, 提出了一种高效的模型缩放方法 EfficientNet, 这种方法

旨在帮助在计算资源受限的情况下能获得模型的高性能。
- "Faster R-CNN: Towards Real-Time Object Detection with Region Proposal Networks"（Ren et al., 2015）：该论文提出了 Faster R-CNN，并开创了实时目标检测领域，结合了区域建议网络（region proposal network）和深度学习分类与回归，标志着目标检测实时性和准确性的重大提升。
- "Fully Convolutional Networks for Semantic Segmentation"（Long et al., 2015）：该论文提出了全卷积网络 FCN，首次将卷积神经网络扩展到像素级别的语义分割任务，为图像分割领域的发展奠定了基础，获得了 CVPR 2015 的最佳论文提名奖。
- "Mask R-CNN"（He et al., 2017）：该论文提出了 Mask R-CNN，结合了目标检测和实例分割，使得在图像中同时定位和分割对象成为可能，获得了 ICCV 2017 的最佳论文奖"马尔奖"（Marr Prize）。

## 3.5 习题

**习题 3-1** 阅读有深度学习"三驾马车"之称的 Yann LeCun、Yoshua Bengio 和 Geoffrey E. Hinton 发表在 *Nature* 上的综述性文献"Deep Learning"（LeCun et al., 2015），并结合本章内容，试体会和进一步理解深度学习的相关基本思想和概念。

**习题 3-2** 自行寻找一张灰度图像，动手实现并将以下三种滤波器（卷积核）作用在原图上观察其输出效果，体会卷积操作。

$$\boldsymbol{K}_1 = \begin{bmatrix} 0 & 0 & 0 \\ 0 & 1 & 0 \\ 0 & 0 & 0 \end{bmatrix} \quad \boldsymbol{K}_2 = \frac{1}{9}\begin{bmatrix} 1 & 1 & 1 \\ 1 & 1 & 1 \\ 1 & 1 & 1 \end{bmatrix} \quad \boldsymbol{K}_3(i,j) = \begin{cases} 255, & f(i,j) > 100; \\ 0, & f(i,j) \leqslant 100, \end{cases}$$

其中，$f(i,j)$ 表示原图 $(i,j)$ 位置的灰度值。

**习题 3-3** 图 3.3 介绍的卷积操作的直观实现方式为基于循环操作，试思考卷积操作是否有相较循环操作更加高效的计算方式，请用代码实现并与循环实现方式进行运行时间对比。

**习题 3-4**　回顾上一章中反馈运算的相关知识，试写出最大值汇合操作的反馈运算形式.

**习题 3-5**　回顾上一章中反馈运算的相关知识，并思考 ReLU 激活函数在输入为 0 处的偏导数是否存在？为何？试思考这一现象是否会对神经网络运算带来影响.

**习题 3-6**　根据表 3.2提供的信息，试计算 VGG-16 网络的参数总量. 若将 VGG-16 模型的全连接层更改为最大值汇合操作，则新网络模型总参数量如何？试将二者做一对比并得出你的结论.

**习题 3-7**　试分析和列举卷积神经网络中 $1 \times 1$ 卷积的作用.

**习题 3-8**　阅读文献 "Visualizing the Loss Landscape of Neural Nets"(Li et al., 2018)，并理解残差网络中的近路连接（short-cut connection）对于深度神经网络优化带来的有利影响.

**习题 3-9**　假设你正在开发一套嵌入式系统，其中需要部署一个深度学习模型. 由于系统资源的限制，你需要对模型进行压缩. 请列举至少三种常见的网络压缩技术，并简要说明它们的原理. 试述哪种技术最适合在这个嵌入式系统中使用.

**习题 3-10**　阅读文献 "Deep Residual Learning for Image Recognition"(He 等人，2016)，试用你熟悉的深度学习开源工具实现残差网络 ResNet-50，并在 CIFAR-10 数据[1] 上测试你的模型性能.

---

[1] CIFAR-10 数据是加拿大高等研究院（Canadian Institute For Advanced Research）收集整理的一份著名标准数据集，被广泛应用于计算机视觉和机器学习领域. 该数据集含 6 万张分辨率为 32像素×32像素的图像，共计 10 类，因此被称为"CIFAR-10". 同样著名的还有含 100 类的 CIFAR-100 数据集. 与数据集相关的具体信息见"链接 19".

## 历史的天空

### John McCarthy
（1927—2011）

美国计算机科学家. 1956 年，John McCarthy 提议发起"达特茅斯夏季人工智能研究计划"（Dartmouth Summer Research Project on Artificial Intelligence），共同发起人还包括 Marvin Minsky、Nathaniel Rochester 和 Claude Shannon，会议持续了一月有余，主要围绕"自动计算机""神经网络""计算规模理论"等主题展开，基本上以大范围的集思广益为主. 达特茅斯会议催生了后来人所共知的人工智能革命，也是在这个会议上，"人工智能"的定义被首次提出. John McCarthy 是美国国家科学奖章（1990 年）、富兰克林奖章（2003 年）的获得者，并因其在人工智能领域的贡献在 1971 年获得图灵奖.

# 参考文献

BA L J, CARUANA R, 2014. Do deep nets really need to be deep?[C]//Advances in Neural Inf. Process. Syst. Montréal, MIT: 2654-2662.

BENGIO Y, COURVILLE A, VINCENT P, 2013. Representation learning: A review and new perspectives[J]. IEEE Trans. Pattern Anal. Mach. Intell., 35(8): 1798-1828.

CHECHIK G, MEILIJSON I, RUPPIN E, 1998. Synaptic pruning in development: a computational account[J]. Neural Computation, 10(7): 1759-1777.

CHEN W, WILSON J T, TYREE S, et al., 2015. Compressing neural networks with the hashing trick[C]//Proc. Int. Conf. Mach. Learn. Lile, ACM: 2285-2294.

CHOLLET F, 2017. Xception: Deep learning with depthwise separable convolutions[C]//Proc. IEEE Conf. Comp. Vis. Patt. Recogn. Hawaii, IEEE: 1800-1807.

CIMPOI M, MAJI S, KOKKINOS I, et al., 2016. Deep filter banks for texture recognition, description, and segmentation[J]. Int. J. Comput. Vision, 118(1): 65-94.

COURBARIAUX M, BENGIO Y, DAVID J P, 2016. BinaryConnect: Training deep neural networks with binary weights during propagations[C]//Advances in Neural Inf. Process. Syst. Montréal, MIT: 3123-3131.

DAI J, QI H, XIONG Y, et al., 2017. Deformable convolutional networks[J]. arXiv preprint arXiv:1703.06211.

DENIL M, SHAKIBI B, DINH L, et al., 2013. Predicting parameters in deep learning[C]//Advances in Neural Inf. Process. Syst. Lake Tahoe, MIT: 2148-2156.

DENTON E, ZAREMBA W, BRUNA J, et al., 2014. Exploiting linear structure within convolutional networks for efficient evaluation[C]//Advances in Neural Inf. Process. Syst. Montréal, MIT: 1269-1277.

GAO B B, WEI X S, WU J, et al., 2015. Deep spatial pyramid: The devil is once again in the details[J]. arXiv preprint arXiv:1504.05277v2.

GERS F A, SCHMIDHUBER J, CUMMINS F, 2000. Learning to forget: Continual prediction with LSTM[J]. Neural Computation, 12(10): 2451-2471.

GHODRATI A, DIBA A, PEDERSOLI M, et al., 2015. DeepProposal: Hunting objects by cascading deep convolutional layers[C]//Proc. IEEE Int. Conf. Comp. Vis. Santiago, IEEE: 2578-2586.

GONG Y, LIU L, YANG M, et al., 2014. Compressing deep convolutional networks using vector quantization[J]. arXiv preprint arXiv: 1412.6115.

HAN S, POOL J, TRAN J, et al., 2015. Learning both weights and connections for efficient neural network[C]//Advances in Neural Inf. Process. Syst. Montréal, MIT: 1135-1143.

HAN S, MAO H, DALLY W J, 2016. Deep compression: Compressing deep neural networks with pruning, trained quantization and huffman coding[C]// Proc. Int. Conf. Learn. Representations. San Juan, ICLR Press: 1-14.

HASSIBI B, STORK D G, 1992. Second order derivatives for network pruning: Optimal brain surgeon[C]//Advances in Neural Inf. Process. Syst. Denver, MIT: 164-164.

HE K, ZHANG X, REN S, et al., 2016. Deep residual learning for image recognition[C]//Proc. IEEE Conf. Comp. Vis. Patt. Recogn. Las Vegas, IEEE: 770-778.

HE K, GKIOXARI G, DOLLÁR P, et al., 2017. Mask R-CNN[C]//Proc. IEEE Int. Conf. Comp. Vis. Venice, IEEE: 2961-2969.

HINTON G E, 1986. Learning distributed representations of concepts[C]// Annual Conference of the Cognitive Science Society. Amherst, Clarendon: 1-12.

HINTON G E, SRIVASTAVA N, KRIZHEVSKY A, et al., 2012. Improving neural networks by preventing co-adaptation of feature detectors[J]. arXiv preprint arXiv:1207.0580.

HINTON G E, VINYALS O, DEAN J, 2015. Distilling the knowledge in a neural network[C]//Advances in Neural Inf. Process. Syst. Workshop. Montréal, MIT: 1269-1277.

HOCHREITER S, SCHMIDHUBER J, 1997. Long short-term memory[J]. Neural Computation, 9(8): 1735-1780.

HOWARD A G, ZHU M, CHEN B, et al., 2017. MobileNets: Efficient convolutional neural networks for mobile vision applications[J]. arXiv preprint arXiv:1704.04861.

HU H, PENG R, TAI Y W, et al., 2016. Network trimming: A data-driven neuron pruning approach towards efficient deep architectures[J]. arXiv preprint arXiv:1607.03250.

HUANG G, LIU Z, VAN DER MAATEN L, et al., 2017. Densely connected convolutional networks[C]//Proc. IEEE Conf. Comp. Vis. Patt. Recogn. Hanaii, IEEE: 2261-2269.

HUBARA I, COURBARIAUX M, SOUDRY D, et al., 2016. Binarized neural networks[C]//Advances in Neural Inf. Process. Syst. Baroelona, MIT: 4107-4115.

IANDOLA F N, HAN S, MOSKEWICZ M W, et al., 2016. SqueezeNet: AlexNet-level accuracy with 50x fewer parameters and <0.5mb model size[C]//Toulon, ICLR Press.

IOFFE S, SZEGEDY C, 2015. Batch normalization: Accelerating deep network training by reducing internal covariate shift[C]//Proc. Int. Conf. Mach. Learn. Lile, ACM: 448-456.

KRIZHEVSKY A, SUTSKEVER I, HINTON G E, 2012. ImageNet classification with deep convolutional neural networks[C]//Advances in Neural Inf. Process. Syst. Lake Tahoe, MIT: 1097-1105.

LEBEDEV V, LEMPITSKY V, 2016. Fast ConvNets using group-wise brain damage[C]//Proc. IEEE Conf. Comp. Vis. Patt. Recogn. Nerada, IEEE: 2554-2564.

LECUN Y, DENKER J S, SOLLA S A, 1989. Optimal brain damage[C]//Advances in Neural Inf. Process. Syst. Denver, MIT: 598-605.

LECUN Y, BENGIO Y, HINTON G E, 2015. Deep learning[J]. Nature, 521: 436-444.

LI H, KADAV A, DURDANOVIC I, et al., 2017. Pruning filters for efficient convnets[C]//Proc. Int. Conf. Learn. Representations. Toulon, ICLR Press: 1-13.

LI H, XU Z, TAYLOR G, et al., 2018. Visualizing the loss landscape of neural nets[C]//Advances in Neural Inf. Process. Syst. Montréal, MIT: 6389-6399.

LONG J, SHELHAMER E, DARRELL T, 2015. Fully convolutional networks for semantic segmentation[C]//Proc. IEEE Conf. Comp. Vis. Patt. Recogn. Boston, IEEE: 3431-3440.

LUO P, ZHU Z, LIU Z, et al., 2016. Face model compression by distilling knowledge from neurons[C]//Proc. Conf. AAAI. Arizona, AAAI: 3560-3566.

MCCULLOCH W S, PITTS W, 1943. A logical calculus of the ideas immanent in nervous activity[J]. The Bulletin of Mathematical Biophysics, 5(4): 115-133.

LIM M, CHEN Q, YAN S, 2014. Network in network[C]//Proc. Int. Conf. Learn. Representations. Banff, ICLR Press: 1-14.

MOLCHANOV P, TYREE S, KARRAS T, et al., 2017. Pruning convolutional neural networks for resource efficient inference[C]//Proc. Int. Conf. Learn. Representations. Toulon, ICLR Press: 1-17.

NAIR V, HINTON G E, 2010. Rectified linear units improve restricted boltzmann machines[C]//Proc. Int. Conf. Mach. Learn. Haifa ACM: 807-814.

QUINLAN J R, 1993. C4.5: Programs for machine learning[M]. California: Morgan Kaufmann Publishers.

RASTEGARI M, ORDONEZ V, REDMON J, et al., 2016. XNOR-Net: ImageNet classification using binary convolutional neural networks[C]//Proc. Eur. Conf. Comp. Vis. Amsterdan, Springer: 525-542.

REN S, HE K, GIRSHICK R, et al., 2015. Faster R-CNN: Towards real-time object detection with region proposal networks[C]//Advances in Neural Inf. Process. Syst. Montréal, MIT: 91–99.

RUSSAKOVSKY O, DENG J, SU H, et al., 2015. ImageNet large scale visual recognition challenge[J]. Int. J. Comput. Vision, 115(3): 211-252.

SIMONYAN K, ZISSERMAN A, 2015. Very deep convolutional networks for large-scale image recognition[C]//Proc. Int. Conf. Learn. Representations. San Diego, ICLR Press: 1-14.

SINDHWANI V, SAINATH T N, KUMAR S, 2015. Structured transforms for small-footprint deep learning[C]//Advances in Neural Inf. Process. Syst. Montréal, MIT: 3088-3096.

SPRINGENBERG J T, DOSOVITSKIY A, BROX T, et al., 2015. Striving for simplicity: The all convolutional net[C]//Proc. Int. Conf. Learn. Representations Workshops. San Diego, ICLR Press: 1-9.

SRIVASTAVA R K, GREFF K, SCHMIDHUBER J, 2015. Training very deep networks[C]//Advances in Neural Inf. Process. Syst. Montréal, MIT: 2377-2385.

SZEGEDY C, LIU W, JIA Y, et al., 2015. Going deeper with convolutions[C]//Proc. IEEE Conf. Comp. Vis. Patt. Recogn. Boston, IEEE: 1-9.

TAI C, XIAO T, ZHANG Y, et al., 2016. Convolutional neural networks with low-rank regularization[C]//Proc. Int. Conf. Learn. Representations. San Juan, ICLR Press: 1-11.

TAN M, LE Q V, 2019. EfficientNet: Rethinking model scaling for convolutional neural networks[C]//Proc. Int. Conf. Mach. Learn. California, ACM: 6105-6114.

WEI X S, LUO J H, WU J, et al., 2017a. Selective convolutional descriptor aggregation for fine-grained image retrieval[J]. IEEE Trans. Image Process., 26(6): 2868-2881.

WEI X S, ZHANG C L, LI Y, et al., 2017b. Deep descriptor transforming for image co-localization[C]//Proc. Int. Joint Conf. Artificial Intell. Melbourne, Morgan Kaufmann: 3048-3054.

WEI X S, SONG Y Z, AODHA O M, et al., 2022. Fine-grained image analysis with deep learning: A survey[J]. IEEE Trans. Pattern Anal. Mach. Intell., 44(12): 8927-8948.

WEN W, WU C, WANG Y, et al., 2016. Learning structured sarsity in deep neural networks[C]//Advances in Neural Inf. Process. Syst. Barcelona, MIT: 2082-2090.

WU C, WEN W, AFZAL T, et al., 2017. A compact DNN: Approaching GoogLeNet-level accuracy of classification and domain adaptation[C]//Proc. IEEE Conf. Comp. Vis. Patt. Recogn. Hawaii, IEEE: 5761-5770.

WU J, LENG C, WANG Y, et al., 2016. Quantized convolutional neural networks for mobile devices[C]//Proc. IEEE Conf. Comp. Vis. Patt. Recogn. Nerada, IEEE: 4820-4828.

YU F, KOLTUN V, 2016. Multi-scale context aggregation by dilated convolutions[C]//Proc. Int. Conf. Learn. Representations. San Juan, ICLR Press: 1-13.

ZEILER M D, FERGUS R, 2013. Stochastic pooling for regularization of deep convolutional neural networks[C]//Proc. Int. Conf. Learn. Representations. Scottsdale, ICLR Press: 1-9.

ZEILER M D, FERGUS R, 2014. Visualizing and understanding convolutional networks[C]//Proc. Eur. Conf. Comp. Vis. Zurich Springer: 818-833.

ZEILER M D, TAYLOR G W, FERGUS R, 2011. Adaptive deconvolutional networks for mid and high level feature learning[C]//Proc. IEEE Int. Conf. Comp. Vis. Venice, IEEE: 2018-2025.

ZHOU Z H, JIANG Y, 2004. NeC4.5: Neural ensemble based C4.5[J]. IEEE Trans. Knowl. Data Eng., 16(6): 770-773.

# 第 4 章
# 循环神经网络

循环神经网络（Recurrent Neural Network，RNN）作为深度学习领域的一项重要技术，具备强大的时序建模能力，它为解决一系列与时间序列相关的任务提供了有力的工具. RNN 的独特之处在于其内部拥有一种记忆机制，允许信息在网络中传递并被保存，从而适应不同时间步的输入数据. 在过去的几十年中，RNN 在自然语言处理、语音识别、机器翻译、语言生成和时间序列预测等任务中取得了显著的成果. 其独特的架构使得 RNN 能够捕捉序列数据中的上下文信息和时序依赖关系，并成为处理时序数据的重要工具.

在循环神经网络的学习过程中，本章将首先关注其基本组成部分，包括记忆模块和参数学习机制，将介绍 RNN 如何借助这些模块来捕获和处理序列数据，以及如何解决长程依赖问题，这是传统神经网络难以应对的挑战之一. 然后介绍不同类型的循环神经网络结构，其中包括长短时记忆网络和门控循环单元网络，它们在应对序列数据时展现出良好的性能. 在此基础上，还会介绍如何通过堆叠多个 RNN 层，以及采用双向循环神经网络来增强网络的表达能力. 最后，将探讨循环神经网络的拓展形式，包括递归神经网络和图神经网络. 这些变种网络在不同领域和任务中都发挥着关键作用，例如自然语言处理、图像处理和推荐系统等.

## 4.1 循环神经网络基本组件与操作

循环神经网络（RNN）作为深度学习领域的一类关键神经网络架构，在序列数据的建模与处理中扮演着重要的角色. 本节将探讨循环神经网络的基本组件与关键操作，帮助读者建立对 RNN 内在机制的理解. 图 4.1 给出了循环神经网络示例.

首先，我们将介绍 RNN 中的记忆模块，这一组件是 RNN 网络的核心,负责维护网络的状态并捕获输入序列的关键信息. 记忆模块的设计和性能直接影响了 RNN 在各种应用任务中的表现. 其次,将介绍参数学习在循环神经网络中的应用. 参数学习作为深度学习的核心原理之一,使得模型能够通过反复"观察"数据并调整内部参数,从而不断提升性能. 最后,将介绍长程依赖问题,这是序列数据建模中常遇到的挑战之一. 尽管 RNN 被设计用于处理时间依赖数据,但在实际应用中,其仍经常难以有效地捕获长程依赖关系. 我们将分析这一问题的根本原因,并探讨解决方案,包括改进型 RNN 结构的介绍.

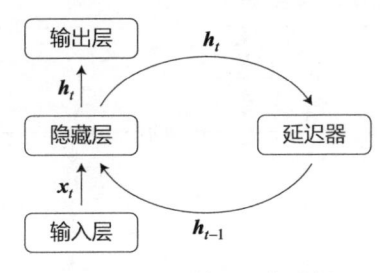

图 4.1 循环神经网络示例

## 4.1.1 符号表示

记 $x_{1:T} = (x_1, x_2, \ldots, x_T)$ 表示一个输入特征序列,$y_{1:T} = (y_1, y_2, \ldots, y_T)$ 表示输入对应的真实输出,$\hat{y}_{1:T} = (\hat{y}_1, \hat{y}_2, \ldots, \hat{y}_T)$ 表示输入对应的预测输出,$T$ 为序列长度,其中 $x_t \in \mathbb{R}^d$(下标 $t$ 表示输入时序序列的时序位置,$d$ 为特征维度). RNN 单元对于输入序列的每个时刻 $t \in \{1, 2, \ldots, T\}$,分别维护一个 RNN 单元隐状态(hidden state)向量 $h_t \in \mathbb{R}^d$,其维度和输入特征向量相同,均为 $d$. 需要指出的是,不同时刻的隐状态向量是不同的,$t$ 时刻的隐状态向量 $h_t$ 依赖于当前的输入特征 $x_t$ 和前一时刻的隐状态向量 $h_{t-1}$,即

$$h_t = f(x_t, h_{t-1}), \tag{4.1}$$

其中,$f(\cdot)$ 是一个非线性映射函数.

RNN 单元有多种实现方式,不同的实现方式对应于不同的函数形式. 一种通常的做法是

$$h_t = \tanh(\boldsymbol{U}\boldsymbol{x}_t + \boldsymbol{W}\boldsymbol{h}_{t-1} + \boldsymbol{b}), \tag{4.2}$$

$$\boldsymbol{o}_t = \boldsymbol{V}\boldsymbol{h}_t + \boldsymbol{c}, \tag{4.3}$$

$$\hat{\boldsymbol{y}}_t = \text{Softmax}(\boldsymbol{o}_t), \tag{4.4}$$

其中，$\boldsymbol{U}$、$\boldsymbol{W}$ 和 $\boldsymbol{V}$ 是可学习的参数矩阵，$\boldsymbol{b}$ 和 $\boldsymbol{c}$ 是偏置项，激活函数 $\tanh(\cdot)$ 独立地应用到其输入的每个元素.[1] 一个 RNN 单元的计算过程如图 4.2 所示，对于第 $t$ 个计算单元，其输入是 $\boldsymbol{x}_t$ 和 $\boldsymbol{h}_{t-1}$，输出为 $\boldsymbol{y}_t$.

[1] 即按元素(element-wise)运算.

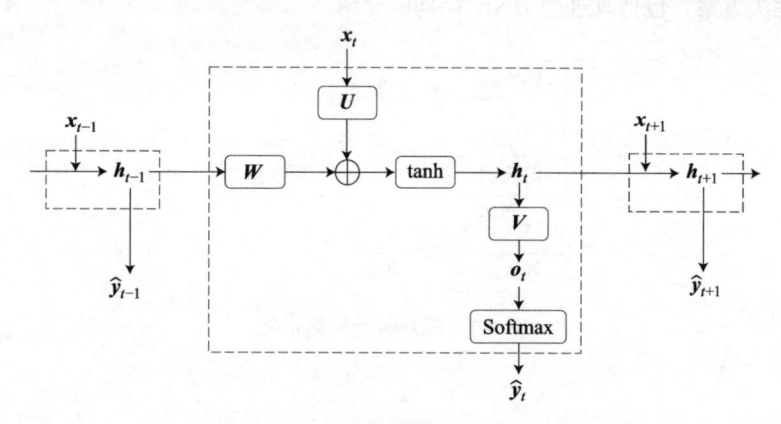

图 4.2 循环神经网络的计算单元

### 4.1.2 记忆模块

记忆模块是循环神经网络（RNN）的核心组件之一，它负责捕获和维护网络在处理序列数据时的内部状态或记忆. 记忆模块的设计使得 RNN 能够对不同时间步的输入数据进行关联处理，从而适用于各种需要考虑序列上下文信息的任务.

记忆模块的核心思想是引入一个可持久化的状态变量，该变量在每个时间步根据当前输入和先前的状态值进行更新. 这个状态值允许信息在不同时刻之间流动和传递，使网络能够"记住"之前的信息，以便更好地理解当前的输入.

一般而言，记忆模块的形式化可表示为：$\boldsymbol{h}_t$ 通过函数 $f(\cdot)$ 依赖于 $\boldsymbol{h}_{t-1}$，$\boldsymbol{h}_{t-1}$ 通过函数 $f(\cdot)$ 依赖于 $\boldsymbol{h}_{t-2}$……如果全部展开，则可得到

$$h_t = f(x_t, f(x_{t-1}, \ldots, f(x_1, h_0))), \tag{4.5}$$

其中，$h_0$ 是隐状态的初始值，通常可以设为 $h_0 = 0$. 相对于式(4.1)，式(4.5)是一种递归的形式，$h_t$ 依赖于 $t$ 时刻之前（包含 $t$ 时刻）的输入序列 $(x_1, x_2, \ldots, x_t)$，可以认为，$h_t$ 存储了网络中的记忆. 在新时刻输入 $x_{t+1}$ 进入网络之后，之前的隐状态向量 $h_t$ 就转换为和当前输入 $x_{t+1}$ 有关的 $h_{t+1}$.

常见的 RNN 记忆模块或网络结构包括以下几种.

- 循环隐状态（recurrent hidden state）：最基本的记忆模块是通过引入循环隐状态来实现的. 在每个时间步，隐状态根据当前输入和先前时间步的隐状态进行更新. 这种简单的模型允许网络捕获一定的时间依赖性，但在处理长序列时容易出现梯度消失（gradient vanishing）(Bengio et al., 1994) 或梯度爆炸（gradient explosion）(Hochreiter et al., 1997) 问题，限制了其能力.

- 长短时记忆网络（LSTM）：为了解决梯度问题和处理长序列，LSTM 被引入 (Hochreiter et al., 1997). 它通过引入门控机制[1]（包括输入门、遗忘门和输出门），来控制信息的流动和遗忘. 这使得 LSTM 能够更好地捕获长程依赖关系，成为处理序列数据的重要选择.

- 门控循环单元（Gated Recurrent Unit，GRU）：GRU 是另一种具有门控机制的记忆模块 (Cho et al., 2014)，与 LSTM 类似，但更简化. 它合并了遗忘门和输入门，降低了网络的复杂性，但仍具有强大的建模能力.

- 堆叠循环神经网络（Stacked Recurrent Neural Network，SRNN）：为了增加网络的容量和学习更复杂的序列模式，可以堆叠多个循环层. 每一层的输出作为下一层的输入，形成深层结构 (Parlos et al., 1991). 这种结构在处理复杂任务时往往效果显著.

- 双向循环神经网络（Bidirectional RNN，Bi-RNN）：Bi-RNN 同时考虑了过去和未来的上下文信息，通过前向和后向两个循环流来处理输入序列 (Schuster et al., 1997). 这使得网络能够更全面地理解每个时间步的数据.

记忆模块的选择取决于任务的性质和数据的特点. 在实际应用中，需要根据问题的需求仔细选择合适的记忆模块，并根据网络的性能和训练

---

[1] 门控机制是深度学习中一种重要的神经网络组件，用于控制信息的流动和过滤，常见于循环神经网络（RNN）和长短时记忆网络（LSTM）等模型中，有助于处理序列数据和解决梯度消失问题.

效果进行调优. 无论选择哪种记忆模块, 它们都是 RNN 成功处理序列数据的关键组成部分, 为模型提供了处理长程依赖和序列建模的能力.

### 4.1.3 参数学习

在循环神经网络（RNN）中, 参数学习是一个关键的步骤, 它负责调整网络中的权重和偏差, 以便网络可以适应特定的任务和数据. 参数学习的目标是最小化损失函数, 使网络的预测尽可能接近实际目标值. RNN 参数学习的思路和 CNN 中相同, 可以通过梯度下降方法进行学习. 但由于 RNN 中存在一个递归调用的函数 $f(\cdot)$, 因此其计算参数梯度的方法和前馈神经网络又存在差异.

循环神经网络计算梯度的主要方式分两种: 随时间反向传播（Back-Propa-gation Through Time, BPTT）算法 (Werbos, 1990) 和实时循环学习（Real-Time Recurrent Learning, RTRL）算法 (Williams et al., 1995).

**1. 随时间反向传播算法**

随时间反向传播（BPTT）算法的主要思想是通过类似前馈神经网络的错误反向传播算法来计算梯度.

BPTT 算法的核心思想是首先将 RNN 在时间上"展开", 将序列数据分割成多个时间步, 然后通过前向传播和反向传播来学习网络的参数. BPTT 算法在计算时将循环神经网络看作一个展开的多层前馈神经网络, 其中"每一层"对应循环网络中的"每个时刻"（见图 4.2）. 这样, 循环神经网络就可以按照前馈神经网络中的反向传播算法计算参数梯度. 在"展开"的前馈神经网络中, 所有层的参数是共享的, 因此参数的真实梯度是所有"展开层"的参数梯度之和.

具体而言, 假设这里的损失函数是交叉熵损失, 根据 $\hat{\boldsymbol{y}}_t$ 和 $\boldsymbol{y}_t$ 可以得到当前时间步下损失为 $\mathcal{L}_t$, 则总损失为

$$\mathcal{L} = \sum_{t=1}^{T} \mathcal{L}_t = -\sum_{t=1}^{T} \boldsymbol{y}_t \log(\hat{\boldsymbol{y}}_t). \tag{4.6}$$

由式(4.4)可知, 当采用 Softmax 回归得到输出 $\hat{\boldsymbol{y}}_t$ 时, 有

$$\frac{\partial \mathcal{L}}{\partial \boldsymbol{o}_t} = \hat{\boldsymbol{y}}_t - \boldsymbol{y}_t. \tag{4.7}$$

对于 $\boldsymbol{c}$ 和 $\boldsymbol{V}$ 来说，损失只与当前位置的输出有关，可以直接求导得到

$$\frac{\partial \mathcal{L}}{\partial \boldsymbol{c}} = \sum_{t=1}^{T} \frac{\partial \mathcal{L}_t}{\partial \boldsymbol{o}_t} \cdot \frac{\partial \boldsymbol{o}_t}{\partial \boldsymbol{c}} = \sum_{t=1}^{T} (\hat{\boldsymbol{y}}_t - \boldsymbol{y}_t), \tag{4.8}$$

$$\frac{\partial \mathcal{L}}{\partial \boldsymbol{V}} = \sum_{t=1}^{T} \frac{\partial \mathcal{L}_t}{\partial \boldsymbol{o}_t} \cdot \frac{\partial \boldsymbol{o}_t}{\partial \boldsymbol{V}} = \sum_{t=1}^{T} (\hat{\boldsymbol{y}}_t - \boldsymbol{y}_t)(\boldsymbol{h}_t)^\top. \tag{4.9}$$

而对于 $\boldsymbol{b}$、$\boldsymbol{U}$ 和 $\boldsymbol{W}$，其梯度计算与当前位置 $t$ 和后一位置 $t+1$ 有关，需要先计算隐状态 $\boldsymbol{h}_t$ 的梯度，可以递推得到

$$\frac{\partial \mathcal{L}}{\partial \boldsymbol{h}_t} = \frac{\partial \mathcal{L}}{\partial \boldsymbol{o}_t} \cdot \frac{\partial \boldsymbol{o}_t}{\partial \boldsymbol{h}_t} + \frac{\partial \mathcal{L}}{\partial \boldsymbol{h}_{t+1}} \cdot \frac{\partial \boldsymbol{h}_{t+1}}{\partial \boldsymbol{h}_t}, \tag{4.10}$$

其中

$$\frac{\partial \mathcal{L}}{\partial \boldsymbol{h}_{t+1}} \cdot \frac{\partial \boldsymbol{h}_{t+1}}{\partial \boldsymbol{h}_t} = \frac{\partial \mathcal{L}}{\partial \boldsymbol{h}_{t+1}} \boldsymbol{W}^\top \mathrm{diag}(1 - (\boldsymbol{h}_{t+1})^2). \tag{4.11}$$

令 $\frac{\partial \mathcal{L}}{\partial \boldsymbol{h}_t} = \delta_t$，则

$$\delta_t = \boldsymbol{V}^\top (\hat{\boldsymbol{y}}_t - \boldsymbol{y}_t) + \delta_{t+1} \boldsymbol{W}^\top \mathrm{diag}(1 - (\boldsymbol{h}_{t+1})^2). \tag{4.12}$$

于是，$\delta_t$ 可以通过 $\delta_{t+1}$ 递推得到. 而对于 $T$ 时刻的 $\delta_T$，由于未来没有序列索引，此时

$$\delta_T = \boldsymbol{V}^\top (\hat{\boldsymbol{y}}_T - \boldsymbol{y}_T). \tag{4.13}$$

有了隐状态 $\boldsymbol{h}_t$ 的梯度，就可以进一步计算 $\boldsymbol{b}$、$\boldsymbol{U}$ 和 $\boldsymbol{W}$ 的梯度

$$\frac{\partial \mathcal{L}}{\partial \boldsymbol{b}} = \sum_{t=1}^{T} \frac{\partial \mathcal{L}}{\partial \boldsymbol{h}_t} \cdot \frac{\partial \boldsymbol{h}_t}{\partial \boldsymbol{b}} = \sum_{t=1}^{T} \mathrm{diag}(1 - (\boldsymbol{h}_t)^2) \delta_t, \tag{4.14}$$

$$\frac{\partial \mathcal{L}}{\partial \boldsymbol{U}} = \sum_{t=1}^{T} \frac{\partial \mathcal{L}}{\partial \boldsymbol{h}_t} \cdot \frac{\partial \boldsymbol{h}_t}{\partial \boldsymbol{U}} = \sum_{t=1}^{T} \mathrm{diag}(1 - (\boldsymbol{h}_t)^2) \delta_t (\boldsymbol{x}_t)^\top, \tag{4.15}$$

$$\frac{\partial \mathcal{L}}{\partial \boldsymbol{W}} = \sum_{t=1}^{T} \frac{\partial \mathcal{L}}{\partial \boldsymbol{h}_t} \cdot \frac{\partial \boldsymbol{h}_t}{\partial \boldsymbol{W}} = \sum_{t=1}^{T} \mathrm{diag}(1-(\boldsymbol{h}_t)^2)\delta_t(\boldsymbol{h}_{t-1})^\top. \tag{4.16}$$

在得到各个参数的导数之后，就可以对模型的参数进行更新. 图 4.3 给出了 RNN 随时间反向传播操作的示意图.

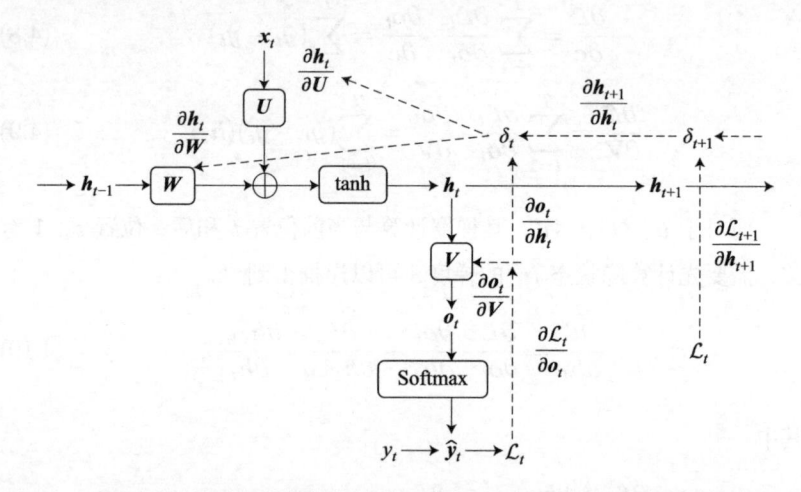

图 4.3　RNN 随时间反向传播操作示意图. 图中红色线表示梯度反向传播的中间过程，蓝色线代表计算梯度后对参数进行更新

**2. 实时循环学习算法**

实时循环学习（RTRL）算法是另一种用于训练循环神经网络的算法，它同样可以有效地处理任意长度的序列数据，适用于在线学习或者无限序列的场景. RTRL 算法将递归神经网络转化为一个前馈神经网络，每个时间步除了计算隐状态 $\boldsymbol{h}_t$，还能通过前向传播的方式来计算梯度.

具体地说，当在 $t$ 时刻得到损失 $\mathcal{L}_t$ 之后，只与当前输出有关的 $\boldsymbol{c}$ 和 $\boldsymbol{V}$ 可以直接求导得到其梯度. 而对于 $\boldsymbol{W}$，计算其偏导数

$$\frac{\partial \mathcal{L}_t}{\partial \boldsymbol{W}} = \frac{\partial \mathcal{L}_t}{\partial \boldsymbol{h}_t} \cdot \frac{\partial \boldsymbol{h}_t}{\partial \boldsymbol{W}}, \tag{4.17}$$

其中，当前损失 $\mathcal{L}_t$ 对隐状态 $\boldsymbol{h}_t$ 的梯度容易得到. 于是对 $t$ 时刻的隐状态 $\boldsymbol{h}_t = \sigma(\boldsymbol{z}_t) = \sigma(\boldsymbol{U}\boldsymbol{x}_t + \boldsymbol{W}\boldsymbol{h}_{t-1} + \boldsymbol{b})$，其中 $\sigma$ 是激活函数，有

$$\frac{\partial \boldsymbol{h}_t}{\partial \boldsymbol{W}} = \left(\boldsymbol{h}_{t-1} + \frac{\partial \boldsymbol{h}_{t-1}}{\partial \boldsymbol{W}}\right) \odot \sigma'(\boldsymbol{z}_t), \tag{4.18}$$

其中，$\sigma'$ 表示激活函数 $\sigma$ 的导数.

因此，RTRL 算法从第 1 个时间步依次向前时，需要计算每一步的隐状态 $h$ 和偏导数 $\dfrac{\partial h}{\partial W}$，这样就可以实时计算 $W$ 的梯度. $U$ 和 $b$ 的梯度计算也按照此方法进行，接着使用梯度下降方法对模型参数进行更新.

**3. 两种算法的比较**

BPTT 是一种离线算法，它需要将整个训练序列展开，并在整个序列上计算损失函数的梯度. 这使得 BPTT 能够提供整个序列的全局视图，从而捕获长程依赖关系. 然而，它通常需要更多的计算资源和内存，并且在处理实时数据流时可能不够高效. 相比之下，RTRL 是一种在线计算梯度的算法，它在每个时间步都更新参数，而不需要展开整个序列. 这使得 RTRL 更适合处理实时数据流，并且具有较低的内存需求. 然而，由于它提供的是局部视图，RTRL 可能对某些长程依赖关系的建模不够敏感.

因此，选择使用哪种算法取决于任务的需求和可用的资源. BPTT 通常更适合处理复杂的长程依赖关系，而 RTRL 在需要实时性和内存效率的应用中则具有优势.

### 4.1.4 长程依赖问题

循环神经网络（RNN）在处理序列数据时具有很强的表达能力，因为它们能够捕获先前时间步的信息，并在后续的时间步中使用. 然而，RNN 在实际应用中面临一个挑战，即长程依赖问题（long-term dependency problem）(Bengio et al., 1994; Hochreiter et al., 1997).

长程依赖问题指的是在一个序列中，某些信息需要被传递到后续时间步，但由于 RNN 的梯度消失（gradient vanishing）(Bengio et al., 1994) 或梯度爆炸（gradient explosion）(Hochreiter et al., 1997) 问题，网络难以有效地学习和保持这些信息. 这一问题主要由 RNN 的基本结构和训练算法引起.

如上文所提到的，RNN 的基本结构包括一个隐状态（hidden state）和一个输入（input）. 在每个时间步中，隐状态会根据当前输入和前一个时间步的隐状态进行更新. 这种递归的结构导致了梯度的连续相乘，当梯度小于 1 时，就容易导致梯度消失；当梯度大于 1 时，就容易导致梯度爆炸. 这使得 RNN 难以捕获远距离的依赖关系.

具体而言, 当已知损失函数 $\mathcal{L}$ 对 $t$ 时刻隐状态 $\boldsymbol{h}_t$ 的偏导数 $\frac{\partial \mathcal{L}}{\partial \boldsymbol{h}_t}$ 时, 利用链式法则有

$$\frac{\partial \mathcal{L}}{\partial \boldsymbol{h}_0} = \left(\frac{\partial \boldsymbol{h}_t}{\partial \boldsymbol{h}_0}\right)^\top \cdot \frac{\partial \mathcal{L}}{\partial \boldsymbol{h}_t}, \qquad (4.19)$$

其中

$$\frac{\partial \boldsymbol{h}_t}{\partial \boldsymbol{h}_0} = \prod_{i=1}^{t} \frac{\partial \boldsymbol{h}_i}{\partial \boldsymbol{h}_{i-1}} = \prod_{i=1}^{t} \boldsymbol{W} = \boldsymbol{W}^t, \qquad (4.20)$$

式中, $\boldsymbol{W}^t$ 表示矩阵 $\boldsymbol{W}$ 的 $t$ 次幂. 由于矩阵 $\boldsymbol{W}$ 通常由随机初始化训练得到, 其特征向量是正交的, 因此存在可逆矩阵 $\boldsymbol{S}$ 可以对矩阵 $\boldsymbol{W}$ 进行对角化[1] 处理

$$\boldsymbol{W} = \boldsymbol{S}\boldsymbol{\Lambda}\boldsymbol{S}^{-1}, \qquad (4.21)$$

其中, $\boldsymbol{\Lambda}$ 是对角矩阵. 此时偏导数可表示为

$$\frac{\partial \mathcal{L}}{\partial \boldsymbol{h}_0} = (\boldsymbol{W}^t)^\top \frac{\partial \mathcal{L}}{\partial \boldsymbol{h}_t} = (\boldsymbol{S}\boldsymbol{\Lambda}^t\boldsymbol{S}^{-1})^\top \frac{\partial \mathcal{L}}{\partial \boldsymbol{h}_t}. \qquad (4.22)$$

当 $t$ 较大时, 该偏导数取决于矩阵 $\boldsymbol{W}$ 对应的对角矩阵 $\boldsymbol{\Lambda}$ 对角线元素的最大值[2], 其大于 1 或小于 1 时会使结果过大或者过小.

总之, 循环神经网络在进行反向传播时需要将梯度信息传递回去, 由于网络的循环连接, 梯度信息会被乘以一个权重矩阵的多次方, 导致梯度变得过大或过小, 从而影响网络的训练效果. 为了解决长程依赖问题, 研究人员提出了一系列改进方法. 对于梯度爆炸问题, 网络在梯度回传时, 人为地给梯度乘以一个缩放系数, 使得梯度的范数在提前设置好的阈值内就可解决, 即梯度裁剪 (gradient clipping) 方法. 而梯度消失问题相对棘手, 为了应对这一问题, 出现了一些改进的 RNN 结构, 如长短时记忆网络和门控循环单元网络等. 这些结构通过引入门控机制来控制信息的流动, 从而更好地处理长程依赖问题.[3]

---

[1] 矩阵对角化是线性代数中的一种操作, 即通过相似变换, 将一个矩阵转化为对角矩阵的过程. 该过程有助于简化矩阵的计算和分析, 因为对角矩阵主对角线上的元素以外的元素都为零, 使得矩阵的性质更容易被理解和利用.

[2] 对角矩阵是一种特殊的方阵, 其除了主对角线 (从左上到右下的对角线) 上的元素, 所有其他元素都为零. 在一个对角矩阵中, 主对角线上的元素是最重要的, 其最大元素会影响矩阵的一些性质, 如特征值 (eigenvalues) 等.

[3] 相关内容参见本书 4.2.1 节和 4.2.2 节.

## 4.2 循环神经网络经典结构

本节将介绍几种经典和常用的循环神经网络经典结构，包括长短时记忆网络、门控循环单元网络、堆叠循环神经网络和双向循环神经网络. 这些结构在不同的应用领域中都具有广泛的实际意义，通过引入记忆机制、门控机制、多层堆叠和双向信息传递等方式，它们有助于提高神经网络对序列数据的建模能力.

### 4.2.1 长短时记忆网络

长短时记忆网络（LSTM）是一种重要的循环神经网络（RNN）变体 (Gers et al., 2000; Hochreiter et al., 1997)，旨在解决传统 RNN 模型难以捕捉长程依赖关系的问题. LSTM 具有一种特殊的记忆单元和门控机制，使其能够有效地处理和记忆来自输入序列的信息，特别是在需要长时间记忆和长程依赖的任务中表现出色.

LSTM 通过引入门控机制来处理长程依赖问题，其中包含三种门控单元：输入门 $i_t$、遗忘门 $f_t$ 和输出门 $o_t$，它们分别控制着当前时刻的输入、前一时刻的记忆状态和输出，其计算原理如图 4.4 所示. 与 RNN 单元相比，LSTM 单元多了隐状态变量 $c_t$，被称为"细胞状态"（cell state），用来记录信息.

具体地说，LSTM 的记忆状态由前一时刻的记忆状态和当前时刻的输入共同决定，其通过输入门、遗忘门、输出门、细胞状态这些门控单元的联合作用，LSTM 能够在处理序列数据时，有效地捕捉长程依赖关系.

- 输入门 $i_t$：输入门控制当前时刻输入 $x_t$ 对细胞状态 $c_t$ 的影响. 它通过计算输入的加权和，并使用 Sigmoid 激活函数，将其输出在 0 到 1 的范围内，从而控制当前时刻输入的影响程度. 输入门的计算方式如下

$$i_t = \sigma(W_{xi}x_t + W_{hi}h_{t-1}), \qquad (4.23)$$

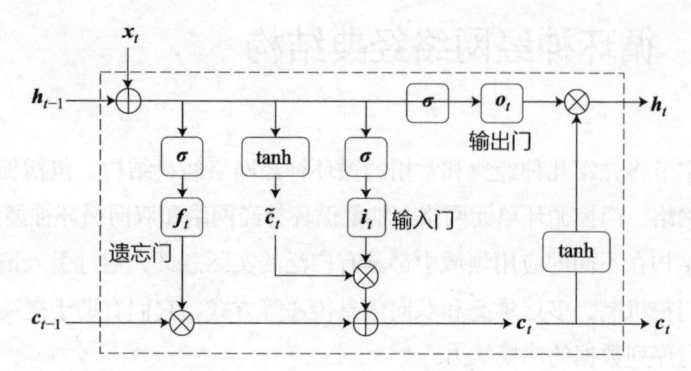

图 4.4 长短时记忆网络的计算单元

其中，$x_t$ 为当前时刻的输入，$h_{t-1}$ 为前一时刻的隐状态，$W_{xi}$ 和 $W_{hi}$ 为输入门的权重矩阵，$\sigma$ 为 Sigmoid 激活函数. 输入门的目的就是判断当前时刻输入对全局的重要性. 当 $i_t = 0$ 时，网络将不考虑当前输入.

- 遗忘门 $f_t$：遗忘门控制着前一时刻的状态 $c_{t-1}$ 对当前时刻状态 $c_t$ 的影响. 它通过计算前一时刻状态的加权和，并使用 Sigmoid 激活函数限制输出范围，从而控制前一时刻状态的影响程度. 遗忘门的计算方式如下

$$f_t = \sigma(W_{xf}x_t + W_{hf}h_{t-1}), \tag{4.24}$$

其中，$W_{xf}$、$W_{hf}$ 为遗忘门的权重矩阵，$\sigma$ 为 Sigmoid 激活函数. 当 $f_t = 0$ 时，网络将不考虑上一时刻的细胞状态.

- 输出门 $o_t$：输出门控制着细胞状态 $c_t$ 对隐状态 $h_t$ 的影响. 其计算方式如下

$$o_t = \sigma(W_{xo}x_t + W_{ho}h_{t-1}), \tag{4.25}$$

$$h_t = o_t \odot \tanh(c_t), \tag{4.26}$$

其中，$o_t$ 为输出门的输出，$W_{xo}$ 和 $W_{ho}$ 分别为输出门的权重矩阵，$\tanh$ 为双曲正切函数. $o_t$ 的作用就是判断 $c_t$ 中哪些部分是对 $h_t$ 有影响的，哪些部分是无影响的.

- 细胞状态 $c_t$：在 LSTM 中，细胞状态 $c_t$ 实质上起到了隐状态 $h_t$ 的作用，其综合了当前输入 $x_t$ 和前一时刻细胞状态 $c_{t-1}$ 的信息.

细胞状态的更新计算如下

$$\tilde{c}_t = \tanh(W_{xc}x_t + W_{hc}h_{t-1}), \quad (4.27)$$

$$c_t = f_t \odot c_{t-1} + i_t \odot \tilde{c}_t, \quad (4.28)$$

其中,$\tilde{c}_t$ 为当前时刻的候选细胞状态,$W_{xc}$ 和 $W_{hc}$ 分别为细胞状态的权重矩阵,$\odot$ 表示逐元素乘法. 细胞状态的更新首先将当前时刻的候选细胞状态 $\tilde{c}_t$ 和前一时刻的记忆状态 $c_{t-1}$ 按照遗忘门 $f_t$ 和输入门 $i_t$ 的权重进行加权融合,然后得到新的细胞状态 $c_t$.

通过引入输入门、遗忘门和输出门,LSTM 可以通过门控机制有效地控制信息的流动,从而能够更好地处理长程依赖问题. 当 $i_t = 1$(输入门开关闭合)、$f_t = 0$(遗忘门开关打开)和 $o_{t-1} = 1$(输出门开关闭合)时,LSTM 则退化为标准的 RNN.

### 4.2.2 门控循环单元网络

门控循环单元(GRU)网络作为循环神经网络(RNN)家族中的一员,在序列建模和时间序列分析中占据着重要的地位 (Cho et al., 2014; Chung et al., 2014). 它是一种结合了长短时记忆网络(LSTM)的思想,但具有更精简的结构和计算效率,旨在解决 RNN 面临的长程依赖问题和梯度消失问题.

GRU 的设计灵感源自 LSTM,它也包括记忆单元和门控机制,但简化了 LSTM 的结构. GRU 中的主要思想是引入两个关键的门控单元:重置门(reset gate)和更新门(update gate). 与 LSTM 相比,GRU 将输入门 $i_t$ 和遗忘门 $f_t$ 融合成单一的更新门 $z_t$,并且融合了细胞状态 $c_t$ 和隐层单元 $h_t$.

- 重置门 $r_t$:决定了当前输入与前一时刻隐状态之间的交互程度. 重置门的开启程度受当前输入的影响,帮助网络决定是否忽略过去的信息,用于控制前一时刻隐层单元 $h_{t-1}$ 对当前输入 $x_t$ 的影响. 其计算过程如下

$$r_t = \sigma(W_{xr}x_t + W_{hr}h_{t-1}), \quad (4.29)$$

$$\tilde{h}_t = \tanh(W_{xh}x_t + r_t \odot (W_{hh}h_{t-1})). \tag{4.30}$$

- 更新门 $z_t$：负责决定是否更新记忆单元中的信息. 如果更新门接近 1, 那么它将保留大部分信息；如果接近 0, 那么它将遗忘大部分信息. 这使得网络能够灵活地且有选择性地记住和遗忘信息, 用于决定是否忽略当前输入 $x_t$. 其计算过程如下

$$z_t = \sigma(W_{xz}x_t + W_{hz}h_{t-1}), \tag{4.31}$$

$$h_t = (1 - z_t) \odot \tilde{h}_{t-1} + z_t \odot h_t. \tag{4.32}$$

GRU 的运行原理如图 4.5 所示, 图左侧为网络输入, 图右侧为网络输出. 当 $r_t = 1$（重置门开关闭合）、$z_t = 0$（更新门只联通 $\tilde{h}_t$）时, GRU 退化为标准的 RNN.

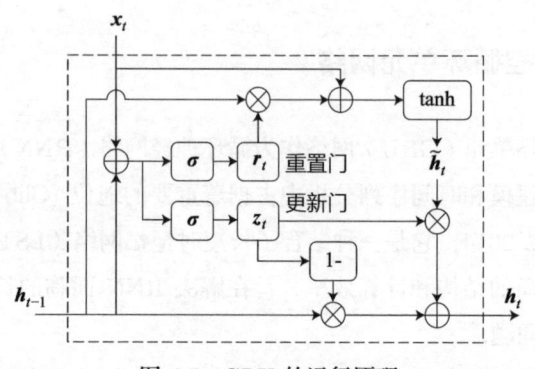

图 4.5 GRU 的运行原理

### 4.2.3 堆叠循环神经网络

堆叠循环神经网络（SRNN）代表了在序列建模领域中的一项重要创新 (Parlos et al., 1991). 与单一层循环神经网络（RNN）相比, 堆叠循环神经网络以其更强大的表示能力和更复杂的学习能力, 在多种任务中表现出色. 若将循环神经网络按时间维度展开, 则其可以看作一个较"深"的网络, 但按输入到输出展开后, 其是非常"单薄"的, 于是便产生了由多个循环神经网络层级堆叠而成的深度神经网络模型, 即 SRNN.

在 SRNN 中，每一层 RNN 都会对输入序列进行一次处理，并将其输出传递给下一层 RNN. 每一层 RNN 的隐状态都包含了之前所有层的信息. 因此，SRNN 能够学习到更高层次的特征表示. 用 $h_t^{(l)}$ 表示第 $l$ 层 RNN 在时间步 $t$ 的隐状态，即

$$h_t^{(l)} = f\left(W^{(l)} h_{t-1}^{(l)} + U^{(l)} h_t^{(l-1)}\right), \tag{4.33}$$

其中，$W^{(l)}$ 和 $U^{(l)}$ 为权重矩阵，$h_t^{(0)} = x_t$. SRNN 的结构如图 4.6 所示.

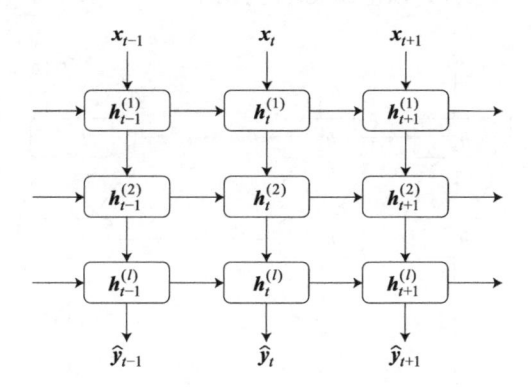

图 4.6　SRNN 的结构

SRNN 的训练过程与传统 RNN 相似，都是通过反向传播算法进行的. 在反向传播过程中，误差从输出层向输入层逐层反向传播，更新每一层的权重参数. SRNN 可以采用不同类型的 RNN 层，如简单循环神经网络、长短时记忆网络和门控循环单元网络等. 不同的 RNN 层具有不同的记忆能力和计算效率，可以根据具体的应用场景进行选择. 同时，由于 SRNN 堆叠了多个 RNN 层，其计算量和参数量也相应增加，需要更多的计算资源和训练时间.

### 4.2.4　双向循环神经网络

双向循环神经网络（Bi-RNN）是另一种序列建模工具，它的独特之处在于能够同时考虑输入数据的过去和未来信息 (Schuster et al., 1997). 在序列数据分析中，理解上下文和时间依赖关系至关重要，而双向循环神经网络提供了一种灵活的方式来捕捉这些关系. 与传统的单向 RNN 只

能沿着时间轴的一个方向传播信息不同，Bi-RNN 增加了能够逆时间传递信息的结构，能够同时考虑前向和后向的信息，从而更好地捕捉序列数据中的依赖关系.

如图 4.7 所示，Bi-RNN 的基本结构采用了两个独立的 RNN 模块，一个按照时间顺序处理输入序列，另一个按照时间逆序处理输入序列. 这样，Bi-RNN 能够分别获取过去和未来的上下文信息，并将它们融合起来. 在每个时间步，前向 RNN 和后向 RNN 的隐状态会通过拼接、相加或其他方式进行合并，以生成最终的表示.

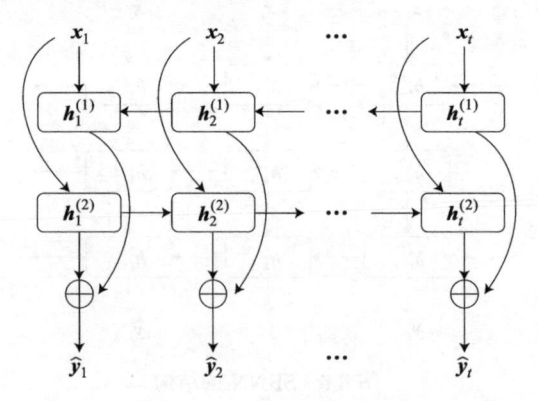

图 4.7　Bi-RNN 的基本结构

## 4.3　循环神经网络拓展

在深度学习领域，递归神经网络（Recursive Neural Network, RecNN）和图神经网络（Graph Neural Network, GNN）代表着对于处理更加复杂和结构化数据的关键拓展. 这两类网络的出现源于对经典循环神经网络的局限性的认识，以及对在不同领域中需要处理更具挑战性的数据类型的需求.

经典循环神经网络在处理序列数据方面表现出色，但却面临着长程依赖和梯度消失等问题的困扰. 这些问题限制了它们在某些应用中的表现. 递归神经网络的引入，旨在通过引入记忆单元和更复杂的结构，克服这些问题，使得网络可以更好地处理序列数据，如自然语言文本、时间序列数据等. 递归神经网络的意义不仅在于解决了传统 RNN 的问题，还在自然语言处理 (Arkhangelskaya et al., 2023)、机器翻译 (Sutskever et al., 2014)、语音识别 (Malik et al., 2021) 等领域取得了显著的成功. 另外，图神经网络则专门针对图结构数据的处理而设计. 图结构广泛存在于社交网络、生物信息学、推荐系统等应用中，但传统的神经网络难以直接处理这种非规则化数据. 图神经网络的引入使得我们能够更好地捕捉节点之间的关系，从而在节点分类、链接预测、社交网络分析等任务中取得突破性进展.

### 4.3.1 递归神经网络

递归神经网络（RecNN）是一种能够处理树形结构数据的神经网络模型 (Pollack, 1990). 与传统的循环神经网络只能处理序列数据不同，RecNN 能够在处理序列数据的同时捕捉到树形结构中的上下文信息和语义关系.

RecNN 的设计灵感源自自然语言处理中的句法结构树.[1] RecNN 通过递归地应用相同的神经网络模块来处理树中的节点，从而逐步构建出整个树的表示. 如图 4.8 所示，RecNN 通过组合子节点的表示来计算父节点的表示. 对于每个节点，RecNN 会将其子节点的表示进行某种操作（如拼接、相加、乘法等），并通过激活函数进行非线性变换，得到父节点的表示. 这个过程会一直递归地进行，直到递归到树的根节点，形成最终的树表示.

递归神经网络的优势在于能够利用树结构中的层次化信息和语义关系 (Socher et al., 2011). 相比于传统的循环神经网络，RecNN 能够更好

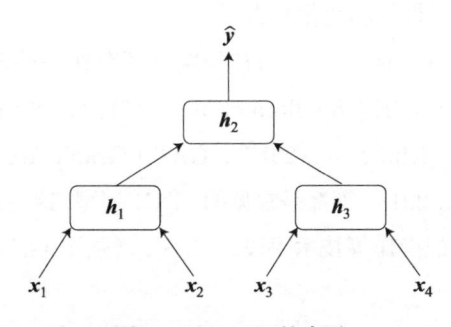

[1] 句法结构树是一种树形结构，用于表示自然语言句子的语法结构，每个节点代表一个单词或短语，边表示它们之间的语法关系，有助于深入理解句子的语法组织和分析. 在自然语言处理和语言学研究中，句法结构树用于识别句子中的语法关系和规律，支持多种文本处理任务.

图 4.8 RecNN 的表示

地捕捉到树形结构中的组合规律和语义关联. 因此, 在一些自然语言处理任务 (如命名实体识别[1] 和自然语言推理[2] 等) 中取得了较好的效果.

### 4.3.2 图神经网络

图神经网络 (GNN) 是一类专门用于处理图结构数据的神经网络模型 (Scarselli et al., 2008). 与传统的神经网络模型 (如卷积神经网络和循环神经网络) 专注于处理向量和序列数据不同, GNN 能够有效地捕捉和利用图数据中节点之间的关系和拓扑结构. 在图 (graph) 中, "节点"表示实体, "边"表示节点之间的关系. 例如, 在社交网络[3] 中, 节点可以表示用户, 边可以表示用户之间的关注关系或好友关系. GNN 通过学习节点的表示向量, 能够在节点级别和图级别上进行预测和推理, 如节点分类、链接预测、图分类等任务.

GNN 通过逐层迭代的方式, 将每个节点的特征和邻居节点的特征进行聚合和组合, 以获得更丰富的表示. 典型的 GNN 模型通常由两个主要的操作组成: 消息传递和节点更新. 在消息传递阶段, 每个节点会将其特征向量传递给邻居节点, 并根据邻居节点的特征进行信息交互. 在节点更新阶段, 节点会利用聚合得到的邻居信息和自身的特征来更新自己的表示. 这个更新过程通常通过神经网络层 (如全连接层、GRU、LSTM 等) 或其他非线性函数来实现. 更新后的节点表示将被传递到下一层, 进行下一轮的消息传递和节点更新.

GNN 的优势在于能够捕捉节点之间的关系和拓扑结构, 从而获得更全局和上下文感知的表示. 通过多层堆叠和迭代, GNN 能够逐渐聚合和整合全局信息, 并将其反映在节点的表示中. 这使得 GNN 在处理图数据时能够获得更好的性能和泛化能力.

除了基本的 GNN 模型, 图神经网络还存在一些改进和扩展的变体. 例如, GraphSAGE (Hamilton et al., 2017)、GCN (Graph Convolutional Network) (Kipf et al., 2017)、GAT (Graph Attention Network) (Veličković et al., 2018) 等都是常见的 GNN 模型. 这些模型通过引入注意力机制、图卷积操作等技术手段, 进一步增强了 GNN 的表达能力和灵活性.

---

[1] 命名实体识别 (NER) 是自然语言处理中的一项任务, 旨在识别文本中具有特定意义的命名实体, 如人名、地名、组织机构名、日期、时间、货币等. NER 有助于文本理解和信息提取, 可以用于实现各种应用, 包括问答系统、信息检索、实体链接、事件抽取等. 它通常通过机器学习和深度学习技术, 训练模型以自动识别文本中的命名实体, 并将其分类到预定义的类别中.

[2] 自然语言推理 (NLI) 是自然语言处理领域的一个任务, 它涉及理解和推断文本之间的关系, 通常包括三种关系: 蕴含 (entailment)、矛盾 (contradiction) 和中性 (neutral). 在 NLI 任务中, 系统需要根据给定的前提文本 (通常称为"前提"或"假设") 和一个假设的文本 (通常称为"假设"或"推断"), 判断假设是否可以从前提中推断出来, 或者它们之间是否存在矛盾, 或者它们之间是否没有明显的关系. 自然语言推理在自动问答、文本摘要、机器翻译等自然语言处理任务中具有广泛的应用, 是衡量文本理解和推理能力的关键任务之一.

[3] 社交网络是指用户之间通过关系 (如关注关系或好友关系) 形成的网络结构.

## 4.4 循环神经网络训练

RNN 在实际任务中具有广泛应用,尤其在自然语言处理、时间序列分析和信号处理等任务中表现出色. 然而, RNN 的训练过程并不总是顺利的, 因为它们面临着一系列挑战, 如梯度消失、梯度爆炸和长程依赖等问题. 为了克服这些问题并有效地训练 RNN 模型, 本节将介绍一系列关键的 RNN 训练技巧和策略.

**1. 梯度裁剪**

"梯度裁剪" 是在训练深度循环神经网络 (RNN) 时广泛使用的一种技巧, 用于解决梯度爆炸的问题. 在 RNN 训练中, 尤其是在处理长序列时, 梯度可能会因为反向传播的 "连乘效应"[1] 而急剧增大, 导致数值不稳定, 甚至溢出. 梯度裁剪的目标是限制梯度的范围, 确保其在可控的范围内.

梯度裁剪的核心思想是限制梯度的范围, 确保它在一个可控的数值范围内. 这通常通过计算梯度的范数, 并将其与一个预定义的阈值进行比较来实现. 如果梯度范数超过了阈值, 就对梯度进行缩放, 使其不超过该阈值.

在实际操作中, 梯度裁剪可以通过深度学习框架提供的函数来轻松实现.[2] 梯度裁剪的主要优势之一是它能够防止梯度爆炸问题, 使得训练过程更加稳定. 这对于处理长序列数据的任务特别重要, 例如, 自然语言处理中的文本生成或机器翻译. 然而, 需要注意的是, 梯度裁剪的阈值需要谨慎选择, 通常需要根据具体问题进行调整.

**2. 学习率调度**

学习率 (learning rate) 在深度学习中扮演着决定性的角色. 在 RNN 的训练中, 学习率的设置尤为重要, 因为 RNN 模型常常非常复杂, 更敏感于学习率的选择. 合适的学习率可以促使模型更快地收敛并获得更好的性能, 而不当的学习率可能导致模型无法收敛或训练不稳定. 因此, 学习率调度策略在 RNN 训练中至关重要.

学习率衰减 (learning rate decay) 是一种常见的策略, 它通过逐渐减小学习率的数值来优化模型的训练.[3] 这可以采用不同的方式实现, 包括指数衰减、时间表衰减和分段衰减. 指数衰减通过指数函数递减学习

---

[1] 连乘效应是指多个因素相乘导致的综合效果, 通常用于描述当多个变量共同作用时产生的复合影响.

[2] 在 PyTorch 中, 可使用 `torch.nn.utils.clip_grad_norm_()` 函数来对模型的梯度进行裁剪. 在 MindSpore 中, 可使用 `mindspore.nn.ClipGradients()` 函数来进行裁剪.

[3] 相关内容参见本书 11.2.2 节.

率,以加速初始收敛并逐渐稳定训练. 时间表衰减则根据训练轮次或时间步来调整学习率,而分段衰减则根据训练进度动态选择不同的衰减规则,需要更多的超参数调整,但可以提供更好的性能.

**3. 提早停止**

提早停止(early stopping)是深度学习中一个重要的训练技巧,特别适用于循环神经网络(RNN)等模型,以防止过拟合问题产生. 这个技巧的核心思想是,随着模型在训练集上的性能逐渐提高,验证集上的性能可能会在某个点开始下降.[2] 这是因为模型可能会过度记忆训练数据,但这并不一定适用于未见过的数据.

在使用提早停止时,首先需要将数据集划分为训练集和验证集. 训练集用于模型参数的更新,而验证集则用于监控模型的性能. 在训练过程中,我们会定期在验证集上评估模型,通常使用损失函数值、准确率、F1值等指标来度量性能.

为了确定何时停止训练,需要设定提早停止条件. 常见的一种条件是,当验证集上的性能连续进行一定数量的迭代后没有提高时,就停止训练. 这表明模型可能过拟合训练数据,进一步训练只会导致性能下降.

同时,我们会保存在验证集上性能最好的模型,以便进行后续测试或推断任务. 最终,当满足提早停止条件时,训练就会被停止,而使用验证集上性能最佳的模型来进行后续任务有助于获得更具泛化性的模型,避免了模型在训练过程中的过拟合问题,特别是对于参数较多的深度学习模型而言,提早停止是一个不可或缺的正则化策略.

此外,批规范化[2]、正则化[3]、超参数调整[4]等技巧也可用于循环神经网络的训练.

[1] 一般而言,模型在验证集上的性能是先上升,后下降.

[2] 相关内容参见本书 11.2.3 节.

[3] 相关内容参见本书第 10 章.

[4] 相关内容参见本书第 11 章.

## 4.5 总结与扩展阅读

本章系统地介绍了循环神经网络(RNN)的基本原理、结构和训练方法. 首先,介绍了循环神经网络的基本组件和操作,包括符号表示和记忆模块. 之后,我们探讨了参数学习,介绍了随时间反向传播算法和实时循环学习算法,并对两者进行了比较. 我们还讨论了循环神经网络中的长程依赖问题，这是 RNN 中的一个重要挑战. 接下来，我们详细介绍了循环神经网络的基本结构，包括长短时记忆网络、门控循环单元网络、堆叠循环神经网络和双向循环神经网络，这些结构在各种序列建模任务中都得到了广泛应用. 最后，我们扩展了循环神经网络的范围，包括递归神经网络、图神经网络等，以适应更多复杂的数据结构和任务.

此外，下列内容代表了 RNN 领域的一些重要里程碑和突破，对深度学习领域的发展产生了深远影响，供感兴趣的读者扩展阅读.

- "Learning Long-Term Dependencies with Gradient Descent is Difficult" (Bengio et al., 1994)：该论文首次指出传统的 RNN 存在梯度消失问题，为后续 LSTM 和 GRU 等结构的提出奠定了基础.
- "Long Short-Term Memory" (Hochreiter et al., 1997)：LSTM 是一种关键的循环神经网络结构，用于解决长程依赖问题，该论文提出了 LSTM 的核心思想.
- "Learning to Forget: Continual Prediction with LSTM" (Gers et al., 2000)：该论文研究了 LSTM 的遗忘机制，对其长期记忆性能进行了探讨.
- "Learning Phrase Representations using RNN Encoder-Decoder for Statistical Machine Translation" (Cho et al., 2014)：该论文引入了 RNN 编码-解码结构，为机器翻译等序列到序列任务的深度学习方法奠定了基础. 此外，该论文的另一重要贡献是提出了门控循环单元网络.
- "Bidirectional Recurrent Neural Networks" (Schuster et al., 1997)：该论文首次引入双向循环神经网络（Bi-RNN）的概念，使 RNN 能够同时考虑过去和未来的信息.
- "Sequence to Sequence Learning with Neural Networks" (Sutskever et al., 2014)：该论文是序列到序列（Seq2Seq）学习的开创性工作，广泛应用于机器翻译等领域.
- "Empirical Evaluation of Gated Recurrent Neural Networks on Sequence Modeling" (Chung et al., 2014)：该论文对 Gated RNNs（包括 LSTM 和 GRU）进行了较为系统的实验评估，探讨了它们在序列建模任务中的性能.
- "LSTM: A Search Space Odyssey" (Greff et al., 2016)：该论文系

统地研究了 LSTM 结构中的不同变种，为 LSTM 模型的改进提供了指导.

- "Attention Is All You Need"（Vaswani et al., 2017）：该论文是 Transformer 模型的开创性工作，引入了自注意力机制，广泛应用于自然语言处理领域.
- "BERT: Pre-training of Deep Bidirectional Transformers for Language Understanding"（Devlin et al., 2019）：该论文提出的 BERT 模型通过双向 Transformer 预训练，彻底改变了自然语言处理领域的格局，为各种自然语言处理任务带来了巨大的性能提升.

## 4.6 习题

**习题 4-1** 试用数学公式详细解释循环神经网络中记忆模块的工作原理.

**习题 4-2** 对于随时间反向传播算法和实时循环学习算法，试分别讨论它们的优点和局限性，并指出在什么情况下应该选择哪种算法.

**习题 4-3** 长程依赖问题在循环神经网络中是一个重要的挑战，试解释为什么循环神经网络容易受到这个问题的影响，并提供几个应对长程依赖问题的方法.

**习题 4-4** 试描述长短时记忆网络（LSTM）的结构，包括它的门控单元和内部记忆状态，以及它如何应对梯度消失问题.

**习题 4-5** 试描述门控循环单元（GRU）相对于标准 LSTM 有哪些不同之处？在什么情况下 GRU 可能更适用？

**习题 4-6** 试解释堆叠循环神经网络的概念，并说明为什么通过堆叠多个循环层可以增强模型的表达能力.

**习题 4-7** 双向循环神经网络（Bi-RNN）如何结合了前向和后向信息？试提供一个实际应用案例，说明 Bi-RNN 的优势.

**习题 4-8** 递归神经网络和循环神经网络之间的关键区别是什么？试举例说明两者在不同任务中的应用.

**习题 4-9** 对于一个 GRU 单元，给定初始隐状态 $h_0$ 和输入序列 $x = [x_1, x_2, x_3]$，试计算最终的输出 $h_3$.

习题 4-10　对于一个双向 RNN 模型，给定前向 RNN 和后向 RNN 的初始状态 $h_0$ 和 $h_0'$，以及输入序列 $x = [x_1, x_2, x_3]$，计算最终的前向输出 $h_3$ 和后向输出 $h_3'$.

## 历史的天空

**Marvin Minsky**
（1927—2016）

　　美国国家科学院院士、美国国家工程院院士、美国计算机科学家，麻省理工学院人工智能实验室创始人之一. Marvin Minsky 有数项发明，如共聚焦显微镜、头戴式显示器. 他与 Seymour Papert 共同发展了第一个以 Logo 语言建构的机器人，命名为"海龟"（Turtle）. 他设计并建构了第一部能自我学习的人工神经网络机器"SNARC"；发明了会自行关闭电源的无用机器（Useless Machine）. Marvin Minsky 于 1990 年获得日本国际奖，1991 年获得 IJCAI 卓越研究奖，2001 年获得富兰克林奖章（Benjamin Franklin Medal），并因其在人工智能领域的贡献于 1969 年获得图灵奖.

## 参考文献

ARKHANGELSKAYA E O, NIKOLENKO S I, 2023. Deep learning for natural language processing: A survey[J]. J. Mathematical Sci., 273: 533-582.

BENGIO Y, SIMARD P, FRASCONI P, 1994. Learning long-term dependencies with gradient descent is difficult[J]. IEEE Trans. Neural Netw., 5(2): 157-166.

CHO K, VAN MERRIENBOER B, GULCEHRE C, et al., 2014. Learning phrase representations using RNN encoder-decoder for statistical machine translation[C]//Proc. Conf. Empirical Methods in Natural Language Processing. Doha, ACL: 1724-1738.

CHUNG J, GULCEHRE C, CHO K, et al., 2014. Empirical evaluation of gated recurrent neural networks on sequence modeling[J]. arXiv preprint arXiv:1412.3555.

DEVLIN J, CHANG M W, LEE K, et al., 2019. BERT: Pre-training of deep bidirectional transformers for language understanding[C]//Proc. Conf. of North American Chapter of Association for Computational Linguistics. Minnesota, ACL: 4171-4186.

GERS F A, SCHMIDHUBER J, CUMMINS F, 2000. Learning to forget: Continual prediction with LSTM[J]. Neural Computation, 12(10): 2451-2471.

GREFF K, SRIVASTAVA R K, KOUTNíK J, et al., 2016. LSTM: A search space odyssey[J]. IEEE Trans. Neural Netw. & Learn. Syst., 28(10): 2222-2232.

HAMILTON W L, YING R, LESKOVEC J, 2017. Inductive representation learning on large graphs[C]//Advances in Neural Inf. Process. Syst. Long Beach, MIT: 1025-1035.

HOCHREITER S, SCHMIDHUBER J, 1997. Long short-term memory[J]. Neural Computation, 9(8): 1735-1780.

KIPF T N, WELLING M, 2017. Semi-supervised classification with graph convolutional networks[C]//Proc. Int. Conf. Learn. Representations. Toulon, ICLR Press: 1-14.

MALIK M, MALIK M K, MEHMOOD K, et al., 2021. Automatic speech recognition: a survey[J]. Multimedia Tools and Applications, 80: 9411-9457.

PARLOS A G, ATIYA A F, CHONG K T, et al., 1991. Recurrent multilayer perceptron for nonlinear system identification[C]//Int. Joint Conf. Neural Netw. Seattle, IEEE: 537-540.

POLLACK J B, 1990. Recursive distributed representations[J]. Artificial Intell., 46(1): 77-105.

SCARSELLI F, ABD AH CHUNG TSOI M G, HAGENBUCHNER M, et al., 2008. The graph neural network model[J]. IEEE Trans. Neural Netw., 20(1): 61-80.

SCHUSTER M, PALIWAL K K, 1997. Bidirectional recurrent neural networks[J]. IEEE Trans. Signal Process., 45(11): 2673-2681.

SOCHER R, LIN C C Y, NG A Y, et al., 2011. Parsing natural scenes and natural language with recursive neural networks[C]//Proc. Int. Conf. Mach. Learn. Washington, ACM: 129-136.

SOCHER R, PERELYGIN A, WU J Y, et al., 2013. Recursive deep models for semantic compositionality over a sentiment treebank[C]//Proc. Conf. Empirical Methods in Natural Language Processing. Washington, ACL: 1631-1642.

SUTSKEVER I, VINYALS O, LE Q V, 2014. Sequence to sequence learning with neural networks[C]//Advances in Neural Inf. Process. Syst. Montréal, MIT: 3104-3112.

VASWANI A, SHAZEER N, PARMAR N, et al., 2017. Attention is all you need[C]//Advances in Neural Inf. Process. Syst. Long Beach, MIT: 6000-6010.

VELIčKOVIć P, CUCURULL G, CASANOVA A, et al., 2018. Graph attention networks[C]//Proc. Int. Conf. Learn. Representations. Vancouver, ICLR Press: 1-12.

WERBOS P J, 1990. Backpropagation through time: What it does and how to do it[J]. Proceedings of the IEEE, 78(10): 1550-1560.

WILLIAMS R J, ZIPSER D, 1995. Gradient-based learning algorithms for recurrent networks and their computational complexity[M]. Hillsdale, ACM.

# 第 5 章
# Transformer 网络

随着深度学习技术的不断发展,神经网络在各领域取得了巨大成功. 然而,传统的循环神经网络和卷积神经网络在处理长程依赖性和序列数据时存在一些局限性,例如,对长程信息的捕捉能力不足和在序列中遗忘信息的困难. 为了解决这些问题,注意力机制被引入神经网络中,从而催生了 Transformer 网络,这是一种基于注意力机制的深度学习模型. Transformer 网络引入了自注意力机制(self-attention mechanism),通过在输入序列的不同位置之间建立关联,使模型能够同时关注到序列中的所有信息,从而更好地捕捉长程依赖性关系和保留重要信息. Transformer 网络在自然语言处理、语音识别、计算机视觉等领域取得了显著成就,并成为当前深度学习领域的热门研究方向之一. 其优点包括并行计算的高效性、捕获长程依赖性的能力和模型结构的灵活性,使其适用于多种应用场景.

本章将首先介绍 Transformer 网络的基本组件与操作,包括位置编码、多头注意力机制、编码器和解码器等内容. 随后,将探讨几种经典的 Transformer 网络结构,如 Transformer-XL、Longformer、Reformer 和 Universal Transformer 等,以及它们在不同领域的应用和优势. 最后,将讨论 Transformer 网络的训练方法,为读者提供有效的训练技巧和策略.

## 5.1 Transformer 网络基本组件与操作

Transformer 网络作为一种革命性的深度学习模型,已经在自然语言处理、计算机视觉等领域展现出了卓越的性能. 本节将介绍 Transformer 网络的基本组件与操作,其中包括位置编码、多头注意力机制、编码器和解码器等. 首先,我们将讨论位置编码,这是为了在模型中引入序列的位置信息,帮助网络更好地理解序列的结构和顺序. 接着,我们将介绍多头注意力机制，这是 Transformer 网络的核心机制之一，通过同时关注序列中不同位置的信息，实现了对全局信息的有效捕获. 随后，我们将介绍编码器，它由多层自注意力机制和前馈神经网络组成，用于将输入序列转换为上下文感知的表示. 最后，我们介绍解码器，它在编码器的基础上引入了额外的自注意力机制，用于根据编码器的输出生成目标序列. Transformer 网络的简化结构如图 5.1 所示.

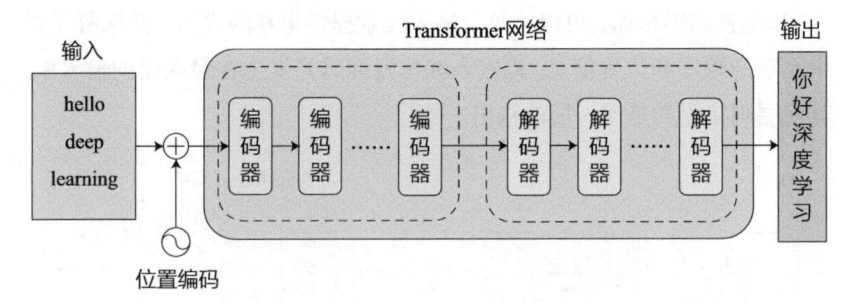

图 5.1 Transformer 网络的简化结构

## 5.1.1 符号表示

记 $(a_1, \ldots, a_n)$ 是长度为 $n$ 的输入序列[1]，其对应的词向量表示为 $(\boldsymbol{x}_1, \ldots, \boldsymbol{x}_n)$. 在实际计算中，模型输入通常组织为矩阵形式，即将 $(\boldsymbol{x}_1, \ldots, \boldsymbol{x}_n)$ 组织为 $\boldsymbol{X} \in \mathbb{R}^{n \times d_{\text{model}}}$，其中 $d_{\text{model}}$ 表示词向量 $\boldsymbol{x}_i$ 的维度. 查询（query）矩阵 $\boldsymbol{Q} \in \mathbb{R}^{n \times d_q}$、键（key）矩阵 $\boldsymbol{K} \in \mathbb{R}^{n \times d_k}$、值（value）矩阵 $\boldsymbol{V} \in \mathbb{R}^{n \times d_v}$，分别用于计算 Transformer 网络中的注意力权重. 线性变换的参数矩阵 $\boldsymbol{W}_q \in \mathbb{R}^{d_{\text{model}} \times d_q}$、$\boldsymbol{W}_k \in \mathbb{R}^{d_{\text{model}} \times d_k}$、$\boldsymbol{W}_v \in \mathbb{R}^{d_{\text{model}} \times d_v}$ 将输入映射到查询、键和值的空间中，其中 $d_q$、$d_k$、$d_v$ 分别表示查询、键和值的维度. Transformer 网络中多个注意力头的输出用 $\text{head}_1, \ldots, \text{head}_h$ 表示，多头自注意力机制的输出经过线性变换参数矩阵 $\boldsymbol{W}_o$. 在 Transformer 网络中，Attention(·) 表示注意力计算，FFN(·) 表示前馈神经网络操作，其中前馈神经网络的参数矩阵和偏置向量分别用 $\boldsymbol{W}_1$、$\boldsymbol{b}_1$、$\boldsymbol{W}_2$、$\boldsymbol{b}_2$ 表示.[2]

[1] 在自然语言处理中，$a_i$ 表示单词（word）；在计算机视觉中，$a_i$ 表示图像块或视频片段（patch）等视觉对象.

[2] 经典的 Transformer 网络中的前馈神经网络是两层的多层感知机 (Vaswani et al., 2017).

### 5.1.2 位置编码

在 Transformer 网络中，为了将序列的位置信息引入模型，位置编码（Positional Encoding，PE）被设计用来为序列中的每个位置提供一个独特的编码. 位置编码通常是一个矩阵，其维度与输入序列的维度相同，每一行对应于序列中的一个位置. 如图 5.2 所示，通过将输入的词嵌入[1]和位置编码相加，可以为每个输入元素提供丰富的表示，并保留序列中元素的顺序和位置信息. 词嵌入和位置编码只发生在最底层的输入中，其他层则接收的是前一层的输出.

[1] 词嵌入是将输入序列中的每个元素转化为一个词向量. 为了将这些离散的输入转化为连续的向量表示，通常用 Word2Vec (Mikolov et al., 2013) 等嵌入方法将每个词映射到一个低维连续向量空间中的向量表示.

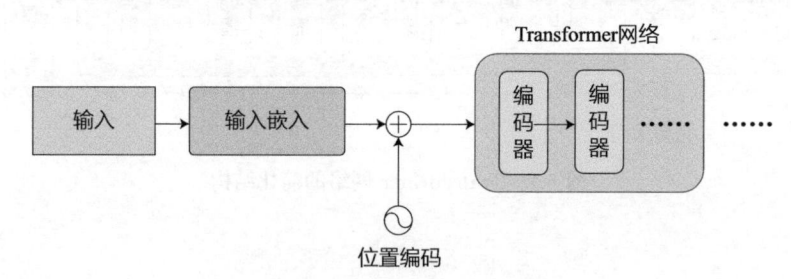

图 5.2　Transformer 网络中的位置编码

位置编码一般有两种实现方式，即可学位置嵌入（learned positional embedding）和正弦位置编码（sinusoidal positional encoding）. 其中，可学位置嵌入是网络在训练过程中学习得到的，能够提供清晰且高度区分的位置信息，有助于模型捕捉序列内部的位置关系. 然而，可学位置嵌入引入了大量的可学习参数，增加了模型的参数量，并且在输入长度超过训练期间观察到的最大长度时可能会遇到泛化问题. 正弦位置编码则通过三角函数定义输入之间的位置关系，无须额外的可学习参数，降低了模型的复杂度，并且能处理任意长度的序列，具有较好的可扩展性. 然而，正弦位置编码也可能导致无法区分位置方向的问题 (Wang et al., 2020).

Transformer 网络中最常用的位置编码方法之一是正弦和余弦位置编码（属于一种正弦位置编码）. 这种方法利用了正弦和余弦函数的周期性质，为每个位置分配了一个唯一的编码向量. 具体地说，对于序列中的每个位置 pos 和每个维度 $i$，位置编码 $\text{PE}_{(\text{pos},i)}$ 计算如下

$$\text{PE}_{(\text{pos},2i)} = \sin\left(\frac{\text{pos}}{10000^{2i/d_{\text{model}}}}\right), \tag{5.1}$$

$$\mathrm{PE}_{(\mathrm{pos}, 2i+1)} = \cos\left(\frac{\mathrm{pos}}{10000^{2i/d_{\mathrm{model}}}}\right), \tag{5.2}$$

其中，$\mathrm{PE}(\cdot)$ 表示位置编码，pos 表示位置，$i$ 表示维度，$d_{\mathrm{model}}$ 表示模型的维度. 这种编码方式能够确保序列中不同位置的编码之间存在一定的相关性，同时也能够提供足够的区分度. 具体地说，对于一个 $\mathrm{pos}+k$ 位置的位置编码，根据上述公式可以得到

$$\mathrm{PE}(\mathrm{pos}+k, 2i) = \mathrm{PE}(\mathrm{pos}, 2i)\mathrm{PE}(k, 2i+1) + \mathrm{PE}(\mathrm{pos}, 2i+1)\mathrm{PE}(k, 2i), \tag{5.3}$$

$$\mathrm{PE}(\mathrm{pos}+k, 2i+1) = \mathrm{PE}(\mathrm{pos}, 2i+1)\mathrm{PE}(k, 2i+1) - \mathrm{PE}(\mathrm{pos}, 2i)\mathrm{PE}(k, 2i). \tag{5.4}$$

由此可以发现，对 $(\mathrm{pos}+k, 2i)$ 和 $(\mathrm{pos}+k, 2i+1)$ 位置的位置向量而言，其可表示为 $(\mathrm{pos}, 2i)$、$(\mathrm{pos}, 2i+1)$、$(k, 2i)$ 和 $(k, 2i+1)$ 位置对应的位置向量的线性组合.[1]

[1] 其推导需借助三角函数的二角和公式.

总之，位置编码被添加到输入序列的嵌入表示中，以将位置信息融入模型的输入. 在 Transformer 网络的编码器和解码器中，位置编码与输入嵌入相加，为模型提供了位置感知的表示，从而更好地理解序列的结构和顺序. 通过引入位置编码，Transformer 网络能够有效地处理序列数据，并在各种自然语言处理和序列建模任务中发挥作用.

## 5.1.3 多头注意力机制

在 Transformer 网络中，自注意力机制是一种关键的注意力机制，用于捕捉输入序列内部的依赖关系和重要性. 在自注意力机制中，每个输入元素都会与序列中的其他元素进行交互，以确定其在整个序列中的重要性. 接着，通过引入多头注意力机制，Transformer 网络能够同时使用多个独立的注意力头，每个注意力头都能学习不同的注意力表示. 这种并行的多头结构有助于捕捉序列中的不同方面和层次的语义信息，提高模型对序列数据的建模能力. 在本节中，我们将首先介绍自注意力机制的原理和计算方式，然后探讨多头注意力机制的实现细节和作用机制.

**1. 自注意力机制**

自注意力机制是 Transformer 网络中的关键组件之一，其作用是对输入序列中的每个元素进行加权聚合，以捕捉序列内部的依赖关系和重要性. 在自注意力机制中，每个输入元素都可以与序列中的其他元素进行交互，而不受固定窗口大小或固定权重的限制. 这种机制使得模型能够灵活地学习输入序列中每个元素之间的关联关系，从而更好地理解序列的结构和语义信息.

如图 5.3 所示，自注意力机制通过使用查询（query）、键（key）和值（value）来计算每个位置的加权和. 它通过计算查询与键的注意力分数（attention score），并将这些分数作为权重应用于对应的值，从而生成每个位置的上下文表示.

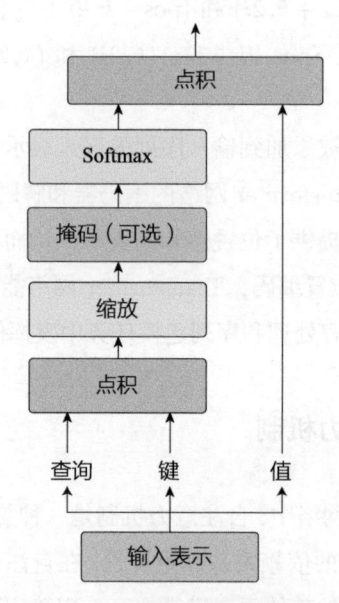

图 5.3　自注意力的计算流程

具体地说，对于输入 $X$，每个注意力头（attention head）首先生成对应的查询、键和值. 这是通过将输入序列映射到不同的子空间来实现的，即进行线性变换. 每个注意力头都有三个线性变换参数矩阵：查询矩阵（$W_q$）、键矩阵（$W_k$）和值矩阵（$W_v$）. 图 5.4 展示了通过将输入序列与这些参数矩阵相乘，得到输入的查询（$Q$）、键（$K$）和值（$V$）的过程，具体表示为

$$Q = XW_q, \tag{5.5}$$

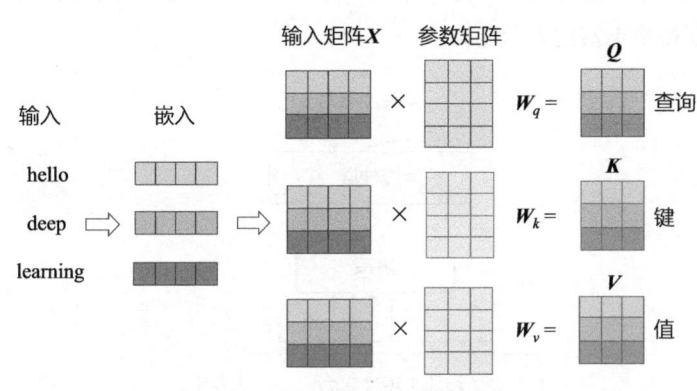

$$K = XW_k, \tag{5.6}$$

$$V = XW_v. \tag{5.7}$$

图 5.4 查询、键和值的计算

接下来，我们计算查询与键之间的注意力分数，即查询和键之间的点积. 对于每个输入向量，计算其与整个输入序列中其他位置的每个输入向量之间的分数，这些分数代表在编码当前输入向量时，应该给予其他位置的输入向量的"注意力"程度.

然后，将计算得到的注意力分数应用于值，从而得到自注意力层在该位置的输出，将其送入前馈神经网络中. 在这个过程中，注意力分数越高的位置，其计算结果也越大，表示该位置在编码过程中应该更加被关注. 整个自注意力计算过程可以表示为以下公式

$$\text{Attention}(Q, K, V) = \text{Softmax}\left(\frac{QK^\top}{\sqrt{d_k}}\right)V, \tag{5.8}$$

其中，$d_k$ 表示键的维度. 需要注意的是，当 $d_k$ 较大时，$QK^\top$ 会计算出较大的值，经过 Softmax 操作后可能会产生较小的梯度，不利于网络的训练. 因此，为了平衡梯度大小，这里将点积结果除以 $\sqrt{d_k}$ 进行缩放.

**2. 多头注意力机制**

在自注意力机制部分，我们详细介绍了如何通过查询、键和值的计算来实现对输入序列的注意力权重分配，从而获得每个位置的上下文表

示. 然而，单个注意力头可能无法捕捉到序列中的所有信息，因此，在实践中，Transformer 网络往往采用多个注意力头来提高模型的表达能力，如图 5.5 所示. 下面将探讨多头注意力机制的原理和操作，介绍如何同时利用多个注意力头来并行计算注意力权重，并将它们的输出进行拼接，从而获得更丰富的表示能力.

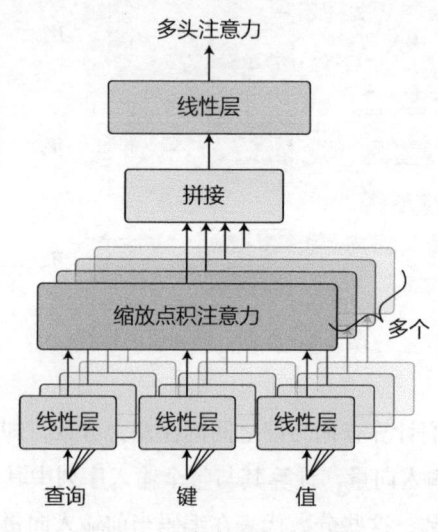

图 5.5　多头注意力机制

具体地说，多头注意力机制首先将查询、键、值三个参数作为输入，然后将它们分成多份，每一份独立地通过一个单独的注意力头进行处理. 这种并行处理的方式使得模型能够捕捉到每个输入之间的多重关系，从而提高了模型的表达能力. 在计算过程中，每个注意力头的计算过程可以表示为

$$\text{head}_i = \text{Attention}(\boldsymbol{QW}_i^Q, \boldsymbol{KW}_i^K, \boldsymbol{VW}_i^V), \tag{5.9}$$

其中，$\boldsymbol{W}_i^Q$、$\boldsymbol{W}_i^K$、$\boldsymbol{W}_i^V$ 分别表示第 $i$ 个注意力头对应的线性变换参数矩阵.[1]

[1] 在经典的 Transformer 网络中，通常采用 8 个注意力头 (Vaswani et al., 2017).

在计算完所有注意力头的表示后，将它们沿着最后一个维度进行拼接，并通过线性变换将其映射回原始的维度空间. 经过线性变换后的表示作为多头注意力机制的最终输出，然后送入前馈神经网络中进行后续处理. 输出合并的线性变换可以表示为

$$\text{MultiHead}(\boldsymbol{Q}, \boldsymbol{K}, \boldsymbol{V}) = \text{Concat}(\text{head}_1, \ldots, \text{head}_h)\boldsymbol{W}^O, \tag{5.10}$$

其中，$\text{head}_1, \ldots, \text{head}_h$ 表示每个注意力头的输出，$\boldsymbol{W}^O$ 表示输出合并的参数矩阵.

引入多头注意力机制使得模型具有更大的灵活性和表达能力. 通过并行计算多个注意力头，模型可以在不同的表示子空间中关注输入序列的不同方面，从而更好地捕捉到输入序列的信息.

### 5.1.4 编码器

编码器（encoder）是 Transformer 网络中的关键组件，它负责将输入序列转换为一系列隐藏表示，以便后续解码器模块进行处理. 在 Transformer 中，编码器由多个相同结构的编码器块堆叠而成，每个块都由多头自注意力层和前馈神经网络（Feed Forward Network，FFN）两个子层组成. 编码器的设计使得 Transformer 网络能够有效地捕捉输入序列中的信息，并将其转化为适合解码器处理的形式.

在 Transformer 网络的编码器中，每个子层的输出都应用了残差连接和层规范化，以加强信息传递，并提高模型的训练稳定性. 残差结构[1]的采用主要是为了解决网络深度增加所带来的困难，这样设计可以使网络层次更深. 批规范化会对同一批次中所有样本的同一特征进行均值和方差的计算，而层规范化则是对同一样本的所有特征进行均值和方差的计算.[2]

[1] 相关内容参见本书 3.2.2 节.

[2] 相关内容参见本书 11.2.3 节.

如图 5.6 所示，每个子层结构的计算过程可以表示为

$$\boldsymbol{y} = \text{LayerNorm}(\boldsymbol{x} + \text{SubLayer}(\boldsymbol{x})), \tag{5.11}$$

其中，$\text{SubLayer}(\cdot)$ 表示子层，$\boldsymbol{x}$ 表示子层的输入，$\boldsymbol{y}$ 表示该子层的输出. 由于 Transformer 网络采用了残差结构，因此编码器和解码器中的所有子层和嵌入层的输出与输入向量的维度必须保持一致.

在 Transformer 网络中，前馈神经网络是一种普通的全连接网络，由两个全连接层组成，并采用 ReLU 作为激活函数. 其计算过程如下

$$\text{FFN}(\boldsymbol{x}) = \max(0, \boldsymbol{x}\boldsymbol{W}_1 + \boldsymbol{b}_1)\boldsymbol{W}_2 + \boldsymbol{b}_2, \tag{5.12}$$

其中，$x$ 表示输入，用 $W_1$、$b_1$、$W_2$、$b_2$ 表示前馈神经网络的参数矩阵和偏置向量. 经过前馈神经网络后，输出维度与输入 $x$ 保持一致. 在多个编码器堆叠后，最后一层的输出即为整个编码器部分的输出.

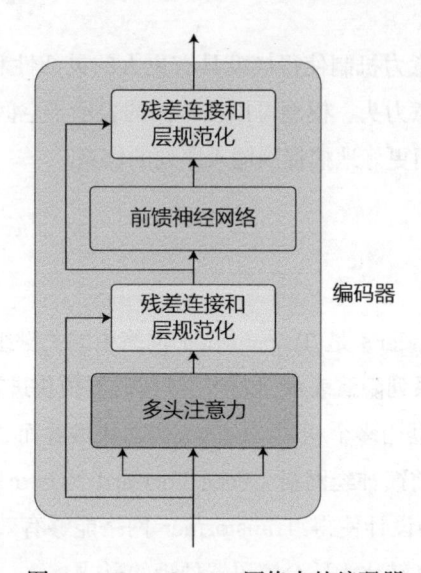

图 5.6 Transformer 网络中的编码器

### 5.1.5 解码器

在 Transformer 网络中，解码器（decoder）扮演着至关重要的角色，它负责将编码器产生的上下文表示转换为目标序列. 解码器的设计使得 Transformer 网络在处理序列到序列的任务时具有很高的灵活性和表达能力. 解码器部分也由多个解码器块堆叠组成，每个块具有自注意力层、编码器-解码器注意力层（encoder-decoder attention）和前馈神经网络三个子层，同样，每一子层都带有残差连接和层规范化. 解码器部分用于生成目标序列，在设计上与编码器部分存在一些关键的区别，如图 5.7 所示.

由于 Transformer 网络的训练过程采用了"教师强迫"[1] 的方法，即将原始输入和正确答案同时输入模型进行训练. 因此，在解码器的训练过程中，最底层的输入是正确答案，而在推理时，则是前一时刻 Transformer 网络的输出结果. 与编码器的输入类似，解码器的输入也由词嵌入和位

---

[1] 教师强迫即 "Teacher Forcing"，是一种训练神经网络的方法，其中模型在训练期间接收正确答案作为输入，而不是前一个时间步的输出.

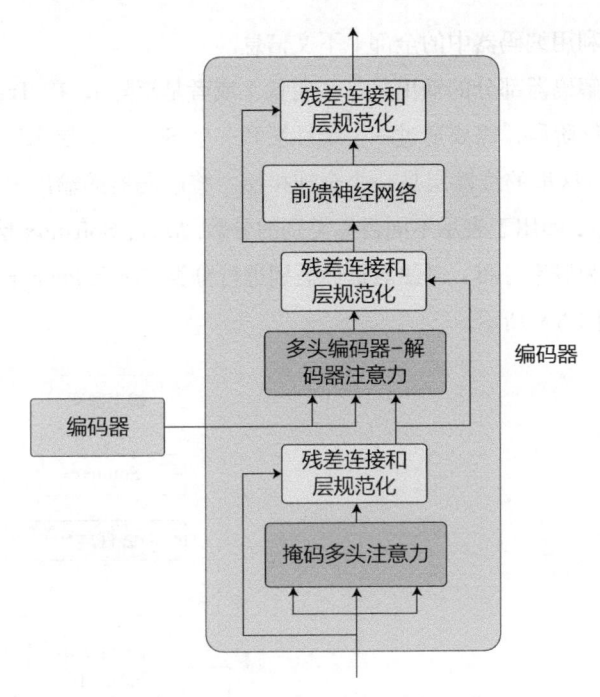

图 5.7 Transformer 网络中的解码器

置编码构成.

在解码器的第一个多头注意力层中，查询、键和值三个参数被输入其中，并且在自注意力机制的 Softmax 操作之前，采用了掩码（masked）操作. 其计算过程为

$$\text{Attention}(\boldsymbol{Q}, \boldsymbol{K}, \boldsymbol{V}) = \text{Softmax}(\frac{\text{Mask}(\boldsymbol{Q}\boldsymbol{K}^\top)}{\sqrt{d_k}})\boldsymbol{V}. \tag{5.13}$$

其计算过程与普通的多头注意力机制相同，只是利用了掩码矩阵遮盖了当前输入之后的部分. 以自然语言处理领域中的翻译任务为例，翻译是一个顺序进行的过程，即翻译完第 $i$ 个单词后，才能翻译第 $i+1$ 个单词. 因此，在训练过程中，将正确翻译的答案送入解码器部分，以确保解码器的每一步只能看到前面正确答案的信息. 这就需要利用掩码机制来遮盖当前词后面序列的内容，从而确保模型只能根据已翻译内容进行推理.

解码器中的第二个子层是编码器-解码器注意力层，与其他注意力层不同的是，其键和值是由编码器最后一层的输出计算得到的，而查询则来自上一个自注意力层的输出. 编码器的最终输出可以被理解为整个句子的编码，其中包含了所有的语义信息. 通过这种方式，解码器中的每个词都能够利用编码器中的全部上下文信息.

由于解码器部分的输出是一个向量（或者是矩阵），在 Transformer 网络的最终阶段，需要通过一个线性层和一个 Softmax 层来实现目标任务的预测. 这里的线性层是一个全连接层，将解码器的输出映射为一个 logits 向量，即用于表示不同目标类别的分数. 最后，Softmax 层将 logits 向量转换为概率分布，以便对目标类别进行分类. Transformer 网络的整体结构如图 5.8 所示.

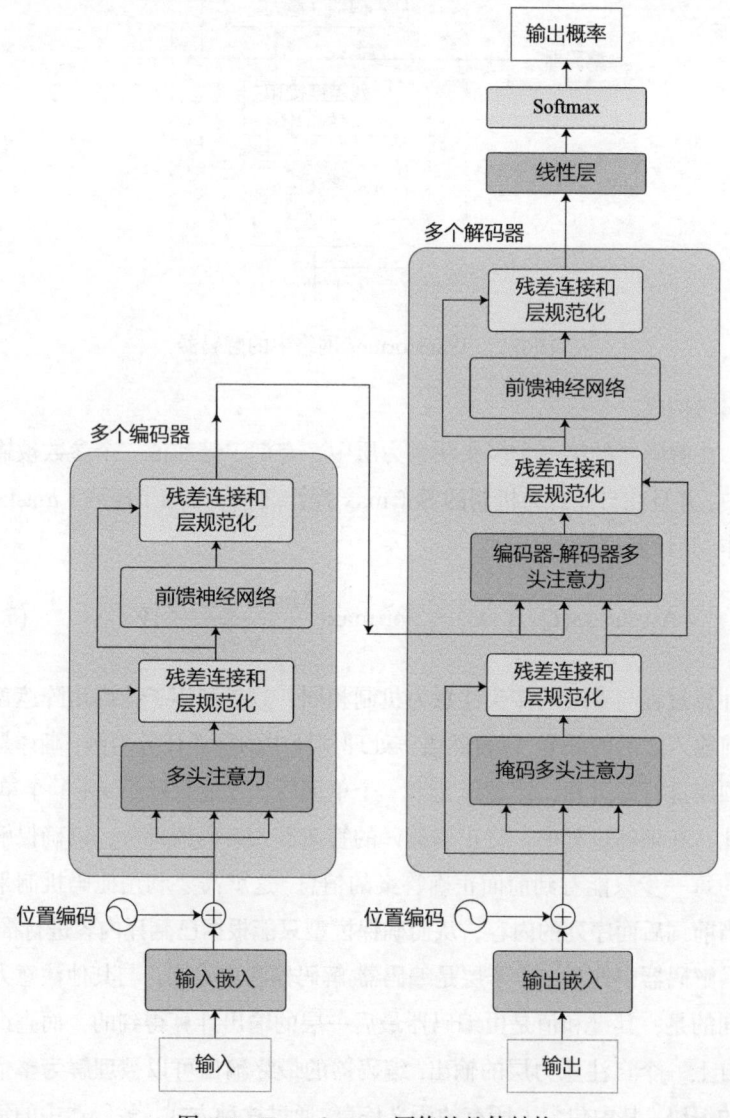

图 5.8　Transformer 网络的整体结构

## 5.2 Transformer 网络经典结构

在自然语言处理任务中，捕获数据长程依赖的模型能力至关重要. 不同于循环神经网络中采用的长短时记忆网络等方法，Transformer 网络通过注意力机制将序列中任意两个位置之间的距离转化为一个常数，从而加强了捕获长程依赖的能力，尽管这种机制仍存在着序列长度的限制. 然而，Transformer 的计算复杂度与输入序列长度的平方成正比，这严重阻碍了模型的可扩展性. 因此，在 Transformer 的基础上，研究人员提出了诸如 Transformer-XL (Dai et al., 2020)、Longformer (Beltagy et al., 2020)、Reformer (Kitaev et al., 2020)、Universal Transformer (Dehghani et al., 2018) 等多种改进模型.

### 5.2.1 Transformer-XL

Transformer-XL (Dai et al., 2020) 是 2019 年由 Dai 等人提出的 Transformer 网络的一种扩展. 该模型通过采用可重复使用的缓存机制来解决传统 Transformer 网络存在的长度限制问题，使得模型能够更好地建模长程依赖关系，并且具有更高的推理速度.

传统 Transformer 网络在处理长文本序列时面临着上下文碎片化（context fragmentation）和长程记忆问题. 传统的处理方式是将输入文本划分为固定长度的片段，而没有考虑句子边界，可能导致一句完整的话被切分成两个片段. 如图 5.9 所示，在训练阶段，传统的 Transformer 网络每次只处理一个片段，而且这些片段之间是相互独立的，无法捕捉到它们之间的语义关联. 这导致模型难以记住较远的上下文信息，从而限制了其对长程依赖的建模能力.

在模型评估阶段，传统的 Transformer 网络采用与训练阶段相同的片段长度，但只预测最后一个位置的输出，如图 5.10 所示. 在每次预测后，整个序列向后移动一个位置并重新划分片段，以便下一次预测. 这种处理方式确保了每次预测都能使用整个片段长度的上下文信息，从而减轻了上下文碎片化问题. 然而，每次计算都需要重新划分片段，也导致了较高的计算成本.

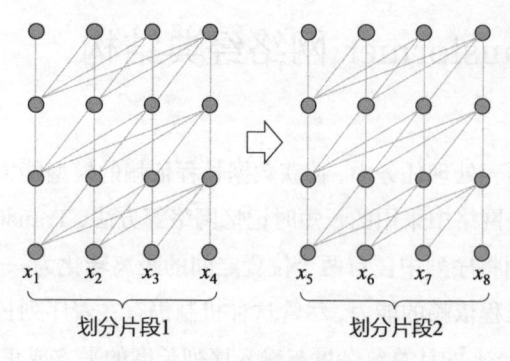

图 5.9  传统 Transformer 网络的训练阶段计算过程

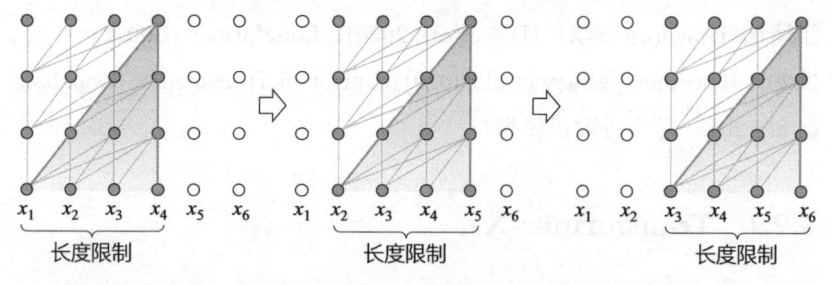

图 5.10  传统 Transformer 网络推理阶段的计算过程

针对传统 Transformer 网络的局限性，Transformer-XL 提出了片段递归机制（segment-level recurrence mechanism）. 如图 5.11 所示，该机制将前一个片段的计算结果缓存起来，并在计算当前片段的输出时利用了前一个片段的缓存内容. 假设片段的序列长度为 $L$，前后两个片段分别为 $s_\tau = (x_{\tau,1}, x_{\tau,2}, \ldots, x_{\tau,L})$ 和 $s_{\tau+1} = (x_{\tau+1,1}, x_{\tau+1,2}, \ldots, x_{\tau+1,L})$. 另外，假定 $\bm{h}_\tau^n \in \mathbb{R}^{L \times d}$ 为第 $n$ 层由 $s_\tau$ 计算得出的表示矩阵，其中 $d$ 是向量维度. 那么下一个片段 $s_{\tau+1}$ 的第 $n$ 层表示矩阵 $\bm{h}_{\tau+1}^n$ 可按照如下方式计算

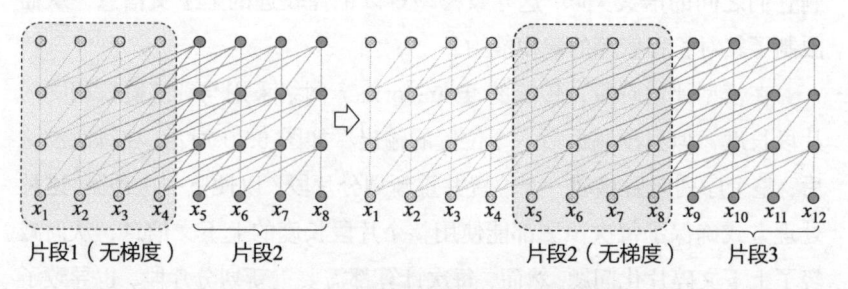

图 5.11  Transformer-XL 网络训练阶段的计算过程 (Dai et al., 2020)

$$\tilde{h}_{\tau+1}^{n-1} = \text{Concat}(\text{SG}(h_\tau^{n-1}), h_{\tau+1}^{n-1}), \tag{5.14}$$

其中，SG(·) 是停止梯度（stop-gradient），即该部分不进行梯度计算，而 Concat(·) 表示将前一个片段和当前片段的输出向量进行拼接. 接着，获取自注意力计算中所需的矩阵 $Q$、$K$、$V$，即

$$Q_{\tau+1}^n = \tilde{h}_{\tau+1}^{n-1} W_q^\top, \tag{5.15}$$

$$K_{\tau+1}^n = \tilde{h}_{\tau+1}^{n-1} W_k^\top, \tag{5.16}$$

$$V_{\tau+1}^n = \tilde{h}_{\tau+1}^{n-1} W_v^\top, \tag{5.17}$$

其中，$W_q^\top$、$W_k^\top$ 和 $W_v^\top$ 是需要学习的参数. 在计算 $Q$ 时仅使用当前片段的向量，而在计算 $K$ 和 $V$ 时，同时利用了前一个片段和当前片段的信息. 最后，通过自注意力计算，得出当前片段的输出

$$h_{\tau+1}^n = \text{TranformerLayer}(Q_{\tau+1}^n, K_{\tau+1}^n, V_{\tau+1}^n). \tag{5.18}$$

这种方式将多个片段之间的信息进行融合，扩展了模型对上下文的记忆能力，克服了上下文碎片化问题. 在模型推理阶段（见图 5.12），由于 Transformer-XL 缓存了前一个片段的计算结果，因此在处理当前片段时无须重新计算，从而加快了推理速度.

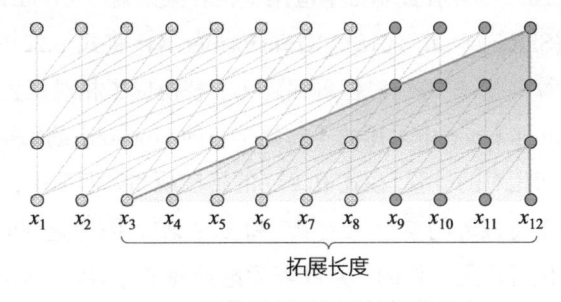

图 5.12　Transformer-XL 网络推理阶段的计算过程 (Dai et al., 2020)

Transformer-XL 对位置编码也进行了改进. 传统 Transformer 的位置编码是以片段为单位的，每个片段的位置编码矩阵为 $U_{1:L} \in \mathbb{R}^{L \times d}$，其中第 $i$ 个元素 $U_i$ 表示该片段中第 $i$ 个元素的相对位置. 因此，传统 Transformer 网络中的位置编码是相对于片段的绝对位置编码（absolute position encoding），无法确定某个元素属于哪个片段或者在整个输入数据中的位置. 令每个片段 $s_\tau$ 的词嵌入表示为 $E_{s_\tau} \in \mathbb{R}^{L \times d}$，则融合了位置信息的表示为

$$h_{\tau+1} = \mathcal{F}(h_\tau, E_{s_{\tau+1}} + U_{1:L}), \tag{5.19}$$

$$h_\tau = \mathcal{F}(h_{\tau-1}, E_{s_\tau} + U_{1:L}), \tag{5.20}$$

其中，$\mathcal{F}(\cdot)$ 表示转换函数. 按照这种方式计算，前后两个段 $E_{s_\tau}$ 和 $E_{s_{\tau+1}}$ 将具有相同的位置编码，无法区分不同段的位置信息. 在自注意力计算中，$q^\top k$ 计算表示为

$$A_{i,j}^{\mathrm{abs}} = q_i^\top k_j = (W_q(E_{x_i} + U_i))^\top (W_k(E_{x_j} + U_j)), \tag{5.21}$$

其中，$A_{i,j}^{\mathrm{abs}}$ 是在绝对位置编码时第 $i$ 个位置和第 $j$ 个位置之间的注意力计算，$E_{x_i}$ 和 $E_{x_j}$ 代表第 $i$ 个和第 $j$ 个位置的词嵌入，$U_i$ 和 $U_j$ 分别表示第 $i$ 个和第 $j$ 个位置的位置嵌入. 式(5.21)展开可得

$$A_{i,j}^{\mathrm{abs}} = E_{x_i}^\top W_q^\top W_k E_{x_j} + E_{x_i}^\top W_q^\top W_k U_j + U_i^\top W_q^\top W_k E_{x_j} + U_i^\top W_q^\top W_k U_j. \tag{5.22}$$

Transformer-XL 在此基础上应用了相对位置编码（relative position encoding）(Shaw et al., 2018). Transformer-XL 将式(5.22)中第二项和第四项中计算向量 $k$ 的绝对位置编码 $U_j$ 替换成了相对位置 $R_{i-j}$，其中 $R$ 是 Transformer 中采用的不需要学习的 sinusoid 编码矩阵[1]，即只关心单词之间相对的位置. 在式 (5.22) 的第三项和第四项中，将 $U_i^\top W_q^\top$ 替换成了两个可训练的参数 $u \in \mathbb{R}^d$ 和 $v \in \mathbb{R}^d$，因为查询向量 $q$ 对于每一个查询位置都是一样的，意味着无论查询位置如何，对不同单词注意力的偏差应保持不变. 将 $k$ 向量的权重变换矩阵 $W_k$ 分成了两个部分，$W_{k,E}$ 和 $W_{k,R}$ 分别用于词嵌入和位置编码. 最终得到相对位置编码下的第 $i$ 个位置和第 $j$ 个位置之间的注意力计算公式为

$$A_{i,j}^{\mathrm{rel}} = E_{x_i}^\top W_q^\top W_{k,E} E_{x_j} + E_{x_i}^\top W_q^\top W_{k,R} R_{i-j} + u^\top W_{k,E} E_{x_j} + v^\top W_{k,R} R_{i-j}. \tag{5.23}$$

[1] 在 Transformer 中的 sinusoid 编码矩阵是一种位置编码方法，通过将正弦和余弦函数应用于位置信息来为输入序列中的每个位置分配一个唯一的编码向量，以捕获序列中的位置信息. 具体内容参见本书 5.1.2 节.

### 5.2.2 Longformer

自注意力机制尽管能够获取到整个输入序列中的重要部分，但是计算复杂度与输入序列的长度呈平方关系，因此在 Transformer-XL 等方法中需要对输入序列进行分段处理. 然而，Beltagy 等人于 2020 年提出了 Longformer 模型 (Beltagy et al., 2020)，引入了一种名为滑动窗口注意力（sliding window attention）的自注意机制来解决这一问题. 滑动窗口注意力允许模型高效处理长输入序列，而不会受到传统 Transformer 网络中的计算复杂性和内存问题的影响，使得 Longformer 能够有效地捕捉长程依赖关系，并在处理长且复杂的输入序列时保持高性能水平.

不同于传统的全局自注意力机制 [见图 5.13(a)]，Longformer 的核心机制主要包括三种注意力计算窗口：滑动窗口注意力机制、空洞滑窗注意力机制、融合全局信息的滑窗注意力机制.

滑动窗口注意力机制如图 5.13(b) 所示，设置了一个固定的窗口大小 $\omega$. 在计算长度为 $n$ 的序列时，当前元素只能与 $\omega$ 个相邻元素进行计算，这样时间复杂度从原本的 $\mathcal{O}(n \times n)$ 减小到 $\mathcal{O}(n \times \omega)$. 即使 $\omega$ 远小于 $n$，Longformer 依旧可以从多层叠加的注意力层中建模序列长度为 $n$ 的全局表示.

空洞滑窗注意力机制类似于空洞卷积 (Yu et al., 2016)[1]，如图 5.13(c) 所示，即在两个元素之间设置了 $d$ 的空隙，在不增加计算量的情况下，使得模型能够关注到更长的序列信息.

融合全局信息的滑窗注意力机制的提出则是为了应对前两种注意力机制不能完全适配的特定任务. 如图 5.13(d) 所示，该机制将某些位置的元素设置为全局可见，即所有其他的元素都可以和这些位置的元素互相进行注意力计算. 这些位置的确定取决于具体的任务，在分类任务下，该位置往往代表的是分类元素，而问答任务中这些位置代表的是问题元素.

Longformer 通过组合全局和局部注意力机制，提供了一种处理长文本序列的有效方法. 在保持性能的同时，其具有更好的可扩展性和效率，并在多个自然语言处理任务中展现了出色的表现.

---

[1] 空洞卷积是一种卷积操作，通过在输入特征图之间引入固定间隔的零值（空洞），以扩大感受野并减少参数量，用于处理具有大尺寸感受野要求的任务.

(a) 全局自注意力机制

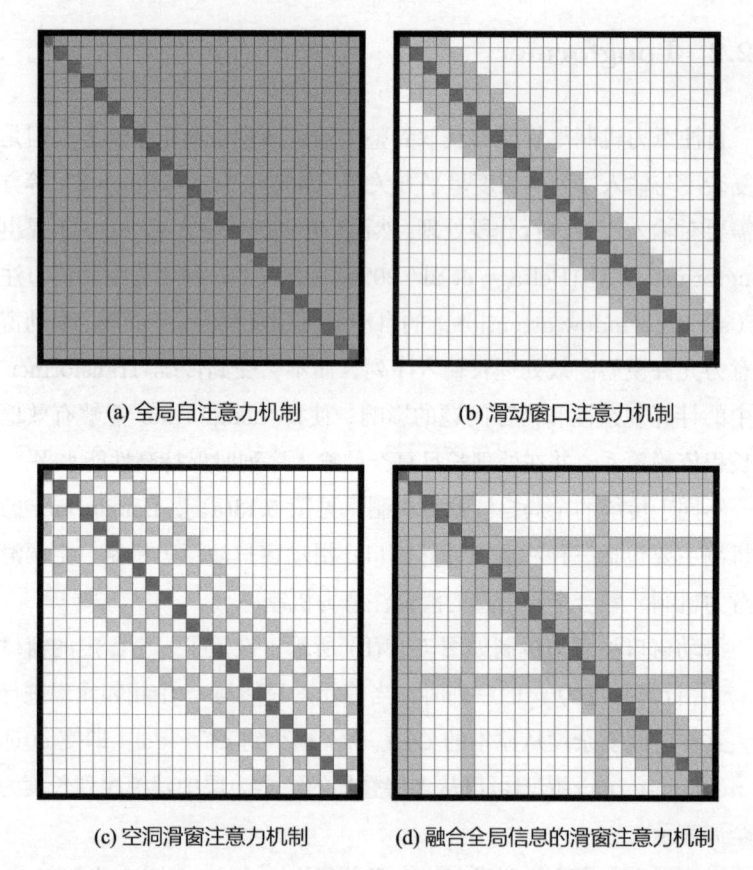

(b) 滑动窗口注意力机制

(c) 空洞滑窗注意力机制

(d) 融合全局信息的滑窗注意力机制

图 5.13 全局自注意力机制与 Longformer 中提出的三种注意力机制对比 (Beltagy et al., 2020)

### 5.2.3 Reformer

随着对长序列建模能力的需求不断增长，模型的计算和存储问题变得日益严峻. 为解决这一挑战，Kitaev 等人于 2020 年提出了 Reformer 模型 (Kitaev et al., 2020)，旨在提高传统 Transformer 网络的效率和可扩展性. Reformer 通过重新设计传统 Transformer 架构的各个部分，有效地解决了处理长文本序列时的计算和存储问题，并在自然语言处理任务中取得了出色的性能. 相较于传统基于 Transformer 网络最长支持 512 个输入序列，Reformer 能够一次处理多达 50 万个输入序列.

在处理长度为 $n$ 的序列时，自注意力计算中 $QK^\top$ 的复杂度一直是一个值得研究的问题，因为它与输入序列长度呈平方关系. Reformer 试图通过将每个查询只与 $m$ 个最相似的键进行计算来降低这一复杂度. 当 $m$ 相对于 $n$ 足够小且寻找最相似的 $m$ 个键足够快时, 自注意力计算的复杂度会大大降低.

Reformer 模型使用局部敏感哈希 (Locality Sensitive Hashing, LSH) 方法来快速寻找 $m$ 个最相似的键, 简化处理流程如图 5.14 所示. 在 Reformer 中, 采用基于随机投影 (random projection) 的方法将每个元素向量映射到高维空间, 这样最相似的元素往往可以得到相同的哈希值. 由于在 Transformer 中查询和键是同一元素经过不同的映射得到的, 即便是同一元素本身的查询和键的哈希值也不同, 因此 Reformer 将键直接等于查询, 并且在寻找时屏蔽掉这一元素的键. 这样, 每个查询只与经过局部敏感性哈希方法得到的 $m$ 个最相似的键进行注意力计算.

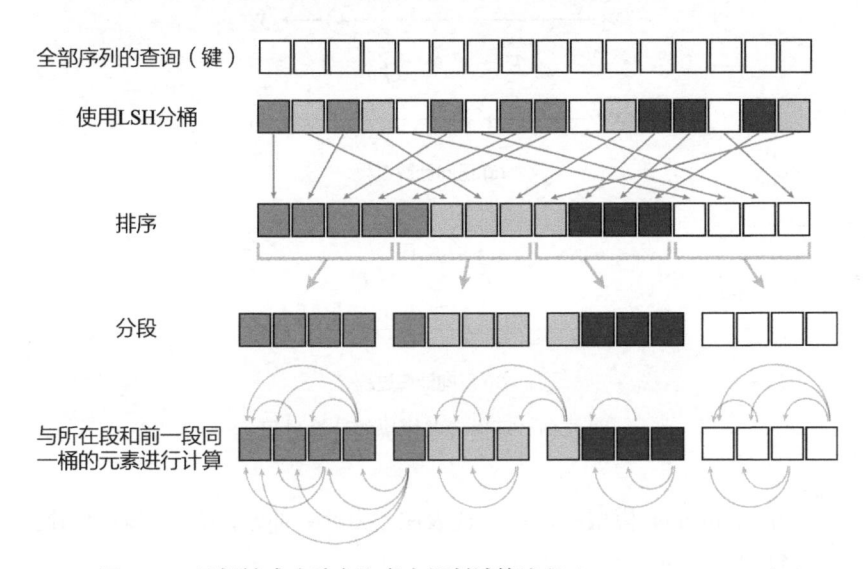

图 5.14　局部敏感哈希自注意力机制计算流程 (Kitaev et al., 2020)

为了进一步节省内存, Reformer 将 Transformer 中的残差连接改成可逆残差模块 (reversible residual block) (Gomez et al., 2017). 可逆残差模块在前向计算过程中不保存计算中间值, 只保存残差模块的输出, 因此可以节省大量内存. 可逆残差模块的计算过程如图 5.15 所示, 将输入 $\boldsymbol{x}$ 分割成两个部分 $\boldsymbol{x}_1$ 和 $\boldsymbol{x}_2$, 前向过程为

$$\boldsymbol{y}_1 = \boldsymbol{x}_1 + \mathcal{F}(\boldsymbol{x}_2), \tag{5.24}$$

$$y_2 = x_2 + \mathcal{G}(y_1), \tag{5.25}$$

其中，$\mathcal{F}(\cdot)$ 和 $\mathcal{G}(\cdot)$ 是中间计算过程，并且不进行梯度计算，$y_1$ 和 $y_2$ 两者组合构成可逆残差模块的最终输出. 在反向过程中，首先输入 $x_1$ 和 $x_2$，可以由

$$x_2 = y_2 - \mathcal{G}(y_1), \tag{5.26}$$

$$x_1 = y_1 - \mathcal{F}(x_2), \tag{5.27}$$

得到，此时可以利用 $x_1$ 和 $x_2$ 对 $\mathcal{F}(\cdot)$ 和 $\mathcal{G}(\cdot)$ 再进行一次计算，以获得梯度并更新权重.

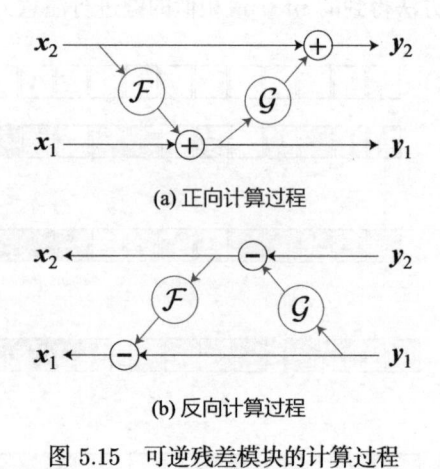

(a) 正向计算过程

(b) 反向计算过程

图 5.15 可逆残差模块的计算过程

在 Reformer 模型中，$\mathcal{F}(\cdot)$ 代表注意力计算部分，$\mathcal{G}(\cdot)$ 代表前向网络计算部分，即

$$Y_1 = X_1 + \text{Attention}(X_2), \tag{5.28}$$

$$Y_2 = X_2 + \text{FFN}(Y_1). \tag{5.29}$$

在第一层时，Reformer 将输入 $X$ 复制成 $X_{1,1}$ 和 $X_{1,2}$，并作为可逆残差模块的输入，计算得到 $Y_{1,1}$ 和 $Y_{1,2}$. 第二层将 $Y_{1,1}$ 和 $Y_{1,2}$ 作为输入，计算得到 $Y_{2,1}$ 和 $Y_{2,2}$，依次类推. 由于可逆残差模块的输入可以由输出得到，因此在 Reformer 中只需要存储最后一层的输出 $Y_1$ 和 $Y_2$ 即可.

考虑到前向网络中的全连接层参数量也占用大量存储资源，Reformer 对全连接层进行了分段计算．将输入序列拆分成 $n$ 段，每次计算只读取其中一段进行计算，最后将 $n$ 个结果拼接起来．具体地说，上述过程可表示为

$$\begin{align}
\boldsymbol{y}_2 &= \boldsymbol{x}_2 + \text{FFN}(\boldsymbol{y}_1) \tag{5.30}\\
&= [y_2^{(1)}; y_2^{(2)}; \ldots; y_2^{(n)}] \tag{5.31}\\
&= [x_2^{(1)} + \text{FFN}(y_1^{(1)}); x_2^{(2)} + \text{FFN}(y_1^{(2)}); \ldots; x_2^{(n)} + \text{FFN}(y_1^{(n)})]. \tag{5.32}
\end{align}$$

此外，Reformer 模型还采用了轴向位置嵌入（axial positional embedding）[1]来减少位置编码的参数量等．总之，Reformer 模型通过一系列改进提高了计算和存储效率，使得模型在处理更长的文本序列时能够保持较高的性能水平，成为处理长文本序列的理想选择之一．

[1] 轴向位置嵌入是一种将位置信息编码到词嵌入中的方法，通过分别为不同的维度分配位置信息，来减少位置编码的参数量．

### 5.2.4 Universal Transformer

Transformer 网络在某些序列建模任务（如机器翻译）上表现出色，并具有同时处理序列中所有输入的优势，从而能够并行化和加速训练过程．然而，Transformer 网络仍然无法很好地处理一些简单任务，例如，字符串复制或简单逻辑推断，尤其当字符串或公式的长度超过训练数据中观察到的长度时，而这些任务对于循环神经网络来说则是易事．

为了解决这些问题，Google 在 2018 年提出了 Universal Transformer（UT）模型 (Dehghani et al., 2018)．UT 结合了 Transformer 网络的可并行性和对全局信息的处理能力，以及循环神经网络的递归归纳偏置能力．该模型还引入了动态停止（dynamic halting），即自适应计算时间（adaptive computation time）机制，以提高模型的准确性．与标准 Transformer 不同的是，在某些假设下，UT 模型被证明是图灵完备[2]的，即具备处理任何计算任务的能力．

[2] 图灵完备是指一种计算系统或编程语言具备模拟图灵机的能力，即能够解决任何可计算问题．

如图 5.16 所示，UT 基于编码器-解码器架构，编码器和解码器类似于循环神经网络．与传统的循环神经网络在处理顺序输入数据的方式上有所不同，UT 按顺序更新每个位置的向量表示，即每次更新整个输入序列的表示．每次循环更新时，模型使用自注意力机制来交互所有位置

的信息，然后通过一个跨所有位置和时间步共享的转换函数（transition function）进行处理.

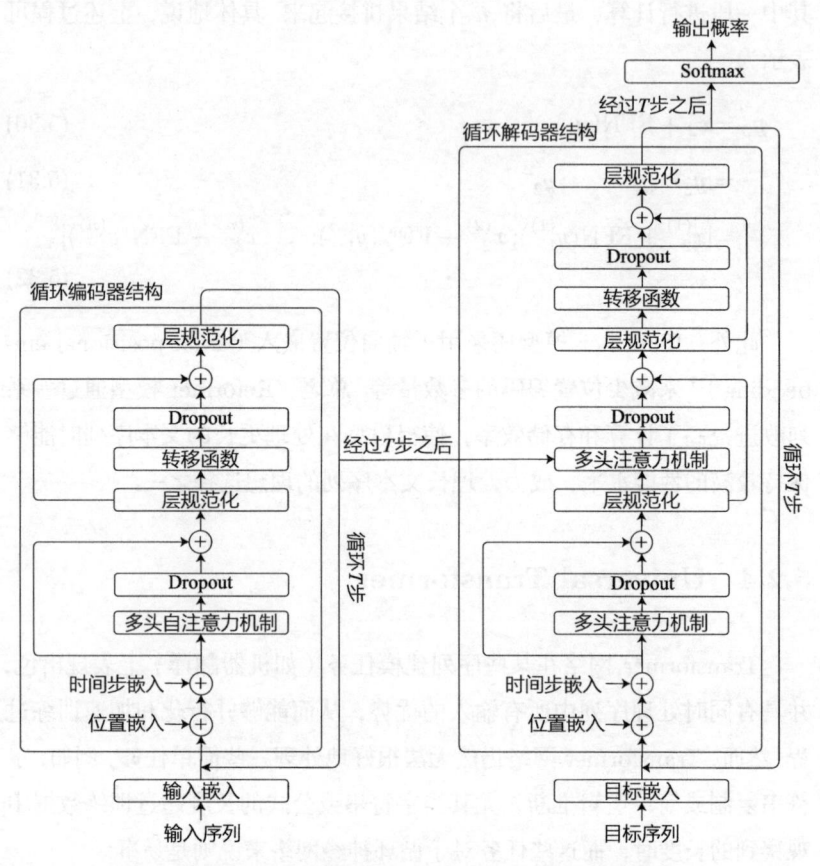

图 5.16  UT 整体架构 (Dehghani et al., 2018)

首先，与 Transformer 网络的单一位置嵌入不同，UT 采用了位置和时间的联合嵌入. 这种联合嵌入的计算方式如下

$$P^t_{(\text{pos},2i)} = \sin(\frac{\text{pos}}{10000^{2i/d_{\text{model}}}}) \oplus \sin(\frac{t}{10000^{2i/d_{\text{model}}}}), \qquad (5.33)$$

$$P^t_{(\text{pos},2i+1)} = \cos(\frac{\text{pos}}{10000^{2i/d_{\text{model}}}}) \oplus \cos(\frac{t}{10000^{2i/d_{\text{model}}}}), \qquad (5.34)$$

其中，$P^t(\cdot)$ 表示位置时间嵌入，pos 表示位置，$i$ 是维度，$d_{\text{model}}$ 表示嵌入向量的维度，$\oplus$ 表示按位相加，$t$ 表示时间.

对于长度为 $m$ 的输入序列，给定矩阵 $\boldsymbol{H}^0 \in \mathbb{R}^{m \times d}$，其行被初始化为 $d$ 维，用以表示序列的每个位置元素的 $d$ 维表示. 在编码器第 $t$ 轮时，

UT 用下列公式来修正 $m$ 个输入位置的表示 $\boldsymbol{H}^t \in \mathbb{R}^{m \times d}$：

$$\boldsymbol{H}^t = \text{LayerNorm}(\boldsymbol{A}^t + \text{Transition}(\boldsymbol{A}^t)), \tag{5.35}$$

其中，

$$\boldsymbol{A}^t = \text{LayerNorm}(\boldsymbol{H}^{t-1} + \boldsymbol{P}^t + \text{MultiHeadSelfAttention}(\boldsymbol{H}^{t-1} + \boldsymbol{P}^t)). \tag{5.36}$$

这里 Transition(·) 表示转换函数. 针对不同任务, 模型会采用不同的转换函数, 如可分离的卷积或全连接层构成的神经网络.

由于 UT 并行地为序列中所有的元素进行自注意力计算, 模型还为每个元素单独添加了动态停止机制. 动态停止机制自适应地调整每个输入元素的计算次数, 即模型为每个元素预测一个所需的计算时间步长的标量 $t$. 当位置 $n$ 经过预测的时间步 $t$ 后, 其表示 $\boldsymbol{h}_n^t$ 直接复制到下一时间步, 直至所有的位置停止计算. 编码器经过 $T$ 轮计算后得到输出 $\boldsymbol{H}^T$. 解码器与编码器拥有相同的递归结构, 其中第二个多头自注意力层的键和值来自编码器的输出 $\boldsymbol{H}^T$.

通过结合前馈和递归特性, UT 在处理序列建模任务时具有更广泛的适用性和灵活性. UT 在各种任务中的性能均优于 Transformer 和循环神经网络（如 LSTM）.

## 5.3 Transformer 网络训练

尽管 Transformer 网络在自然语言处理和序列建模任务中相较于传统的循环神经网络和卷积神经网络等模型具有诸多优势, 但在训练过程中仍面临一些挑战. 首先, Transformer 网络的参数量普遍较大, 通常需要大量甚至海量数据来充分训练, 否则容易在训练数据上出现过拟合现象. 而对于某些任务和领域, 获取大规模标注数据可能是困难和昂贵的. 另外, Transformer 网络中的自注意力机制需要计算所有位置之间的相似度, 这在序列较长时可能会导致计算开销较大, 需要大量的计算资源和较长的训练时间.

为了应对这些挑战, 在实际应用时通常采取以下策略.

[1] 更多内容参见本书第 6 章.

[2] 更多内容参见本书第 10 章.

[3] "曝光误差"（exposure bias）是指在模型训练阶段，模型所接触到的数据与在推理阶段所面对的数据不一致，导致模型在推理阶段表现出比在训练阶段更差的情况.

首先，收集更多的数据或利用数据扩充[1]技术扩充现有数据集，以提供更好的训练效果.

其次，利用分布式训练技术，将模型的不同部分分配到多个设备上进行并行计算，以加快训练速度.

此外，Transformer 网络有许多超参数需要调优，例如，编码器和解码器的个数、自注意力头的个数、学习率等. 通过尝试不同的超参数组合，使用自动调参技术或基于经验的调优策略，可以找到最佳的超参数设置，从而提高模型性能. 同时，采用正则化技术[2]来减少过拟合的风险，如随机失活等. 对于小规模数据集，可以考虑使用迁移学习和预训练模型来提高模型的泛化性能. 除此之外，本节列举了一些在训练 Transformer 时的常用技巧.

**1. 数据预处理**

在 Transformer 网络的训练过程中，数据预处理是一个至关重要的步骤. 它涉及将输入序列和目标序列转换为模型可接受的表示形式，通常是通过词嵌入（word embedding）将单词转换为向量表示. 此外，还需要进行填充和掩码操作，以确保所有的序列具有相同的长度，并标记填充部分，以防止模型在训练中使用这些无效数据. 这些操作有助于减少计算开销，提高模型的效率.

**2. 计划采样**

由于自回归预测模式在序列预测任务中得到了广泛应用，因此，在 Transformer 网络中，解码器输入的信息至关重要. 在这种模式下，以前一时刻的输出序列作为当前时刻的输入，若某一时刻的预测错误会直接影响后续预测，尤其在训练初期，那么这种错误的影响就会被显著放大，导致模型难以收敛. 为了克服这一问题，Transformer 网络通常采用"教师强迫"的训练方法，即将目标序列真值作为解码器的输入，相当于"跟着正确答案一步一步做题". 然而，直接使用给定的目标序列作为解码器的输入，虽然提高了训练效率，但也可能降低模型的泛化性，在训练和推理阶段都表现出一定的"曝光误差".[3]

因此，研究人员提出将"计划采样"（scheduled sampling）方法 (Mihaylova et al., 2019) 引入 Transformer 网络的训练中. 这种方法是一种

折中方案，即在每个预测步骤中，编码器以一定的概率随机选择是否使用模型的上一时刻输出或者目标序列真值作为输入. 这个概率随着训练时间的推移而调整. 在训练初期，模型更倾向于依赖目标序列真值作为输入；随着训练的进行，模型逐渐将上一时刻的输出作为当前时刻的输入.

**3. 学习率调整**

对于像 Transformer 这样的大型网络，在训练的初始阶段，模型可能还不够稳定. 如果使用较大的学习率，在模型接触到的数据较少的情况下，很容易过早地陷入局部最小值，从而增加了收敛的难度.

为了克服这个问题，一种常见的策略是使用较小的学习率进行学习率预热. 在训练开始时，初始学习率较小，这有助于模型更好地探索损失函数的空间，并避免过快地陷入局部最小值. 通过逐渐增加学习率，模型可以在训练的早期阶段更好地适应数据的分布和模式，并逐渐增加其学习能力. 随着训练的进行，当损失函数下降到一定程度，模型已经相对稳定时，就可以恢复到常规的学习率. 这样可以平衡模型在训练初期的探索和在后期的优化，提高收敛的效率和质量.

通过使用较小的学习率进行预热，我们能够在训练 Transformer 这样的大型网络时更好地平衡探索和优化的过程，帮助模型克服初始阶段的不稳定性，提高收敛的效果. 这是一种常用的训练策略，可以帮助我们训练出更好的 Transformer 网络.

总之，好的训练策略是训练出更好的 Transformer 网络的关键. 通过精心设计的训练策略，我们可以克服 Transformer 网络训练中的挑战，提升模型的性能和泛化能力. 合理选择大规模数据集、优化计算资源的利用、调优超参数、应对过拟合等问题，都是构建一个有效 Transformer 网络的关键要素. 同时，灵活使用预训练和迁移学习等技术，也能为模型训练带来更多的优势. 通过不断改进训练策略，我们能够训练出更强大、更高效的 Transformer 网络，为自然语言处理和序列建模等任务带来更好的结果.

## 5.4 总结与扩展阅读

本章系统介绍了 Transformer 网络的基本组件与操作，包括位置编码、多头注意力机制、编码器和解码器等关键组成部分. 通过对这些基本组件的解析，读者能够全面理解 Transformer 网络的工作原理和核心机制. 随后，本章重点介绍了几种经典的 Transformer 网络结构，包括 Transformer-XL、Longformer、Reformer 和 Universal Transformer 等. 这些结构在不同的应用场景下展现出了各自的优势和特点，为读者提供了相应模型的选择和启发，有助于其在实际应用中进行灵活选型和设计. 最后，本章还对 Transformer 网络的训练方法与技巧进行了探讨. 通过训练方法的介绍，读者可以了解到如何有效地训练 Transformer 网络，并学习到一些优化技巧和策略，以提升模型的性能和训练效率.

为了更深入地了解 Transformer 网络的相关研究和应用，建议读者阅读相关的材料，涵盖 Transformer 网络的进一步发展、应用案例，以及最新的研究成果，以拓展对该领域的认识和理解.

- "Attention is All You Need"（Vaswani et al., 2017）：该论文首次提出了 Transformer 网络模型，并介绍了自注意力机制的概念，为自然语言处理和序列建模引入了一种全新的范式.

- "BERT: Pre-training of Deep Bidirectional Transformers for Language Understanding"（Devlin et al., 2019）：BERT 是一种基于 Transformer 的预训练模型，采用了双向 Transformer 编码器，通过大规模无监督学习来预训练模型，在多个自然语言处理任务中取得了显著的性能提升. 更重要的是，BERT 引发了大语言预训练模型的"新纪元".

- "XLNet: Generalized Autoregressive Pretraining for Language Understanding"（Yang et al., 2019）：XLNet 是一个基于自回归 Transformer 模型的预训练方法，通过使用自回归模型来建模所有可能的排列，克服了 BERT 中的限制性假设，取得了更好的效果.

- "Generative Pre-trained Transformer"（GPT）：GPT 是一种基于 Transformer 的预训练语言生成模型，采用了单向的 Transformer 解码器，并在多个自然语言处理任务中取得了良好的性能.GPT 也是知名的 ChatGPT 的基础模型.

- "Exploring the Limits of Transfer Learning with a Unified Text-to-Text Transformer"（Raffel et al., 2020）：该论文提出了一种文本到文本的 Transformer 模型，即 T5，通过将各种自然语言处理任务统一为文本转换任务，并采用统一的模型架构和训练方法，在多个任务上取得了竞赛水平的结果.

- "An Image is Worth 16×16 Words: Transformers for Image Recognition at Scale"（Dosovitskiy et al., 2020）：该论文提出了计算机视觉领域知名的 Vision Transformer（ViT），将 Transformer 模型成功应用于处理计算机视觉对象，取代了传统的卷积神经网络架构，在图像分类任务上取得了先进结果.

- "Swin Transformer: Hierarchical Vision Transformer using Shifted Windows"（Liu et al., 2021）：该论文提出了一种新型 Vision Transformer，即 Swin Transformer，通过引入层级结构和平移窗口机制，提高了模型的多尺度建模能力和计算效率，并在图像分类、目标检测和语义分割等任务上取得了优越性能，突显其作为通用视觉骨干模型的潜力. 该论文还获得了 ICCV 2021 的最佳论文奖"马尔奖"（Marr Prize）.

- "End-to-End Object Detection with Transformers"（Carion et al., 2020）：该论文利用 Transformer 网络直接进行端到端的计算机视觉目标检测任务，避免了传统目标检测方法中需要使用多个组件的复杂流程，同时在处理目标检测任务时实现了良好的性能.

- "Generative Pretraining from Pixels"（Chen et al., 2020）：该论文提出使用一个序列 Transformer 模型在大规模图像样本上以自回归方式预测像素，而不需要考虑图像的 2D 结构，从而进行无监督预训练，生成图像表示用于下游任务.

- "Transformer in Transformer"（Han et al., 2021）：该论文提出了 Transformer in Transformer（TNT）架构，通过在 Transformer 网络的局部图像区域内部再次进行 Transformer 形式的注意力计算，进一步提高了视觉 Transformer 模型的特征表示能力.

## 5.5 习题

**习题 5-1** 试解释位置编码在 Transformer 网络中的作用,描述其计算方法,并试推导式(5.3).

**习题 5-2** 试详细描述 Transformer 网络中的多头注意力机制工作方式,并思考 Transformer 网络使用多头注意力机制的原因.

**习题 5-3** 试思考 Transformer 网络中计算注意力时为何选择点乘而不是加法?两者在计算复杂度和效果上有何区别?

**习题 5-4** 试描述 Transformer 网络中编码器的结构,并解释其在序列建模任务中的作用.

**习题 5-5** 试描述 Transformer 网络中解码器的结构,并解释其在序列生成任务中的作用.

**习题 5-6** 试阐述 Transformer 网络中的残差结构及其作用.

**习题 5-7** 试思考 Transformer 网络中的并行化体现在哪些地方?其解码器是否可以做并行化处理.

**习题 5-8** 试详细描述 Transformer-XL 中的循环机制是如何工作的?以及它是如何解决长序列建模中的潜在问题的?

**习题 5-9** 试思考 Reformer 模型中的分段计算如何提高模型的计算效率?并简要解释其原理.

**习题 5-10** 试思考 Universal Transformer 相对于标准 Transformer 的主要改进有哪些?并简要解释其优势.

## 历史的天空

**傅京孙(King-Sun Fu)**
(1930—1985)

美国国家工程院院士、台湾"中央研究院"院士、美籍华裔计算机科学家,在模式识别、机器智能、机器视觉和其他智能系统领域做出了重大贡献,被誉为国际"模式识别之父".傅京孙具有杰出的领导才干,是国际模式识别等学科的主要组织者和领导人. 1973 年,傅京孙联合其他一些专家组织和协调了第一届国际模式识别会议（International Conference Pattern Recognition，ICPR），并担任主席. 1976 年，他又领导该会议发展成为国际模式识别协会（International Association for Pattern Recognition，IAPR），并当选为首任主席. 他于 1974 年重组了 IEEE 模式识别委员会，并担任第一任主席，进而为 *IEEE Transactions on Pattern Analysis and Machine Intelligence* 的创刊发挥了重要作用，并于 1979 年担任该期刊的第一任主编. 国际模式识别领域最高奖——"傅京孙奖"，便是以他的名字命名的，该奖每两年评审一次，每次奖励一人，旨在表彰学术成就卓著、为国际模式识别学科发展做出突出贡献的健在的学者.

# 参考文献

Anon. Improving language understanding with unsupervised learning[EB/OL].

BELTAGY I, PETERS M E, COHAN A, 2020. Longformer: The long-document transformer[J]. arXiv preprint arXiv:2004.05150.

CARION N, MASSA F, SYNNAEVE G, et al., 2020. End-to-end object detection with transformers[C]//Proc. Eur. Conf. Comp. Vis. Glasgow, Springer: 213-229.

CHEN M, RADFORD A, CHILD R, et al., 2020. Generative pretraining from pixels[C]//Proc. Int. Conf. Mach. Learn. Vienna, ACM: 1691-1703.

DAI Z, YANG Z, YANG Y, et al., 2020. Transformer-XL: Attentive language models beyond a fixed-length context[C]//Proc. Conf. Association for Computational Linguistics. Florence, ACL: 2978-2988.

DEHGHANI M, GOUWS S, VINYALS O, et al., 2018. Universal Transformers[C]//Proc. Int. Conf. Learn. Representations. Vancouver, ICLR Press: 1-14.

DEVLIN J, CHANG M W, LEE K, et al., 2019. BERT: Pre-training of deep bidirectional transformers for language understanding[C]//Proc. Conf. of North American Chapter of Association for Computational Linguistics. Minnesota, ACL: 4171-4186.

DOSOVITSKIY A, BEYER L, KOLESNIKOV A, et al., 2020. An image is worth 16×16 words: Transformers for image recognition at scale[J]. arXiv preprint arXiv:2010.11929.

GOMEZ A N, REN M, URTASUN R, et al., 2017. The reversible residual network: Backpropagation without storing activations[C]//Advances in Neural Inf. Process. Syst. Long Beach, MIT: 2214-2224.

HAN K, XIAO A, WU E, et al., 2021. Transformer in Transformer[C]//Advances in Neural Inf. Process. Syst. Virtual, MIT: 15908-15919.

KITAEV N, ŁUKASZ KAISER, LEVSKAYA A, 2020. Reformer: The efficient transformer[C]//Proc. Int. Conf. Learn. Representations. Virtual, ICLR Press: 1-12.

LIU Z, LIN Y, CAO Y, et al., 2021. Swin Transformer: Hierarchical vision transformer using shifted windows[C]//Proc. IEEE Int. Conf. Comp. Vis. Montréal, IEEE: 10012-10022.

MIHAYLOVA T, MARTINS A F T, 2019. Scheduled sampling for Transformers[C]//Proc. Conf. Association for Computational Linguistics. Florence, ACL: 351-356.

MIKOLOV T, SUTSKEVER I, CHEN K, et al., 2013. Distributed representations of words and phrases and their compositionality[C]//red Hook, ACM: 3111-3119.

RAFFEL G, SHAZEER N, ROBERTS A, et al., 2020. Exploring the limits of transfer learning with a unified text-to-text transformer[J]. J. Mach. Learn. Res., 21: 1-67.

SHAW P, USZKOREIT J, VASWANI A, 2018. Self-attention with relative position representations[C]//Proc. Conf. Association for Computational Linguistics. Melboume, ACL: 464-468.

VASWANI A, SHAZEER N, PARMAR N, et al., 2017. Attention is all you need[C]//Advances in Neural Inf. Process. Syst. Long Beach, MIT: 6000-6010.

WANG B, ZHAO D, LIOMA C, et al., 2020. Encoding word order in complex embeddings[C]//Proc. Int. Conf. Learn. Representations. Virtual, ICLR Press: 1-15.

YANG Z, DAI Z, YANG Y, et al., 2019. XLNet: Generalized autoregressive pretraining for language understanding[C]//Advances in Neural Inf. Process. Syst. Vancouver, MIT: 5753-5763.

YU F, KOLTUN V, 2016. Multi-scale context aggregation by dilated convolutions[C]//Proc. Int. Conf. Learn. Representations. San Juan, ICLR Press: 1-13.

# 第三篇

# 深度学习实践

# 第三章

## 研究区气候条件

# 第 6 章
# 数据扩充与数据预处理

深度学习模型自身拥有强大的表达能力,然而,这也意味着网络需要大量甚至海量的数据来驱动模型训练,否则便有极大可能陷入过拟合的窘境. 在实际任务中,并非所有的数据集或真实任务都能提供如 ImageNet 数据集一般的海量训练样本. 因此,在实践中,数据扩充(data augmentation)[1] 便成为深度模型训练的第一步. 有效的数据扩充不仅能扩充训练样本数,还能增加训练样本的多样性,控制模型的复杂度,如此既可避免模型过拟合,又会带来模型性能的提升. 另外,在诸如计算机视觉(computer vision)和数据挖掘(data mining)等应用领域中,当我们开始着手处理数据前,首先要做的事情是观察、分析数据并获知其特性. 同样地,在使用深度学习模型处理图像数据的过程中,我们通过数据扩充技术获得了足够的训练样本后,此时先不要急于开始模型训练. 在训练之前,进行数据预处理操作是必不可少的一步. 本章将介绍目前常用且有效的几种数据扩充技术和数据预处理手段.

[1] 也被称为"数据增广".

## 6.1 简单的数据扩充方式

如图 6.1(a) 所示,对其进行数据扩充的简单方式有如图 6.1(b) 和图 6.1(c) 所示的图像水平翻转(horizontally flipping)和随机抠取(random crop)方法. 通过水平翻转操作后,原数据集会被扩充一倍. 利用随机抠取操作时,一般用较大(约 0.8 ∼ 0.9 倍原图大小)的正方形在原图的随机位置处抠取图像块(image patch/crop),每张图像被随机抠取的次数决定了数据集扩充的倍数. 在此使用正方形的原因是由于深度卷积神经网络模型的输入一般是正方形图像[2],直接以正方形抠取避免了矩形抠取后续的图像拉伸操作带来的分辨率失真.

除此之外,其他简单的数据扩充方式还有尺度变换(scaling)、旋转

[2] 卷积神经网络(CNN)的输入一般是正方形图像,这是因为卷积操作中使用的滤波器(卷积核)通常是方形的. 正方形图像能够更好地利用卷积操作的平移不变性,同时在网络层级传递的过程中减少信息的损失和畸变. 此外,正方形图像的处理更加方便,可以更好地适应卷积层和汇合层的操作,提供更简洁、高效的特征提取和表示学习.

（rotating）等，分别如图 6.1(d)、图 6.1(e) 所示，由此增加卷积神经网络对物体尺度和方向上的健壮性. 尺度变换一般是将图像分辨率变为原图的 0.8、0.9、1.1、1.2、1.3 等倍数，将经尺度变换后的图像作为扩充的训练样本加入原训练集. 旋转操作与此类似，其将原图旋转一定角度，如 −30°、−15°、15°、30° 等，同样将被旋转变换后的图像作为扩充样本加入模型训练.

(a) 原图　　(b) 水平翻转　　(c) 随机抠取

(d) 尺度变换　　(e) 旋转

图 6.1　数据扩充的几种常用方式

在此基础上，对原图或已变换的图像（或图像块）进行色彩扰动（color jittering）也是一种常用的数据扩充手段. 色彩抖动是在 RGB 颜色空间对原有 RGB 色彩分布进行轻微的扰动，也可在 HSV 颜色空间[1]尝试随机改变图像原有的饱和度和明度（即改变 S 和 V 通道的值）或对色调进行微调（小范围改变该通道的值）.

在实践中，往往会将上述几种方式叠加使用，如此便可将图像数据扩充至原有数量的数倍甚至数十倍.[2]

## 6.2　特殊的数据扩充方式

### 6.2.1　Fancy PCA

在著名的 Alex-Net 被提出的同时，Krizhevsky 等人还提出了一种名为 Fancy PCA 的数据扩充方式 (Krizhevsky et al., 2012). Fancy PCA 首

---

[1] HSV 颜色空间（Hue, Saturation, Value）是一种将颜色描述为色调、饱和度和明度三个分量的表示方法.

[2] 更多图像数据扩充方式的代码可见"链接 20". 不过需要指出的是，在实际使用时还需"量体裁衣"，根据自身任务的特点选择合适的数据扩充方式，而不要一味地将所有的数据扩充方式都用到自己的任务中，因为一些数据扩充方式不仅无益于提高性能，还会起到反作用. 例如，若某任务为人脸识别，则图像竖直翻转不应用于数据扩充，因为上下倒置的人脸图像并不会出现在常规人脸识别任务中.

先对所有训练数据的 R、G、B 像素值进行主成分分析（Principal Component Analysis，PCA）[1] 操作，得到对应的特征向量 $p_i$ 和特征值 $\lambda_i$（$i = 1, 2, 3$），然后根据特征向量和特征值，计算一组随机值 $[p_1, p_2, p_3][\alpha_1\lambda_1, \alpha_2\lambda_2, \alpha_3\lambda_3]^\top$，并将其作为扰动加到原像素值即可. 其中，$\alpha_i$ 为取自以 0 为均值、标准差为 0.1 高斯分布的随机值. 在每经过一轮训练（一个 epoch[2]）后，将重新随机选取 $\alpha_i$，并重复上述操作对原像素值进行扰动. 在文献 (Krizhevsky et al., 2012) 中，Krizhevsky 等人提到，"Fancy PCA 可以近似地捕获自然图像的一个重要特性，即物体特质与光照强度和颜色变化无关". 在提高网络模型分类准确度方面，Fancy PCA 数据扩充方式在 2012 年的 ImageNet 竞赛中使得 Alex-Net 的 Top-1 错误率降低了一个百分点，这个效果对于当时的模型性能来说，具有很大的提升.

[1] 主成分分析是一种常用的降维技术，通过线性变换将高维数据映射到低维空间，以捕捉数据中的主要变化方向，有助于简化数据表示和提取关键特征.

[2] "epoch" 一般指将整个训练数据集完整地输入神经网络，并进行一次正向传播和反向传播的过程.

### 6.2.2　监督式数据扩充

以上提及的简单的数据扩充方式均直接作用于原图，并且未借助任何图像标记信息. 在 2016 年 ImageNet 竞赛的场景分类任务中，国内海康威视研究院提出了一种监督式（利用图像标记信息）的新型数据扩充方式 (Yang, 2016).

区别于"以物体为中心"（object-centric）的图像分类任务，场景分类（scene-centric image classification）往往依靠图像整体所蕴含的高层语义（high-level semantic）进行图像分类. 此时若采用随机抠取等简单的数据扩充方式，很有可能得到图 6.2（场景标记为"海滩"）所示的两种抠取结果. 抠取的图像块（红色和黄色框）分别为"树"和"天空"，但要知道，"树"和"天空"这类物体也会大概率地出现在其他场景中，不像"沙滩"、"大海"和"泳者"这些物体是与整个图像场景强相关的. 换句话说，这类一般物体对于场景分类并无很强的判别能力（discriminative ability）. 如果把"树"和"天空"这样的图像块打上"海滩"的场景标记，难免会造成标记混乱，势必影响模型的分类精度.

对此，可借助图像标记信息解决问题. 具体而言，首先根据原数据训练一个分类的初始模型. 而后，利用该模型对每张图生成对应的激活图（activation map）或热力图（heat map）.[3] 这张图可指示图像区域与场景标记间的相关概率. 之后，可根据此概率映射回原图选择较强相关的

[3] 对于生成特征图的方式，可直接将分类模型最后一层卷积层特征按照深度方向加和得到. 另外，也可参见文献 (Zhou et al., 2016) 生成类激活图（class activation map）.

图像区域作为抠取的图像块. 上述过程如图 6.3 所示, 图 6.3(b) 展示了对应该场景图像的热力图, 按照此热力图指示, 我们选取了两个强响应区域作为抠取的扩充图像块. 由于一开始利用了图像标记训练了一个初始分类模型, 因此这样的过程被称为"监督式数据扩充". 这种数据扩充方式适用于高层语义图像分类任务, 如场景分类 (scene recognition) 和基于图像的节日分类 (cultural event recognition) (Wei et al., 2015) 等问题.

图 6.2 场景图像的随机抠取. 两种可能的抠取结果 (实线框和虚线框)

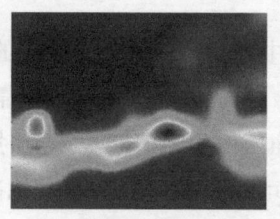

(a) 场景图原图 (标记为"海滩")　　(b) 原图对应的热力图　　(c) 根据监督式数据扩充法抠取的两个图像块

图 6.3 监督式数据扩充 (Yang, 2016) 示意图

### 6.2.3 mixup 法

数据扩充在一定程度上也可被视为通过图像变换获得合成数据, 以增强模型对某种变换的不变性 (invariance)[1]. 对于上文涉及的方法, 其获取的扩充数据虽与原始图像相似, 但并非来源于原始图像对应的数据分布. 同时, 当前深度学习模型优化多遵循经典的经验风险最小化方法

---

[1] 某种变换的不变性指即使图片内容有轻微改动, 模型依然能正确理解其含义, 比如在"沙滩"的场景中出现了很多餐厅的烧烤架, 模型依然能正确将其分类为"沙滩"场景, 而非"厨房".

（empirical risk minimization）(Vapnik, 1991)，即使用采样的样本来估计训练集整体误差. 但深度学习模型庞大的模型容量（capacity）易导致下列问题.

- 模型倾向过拟合训练样本，而非泛化.
- 模型难以抵御分布外的样本干扰.

鉴于此，Zhang 等人 (2018) 提出使用邻域风险最小化原则（vicinal risk minimization）(Chapelle et al., 2000)，即通过先验知识构造训练样本在训练集分布上的邻域值来进行数据扩充和模型训练，并提出 mixup 法.

该方法极为简洁，假设 $(\boldsymbol{x}_i, y_i)$ 和 $(\boldsymbol{x}_j, y_j)$ 为两个"训练数据-标记"对，mixup 法通过线性插值法对其进行数据扩充，具体为

$$\tilde{\boldsymbol{x}} = \lambda \boldsymbol{x}_i + (1-\lambda)\boldsymbol{x}_j, \tag{6.1}$$

$$\tilde{y} = \lambda y_i + (1-\lambda) y_j, \tag{6.2}$$

其中，$\tilde{\boldsymbol{x}}$ 和 $\tilde{y}$ 为扩充得到的新"训练数据-标记"对，$\lambda$ 取自参数为 $\alpha$ 的 Beta 分布[1]，即 $\lambda \sim \mathrm{B}(\alpha, \alpha)$，$\alpha \in (0, \infty)$. 特别地，当 $\lambda$ 为 0 或 1 时，mixup 法的优化原则则退化到经验风险最小化框架下. 图 6.4 展示了输入图像为"车"（$\boldsymbol{x}_i$）和"海豚"（$\boldsymbol{x}_j$）情形下的 mixup 法的效果，其两组扩充数据对应的 $\lambda$ 取值分别为 0.5 和 0.82.

[1] Beta 分布是概率论中一种常见的连续概率分布，用于表示在 0 到 1 之间的随机变量的概率分布，常用于描述事件的概率、贝叶斯统计等领域.

(a) 原图（车）

(b) 原图（海豚）

(c) mixup ($\lambda = 0.5$)

(d) mixup ($\lambda = 0.82$)

图 6.4　mixup 数据扩充法

[1] PyTorch 的前身是 Torch，其底层和 Torch 框架一样，但是使用 Python 重新写了很多内容，不仅更加灵活，支持动态图，而且提供了 Python 接口。

Mixup 法

以深度学习训练框架 PyTorch[1] 为例，mixup 数据扩充法的实现代码如下：

```
1  # mixup (PyTorch)
2  import torch
3  import numpy as np
4
5  for (x, y) in dataloader:
6      # Ln. 7-Ln. 11: Shuffle the images in the batch
         randomly and mixup the images by the
         hyperparameter `lam`.
7      lam = np.random.beta(1.0, 1.0)
8      perm = torch.randperm(x.shape[0])
9      x1, x2 = x, x[perm]
10     y1, y2 = y, y[perm]
11     x = lam * x1 + (1 - lam) * x2
12
13     # Ln. 14-Ln. 18: Predict the mixed images and
         calculate the corresponding loss.
14     pred = net(x)
15     loss = lam * criterion(pred, y1) + (1 - lam) *
            criterion(pred, y2)
16     optimizer.zero_grad()
17     loss.backward()
18     optimizer.step()
```

[2] MindSpore 是华为公司开源的深度学习框架，支持多种硬件平台，具有自动并行、自动微分和自动优化等特性，用于构建和训练深度学习模型。在线资源参见：见"链接10"。

此外，mixup 数据扩充法在 MindSpore[2] 中可按如下代码实现.

```
1  # mixup (MindSpore)
2  import mindspore
3  import numpy as np
4  from mindspore import ops
5
6  def train_loop(model, dataset, loss_fn, optimizer):
7      # Ln. 8-Ln. 20: Define forward function
8      def forward_fn(data, label, alpha=1.0):
9          # Ln. 10-Ln. 15: Shuffle the images in the
             batch randomly and mixup the images by
             the hyperparameter `lam`.
10         lam = np.random.beta(alpha, alpha)
11         perm = np.random.permutation(data.shape[0])
12
13         x1, x2 = data, data[perm]
14         y1, y2 = label, label[perm]
```

```
15                x = lam * x1 + (1 - lam) * x2
16
17                # Ln. 18-Ln. 20: Predict the mixed images
                      and calculate the corresponding loss.
18                pred = model(x)
19                loss = lam * loss_fn(pred, y1) + (1 - lam) *
                      loss_fn(pred, y2)
20                return loss, pred
21
22            # Ln. 23: Get gradient function
23            grad_fn = mindspore.value_and_grad(forward_fn, None,
                  optimizer.parameters, has_aux=True)
24
25            # Ln. 26-Ln. 29: Define function of one-step
                  training
26            def train_step(data, label):
27                (loss, _), grads = grad_fn(data, label)
28                loss = ops.depend(loss, optimizer(grads))
29                return loss
30
31        model.set_train()
32        for batch, (data, label) in enumerate(dataset.
              create_tuple_iterator()):
33            loss = train_step(data, label)
```

可以看到, mixup 数据扩充法的插值操作对象为原始图像像素空间. 在 mixup 后, Verma 等人 (2019) 提出了可对深度学习模型的隐层表示 (hidden representation) 进行插值的 manifold mixup 法, 并取得了优于 mixup 的效果. 具体而言, Manifold mixup 法可由 PyTorch 实现如下:

```
1  # manifold mixup (PyTorch)
2  import torch
3  import numpy as np
4
5  for (x, y) in dataloader:
6      lam = np.random.beta(1.0, 1.0)
7      perm = np.random.permutation(x.shape[0])
8
9      # Ln. 10-Ln. 16: Mixup the hidden representations,
            predict the mixed representations and calculate
            the corresponding loss.
10     x = net.forward_to_certain_layer(x)
11     x = lam * x + (1 - lam) * x[perm]
```

```
12          pred = net.forward_from_certain_layer(x)
13          loss = lam * criterion(pred, y1) + (1 - lam) *
                criterion(pred, y2)
14          optimizer.zero_grad()
15          loss.backward()
16          optimizer.step()
```

此外，Manifold mixup 法在 MindSpore 中的实现代码如下：

```
1   # manifold mixup (MindSpore)
2   import mindspore
3   import numpy as np
4   from mindspore import ops
5
6   def train_loop(model, dataset, loss_fn, optimizer):
7       # Ln. 8-Ln. 17: Define forward function
8       def forward_fn(data, label):
9           lam = np.random.beta(alpha, alpha)
10          perm = np.random.permutation(data.shape[0])
11
12          # Ln. 13-Ln. 17: Mixup the hidden
                representations, predict the mixed
                representations and calculate the
                corresponding loss.
13          x = model.forward_to_certain_layer(data)
14          x = lam * x + (1 - lam) * x[perm]
15          pred = model.forward_from_certain_layer(x)
16
17          loss = lam * loss_fn(pred, y) + (1 - lam) *
                loss_fn(pred, y[perm])
18          return loss, pred
19
20      # Ln. 20: Get gradient function
21      grad_fn = mindspore.value_and_grad(forward_fn, None,
            optimizer.parameters, has_aux=True)
22
23      # Ln. 23-Ln. 26: Define function of one-step
            training
24      def train_step(data, label):
25          (loss, _), grads = grad_fn(data, label)
26          loss = ops.depend(loss, optimizer(grads))
27          return loss
28
29      model.set_train()
30      for batch, (data, label) in enumerate(dataset,
```

```
                    create_tuple_iterator()):
31                      loss = train_step(data, label)
```

除此之外，还有研究者提出可使用生成式模型（generative model）来进行更为直接的考虑数据分布的数据扩充，感兴趣的读者可参见相关文献 (Sandfort et al., 2019).

### 6.2.4 自动化数据扩充

通过上述介绍，我们可以看到，计算机视觉任务通常需要用到一系列数据扩充手段，如左右翻转、对比度增强、尺度变换，甚至颇为特殊的监督式数据扩充、mixup 等. 然而，这些扩充方式均为人工设计，并且对如此复杂多样的数据扩充技术，究竟如何选择、组合？尤其是其叠加组合的数目多如恒河中的沙子. 因此，自动化数据扩充（auto augmentation）便应运而生.

在 3.2 节曾提到过，目前已有不少研究着力于自动化的深度网络结构学习. 无独有偶，使用哪些数据扩充方式、每种方式使用次数、每种方式被使用的概率、不同方式叠加使用的顺序等因素，即可构成一个庞大的搜索空间，自动化数据扩充技术便可在该搜索空间中进行搜索，自动挑选、组合，从而得到较优的数据扩充组合策略.

自动化数据扩充领域最早的工作是由 Google 的研究者于 2019 年前后提出的 AutoAugment (Cubuk et al., 2019)，同时也是其最早使用自动机器学习技术[1] 来进行数据扩充策略搜索方面的研究. AutoAugment 的基本思路是使用强化学习（reinforce learning）[2] 从数据本身寻找最佳图像变换策略，可对于不同的学习任务或目标数据使用不同的扩充（或增强）方式. 如图 6.5 所示，AutoAugment 将搜索最佳数据扩充策略定义为一个离散搜索问题（discrete search problem），其具备两个要素：一个为搜索函数（search algorithm），另一个为搜索空间（search space）. 首先，基于已定义的搜索空间（如上文所述，由数据扩充方式、每种方式使用的概率、使用强度等因素构成），搜索函数（由控制器 RNN[3]实现）首先采样（sample）得到某个数据扩充策略（policy）$S$，并基于 $S$ 在固定网络结构的后代神经网络（child network）训练后返回验证集精度 $R$（validation accuracy），$R$ 之后被用于更新控制器 RNN，从而进行

[1] 自动机器学习技术（AutoML）是一种利用自动化方法来简化和加速机器学习模型的设计和训练过程的方法，旨在使机器学习更加易于使用和普及.

[2] 强化学习（reinforce learning）是机器学习的一个子领域，它强调如何基于环境（environment）而行动（action），以取得最大化的预期利益（cumulative reward）. 其灵感来源于心理学中的行为主义理论，即有机体如何在环境给予的奖励或惩罚的刺激下，逐步形成对刺激的预期，产生能获得最大利益的习惯性行为. 强化学习方法具有普适性，在其他许多领域都有研究和应用，如博弈论、控制论、运筹学、信息论、仿真优化、多主体系统学习、群体智能、统计学和遗传算法等.

[3] 循环神经网络（Recurrent Neural Network, RNN），具体内容参见本书第 4 章.

下一次迭代，如此往复……然而，由于算法流程中获得 $R$ 的部分不可微（non-differentiable），控制器 RNN 实际更新时需依靠策略梯度法[1]进行.

> [1] 策略梯度法（policy gradient methods）是一类用于强化学习的方法，通过直接优化策略函数，即行动选择的概率分布，来实现对复杂任务的学习与优化.

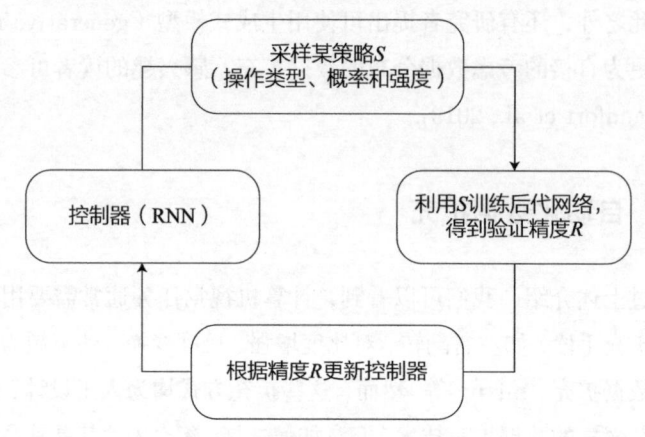

图 6.5　AutoAugment (Cubuk et al., 2019) 方法流程图

具体地说，AutoAugment 将采样的策略细化为 5 个顺序化的子策略，每个子策略包含以下内容：

- 随机选择的 $n$ 种数据扩充方式（在 AutoAugment 中，$n=2$）.
- 该数据扩充方式对应的使用概率（probability）和使用强度（magnitude）.

因 AutoAugment 定义的搜索空间含 16 种数据扩充方式，其使用概率和使用强度分别离散化为 10 和 11 个均匀分布取值（uniform spacing），则由 5 个子策略构成的最终采样策略共计 $(16 \times 10 \times 11)^{2 \times 5} \approx 2.9 \times 10^{32}$ 种可能组合. 可以看到，如此巨大数目的组合若依靠简单的网格搜索法（grid search）[2]，则完全不可行，这便是 AutoAugment 需要依赖强化学习框架进行策略搜索的原因.

> [2] 网格搜索法即穷举搜索方法，将所有可能的组合一一列出. 它是一种十分耗时的方法.

随着自动化数据扩充领域的发展和该方法泛化性及效果的逐步验证，自动化数据扩充被进一步应用于目标检测（object detection）、语义分割（semantic segmentation）等视觉任务，并取得了优秀表现. 此外，为提高 AutoAugment 的搜索效率，基于种群优化（population optimization）(Ho et al., 2019) 和贝叶斯优化（Bayesian optimization）(Lim et al., 2019) 等训练方式的高效自动化数据扩充方式也受到越来越多的关注.

## 6.3 深度学习数据预处理

在机器学习中，对输入特征做归一化（normalization）[1]预处理操作是常见的步骤. 类似地，在图像处理中，同样可以将图像的每个像素信息看作一种特征. 在实践中，对每个特征减去平均值来中心化数据是非常重要的，这种归一化处理方式被称为"中心式归一化"（mean normalization）. 深度卷积神经网络中的数据预处理操作通常是计算训练集图像像素均值，之后在处理训练集、验证集和测试集图像时需要分别减去该均值. 减去均值操作的原理是，我们默认自然图像是一类平稳的数据分布（即数据每一个维度的统计都服从相同分布）. 此时，从每个样本上减去数据的统计平均值（逐样本计算）可以移除共同部分，凸显个体差异. 下面以 PyTorch 代码为例，图像减去均值操作可以用以下代码实现.

[1] 一般而言，首先，归一化可以消除特征之间的量纲差异，使得不同特征在模型中的权重更加公平和可比. 其次，归一化可以提高模型的收敛速度和稳定性，避免由于不同特征的取值范围差异导致的梯度爆炸或梯度消失问题. 接着，归一化还可以增加模型对异常值的鲁棒性，减少异常值对模型的影响. 最后，归一化有助于提升模型的泛化能力，使得模型对未见过的数据更具适应性和准确性.

深度学习数据预处理

```
# Subtract the mean values (PyTorch)
import torch

mean = torch.tensor([0.485, 0.456, 0.406]).reshape(3, 1, 1)
var = torch.tensor([0.229, 0.224, 0.225]).reshape(3, 1, 1)

def train(data, label, net, loss_fun):
    # Ln. 9: Input the image into the network by
            subtracting the mean and dividing by the
            variance.
    out = net((data - mean) / var)
    loss = loss_fun(out, label)
    loss.backward()
```

它在 MindSpore 中的实现代码如下：

```
# Subtract the mean values (MindSpore)
import mindspore
import numpy as np

mean = mindspore.Tensor(np.array([0.485 * 255, 0.456 * 255,
    0.406 * 255])).reshape(3, 1, 1)
var = mindspore.Tensor(np.array([0.229 * 255, 0.224 * 255,
    0.225 * 255])).reshape(3, 1, 1)

def forward_fn(data, label, model, loss_fn):
```

```
9        # Ln. 10: Input the image into the network by
                subtracting the mean and dividing by the
                variance.
10       logits = model((data - mean) / var)
11       loss = loss_fn(logits, label)
12       return loss, logits
```

上述操作也可以在数据预处理模块中完成，其在 PyTorch 中的实现代码如下.

```
1  # Build the training dataset (PyTorch)
2  import torchvision.datasets
3  import torchvision.transforms as transforms
4  from torch.utils.data import DataLoader
5
6  print('preparing dataset...')
7  transform = transforms.Compose([
8          transforms.Resize(size=config.resize_size),
9          transforms.RandomHorizontalFlip(),
10         transforms.RandomCrop(size=config.image_size),
11         transforms.ToTensor(),
12         # Ln. 12: Normalize data, e.g., the subtract the
                 mean values operation.
13         transforms.Normalize(mean=(0.485, 0.456, 0.406), std
                 =(0.229, 0.224, 0.225))
14     ])
15 train_dataset = torchvision.datasets.ImageFolder(root='./
       data',transform=transform)
16 train_loader = DataLoader(dataset=train_dataset, batch_size=
       config.batch_size, shuffle=True)
```

类似的操作在 MindSpore 中的实现代码如下：

```
1  # Build the training dataset (MindSpore)
2  import mindspore
3  from mindspore.dataset import ImageFolderDataset
4  import mindspore.dataset.vision as transforms
5
6  mean = [0.485 * 255, 0.456 * 255, 0.406 * 255]
7  std = [0.229 * 255, 0.224 * 255, 0.225 * 255]
8
9  dataset_train = ImageFolderDataset(data_path, shuffle=True)
10
11 trans_train = [
```

```
12      transforms.RandomCropDecodeResize(size=224, scale
            =(0.08, 1.0), ratio=(0.75, 1.333)),
13      transforms.RandomHorizontalFlip(prob=0.5),
14      # Ln. 15: Normalize data, e.g., the subtract the
            mean values operation.
15      transforms.Normalize(mean=mean, std=std),
16      transforms.HWC2CHW()
17   ]
18   dataset_train = dataset_train.map(operations=trans_train,
         input_columns=["image"])
19   dataset_train = dataset_train.batch(batch_size=16,
         drop_remainder=True)
```

需要注意的是,在实际操作中,首先应划分好训练集、验证集和测试集,而该均值仅针对划分后的训练集计算. 不可直接在未划分的所有图像上计算均值,否则会违背机器学习的基本原理,即"在模型训练过程中仅能从训练数据中获取信息".

图 6.6 展示了图像减去均值(未重塑)的效果. 通过肉眼观察可以发现,"天空"等背景部分被有效地"移除"了,而"车"和"建筑"等显著区域被"凸显"出来.

(a) 原图　　　　　　　(b) 减去均值后

图 6.6　数据预处理模块中图像减去均值前后的效果

## 6.4　总结与扩展阅读

本章全面介绍了数据扩充的概念、多种数据扩充方式以及数据预处理手段. 首先,探讨了简单的数据扩充方式,这些方式通过对数据进行旋转、裁剪、翻转等简单变换,可以有效地增加数据样本的多样性. 接着,详细介绍了一些特殊的数据扩充方式,包括 Fancy PCA、监督式数据扩充、mixup 数据扩充法，以及自动化数据扩充. 这些方式在深度学习任务中提供了更高级别的数据增强技巧，可以显著改善模型的性能. 总之，数据扩充是深度学习中一个至关重要的技术，它有助于缓解数据稀缺问题，提高模型的泛化能力，降低过拟合风险. 读者通过对本章的学习，不仅能够了解数据扩充的基本原理，还能够掌握一系列实际应用的技巧，以更好地应对实际问题中的数据挑战. 另外，数据预处理是深度学习模型训练前的必备一步，其有助于模型训练，进而可在一定程度提升模型性能. 此外，在深度学习中进行模型训练前[1]，观察、分析数据，并获知其特性应是必备的习惯和方法论.

[1] 或在机器学习中进行学习器（learner）学习前.

以下列举了数据扩充相关方面的代表性工作，供感兴趣的读者扩展阅读.

- "Mixup: Beyond Empirical Risk Minimization"（Zhang et al., 2018）：该论文详细介绍了一种常用的数据扩充方式——mixup，并深入探讨了其理论基础和实际应用.
- "CutMix: Regularization Strategy to Train Strong Classifiers with Localizable Features"（Yun et al., 2019）：CutMix 是一种用于图像分类任务的数据扩充方式，它通过将两张图像的一部分合并来创建新的训练样本，从而提高模型的性能和泛化能力.
- "AutoAugment: Learning Augmentation Strategies From Data"（Cubuk et al., 2019）：AutoAugment 是一种自动学习数据扩充策略的方法. 该论文详细介绍了其实现过程和效果，对自动化数据扩充技术感兴趣的读者具有参考价值.
- "Scale-aware Automatic Augmentation for Object Detection"（Chen et al., 2021）：该论文提出了一种针对特定任务（即目标检测）的自动化数据扩充方式，探索了数据扩充在非识别任务上的应用，推荐对目标检测研究感兴趣的读者阅读.

## 6.5 习题

**习题 6-1** 请参考本章关于 mixup 数据扩充方式的代码实现，总结其实现技巧，并在 CIFAR-10 数据上尝试该方法.

习题 6-2　mixup 方法是否可用于不同成像模态数据集的数据扩充？试回答并解释其原因.

习题 6-3　试自行推导 AutoAugment 的搜索空间可能的组合数目.

习题 6-4　试思考，在进行数据扩充时，如何避免数据过拟合的问题？

习题 6-5　使用监督式数据扩充方式进行数据扩充时，如何选择用于扩充的外部数据集？试举例说明.

习题 6-6　在图像分类任务中，有一种叫作 CutMix 的数据扩充方式，其实现步骤如下：

（1）从一张图像中随机裁剪出一个小块，并将其放在另一张图像的随机位置.

（2）计算裁剪小块对应原图像的面积比例 λ.

（3）将裁剪小块的像素值加到目标图像的相应位置，同时将标签做出线性插值，得到新的标签.

试分析使用 CutMix 进行数据扩充的优点和缺点分别是什么？

习题 6-7　现有一个训练数据集，其中每个数据都是一张 $64 \times 64 \times 3$ 的彩色图像. 假设决定使用混合数据扩充方式，将原始数据集扩充 3 倍. 你选择了一个随机分布，用于在原始图像之间进行混合. 具体地说，生成的每张图像由两张原始图像按照随机权重进行混合生成. 你希望生成的每张图像都具有不同的混合权重. 试给出一种方法来实现这一目标.

习题 6-8　对于一张彩色图像，可以使用多种方式进行数据扩充，其中一种方式是对每个通道分别进行随机偏移，即对每个通道分别加上一个随机数值. 试分析这种方式对图像的哪些特征进行了扩充？

习题 6-9　正则化方法（见第 10 章）的主要作用是控制模型的复杂度，从而防止模型产生过拟合. 常用的正则化方法，如 $\ell_2$ 正则化和随机失活等可被视为未考虑数据本身分布的数据扩充方式，请结合本章和第 10 章的学习深入阅读文献 "Vicinal Risk Minimization"（Chapelle et al., 2000）和文献 "Compressing Deep Convolutional Networks Using Vector Quantization"（Gong et al., 2014），并理解这一观点.

习题 6-10　请用 Python 或 MindSpore 生成 1000 个服从二维高斯分布的随机点 $x = (x_1, x_2)$，其中高斯分布的均值为 $(2, 3)$，其协方差矩

阵为 $\begin{bmatrix} 1 & 2 \\ 2 & 5 \end{bmatrix}$. 试计算下面的式（1）～式（4），并画出式（5）～式（7）对应的随机点，然后与生成的二维高斯分布做对比，理解和直观感受本章的数据预处理操作.

（1）二维随机变量的最小值：$\min(x_1)$，$\min(x_2)$.

（2）二维随机变量的最大值：$\max(x_1)$，$\max(x_2)$.

（3）二维随机变量的均值：$\overline{x_1}$，$\overline{x_2}$.

（4）二维随机变量的标准差：$\sigma(x_1)$，$\sigma(x_2)$.

（5）$\dfrac{\boldsymbol{x} - \min(\boldsymbol{x})}{\max(\boldsymbol{x}) - \min(\boldsymbol{x})}$.

（6）$\dfrac{\boldsymbol{x} - \overline{\boldsymbol{x}}}{\max(\boldsymbol{x}) - \min(\boldsymbol{x})}$.

（7）$\dfrac{\boldsymbol{x} - \overline{\boldsymbol{x}}}{\sigma(\boldsymbol{x})}$.

## 历史的天空

### 黄煦涛（Thomas Huang）
（1936—2020）

中国科学院外籍院士、中国工程院外籍院士、美国国家工程院院士、台湾"中央研究院"院士、美籍华裔计算机科学家. 黄煦涛主要从事图像处理、模式识别、计算机视觉和人机交互等方面的教学研究工作，发明了预测差分量化的两维传真压缩方法，该方法已发展为国际 G3/G4FAX 压缩标准；在多维数字信号处理领域中，提出了关于递归滤波器的稳定性的理论；建立了从二维图像序列中估计三维运动的公式，为图像处理和计算机视觉开启了新领域. 黄煦涛是美国电气电子工程师学会终身会士（IEEE Life Fellow），并因其在模式识别等领域的杰出贡献获得 2002 年国际模式识别协会"傅京孙奖".

# 参考文献

CHAPELLE O, WESTON J, BOTTOU L, et al., 2000. Vicinal risk minimization[C]//Advances in Neural Inf. Process. Syst. Denver, MIT: 416-422.

CHEN Y, LI Y, KONG T, et al., 2021. Scale-aware automatic augmentation for object detection[C]//Proc. IEEE Conf. Comp. Vis. Patt. Recogn. Virtual, IEEE: 9563-9572.

CUBUK E D, ZOPH B, MANé D, et al., 2019. AutoAugment: Learning augmentation strategies from data[C]//Proc. IEEE Conf. Comp. Vis. Patt. Recogn. California, IEEE: 113-123.

GONG Y, LIU L, YANG M, et al., 2014. Compressing deep convolutional networks using vector quantization[J]. arXiv preprint arXiv:1412.6115.

HO D, LIANG E, CHEN X, et al., 2019. Population based augmentation: Efficient learning of augmentation policy schedules[C]//Proc. Int. Conf. Mach. Learn. Long Beach, ACM: 2731-2741.

KRIZHEVSKY A, SUTSKEVER I, HINTON G E, 2012. ImageNet classification with deep convolutional neural networks[C]//Advances in Neural Inf. Process. Syst. Lake Tahoe, MIT: 1097-1105.

LIM S, KIM I, KIM T, et al., 2019. Fast autoaugment[C]//Advances in Neural Inf. Process. Syst. Vancouver, MIT: 6665-6675.

SANDFORT V, YAN K, PICKHARDT P J, et al., 2019. Data augmentation using generative adversarial networks (CycleGAN) to improve generalizability in CT segmentation tasks[J]. Scientific Reports, 9: 16884.

VAPNIK V, 1991. Principles of risk minimization for learning theory[C]// Advances in Neural Inf. Process. Syst. Denver, MIT: 831-838.

VERMA V, LAMB A, BECKHAM C, et al., 2019. Manifold Mixup: Better representations by interpolating hidden states[C]//Proc. Int. Conf. Mach. Learn. Long Beach, MIT: 6438-6447.

WEI X S, GAO B B, WU J, 2015. Deep spatial pyramid ensemble for cultural event recognition[C]//Proc. IEEE Int. Conf. Comp. Vis. Workshops. Santiago, IEEE: 280-286.

YANG S, 2016. Several tips and tricks for ImageNet CNN training[J]. Technique Report: 1-12.

YUN S, HAN D, OH S J, et al., 2019. CutMix: Regularization strategy to train strong classifiers with localizable features[C]//Proc. IEEE Int. Conf. Comp. Vis. Seoul IEEE: 6023-6032.

ZHANG H, CISSE M, DAUPHIN Y N, et al., 2018. mixup: Beyond empirical risk minimization[C]//Proc. Int. Conf. Learn. Representations. Vancouver, ICLR Press: 1-13.

ZHOU B, KHOSLA A, LAPEDRIZA A, et al., 2016. Learning deep features for discriminative localization[C]//Proc. Eur. Conf. Comp. Vis. Amsterdam, IEEE: 2921-2929.

# 第 7 章
# 网络参数初始化

俗话说"万事开头难",深度学习模型训练也是如此. 通过对前面基础理论的介绍,我们知道,深度学习模型一般依靠随机梯度下降法进行模型训练和参数更新,网络的最终性能与收敛得到的最优解直接相关,而收敛效果实际上又很大程度上取决于网络参数最开始的初始化. 理想的网络参数初始化方案可以使模型的训练达到事半功倍的效果;相反,糟糕的初始化方案不仅会影响网络收敛,甚至会出现"梯度弥散"或"爆炸",从而使训练失败.[1] 面对如此重要且充满技巧性的模型参数初始化,对于没有任何训练网络经验的使用者来说,他们往往惧怕从头训练(from scratch)自己的神经网络. 那么,关于网络参数初始化方案都有哪些?哪些又是相对有效、健壮的初始化方法?本章将逐一介绍和比较目前实践中常用的一些网络参数初始化方式.

## 7.1 全零初始化

通过合理的数据预处理和规范化,当网络收敛到稳定状态时,参数(即权值)在理想情况下应基本保持正负各半的状态(此时期望为 0).因此,一种简单且听起来合理的参数初始化做法是,将所有的参数都初始化为 0,因为这样可使得初始化为全零时参数的期望(expectation)与网络稳定时参数的期望一致为 0.

不过,仔细想来则会发现,当参数全为 0 时,即使网络不同,神经元的输出也必然相同,相同的输出则导致梯度更新完全一样,这样便会令更新后的参数仍然保持一样的状态. 换句话说,若对参数进行了全零初始化,那么网络中的神经元将无能力对此做出改变,从而无法进行模型训练.

在 PyTorch 中,全零初始化的调用函数代码如下:

[1] 举个例子,如网络使用 Sigmoid 函数作为非线性激活函数,若参数初始化为过大的值,则在前向运算时经过 Sigmoid 函数运算后的输出结果是几乎全为 0 或 1 的二值,从而导致在反向运算时的对应梯度全部为 0. 这时便发生了"梯度弥散"现象. 无独有偶,不理想的初始化对于 ReLU 激活函数也会出现问题. 若使用了糟糕的参数初始化方法,则在前向运算时的输出结果有可能全部为负,经过 ReLU 激活函数运算后,此部分变为全 0,而在反向运算时则毫无响应. 这便是 ReLU 激活函数的"死区"现象.

全零初始化

```
# zero initialization (PyTorch)
import torch.nn as nn

def reset_parameters(m) -> None:
    # Ln. 6-Ln. 8: Zero initialization weight and bias
    nn.init.zeros_(m.weight)
    if m.bias is not None:
        nn.init.zeros_(m.bias)
```

在 MindSpore 中,全零初始化的调用函数代码如下:

```
# zero initialization (MindSpore)
import numpy as np
import mindspore.nn as nn
import mindspore as ms
from mindspore.common.initializer import Zero

input_data = ms.Tensor(np.ones([1, 3, 16, 50], dtype=np.float32))

# Ln. 10: Apply zero initialization.
net = nn.Conv2d(3, 64, 3, weight_init=Zero())
output = net(input_data)
```

在 PyTorch 中,全零初始化的具体实现代码如下:

```
# implementations of zero initialization (PyTorch)
def zeros(tensor: Tensor) -> Tensor:
    """
    Fills the input Tensor with the scalar value `0`.

    Args:
        tensor: an n-dimensional `torch.Tensor`
    """
    # Ln. 10: Apply zero initialization.
    return _no_grad_zero_(tensor)
```

在 MindSpore 中,全零初始化的具体实现代码如下:

```
# implementations of zero initialization (MindSpore)
@_register('zeros')
class Zero(Initializer):
    """
    Generates an array with constant value of zero in
```

```
                order to initialize a tensor.
6           """
7       def _initialize(self, arr):
8           # Ln. 9: Apply zero initialization.
9           arr.fill(0)
```

## 7.2 随机初始化

将参数随机初始化自然是打破将参数全零初始化"僵局"的一个有效手段，不过我们仍然希望所有的参数期望依旧接近于 0. 遵循这一原则，我们可将参数值随机设定为接近于 0 的一个很小的随机数（有正有负）. 在实际应用中，随机参数服从高斯分布（Gaussian distribution）或均匀分布（uniform distribution）都是比较有效的初始化方式.

在 PyTorch 中，对参数进行服从高斯分布的参数随机初始化的调用函数代码为：

随机初始化

```
1   # Gaussian initialization (PyTorch)
2   import torch.nn as nn
3
4   def reset_parameters(m) -> None:
5       # Ln. 6: Apply Gaussian initialization weight.
6       nn.init.normal_(m.weight, mean=0, std=1)
7       if m.bias is not None:
8           nn.init.zeros_(m.bias)
```

在 MindSpore 中，对参数进行服从高斯分布的参数随机初始化的调用函数代码为：

```
1   # Gaussian initialization (MindSpore)
2   import numpy as np
3   import mindspore.nn as nn
4   import mindspore as ms
5   from mindspore.common.initializer import Normal
6
7   input_data = ms.Tensor(np.ones([1, 3, 16, 50], dtype=np.
        float32))
8
```

```
 9  # Ln. 10: Apply Gaussian initialization.
10  net = nn.Conv2d(3, 64, 3, weight_init=Normal(sigma=1.0, mean
        =0.0))
11  output = net(input_data)
```

其中的高斯分布是均值为 0、方差为 1 的标准高斯分布.

在 PyTorch 中,服从高斯分布的参数随机初始化的具体实现代码为:

```
 1  # implementations of Gaussian initialization (PyTorch)
 2  def normal_(tensor: Tensor, mean: float = 0., std: float =
        1.) -> Tensor:
 3      """
 4      Fills the input Tensor with values drawn from the
            normal distribution.
 5
 6      Args:
 7          tensor: an n-dimensional `torch.Tensor`
 8          mean: the mean of the normal distribution
 9          std: the standard deviation of the normal
                distribution
10      """
11      # Ln. 12-Ln. 14: Apply Gaussian initialization.
12      if torch.overrides.has_torch_function_variadic(
            tensor):
13          return torch.overrides.handle_torch_function
                (normal_, (tensor,), tensor=tensor, mean
                =mean, std=std)
14      return _no_grad_normal_(tensor, mean, std)
```

在 MindSpore 中,服从高斯分布的参数随机初始化的具体实现代码为:

```
 1  # implementations of Gaussian initialization (MindSpore)
 2  @_register()
 3  class Normal(Initializer):
 4      """
 5      Generates an array with values sampled from Normal
            distribution in order to initialize a tensor.
 6
 7      Args:
 8          sigma (float): The standard deviation of
                Normal distribution. Default: 0.01.
 9          mean (float): The mean of Normal
                distribution. Default: 0.0.
```

```
10              """
11              def __init__(self, sigma=0.01, mean=0.0):
12                  super(Normal, self).__init__(sigma=sigma,
                        mean=mean)
13                  self.sigma = sigma
14                  self.mean = mean
15
16              def _initialize(self, arr):
17                  # Ln. 18-Ln. 19: Apply Gaussian
                        initialization.
18                  data = _init_random_normal(self.mean, self.
                        sigma, arr.shape)
19                  _assignment(arr, data)
```

上述做法仍然存在一个问题，即网络输出数据分布的方差会随着输入的神经元个数而改变。[1] 为解决这个问题，一般会在初始化的同时加上对方差大小的规范化，代码如下：

[1] 原因参见式(7.1)~式(7.5)。

```
1   # Xavier initialization (PyTorch)
2   def xavier_normal_(tensor: Tensor, gain: float = 1.) ->
        Tensor:
3       """
4       Fills the input `Tensor` with values according to
            the method
5       described in `Understanding the difficulty of
            training deep feedforward
6       neural networks` - Glorot, X. & Bengio, Y. (2010),
            using a normal
7       distribution.
8
9       Also known as Glorot initialization.
10
11      Args:
12          tensor: an n-dimensional `torch.Tensor`
13          gain: an optional scaling factor
14      """
15      # Ln. 16-Ln. 17: Calculate the normalized standard
            deviation.
16      fan_in, fan_out = _calculate_fan_in_and_fan_out(
            tensor)
17      std = gain * math.sqrt(2.0 / float(fan_in + fan_out)
            )
18
19      return _no_grad_normal_(tensor, 0., std)
```

```python
20
21  def _calculate_fan_in_and_fan_out(tensor):
22      dimensions = tensor.dim()
23      if dimensions < 2:
24          raise ValueError("Fan in and fan out can not
                  be computed for tensor with fewer than
                  2 dimensions")
25
26      num_input_fmaps = tensor.size(1)
27      num_output_fmaps = tensor.size(0)
28      receptive_field_size = 1
29      if tensor.dim() > 2:
30          for s in tensor.shape[2:]:
31              receptive_field_size *= s
32      fan_in = num_input_fmaps * receptive_field_size
33      fan_out = num_output_fmaps * receptive_field_size
34
35      return fan_in, fan_out
```

上述操作在 MindSpore 中的实现代码为:

```python
1   # Xavier initialization (MindSpore)
2   @_register('xavier_normal')
3   class XavierNormal(Initializer):
4       """
5       Generates an array with values sampled from Xavier
            normal distribution in order to initialize a
            tensor.
6
7       Args:
8           gain (float): An optional scaling factor.
                Default: 1.
9       """
10      def __init__(self, gain=1):
11          super().__init__(gain=gain)
12          self.gain = gain
13
14      def _initialize(self, arr):
15          # Ln. 16-Ln. 27: Calculate the normalized
                standard deviation.
16          fan_in, fan_out =
                _calculate_fan_in_and_fan_out(arr.shape)
17          std = self.gain * math.sqrt(2.0 / float(
                fan_in + fan_out))
18          data = _init_random_normal(0, std, arr.shape
```

```
19                           )
20                           _assignment(arr, data)
```

其中, "fan_in" 为输入的神经元个数. 另外, 代码中的 "std" 有时也可写作:

```
1  # variants of Xavier initialization
2  std = gain * math.sqrt(2.0 / float(fan_in + fan_out))
```

这便是著名的 "Xavier 参数初始化方法" (Glorot et al., 2010). 实验对比发现, 使用该初始化方法的网络相比未做方差规范化的版本有更快的收敛速率. Xavier 这样初始化的原因在于, 该方法维持了输入、输出数据分布方差的一致性, 具体有下式 ( 其中假设 $s$ 为未经非线性变换的该层网络输出结果, $\omega$ 为该层参数, $x$ 为该层输入数据 ):

$$\mathrm{Var}(s) = \mathrm{Var}(\sum_i^n \omega_i x_i) \tag{7.1}$$

$$= \sum_i^n \mathrm{Var}(\omega_i x_i) \tag{7.2}$$

$$= \sum_i^n [E(\omega_i)]^2 \mathrm{Var}(x_i) + [E(x_i)]^2 \mathrm{Var}(w_i) + \mathrm{Var}(x_i)\mathrm{Var}(\omega_i) \tag{7.3}$$

$$= \sum_i^n \mathrm{Var}(x_i)\mathrm{Var}(\omega_i) \tag{7.4}$$

$$= (n\mathrm{Var}(\boldsymbol{\omega}))\mathrm{Var}(\boldsymbol{x}). \tag{7.5}$$

因为输出 $s$ 未经过非线性变换, 故 $s = \sum_i^n \omega_i x_i$. 又因 $\boldsymbol{x}$ 各维服从独立同分布[1]的假设, 可得式 (7.1) 和式 (7.2), 后由方差公式展开得式 (7.3). 大家应该还记得, 在本章一开始, 我们就提到在理想情况下处于稳定状态的神经网络参数和数据均值应为 0, 则式 (7.3) 中的 $E(\omega_i) = E(x_i) = 0$, 故式 (7.3) 可简化为式 (7.4), 最终得到式 (7.5). 为保证输出数据 $\mathrm{Var}(s)$ 和输入数据 $\mathrm{Var}(\boldsymbol{x})$ 方差一致, 需令 $n\mathrm{Var}(\boldsymbol{\omega}) = 1$, 即 $n \cdot \mathrm{Var}(\boldsymbol{\omega}) = n \cdot \mathrm{Var}(a\boldsymbol{\omega}') = n \cdot a^2 \cdot \mathrm{Var}(\boldsymbol{\omega}') = 1$, 则 $a = \sqrt{(1/n)}$, 其中 $\boldsymbol{\omega}'$ 为方差规范化后的参数. 这便是 Xavier 参数初始化方法的由来.

[1] 独立同分布 ( independent and identically distributed, 简称 i.i.d. ) 是指随机变量序列中的各个随机变量彼此独立, 并且都服从相同的概率分布.

不过，细心的读者应该能发现，Xavier 参数初始化方法仍有不甚完美之处，即该方法并未考虑非线性映射函数对输入 $s$ 的影响. 因为使用如 ReLU 等非线性映射函数后，输出数据的期望往往不再为 0，因此，Xavier 参数初始化方法解决的问题并不完全符合实际情况. 2015 年，He et al. (2015)[1] 对此提出改进——将非线性映射造成的影响考虑进参数初始化中，他们提出，原本 Xavier 参数初始化方法中方差规范化的分母应为 $\sqrt{(n/2)}$，而不是 $\sqrt{n}$.

文献 (He et al., 2015) 中给出了 He 参数初始化方法与 Xavier 参数初始化方法的收敛结果对比，如图 7.1 所示，从图中可以看出，因为考虑了 ReLU 非线性映射函数的影响，He 参数初始化方法（图中红线）比 Xavier 参数初始化方法（图中蓝线）拥有更好的收敛效果，尤其是在 30 层这种更深层的卷积神经网络上，Xavier 参数初始化方法已不能收敛，而 He 参数初始化方法则可在第 9 轮（epoch）收敛到较好的（局部）最优解.

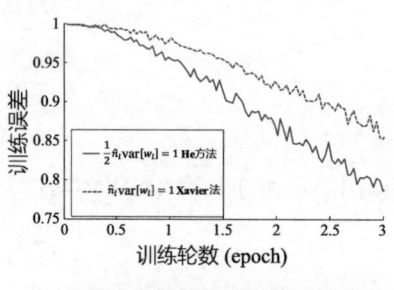

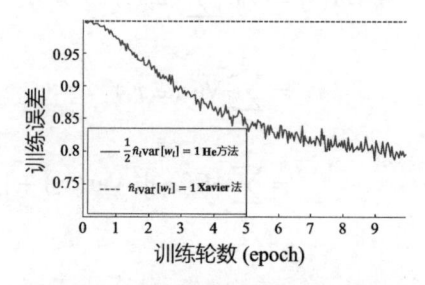

---

[1] 值得一提的是，He 等人的模型是首个在 ILSVRC 的 1000 类图像分类任务中取得比人类分类错误率（Top-5 为 5.1%）低的深度卷积神经网络模型（Top-5 为 4.94%），其中起作用的不仅是 He 参数初始化方法（亦称"MSRA 初始化法"），还结合使用了一种不同于 ReLU 的非线性激活函数——参数化 ReLU（parametric rectified linear unit）. 有关"参数化 ReLU"的详细内容，请参见本书第 8 章.

(a) 22 层卷积神经网络上的收敛结果对比　　(b) 30 层卷积神经网络上的收敛结果对比

图 7.1　Xavier 参数初始化方法与 He 参数初始化方法对比 (He et al., 2015)

He 参数初始化方法在 PyTorch 中的调用方式为 `kaiming_normal_()` 函数，其代码为：

```python
# He initialization (PyTorch)
def kaiming_normal_(
    tensor: Tensor, a: float = 0, mode: str = 'fan_in',
    nonlinearity: str = 'leaky_relu'
):
    """
    Fills the input `Tensor` with values according to
        the method
    described in `Delving deep into rectifiers:
```

```
            Surpassing human-level
8       performance on ImageNet classification` - He, K. et
            al. (2015), using a
9       normal distribution.
10
11      Also known as He initialization.
12
13      Args:
14          tensor: an n-dimensional `torch.Tensor`
15          a: the negative slope of the rectifier used
                after this layer (only
16              used with ```'leaky_relu'```)
17          mode: either ```'fan_in'``` (default) or ```'
                fan_out'```. Choosing ```'fan_in'```
18              preserves the magnitude of the
                    variance of the weights in the
19              forward pass. Choosing ```'fan_out'```
                    preserves the magnitudes in the
20              backwards pass.
21          nonlinearity: the non-linear function (`nn.
                functional` name),
22              recommended to use only with ```'relu
                    '``` or ```'leaky_relu'``` (default
                    ).
23      """
24      if 0 in tensor.shape:
25          warnings.warn("Initializing zero-element
                tensors is a no-op")
26          return tensor
27      # Ln. 28-Ln. 32: Apply He normalization according to
            the `mode` and the `nonlinearity` function.
28      fan = _calculate_correct_fan(tensor, mode)
29      gain = calculate_gain(nonlinearity, a)
30      std = gain / math.sqrt(fan)
31      with torch.no_grad():
32          return tensor.normal_(0, std)
33
34  def calculate_gain(nonlinearity, param=None):
35      """
36      Return the recommended gain value for the given
            nonlinearity function.
37
38      Args:
39          nonlinearity: the non-linear function (`nn.
                functional` name)
```

```python
                        param: optional parameter for the non-linear
                            function
    """
    linear_fns = ['linear', 'conv1d', 'conv2d', 'conv3d'
        , 'conv_transpose1d', 'conv_transpose2d', '
        conv_transpose3d']
    if nonlinearity in linear_fns or nonlinearity == '
        sigmoid':
        return 1
    elif nonlinearity == 'tanh':
        return 5.0 / 3
    elif nonlinearity == 'relu':
        return math.sqrt(2.0)
    elif nonlinearity == 'leaky_relu':
        if param is None:
            negative_slope = 0.01
        elif not isinstance(param, bool) and
            isinstance(param, int) or isinstance(
            param, float):
            negative_slope = param
        else:
            raise ValueError("negative_slope {}
                not a valid number".format(param
                ))
        return math.sqrt(2.0 / (1 + negative_slope
            ** 2))
    elif nonlinearity == 'selu':
        return 3.0 / 4
    else:
        raise ValueError("Unsupported nonlinearity
            {}".format(nonlinearity))

def _calculate_correct_fan(tensor, mode):
    mode = mode.lower()
    valid_modes = ['fan_in', 'fan_out']
    if mode not in valid_modes:
        raise ValueError("Mode {} not supported,
            please use one of {}".format(mode,
            valid_modes))

    fan_in, fan_out = _calculate_fan_in_and_fan_out(
        tensor)
    return fan_in if mode == 'fan_in' else fan_out
```

He 参数初始化方法在 MindSpore 中的实现代码为：

```python
# He initialization (MindSpore)
@_register('he_normal')
class HeNormal(Initializer):
    """
    Generates an array with values sampled from
        HeKaiming Normal distribution
    in order to initialize a tensor.

    Args:
        negative_slope (int, float): The negative
            slope of the rectifier used after this
            layer
                (only used when `nonlinearity` is '
                    leaky_relu'). Default: 0.
        mode (str): Either 'fan_in' or 'fan_out'.
            Choosing 'fan_in' preserves the
            magnitude of the
                variance of the weights in the
                    forward pass. Choosing 'fan_out'
                    preserves the magnitudes
                in the backwards pass. Default: '
                    fan_in'.
        nonlinearity (str): The non-linear function,
            recommended to use only with 'relu' or
            'leaky_relu'.
                Default: 'leaky_relu'.
    """
    def __init__(self, negative_slope=0, mode='fan_in',
            nonlinearity='leaky_relu'):
        super(HeNormal, self).__init__(
            negative_slope=negative_slope, mode=mode
            , nonlinearity=nonlinearity)
        self.negative_slope = negative_slope
        self.mode = mode
        self.nonlinearity = nonlinearity

    def _initialize(self, arr):
        # Ln. 27-Ln. 31: Apply He normalization
            according to the `mode` and the `
            nonlinearity` function.
        fan = _calculate_correct_fan(arr.shape, self
            .mode)
        gain = _calculate_gain(self.nonlinearity,
            self.negative_slope)
```

```
27              std = gain / math.sqrt(fan)
28              data = _init_random_normal(0, std, arr.shape
                    )
29              _assignment(arr, data)
```

以上是参数初始化分布服从高斯分布的情形. 刚才还提到均匀分布也是一种很好的初始化分布, 当参数初始化分布服从均匀分布 ( uniform distribution ) 时, 由于分布性质的不同, 所以均匀分布需指定其取值区间, 则 Xavier 参数初始化方法和 He 参数初始化方法分别修改为:

```
1   # Xavier initialization (uniform distribution, PyTorch)
2   def xavier_uniform_(tensor: Tensor, gain: float = 1.) ->
        Tensor:
3       """
4       Fills the input `Tensor` with values according to
            the method
5       described in `Understanding the difficulty of
            training deep feedforward
6       neural networks` - Glorot, X. & Bengio, Y. (2010),
            using a uniform
7       distribution.
8
9       Also known as Glorot initialization.
10
11      Args:
12          tensor: an n-dimensional `torch.Tensor`
13          gain: an optional scaling factor
14      """
15      # Ln. 16-Ln. 18: Calculate uniform bounds from
            standard deviation.
16      fan_in, fan_out = _calculate_fan_in_and_fan_out(
            tensor)
17      std = gain * math.sqrt(2.0 / float(fan_in + fan_out)
            )
18      a = math.sqrt(3.0) * std
19
20      return _no_grad_uniform_(tensor, -a, a)
```

```
1   # He initialization (uniform distribution, PyTorch)
2   def kaiming_uniform_(
3       tensor: Tensor, a: float = 0, mode: str = 'fan_in',
            nonlinearity: str = 'leaky_relu'
4   ):
```

```
 5              """
 6              Fills the input `Tensor` with values according to
                    the method
 7              described in `Delving deep into rectifiers:
                    Surpassing human-level
 8              performance on ImageNet classification` - He, K. et
                    al. (2015), using a
 9              uniform distribution.
10
11              Also known as He initialization.
12
13              Args:
14                      tensor: an n-dimensional `torch.Tensor`
15                      a: the negative slope of the rectifier used
                            after this layer (only
16                          used with ```'leaky_relu'```)
17                      mode: either ```'fan_in'``` (default) or ```'
                            fan_out'```. Choosing ```'fan_in'```
18                          preserves the magnitude of the
                                variance of the weights in the
19                          forward pass. Choosing ```'fan_out'```
                                preserves the magnitudes in the
20                          backwards pass.
21                      nonlinearity: the non-linear function (`nn.
                            functional` name),
22                          recommended to use only with ```'relu
                            '``` or ```'leaky_relu'``` (default
                            ).
23              """
24              if torch.overrides.has_torch_function_variadic(
                    tensor):
25                  return torch.overrides.handle_torch_function
                        (
26                      kaiming_uniform_,
27                      (tensor,),
28                      tensor=tensor,
29                      a=a,
30                      mode=mode,
31                      nonlinearity=nonlinearity)
32
33              if 0 in tensor.shape:
34                  warnings.warn("Initializing zero-element
                        tensors is a no-op")
35                  return tensor
36              # Ln. 37-Ln. 40: Calculate uniform bounds from
```

```
                standard deviation.
37          fan = _calculate_correct_fan(tensor, mode)
38          gain = calculate_gain(nonlinearity, a)
39          std = gain / math.sqrt(fan)
40          bound = math.sqrt(3.0) * std
41          with torch.no_grad():
42              return tensor.uniform_(-bound, bound)
```

Xavier 参数初始化方法在 MindSpore 中的实现代码为:

```
1   # Xavier initialization (uniform distribution, MindSpore)
2   @_register('xavier_uniform')
3   class XavierUniform(Initializer):
4       """
5       Generates an array with values sampled from Xavier
            uniform distribution
6       in order to initialize a tensor.
7
8       Args:
9           gain (float): An optional scaling factor.
                Default: 1.
10      """
11      def __init__(self, gain=1):
12          super(XavierUniform, self).__init__(gain=
                gain)
13          self.gain = gain
14
15      def _initialize(self, arr):
16          # Ln. 20-Ln. 21: Calculate uniform bounds
                from standard deviation.
17          n_in, n_out = _calculate_fan_in_and_fan_out(
                arr.shape)
18          boundary = self.gain * math.sqrt(6.0 / (n_in
                + n_out))
19          data = _init_random_uniform(-boundary,
                boundary, arr.shape)
20          _assignment(arr, data)
```

He 参数初始化方法在 MindSpore 中的实现代码为:

```
1   # He initialization (uniform distribution, MindSpore)
2   @_register('he_uniform')
3   class HeUniform(Initializer):
4       """
5       Generates an array with values sampled from
```

```
            HeKaiming Uniform distribution
        in order to initialize a tensor.

        Args:
            negative_slope (int, float, bool): The
                negative slope of the rectifier used
                after this layer
                    (only used when `nonlinearity` is '
                        leaky_relu'). Default: 0.
            mode (str): Either 'fan_in' or 'fan_out'.
                Choosing 'fan_in' preserves the
                magnitude of the
                    variance of the weights in the
                        forward pass. Choosing 'fan_out'
                        preserves the magnitudes
                    in the backwards pass. Default: '
                        fan_in'.
            nonlinearity (str): The non-linear function,
                recommended to use only with 'relu' or
                'leaky_relu'.
                    Default: 'leaky_relu'.
        """
        def __init__(self, negative_slope=0, mode='fan_in',
            nonlinearity='leaky_relu'):
            super(HeUniform, self).__init__(
                negative_slope=negative_slope, mode=mode
                , nonlinearity=nonlinearity)
            self.negative_slope = negative_slope
            self.mode = mode
            self.nonlinearity = nonlinearity

        def _initialize(self, arr):
            # Ln. 28-Ln. 31: Calculate uniform bounds
                from standard deviation.
            fan = _calculate_correct_fan(arr.shape, self
                .mode)
            gain = _calculate_gain(self.nonlinearity,
                self.negative_slope)
            std = gain / math.sqrt(fan)
            boundary = math.sqrt(3.0) * std
            data = _init_random_uniform(-boundary,
                boundary, arr.shape)
            _assignment(arr, data)
```

## 7.3 其他初始化方法

除了直接随机初始化网络参数，一种简便易行且十分有效的方式则是利用预训练模型（pre-trained model）——将预训练模型的参数作为新任务上模型的初始化参数。[1] 由于预训练模型已经在原先的任务（如 ImageNet[2]、Places205[3] 等数据集）上收敛到较理想的局部最优解，加上很容易获得这些预训练模型[4]，因此用该最优解作为新任务的初始化参数无疑是优质首选。

另外，美国加州伯克利分校和卡内基梅隆大学的研究者于 2016 年提出了一种数据敏感的参数初始化方式 (Krähenbühl et al., 2016)[5]，它是一种根据自身任务数据集量身定制的参数初始化方式，读者在进行自己的任务训练时不妨尝试一下。

## 7.4 总结与扩展阅读

网络参数初始化是深度学习中至关重要的一环，本章系统地介绍了不同的参数初始化方法. 首先，在"全零初始化方法"一节中简要说明了将所有权重和偏置初始化为零的策略，但强调了其存在的问题. 接着，在"随机初始化方法"一节中详细讲解了如何使用小随机数值来初始化网络参数，以帮助网络更快地学习. 最后，介绍了其他初始化方法，如 Xavier 参数初始化方法、He 参数初始化方法等，这些方法在不同类型的网络架构中得到了广泛应用，提高了模型的训练效率和性能.

此外，读者还可以继续探索更多关于网络参数初始化的信息，包括初始化方法的演变和最新研究. 以下是一些扩展阅读材料，可供大家深入研究：

- "Understanding the Difficulty of Training Deep Feedforward Neural Networks" (Glorot et al., 2010)：该论文提出了 Xavier 参数初始化方法，并深入探讨了参数初始化对深度前馈神经网络训练的影响.

---

[1] 这段文字初就于 2017 年本书第 1 版之时，如今，应接不暇的预训练大模型方面的研究成为深度学习中不可忽视的研究方向，不免令人感慨.

[2] ImageNet 数据集的相关内容见"链接 21".

[3] Places205 数据集的相关内容见"链接 22".

[4] 许多深度学习开源工具都提供了预训练模型的下载，具体内容参见本书第 14 章.

[5] "数据敏感的参数初始化方式"的代码见"链接 23".

- "Delving Deep into Rectifiers: Surpassing Human-Level Performance on ImageNet Classification" (He et al., 2015)：该论文提出了 He 参数初始化方法，并提出参数化修正线性单元（Parametric Rectified Linear Unit，PReLU），促使深度卷积神经网络在图像分类任务中首次超越了人类水平性能，标志着深度学习的一个重要里程碑.
- "On the Importance of Initialization and Momentum in Deep Learning" (Sutskever et al., 2013)：该论文探讨了初始化和动量对深度学习中模型的影响，并提供了实验结果和见解.
- "A Simple Framework for Contrastive Learning of Visual Representations" (Chen et al., 2020)：近年来，以对比学习为代表的自监督学习受到了广泛关注，由自监督学习得到的预训练模型作为网络参数初始化的一种特别方式，在许多任务中也获得了优秀的性能.

## 7.5 习题

习题 7-1　什么是全零初始化？如果我们使用全零初始化，试分析会出现哪些问题？又如何解决这些问题？

习题 7-2　试分析为什么网络的随机初始化是必要的？

习题 7-3　简要介绍 Xavier 参数初始化方法，并举例说明其在什么情况下比全零或随机初始化更适合.

习题 7-4　简要介绍 He 参数初始化方法，并举例说明其在什么情况下比全零或随机初始化更适合.

习题 7-5　在使用随机初始化时，如何确定随机数的范围？并思考在实践中，如何选择合适的初始化方法？

习题 7-6　对于一个具有 $L$ 层的神经网络，如果使用全零初始化或随机初始化，可能会出现什么问题？试分别从梯度消失和梯度爆炸两个方面进行解释.

习题 7-7　如果你需要训练一个卷积神经网络，应该如何初始化卷积层的参数？试给出具体的初始化方法，并解释其原理.

**习题 7-8** 试自行推导式(7.1)～式(7.5).

**习题 7-9** 根据第 3 章的习题 3-9，尝试分析不同的网络参数初始化方法对最终分类性能的影响.

**习题 7-10** 请阅读文献 "All You Need is A Good Init" (Mishkin et al., 2016)，试分析其优势并动手实现.

## 历史的天空

**钱学森**
（1911—2009）

中国科学院院士、中国工程院院士，以及中国系统工程学会、中国力学学会、中国宇航学会名誉理事长. 1936 年至 1939 年在美国加州理工学院航空系学习，获博士学位. 曾任美国加州理工学院航空系研究员、助理教授、副教授. 1946 年至 1949 年任美国麻省理工学院航空系副教授、空气动力学教授. 1949 年至 1955 年任美国加州理工学院喷气推进中心主任、教授. 1955 年自美国回国后，任中国科学院学部委员（1993 年后改为中国科学院院士），力学研究所所长、研究员，国防部第五研究院副院长、院长. 1959 年 8 月加入中国共产党. 曾任第七机械工业部副部长、国防科学技术工业委员会副主任、中国科学技术协会副主席、国防科工委科技委副主任（1987 年后改任高级顾问）、中国科学技术协会主席、名誉主席，1986 年 3 月任政协第六届全国委员会副主席. 1988 年 3 月至 1998 年 3 月任政协全国委员会副主席，中共政协全国委员会党组成员、科技委员会主任. 1991 年被国家授予"国家杰出贡献科学家"荣誉称号和一级英雄模范奖章. 1999 年被国家授予"两弹一星功勋奖章".

# 参考文献

CHEN T, KORNBLITH S, NOROUZI M, et al., 2020. A simple framework for contrastive learning of visual representations[C]//Proc. Int. Conf. Mach. Learn. Vienna, ACM: 1597-1607.

GLOROT X, BENGIO Y, 2010. Understanding the difficulty of training deep feedforward neural networks[C]//Proc. Int. Conf. Artificial Intell. & Stat. Brussels, MLR: 249-256.

HE K, ZHANG X, REN S, et al., 2015. Delving deep into rectifiers: Surpassing human-level performance on ImageNet classification[C]//Proc. IEEE Int. Conf. Comp. Vis. Santiago, IEEE: 1026-1034.

KRäHENBüHL P, DOERSCH C, DONAHUE J, et al., 2016. Data-dependent initializations of convolutional neural networks[C]//Proc. Int. Conf. Learn. Representations. San Juan, ICLR Press: 1-12.

MISHKIN D, MATAS J, 2016. All you need is a good init[C]//Proc. Int. Conf. Learn. Representations. San Juan, ICLR Press: 1-13.

SUTSKEVER I, MARTENS J, HINTON G E, 2013. On the importance of initialization and momentum in deep learning[C]//Proc. Int. Conf. Mach. Learn. Atlanta, ACM: 1139-1147.

# 第 8 章
# 激活函数

"激活函数"又被称为"非线性映射函数",是深度学习模型中不可或缺的关键模块. 可以说,深度网络模型强大的表示能力大部分是由激活函数的非线性带来的. 在本书 3.1.4 节中,我们曾简单介绍了 Sigmoid 函数和修正线性单元(ReLU 激活函数)这两种著名的激活函数. 本章将系统地对比介绍当下多种深度学习模型中经典且常用的激活函数:Sigmoid 函数、$\tanh(x)$ 函数、修正线性单元(ReLU)、Leaky ReLU、参数化 ReLU、随机化 ReLU 和指数化线性单元(ELU).

激活函数模拟了生物神经元特性,它接受一组输入信号并产生输出,通过一个阈值模拟神经元的激活和兴奋状态,从图 8.1 可明显地发现,二者在抽象层面极其相似. 下面,我们从在人工神经网络发展过程中首个被广泛接受的 Sigmoid 函数开始讲起.

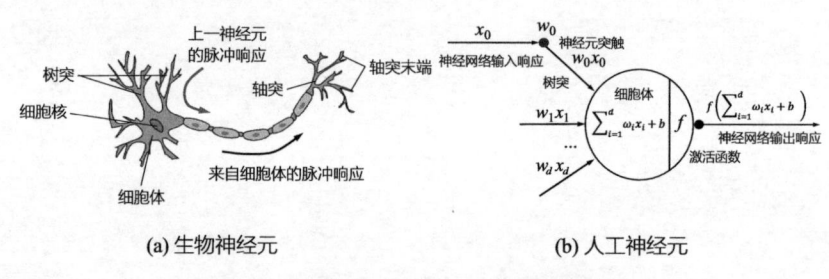

(a) 生物神经元　　　　　　(b) 人工神经元

图 8.1　生物神经元与人工神经元的对比

## 8.1　Sigmoid 函数

Sigmoid 函数也被称为 Logistic 函数,其公式如下:

$$\sigma(x) = \frac{1}{1+\exp(-x)}. \tag{8.1}$$

函数形状如图 8.2(a) 所示. 很明显, 经过 Sigmoid 函数作用后, 输出响应的值域被压缩到 (0,1) 之间, 而 0 对应了生物神经元的 "抑制状态", 1 则恰好对应了 "兴奋状态". 但对于 Sigmoid 函数两端大于 5（或小于 −5）的区域, 这部分输出也会被压缩到 1（或 0）. 这样的处理会带来梯度的 "饱和效应"（saturation effect）. 不妨对照 Sigmoid 函数的梯度图 [见图 8.2(b)] 看一下, 大于 5（或小于 −5）部分的梯度接近 0, 这会导致在误差反向传播过程中导数处于该区域的误差很难甚至无法被传递至前层, 进而导致整个网络无法正常训练.

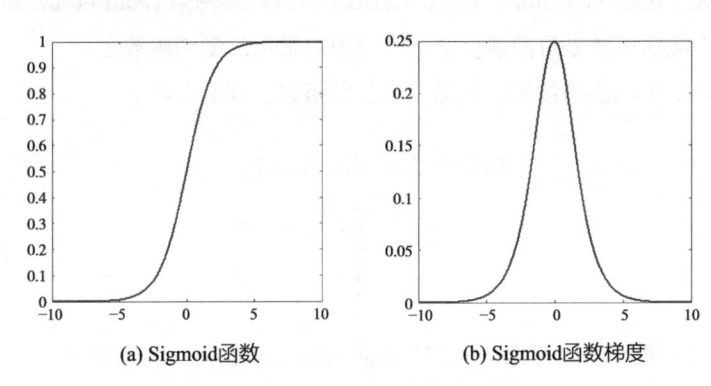

(a) Sigmoid函数　　　　(b) Sigmoid函数梯度

图 8.2　Sigmoid 函数及其函数梯度

另外, 从图 8.2(a) 中可观察到, Sigmoid 函数值域的均值并非为 0, 而是全为正, 这样的结果实际上并不符合我们对神经网络内数值的期望（均值）应为 0 的设想.

## 8.2　tanh(x) 函数

tanh(x) 函数是在 Sigmoid 函数基础上为解决均值问题提出的激活函数, 其公式如下:

$$\sigma(x) = \frac{1}{1+\exp(-x)} - 0.5. \tag{8.2}$$

实际上, tanh(x) 函数由 Sigmoid 函数 "下移" 0.5 个单位得来, 这样 tanh(x) 函数输出响应的均值就是 0. 当然, "下移" 操作并不会改变

tanh($x$) 函数导数的形状与性质. 因此, 使用 tanh($x$) 函数仍会发生"梯度饱和"现象.

## 8.3 修正线性单元（ReLU）

为了避免梯度饱和现象的发生, Nair 和 Hinton 在 2010 年将修正线性单元（Rectified Linear Unit, ReLU）引入神经网络 (Nair et al., 2010). ReLU 激活函数是目前深度学习模型中最常用的激活函数之一.

ReLU 激活函数实际上是一个分段函数, 其定义如下：

$$\begin{aligned} \text{ReLU}(x) &= \max\{0, x\} \\ &= \begin{cases} x, & x \geqslant 0 \\ 0, & x < 0 \end{cases}. \end{aligned} \tag{8.3}$$

与前两个激活函数相比, ReLU 激活函数的梯度在 $x > 0$ 时为 1, 反之为 0, 如图 8.3 所示; $x > 0$ 部分完全消除了 Sigmoid 函数的梯度饱和效应. 在计算复杂度上, ReLU 激活函数也比前两者的指数函数计算更简单. 同时, 在实验中还发现 ReLU 激活函数有助于随机梯度下降方法收敛, 其收敛速度比 Sigmoid 函数的收敛速度快 6 倍左右 (Krizhevsky et al., 2012). 不过, ReLU 激活函数也有自身的缺陷, 即在 $x < 0$ 时, 梯度便为 0. 换句话说, 对于小于 0 的这部分卷积结果响应, 它们一旦变为负值, 将不再影响网络训练——这种现象被称为"死区".

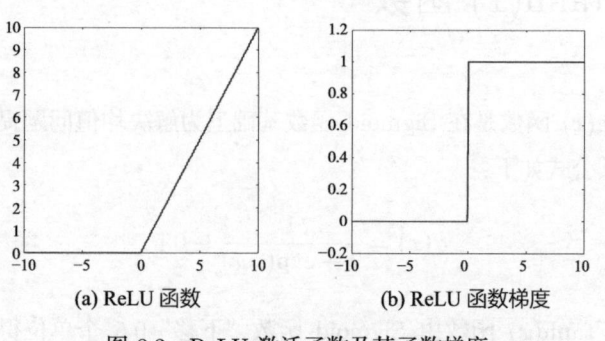

(a) ReLU 函数  (b) ReLU 函数梯度

图 8.3　ReLU 激活函数及其函数梯度

## 8.4 Leaky ReLU

为了缓解 8.3 节介绍的"死区"现象,研究者将 ReLU 激活函数中 $x<0$ 的部分调整为 $f(x) = \alpha \cdot x$,其中,$\alpha$ 为 0.01 或 0.001 数量级的较小正数. 这种新型的激活函数被称为 Leaky ReLU (Maas et al., 2013),其公式如下:

$$\text{Leaky ReLU}(x) = \begin{cases} x, & x \geqslant 0 \\ \alpha \cdot x, & x < 0 \end{cases}. \tag{8.4}$$

可以发现,原始 ReLU 激活函数实际上是 Leaky ReLU 激活函数的一个特例,即 $\alpha = 0$ 时,见图 8.4(a) 和图 8.4(b). 不过由于 Leaky ReLU 中的 $\alpha$ 为超参数,较难设定合适的值且较为敏感,因此,Leaky ReLU 激活函数在实际使用中的性能并不十分稳定.

## 8.5 参数化 ReLU

参数化 ReLU (He et al., 2015a) 很好地解决了 Leaky ReLU 中超参数 $\alpha$ 不易设定的问题:参数化 ReLU 直接将 $\alpha$ 也作为一个网络中可学习的变量融入模型的整体训练过程. 在求解参数化 ReLU 时,文献 (He et al., 2015a) 中仍使用传统的误差反向传播和随机梯度下降方法,对于参数 $\alpha$ 的更新遵循链式法则,具体推导细节在此不过多地赘述,感兴趣的读者可参考文献 (He et al., 2015a).

在实验结果验证方面,文献 (He et al., 2015a) 曾在一个 14 层卷积网络上对比了 ReLU 和参数化 ReLU 在 ImageNet 2012 数据集上的分类误差(Top-1 和 Top-5). 网络结构如表 8.1 所示,每层卷积操作后均有参数化 ReLU 操作. 表中第二列和第三列数值分别表示各层不同通道(channel)共享参数 $\alpha$ 和独享参数 $\alpha^1$ 时网络自动学习的 $\alpha$ 取值. 实验结果如表 8.2 所示. 可以发现,在分类精度上,使用参数化 ReLU 作为激活函数的网络要优于使用原始 ReLU 的网络,同时自由度较大的各通道独享参数的参数化 ReLU 性能更优. 另外,需要注意,在表 8.1 中观察到的两点有趣的内容.

---

[1] 假设某卷积层输出为 $d$ 个通道,当送入参数化 ReLU 时,可选择 $d$ 个通道共享同一参数 $\alpha$,也可选择 $d$ 个通道对应 $d$ 个不同的 $\alpha$. 显然,后者具有更大的自由度.

- 与第一层卷积层搭配的参数化 ReLU 的 $\alpha$ 取值（见表 8.1 中第三行上的 0.681 和 0.596）远大于 ReLU 中的 0. 这表明网络较浅层所需要的非线性较弱. 同时，我们知道，浅层网络特征一般多被表示为"边缘""纹理"等特性的泛化特征. 这一观察说明对于此类特征正负响应（activation）均很重要. 这也解释了固定 $\alpha$ 取值的 ReLU（$\alpha = 0$）和 Leaky ReLU 相比参数化 ReLU 性能较差的原因.

- 在独享参数设定下学到的 $\alpha$ 取值（见表 8.1 中最后一列）呈现由浅层到深层依次递减的趋势，这说明实际上网络所需的非线性能力随网络深度增加而递增.

表 8.1  文献 (He et al., 2015a) 实验中的 14 层卷积网络及在不同设定下学到的参数化 ReLU 中超参数 $\alpha$ 取值

| 网络结构 | | 学到的 $\alpha$ 取值 | |
| --- | --- | --- | --- |
| | | 共享参数 $\alpha$ | 独享参数 $\alpha$ |
| conv1 | $f=7; s=2; d=64$ | 0.681 | 0.596 |
| pool1 | $f=3; s=3$ | | |
| $conv2_1$ | $f=2; s=1; d=128$ | 0.103 | 0.321 |
| $conv2_2$ | $f=2; s=1; d=128$ | 0.099 | 0.204 |
| $conv2_3$ | $f=2; s=1; d=128$ | 0.228 | 0.294 |
| $conv2_4$ | $f=2; s=1; d=128$ | 0.561 | 0.464 |
| pool2 | $f=2; s=2$ | | |
| $conv3_1$ | $f=2; s=1; d=256$ | 0.126 | 0.196 |
| $conv3_2$ | $f=2; s=1; d=256$ | 0.089 | 0.152 |
| $conv3_3$ | $f=2; s=1; d=256$ | 0.124 | 0.145 |
| $conv3_4$ | $f=2; s=1; d=256$ | 0.062 | 0.124 |
| $conv3_5$ | $f=2; s=1; d=256$ | 0.008 | 0.134 |
| $conv3_6$ | $f=2; s=1; d=256$ | 0.210 | 0.198 |
| SPP (He et al., 2015b) | $\{6,3,2,1\}$ | | |
| $fc_1$ | 4096 | 0.063 | 0.074 |
| $fc_2$ | 4096 | 0.031 | 0.075 |
| $fc_3$ | 1000 | | |

表 8.2  ReLU 与参数化 ReLU 在 ImageNet 2012 数据集上分类错误率对比

| | Top-1 | Top-5 |
| --- | --- | --- |
| ReLU | 33.82 | 13.34 |
| 参数化 ReLU（共享参数 $\alpha$） | 32.71 | 12.87 |
| 参数化 ReLU（独享参数 $\alpha$） | **32.64** | **12.75** |

不过万事皆有两面性，参数化 ReLU 在带来更大自由度的同时，也增加了网络模型过拟合的风险，在读者实际使用中需要格外注意.

## 8.6 随机化 ReLU

另一种解决 $\alpha$ 超参设定的方式是将其随机化，这便使用到了随机化 ReLU. 该方法于 2015 年在 kaggle[1] 举办的"国家数据科学大赛"（national data science bowl）——浮游动物的图像分类[2]中首次被提出并使用. 在比赛中，参赛者凭借随机化 ReLU 一举夺冠.

对于随机化 ReLU 中 $\alpha$ 的设定，其取值在训练阶段服从均匀分布，在测试阶段则将其指定为该均匀分布对应的分布期望 $\dfrac{l+u}{2}$.

$$\text{Randomized ReLU}(x) = \begin{cases} x, & x \geqslant 0 \\ \alpha' \cdot x, & x < 0 \end{cases}. \tag{8.5}$$

[1]kaggle 公司是由联合创始人兼首席执行官 Anthony Goldbloom 于 2010 年在墨尔本创立的，主要是为开发商和数据科学家提供举办机器学习竞赛、托管数据库、编写和分享代码的平台. 网站见"链接 24".

[2]竞赛信息见"链接 25".

其中，

$$\alpha' \sim U(l, u),\ l < u\ \text{且}\ l, u \in [0, 1). \tag{8.6}$$

最后，我们在图 8.4 中对比了 ReLU 激活函数及其变种，读者可由该图直观地比较它们的差异.

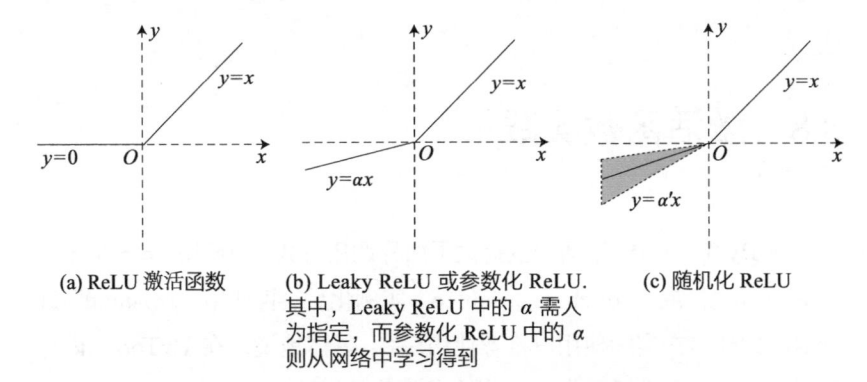

(a) ReLU 激活函数　　(b) Leaky ReLU 或参数化 ReLU. 其中，Leaky ReLU 中的 $\alpha$ 需人为指定，而参数化 ReLU 中的 $\alpha$ 则从网络中学习得到　　(c) 随机化 ReLU

图 8.4　ReLU 激活函数及其变种

## 8.7 指数化线性单元（ELU）

2016 年，Clevert 等人 (2016) 提出了指数化线性单元（Exponential Linear Unit，ELU），其公式如下：

$$\text{ELU}(x) = \begin{cases} x, & x \geqslant 0 \\ \lambda \cdot (\exp(x) - 1), & x < 0 \end{cases}. \tag{8.7}$$

如图 8.5 所示，显然，ELU 具备 ReLU 激活函数的优点，同时 ELU 也解决了 ReLU 激活函数自身的"死区"问题. 不过，ELU 函数中的指数操作稍微增大了计算量. 在实际使用中，ELU 中的超参数 $\lambda$ 一般被设置为 1.

[1] 量化（quantization），指使用比 32 位浮点数更少位数的数值类型（如 8 位整数、16 位浮点数）来进行计算和存储的技术. 对于量化后的模型，其全部参数都会转换成新的数值类型，从而占用更小的存储空间，并且能够利用许多硬件平台上专门针对该数值类型优化过的算子，从而进行提速. 比如在 PyTorch 中使用 8 位整数来进行量化，相比默认的 32 位浮点数，模型大小可以减少为原来的 1/4，而运行在特定设备上的计算速度也能增长为原来的 2～4 倍. 除 Python 层面接口的易用性外，PyTorch 还在底层实现了广泛的量化类型支持和对应的优化过的量化算子，使得模型量化后在 CPU、ARM 等平台的部署都能够获得极佳的性能.

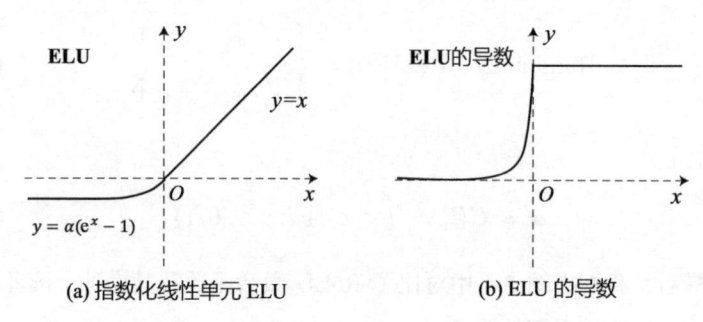

(a) 指数化线性单元 ELU  (b) ELU 的导数

图 8.5  指数化线性单元 ELU 及其导数

## 8.8 激活函数实践

在 PyTorch 中，激活函数提供了两种调用方式，即使用 "torch.nn.functional" 或 "torch.nn.module" 实例化后，再使用 "forward" 进行前向操作，在实际使用时推荐使用后者. 具体地说，在 PyTorch 内部基于 "module" 进行量化[1]，其所有的操作均在 "module" 层面完成，包括量化参数设置、转换为量化模型等. 因此基于 "module" 的调用形式在模型进行量化训练时会更易识别并转化为对应的量化版本.

以经典的 Sigmoid 函数为例，其在 PyTorch 中的调用方式实现代码为：

```
# Sigmoid (PyTorch)
import torch
import torch.nn as nn

sigmoid = nn.Sigmoid()
inputs = torch.randn(2)
output = sigmoid(inputs)
```

在 MindSpore 中的调用方式实现代码为:

```
# Sigmoid (MindSpore)
import mindspore as ms
import mindspore.nn as nn
import numpy as np

x = ms.Tensor(np.array([-1, -2, 0, 2, 1]), ms.float16)
sigmoid = nn.Sigmoid()
output = sigmoid(x)
```

故，对原始输入 [-2,-1,0,1,2] 而言，经过 Sigmoid 函数将输出 [0.119203, 0.268941, 0.5, 0.731059, 0.880797]。

其他常用的激活函数 ReLU、PReLU 和 Leaky ReLU [ 在式(8.4)中，$\alpha = 0.01$ ] 调用方式的实现代码分别为:

```
# ReLU (PyTorch)
relu = nn.ReLU()
inputs = torch.randn(2)
output = relu(inputs)
```

```
# PReLU (PyTorch)
prelu = nn.PReLU()
inputs = torch.randn(2)
output = prelu(inputs)
```

```
# Leaky ReLU (PyTorch)
leaky_relu = nn.LeakyReLU(negative_slope=0.1)
inputs = torch.randn(2)
output = leaky_relu(inputs)
```

上述常用激活函数在 MindSpore 中调用方式的实现代码分别为:

```
1  # ReLU (MindSpore)
2  x = ms.Tensor(np.array([-1, -2, 0, 2, 1]), ms.float16)
3  relu = nn.ReLU()
4  output = relu(x)
```

```
1  # PReLU (MindSpore)
2  x = ms.Tensor(np.array([-1, -2, 0, 2, 1]), ms.float16)
3  prelu = nn.PReLU()
4  output = prelu(x)
```

```
1  # Leaky ReLU (MindSpore)
2  x = ms.Tensor(np.array([-1, -2, 0, 2, 1]), ms.float16)
3  leaky_relu = nn.LeakyReLU(0.1)
4  output = leaky_relu(x)
```

## 8.9 总结与扩展阅读

本章介绍了深度学习中的激活函数，这些函数在神经网络中扮演着至关重要的角色. 首先，我们讨论了 Sigmoid 函数和双曲正切函数 $\tanh(x)$，它们常用于输出概率或归一化数据，但它们会产生梯度饱和效应，因此在实践中不建议使用. 之后，我们介绍了修正线性单元（ReLU）及其变种，包括 Leaky ReLU、参数化 ReLU 和随机化 ReLU，这些函数在深度学习中获得了广泛应用，有效地克服了梯度消失问题. 最后，我们还探讨了指数化线性单元（ELU），以及激活函数在 PyTorch 和 MindSpore 中的调用实践，帮助读者更好地理解激活函数的机理. 在实际使用中，建议首先使用目前最常用的 ReLU 激活函数，但需注意模型参数初始化[1]和学习率[2]的设置. 同时需指出，对于各类不同的激活函数，其实际性能优劣并无一致性结论，需具体问题具体讨论.

此外，读者还可以继续探索更多新型的激活函数.

- "Continuously Differentiable Exponential Linear Units"（Barron, 2017）: 该论文提出了一种改进的指数化线性单元（ELU）参数化方法，这种方法解决了原有方法在不同超参数下不可导的问题，从而

[1] 相关内容参见本书第 7 章.
[2] 相关内容参见本书 11.2.2 节.

使得 ELU 更易于调整其参数，并能够广泛应用于深度学习架构中．
- "Self-Normalizing Neural Networks"（Klambauer et al., 2017）：该论文提出了新型激活函数 SELU，它可实现深度网络的训练、强化正则化及提高学习的鲁棒性．通过 SELU，研究在多个任务上均获得了显著的性能提升．

## 8.10 习题

**习题 8-1** 试说明在深度学习中为什么常使用非线性激活函数？

**习题 8-2** 试解释为什么传统的激活函数（如 Sigmoid、$\tanh(x)$）在深度神经网络中容易出现梯度消失问题，并说明如何解决这个问题．

**习题 8-3** 试写出 ReLU、PReLU 和 Leaky ReLU 在本章调用示例中的输出结果．

**习题 8-4** 参数化 ReLU 激活函数中的参数可通过训练数据进行学习．试述该方法的优势和缺陷，并尝试提出一种改进思路．

**习题 8-5** 试自行使用 PyTorch 或你熟悉的深度学习工具（如 MindSpore）实现 ELU 激活函数，并比较其与其他激活函数在模型性能和训练速度等方面的差异．

**习题 8-6** 设计一种新型的修正线性单元函数，其形式为 $f(x) = \max(0, ax + b)$，其中 $a$ 和 $b$ 为任意实数．请分析该函数相较于传统 ReLU 激活函数的优势，并尝试解释为什么该函数在某些特定场景下可能更加适用？

**习题 8-7** 考虑用深度神经网络进行分类任务，其中使用 ReLU 作为激活函数．你可以通过设计实验来验证一个重要的问题：当网络深度增加时，ReLU 激活函数的表现是否会变得更好？若是，为什么？

**习题 8-8** 在本章中，我们介绍了各种激活函数及其优缺点，那么在实际的深度学习应用中应该如何选择适合的激活函数？请给出你的思考和建议，并列举几个需要考虑的因素．

**习题 8-9** 对于一些需要进行多步骤的任务，比如图像分类、目标检测等，深度神经网络中的激活函数是否会对任务的准确率产生影响？请说明你的想法，并给出实验证据或相关文献支持.

**习题 8-10** 请阅读文献"Swish: A Self-Gated Activation Function"(Ramachandran et al., 2017)，试理解该自门控（self-gated）激活函数的做法，并分析其优势，特别是当 $x=0$ 时，试回答相比 ReLU 系列激活函数会给网络优化带来哪些好处？

## 历史的天空

**吴文俊**
（1919—2017）

中国科学院院士、数学家. 毕业于上海交通大学. 1949 年获法国国家科学博士学位. 1957 年被增选为中国科学院学部委员（1993 年后改为中国科学院院士）.1991 年当选为第三世界科学院院士. 中国科学院数学与系统科学研究院研究员、系统科学研究所名誉所长，中国数学会名誉理事长. 中国数学机械化研究的创始人. 20 世纪 50 年代在示性类、示嵌类等研究方面取得"吴文俊公式""吴文俊示性类"等一系列突出成果，并有许多重要应用. 20 世纪 70 年代创立了几何定理机器证明的"吴方法"，影响巨大，具有重要的应用价值，它将引起数学研究方式的变革. 曾获国家自然科学奖一等奖、第三世界科学院奖、陈嘉庚数理科学奖、求是杰出科学家奖、首届国家最高科学技术奖. 中国智能科学技术最高奖"吴文俊人工智能科学技术奖"便是以吴文俊先生的名字命名的.

# 参考文献

BARRON J T, 2017. Continuously differentiable exponential linear units[J]. arXiv preprint arXiv:1704.07483.

CLEVERT D A, UNTERTHINER T, HOCHREITER S, 2016. Fast and accurate deep network learning by exponential linear units (ELUs)[C]//Proc. Int. Conf. Learn. Representations. San Juan, ICLR Press: 1-14.

HE K, ZHANG X, REN S, et al., 2015a. Delving deep into rectifiers: Surpassing human-level performance on ImageNet classification[C]//Proc. IEEE Int. Conf. Comp. Vis. Santiago, IEEE: 1026-1034.

HE K, ZHANG X, REN S, et al., 2015b. Spatial pyramid pooling in deep convolutional networks for visual recognition[J]. IEEE Trans. Pattern Anal. Mach. Intell., 37(9): 1904-1916.

KLAMBAUER G, UNTERTHINER T, MAYR A, et al., 2017. Self-normalizing neural networks[C]//Advances in Neural Inf. Process. Syst. California, MIT: 972-981.

KRIZHEVSKY A, SUTSKEVER I, HINTON G E, 2012. ImageNet classification with deep convolutional neural networks[C]//Advances in Neural Inf. Process. Syst. Nevada, MIT: 1097-1105.

MAAS A L, HANNUN A Y, NG A Y, 2013. Rectifier nonlinearities improve neural network acoustic models[C]//Proc. Int. Conf. Mach. Learn. Georgia, ACM: 1-6.

NAIR V, HINTON G E, 2010. Rectified linear units improve restricted boltzmann machines[C]//Proc. Int. Conf. Mach. Learn. Haifa, ACM: 807-814.

RAMACHANDRAN P, ZOPH B, LE Q V, 2017. Swish: A self-gated activation function[J]. arXiv preprint arXiv:1710.05941.

# 第 9 章
# 目标函数

[1] 目标函数也被称为"损失函数"（loss function）或"代价函数"（cost function）.

深度网络中的目标函数（objective function）[1]可谓整个网络模型的"指挥棒"，它通过样本的预测结果与真实标记之间产生的误差反向传播，指导网络参数学习与表示学习. 本章将介绍分类（classification）和回归（regression）这两类经典预测任务中的一些目标函数，读者可根据实际问题的需求选择使用合适的目标函数或使用它们的组合. 另外，为防止模型过拟合或达到其他训练目标（如希望得到稀疏解），正则项通常作为对参数的约束，也会被加入目标函数中一起指导模型训练. 有关正则项的具体内容参见本书第 10 章"网络正则化".

## 9.1 分类任务的目标函数

假设某分类任务共有 $N$ 个训练样本，针对网络最后分类层第 $i$ 个样本的输入特征为 $\boldsymbol{x}_i$，其对应的真实标记为 $y_i \in \{1, 2, \ldots, C\}$. 另外，$\boldsymbol{h} = (h_1, h_2, \ldots, h_C)^\top$ 为网络的最终输出，即样本 $i$ 的预测结果，其中 $C$ 为分类任务类别数.

### 9.1.1 交叉熵损失函数

交叉熵（cross entropy）损失函数又被称为 Softmax 损失函数，是目前深度学习模型中最常用的分类目标函数. 其形式如下：

$$\mathcal{L}_{\text{cross entropy loss}} = \mathcal{L}_{\text{Softmax loss}} = -\frac{1}{N} \sum_{i=1}^{N} \log \left( \frac{e^{h_{y_i}}}{\sum_{j=1}^{C} e^{h_j}} \right), \quad (9.1)$$

即通过指数化变换使网络输出 $\boldsymbol{h}$ 转换为概率形式.

交叉熵损失函数在 PyTorch 中的调用方式实现代码为：

交叉熵损失函数

## 9.1 分类任务的目标函数

```
1  # cross entropy loss (PyTorch)
2  import torch
3  import torch.nn.functional as F
4
5  input = torch.randn(3, 5, requires_grad=True)
6  target = torch.randn(3, 5).softmax(dim=1)
7  # Ln. 8: Calculate cross entropy loss.
8  loss = F.cross_entropy(input, target)
```

它在 MindSpore 中的调用方式实现代码为:

```
1  # cross entropy loss (MindSpore)
2  import mindspore
3  import numpy as np
4  import mindspore.nn as nn
5
6  inputs = mindspore.Tensor(np.random.randn(3, 5), mindspore.float32)
7  target = mindspore.Tensor(np.random.randn(3, 5), mindspore.float32)
8  # Ln. 9-Ln. 10: Calculate cross entropy loss.
9  loss = nn.CrossEntropyLoss()
10 output = loss(inputs, target)
```

它在 PyTorch 中具体的实现细节可参考如下代码:

```
1  # implementations of cross entropy loss (PyTorch)
2  def cross_entropy(
3          input: Tensor,
4          target: Tensor,
5          weight: Optional[Tensor] = None,
6          size_average: Optional[bool] = None,
7          ignore_index: int = -100,
8          reduce: Optional[bool] = None,
9          reduction: str = "mean",
10         label_smoothing: float = 0.0,
11 ) -> Tensor:
12         """
13         This criterion computes the cross entropy loss
                between input logits and target.
14
15         See :class:`~torch.nn.CrossEntropyLoss` for details.
16
17         Args:
```

```
18                input (Tensor) : Predicted unnormalized
                      logits;
19                    see Shape section below for
                      supported shapes.
20                target (Tensor) : Ground truth class indices
                      or class probabilities;
21                    see Shape section below for
                      supported shapes.
22                weight (Tensor, optional): a manual
                      rescaling weight given to each
23                    class. If given, has to be a Tensor
                      of size `C`
24                size_average (bool, optional): Deprecated (
                    see :attr:`reduction`). By default,
25                    the losses are averaged over each
                      loss element in the batch. Note
                      that for
26                    some losses, there multiple elements
                      per sample. If the field :attr
                      :`size_average`
27                    is set to ``False``, the losses are
                      instead summed for each
                      minibatch. Ignored
28                    when reduce is ``False``. Default:
                      ``True``
29                ignore_index (int, optional): Specifies a
                    target value that is ignored
30                    and does not contribute to the input
                      gradient. When :attr:`
                      size_average` is
31                    ``True``, the loss is averaged over
                      non-ignored targets. Note that
32                    :attr:`ignore_index` is only
                      applicable when the target
                      contains class indices.
33                    Default: -100
34                reduce (bool, optional): Deprecated (see :
                    attr:`reduction`). By default, the
35                    losses are averaged or summed over
                      observations for each minibatch
                      depending
36                    on :attr:`size_average`. When :attr
                      :`reduce` is ``False``, returns
                      a loss per
37                    batch element instead and ignores :
```

## 9.1 分类任务的目标函数

```
38                      attr:`size_average`. Default: ``
                            True``
                        reduction (str, optional): Specifies the
                            reduction to apply to the output:
39                          ```'none'``` | ```'mean'``` | ```'sum'```.
                            ```'none'```: no reduction will
                            be applied,
40                          ```'mean'```: the sum of the output
                            will be divided by the number of
41                          elements in the output, ```'sum'```:
                            the output will be summed. Note:
                            :attr:`size_average`
42                          and :attr:`reduce` are in the
                            process of being deprecated, and
                            in the meantime,
43                          specifying either of those two args
                            will override :attr:`reduction`.
                            Default: ```'mean'```
44                      label_smoothing (float, optional): A float
                            in [0.0, 1.0]. Specifies the amount
45                          of smoothing when computing the loss
                            , where 0.0 means no smoothing.
                            The targets
46                          become a mixture of the original
                            ground truth and a uniform
                            distribution as described in
47                          `Rethinking the Inception
                            Architecture for Computer Vision
                            `__. Default: 0.0.
48
49                      Shape:
50                          - Input: Shape (C), (N, C) or (N, C, d_1,
                            d_2, ..., d_K) with K >= 1
51                              in the case of K-dimensional loss.
52                          - Target: If containing class indices, shape
                                (), (N) or (N, d_1, d_2, ..., d_K) with
53                                K >= 1 in the case of K-dimensional
                                loss where each value should be
                                between [0, C).
54                              If containing class probabilities,
                                same shape as the input and each
                                value should be between [0, 1].
55                      """
56                      # Ln. 57-Ln. 72: Calculate cross entropy loss.
57                      if has_torch_function_variadic(input, target, weight
```
```

```
58              return handle_torch_function(
59                  cross_entropy,
60                  (input, target, weight),
61                  input,
62                  target,
63                  weight=weight,
64                  size_average=size_average,
65                  ignore_index=ignore_index,
66                  reduce=reduce,
67                  reduction=reduction,
68                  label_smoothing=label_smoothing,
69              )
70      if size_average is not None or reduce is not None:
71          reduction = _Reduction.legacy_get_string(
                size_average, reduce)
72      return torch._C._nn.cross_entropy_loss(input, target
            , weight, _Reduction.get_enum(reduction),
            ignore_index, label_smoothing)
```

它在 MindSpore 中具体的实现细节可参考如下代码：

```
1   # implementations of cross entropy loss (MindSpore)
2   class CrossEntropyLoss(LossBase):
3       """
4       The cross entropy loss between input and target.
5
6       Args:
7           weight (Tensor): The rescaling weight to
                each class. If the value is not None,
                the shape is (C,).
8                   The data type only supports float32
                        or float16. Default: None.
9           ignore_index (int): Specifies a target value
                that is ignored (typically for padding
                value)
10                  and does not contribute to the
                        gradient. Default: -100.
11          reduction (str): Apply specific reduction
                method to the output: 'none', 'mean', or
                'sum'.
12                  Default: 'mean'.
13          label_smoothing (float): Label smoothing
                values, a regularization tool used to
                prevent the model
```

```
                        from overfitting when calculating
                            Loss. The value range is [0.0,
                            1.0]. Default value: 0.0.

        Inputs:
            - **logits** (Tensor) - Tensor of shape (C,)
                , (N, C) or (N, C, d_1, d_2, ..., d_K),
                    where `C = number of classes`. Data
                    type must be float16 or float32.
            - **labels** (Tensor) - For class indices,
                tensor of shape :math:`()`, :math:`(N)`
                or
                    :math:`(N, d_1, d_2, ..., d_K)`,
                    data type must be int32.
                    For probabilities, tensor of shape (
                    C,), (N, C) or (N, C, d_1, d_2,
                    ..., d_K),
                    data type must be float16 or float32
                    .

        Returns:
            Tensor, the computed cross entropy loss
                value.
        """
        def __init__(self, weight=None, ignore_index=-100, reduction='mean',
                        label_smoothing=0.0):
            super().__init__(reduction)
            validator.check_value_type('ignore_index',
                ignore_index, int, self.cls_name)
            validator.check_value_type('label_smoothing'
                , label_smoothing, float, self.cls_name)
            validator.check_float_range(label_smoothing,
                0.0, 1.0, Rel.INC_BOTH, '
                label_smoothing', self.cls_name)

            if weight is not None:
                validator.check_value_type("weight",
                    weight, [Tensor], self.cls_name
                    )
                validator.check_type_name('weight',
                    weight.dtype, [mstype.float16,
                    mstype.float32], self.cls_name)

            self.weight = weight
```

```
39            self.ignore_index = ignore_index
40            self.reduction = reduction
41            self.label_smoothing = label_smoothing
42
43        def construct(self, logits, labels):
44            # Ln. 45-Ln. 53: Calculate cross entropy
                 loss.
45            _check_is_tensor('logits', logits, self.
                 cls_name)
46            _check_is_tensor('labels', labels, self.
                 cls_name)
47            _check_cross_entropy_inputs(logits.shape,
                 labels.shape,logits.ndim, labels.ndim,
                 logits.dtype, labels.dtype,self.cls_name
                 )
48            if logits.ndim == labels.ndim and self.
                 ignore_index > 0:
49                _cross_entropy_ignore_index_warning(
                     self.cls_name)
50            return ops.cross_entropy(logits, labels,
                 self.weight,self.ignore_index, self.
                 reduction,self.label_smoothing)
```

### 9.1.2 合页损失函数

在支持向量机[1]中被广泛使用的合页损失函数（hinge loss function）有时也会被当作目标函数在神经网络模型中使用，其形式如下：

$$\mathcal{L}_{\text{hinge loss}} = \frac{1}{N} \sum_{i=1}^{N} \max\left\{0, 1 - h_{y_i}\right\}. \tag{9.2}$$

需指出的是，一般的分类任务中的交叉熵损失函数的分类效果略优于合页损失函数[2]的分类效果。[3]

合页损失函数在 PyTorch 中的调用方式可参考如下代码：

```
1  # hinge loss (PyTorch)
2  import torch
3  import torch.nn.functional as F
4
5  input = torch.randn(3, 5, requires_grad=True)
```

---

[1] 参见本书 1.3.5 节。

[2] 合页损失函数在特定的场景下有其应用，例如，在处理二分类问题时，可以通过对输出进行阈值化，得到二元预测结果。然而，在一般的多分类任务中，交叉熵损失函数更常用且更有效，因为它在数值稳定性和模型优化方面提供了更好的性能。

[3] 在一般的分类任务中，交叉熵损失函数通常优于合页损失函数的原因如下。①数值稳定性：交叉熵损失函数在数值计算上更加稳定。合页损失函数具有不连续的梯度，可能导致数值上的不稳定性和优化困难。②模型优化：交叉熵损失函数对于梯度的传播更加有效。它在模型优化过程中能够更快地收敛，提供更好的训练效果。③多分类问题：交叉熵损失函数在多分类问题中被广泛使用，并且具有良好的数学性质。它能够衡量目标类别的预测概率与真实标签的差异，有助于最大限度地提高分类的准确性。

```
6  target = torch.randn(3, 5)
7  # Ln. 8: Calculate hinge loss.
8  loss = F.hinge_embedding_loss(input, target)
```

它在 MindSpore 中的调用方式可参考如下代码：

```
1   # hinge loss (MindSpore)
2   import mindspore
3   import numpy as np
4   import mindspore.nn as nn
5
6   inputs = mindspore.Tensor(np.array([0.9, -1.2, 2, 0.8, 3.9,
        2, 1, 0, -1]).reshape((3, 3)), mindspore.float32)
7   target = mindspore.Tensor(np.array([1, 1, -1, 1, -1, 1, -1,
        1, 1]).reshape((3, 3)), mindspore.float32)
8   # Ln. 9-Ln. 10: Calculate hinge loss.
9   loss = nn.HingeEmbeddingLoss(reduction='mean')
10  output = loss(inputs, target)
```

合页损失函数

合页损失函数在 PyTorch 中具体的实现细节可参考如下代码：

```
1   # implementations of hinge loss (PyTorch)
2   def hinge_embedding_loss(
3       input: Tensor,
4       target: Tensor,
5       margin: float = 1.0,
6       size_average: Optional[bool] = None,
7       reduce: Optional[bool] = None,
8       reduction: str = "mean",
9   ) -> Tensor:
10      """
11      hinge_embedding_loss(input, target, margin=1.0,
            size_average=None, reduce=None, reduction='mean
            ') -> Tensor
12
13      See :class:`~torch.nn.HingeEmbeddingLoss` for
            details.
14      """
15      # Ln. 16-Ln. 31: Calculate hinge loss.
16      if has_torch_function_variadic(input, target):
17          return handle_torch_function(
18              hinge_embedding_loss,
19              (input, target),
20              input,
21              target,
```

```
22                         margin=margin,
23                         size_average=size_average,
24                         reduce=reduce,
25                         reduction=reduction,
26                     )
27         if size_average is not None or reduce is not None:
28             reduction_enum = _Reduction.legacy_get_enum(
                    size_average, reduce)
29         else:
30             reduction_enum = _Reduction.get_enum(
                    reduction)
31         return torch.hinge_embedding_loss(input, target,
                margin, reduction_enum)
```

它在 MindSpore 中具体的实现细节可参考如下代码：

```
1   # implementations of hinge loss (MindSpore)
2   class HingeEmbeddingLoss(LossBase):
3       """
4       Hinge Embedding Loss. Compute the output according
            to the input elements. Measures the loss given
            an input tensor x
5       and a labels tensor y (containing 1 or -1).
6       This is usually used for measuring the similarity
            between two inputs.
7
8       Args:
9           margin (float): Threshold defined by Hinge
                Embedding Loss `margin`.
10              Represented as `\Delta` in the
                    formula. Default: 1.0.
11          reduction (str): Specify the computing
                method to be applied to the outputs: '
                none', 'mean', or 'sum'.
12              Default: 'mean'.
13
14      Inputs:
15          - **logits** (Tensor) - Tensor of shape (*)
                where * means any number of dimensions.
16          - **labels** (Tensor) - Same shape as the
                logits, contains -1 or 1.
17
18      Returns:
19          Tensor or Tensor scalar, the computed loss
                depending on `reduction`.
```

```
20        """
21        def __init__(self, margin=1.0, reduction='mean'):
22            super(HingeEmbeddingLoss, self).__init__()
23            validator.check_value_type('margin', margin,
                   [float], self.cls_name)
24            validator.check_string(reduction, ['none', '
                   sum', 'mean'], 'reduction', self.
                   cls_name)
25            self.margin = margin
26            self.reduction = reduction
27
28        def construct(self, logits, labels):
29            # Ln. 30-Ln. 31: Calculate hinge loss.
30            loss = ops.hinge_embedding_loss(logits,
                   labels, self.margin, self.reduction)
31            return loss
```

### 9.1.3 坡道损失函数

对支持向量机有一定了解的读者应该知道合页损失函数的设计理念，即"对错误越大的样本施加越严重的惩罚". 可是这一损失函数对噪声的抵抗能力较差. 试想，若某样本标记本身是错误的或该样本本身是离群点（outlier），则由于错误分类导致该样本分类误差会变得很大，如此便会影响整个分类超平面的学习，从而降低模型泛化能力. 非凸损失函数的引入则很好地解决了这个问题.

坡道损失函数（ramp loss function）和 Tukey's biweight 损失函数[1]分别是分类任务和回归任务中非凸损失函数的代表. 由于它们针对噪声数据和离群点具备良好的抗噪特性，因此也常被称为"鲁棒损失函数"（robust loss function）. 这类损失函数的共同特点是，在分类（回归）误差较大的区域进行了"截断"，使得较大的误差不再较大程度地影响整个误差函数. 但是，这类函数因其非凸（non-convex）的性质使得传统机器的学习优化过于繁杂，甚至有时根本无法进行. 不过，"这点"非凸性质放在神经网络模型优化中实属"小巫见大巫"——整个网络模型本身就是一个巨大的非凸函数，得益于神经网络模型的训练机制，使得此类非凸优化不再成为难题.

坡道损失函数 (Collobert et al., 2006) 的定义如下：

---

[1]Tukey's biweight 损失函数的相关内容参见本书 9.2.3 节.

$$\mathcal{L}_{\text{ramp loss}} = \mathcal{L}_{\text{hinge loss}} - \frac{1}{N}\sum_{i=1}^{N}\max\{0, s - h_{y_i}\}$$

$$= \frac{1}{N}\sum_{i=1}^{N}\left(\max\{0, 1 - h_{y_i}\} - \max\{0, s - h_{y_i}\}\right), \qquad (9.3)$$

其中，$s$ 指定了"截断点"的位置. 由于坡道损失函数实际在 $s$ 处"截断"合页损失函数，因此坡道损失函数也被称为"截断合页损失函数"（truncated hinge loss function）. 图 9.1 显示了合页损失函数和坡道损失函数的图形. 很明显，坡道损失函数是非凸的，其截断点在 $s = -0.5$ 处. 不过细心的读者或许会提出："坡道损失函数在 $x = 1$ 和 $x = s$ 两处是不可导的，这该如何进行误差的反向传播？"不要着急，其实在真实情况下并不要求必须满足数学上严格的连续，因为计算机内部的浮点计算并不会出现导数完全落在"尖点"的非常情况，最多只会落在"尖点"附近. 若导数值在这两个"尖点"附近，只需给出对应的导数值即可，因此数学上的"尖点"不可导并不影响实际使用. 对于"截断点" $s$ 的设置，根据文献 (Wu et al., 2007) 的理论推导，$s$ 的取值最好根据分类任务的类别数 $C$ 而定，一般设置为 $s = -\dfrac{1}{C-1}$.

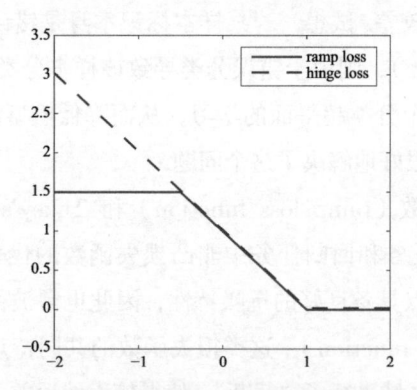

图 9.1 合页损失函数（虚线）与坡道损失函数（实线）

坡道损失函数在 PyTorch 中的具体实现代码如下：

```
# PyTorch implementations of ramp loss
import torch
import torch.nn.functional as F

def ramp_loss(pred, label, s):
```

```
6       # the value in ``label`` is expected to be 0 or 1
7       label = 2 * label - torch.ones(label.size())
8       h = pred * label
9       loss = (F.relu(1 - h) - F.relu(s - h)).sum(axis=1)
10      return loss.mean()
```

它在 MindSpore 中的具体实现代码如下：

```
1   # MindSpore implementations of ramp loss
2   import mindspore as ms
3   import mindspore.ops as ops
4
5   def ramp_loss(pred, label, s):
6       ones = ops.Ones()
7       relu = ops.ReLU()
8
9       label = 2 * label - ones(label.shape, ms.float32)
10      h = pred * label
11      loss = (relu(1 - h) - relu(s - h)).sum(axis=1)
12      return loss.mean()
```

以上提到的交叉熵损失函数、合页损失函数和坡道损失函数只是简单地衡量了模型预测值与样本真实标记之间的误差，从而指导训练过程，它们并没有显式地将特征判别性学习考虑进整个网络训练中. 对此，为了进一步提高学习到的特征表示的判别性，近年来，研究者们基于交叉熵损失函数设计了一些新型损失函数，如大间隔交叉熵损失函数（large-margin softmax loss）、中心损失函数（center loss）. 这些损失函数考虑了增大类间距离、减小类内的差异等不同因素，进一步提升了网络学习特征的判别能力（discriminative ability）.

### 9.1.4 大间隔交叉熵损失函数

9.1 节一开始提到的网络输出结果 $h$ 实际上是全连接层参数 $W$ 与该层特征向量 $x_i$ 的内积，即 $h = W^\top x_i$.[1] 因此传统的交叉熵损失函数（Softmax 损失函数）还可表示为：

$$\mathcal{L}_{\text{Softmax loss}} = -\frac{1}{N} \sum_{i=1}^{N} \log \left( \frac{e^{W_{y_i}^\top x_i}}{\sum_{j=1}^{C} e^{W_j^\top x_i}} \right), \tag{9.4}$$

[1]为表达简洁，式中未体现偏置项 $b$.

其中，$\boldsymbol{W}_i^\top$ 为 $\boldsymbol{W}$ 第 $i$ 列参数值. 同时，根据内积定义，式(9.4)可变换为：

$$\mathcal{L}_{\text{Softmax loss}} = -\frac{1}{N}\sum_{i=1}^{N}\log\left(\frac{\mathrm{e}^{\|\boldsymbol{W}_{y_i}\|\|\boldsymbol{x}_i\|\cos(\theta_{y_i})}}{\sum_{j=1}^{C}\mathrm{e}^{\|\boldsymbol{W}_j\|\|\boldsymbol{x}_i\|\cos(\theta_j)}}\right), \tag{9.5}$$

式中，$\theta_j(0 \leqslant \theta_j \leqslant \pi)$ 为向量 $\boldsymbol{W}_i^\top$ 和 $\boldsymbol{x}_i$ 的夹角.

以二分类为例，对隶属于第 1 个类别的某样本 $\boldsymbol{x}_i$ 而言，为分类正确，传统交叉熵损失函数需迫使学到的参数满足：$\boldsymbol{W}_1^\top \boldsymbol{x}_i > \boldsymbol{W}_2^\top \boldsymbol{x}_i$，即 $\|\boldsymbol{W}_1\|\|\boldsymbol{x}_i\|\cos(\theta_1) > \|\boldsymbol{W}_2\|\|\boldsymbol{x}_i\|\cos(\theta_2)$. 大间隔交叉熵损失函数（large-margin softmax loss function）(Liu et al., 2016) 为使特征更具有分辨能力，则在此基础上要求二者差异更大，即引入 $m$ "拉大"二者差距，这便是"大间隔"名称的由来. 同时，$\|\boldsymbol{W}_1\|\|\boldsymbol{x}_i\|\cos(m\theta_1) > \|\boldsymbol{W}_2\|\|\boldsymbol{x}_i\|\cos(\theta_2)$ ($0 \leqslant \theta_1 \leqslant \frac{\pi}{m}$)，式中，$m$ 为正整数，起到控制间隔大小的作用，$m$ 越大，类间间隔越大，反之亦然. 特别地，当 $m=1$ 时，大间隔交叉熵损失函数即退化为传统交叉熵损失函数.

综合以上可得：

$$\|\boldsymbol{W}_1\|\|\boldsymbol{x}_i\|\cos(\theta_1) \geqslant \|\boldsymbol{W}_1\|\|\boldsymbol{x}_i\|\cos(m\theta_1) > \|\boldsymbol{W}_2\|\|\boldsymbol{x}_i\|\cos(\theta_2). \tag{9.6}$$

可以发现，式(9.6) 不仅满足传统交叉熵损失函数的约束，还在确保分类正确的同时增大了不同类别间分类的置信度，这有助于进一步提升特征判别能力（discriminative ability）. 大间隔交叉熵损失函数 (Liu et al., 2016) 的定义为：

$$\begin{aligned}&\mathcal{L}_{\text{large-margin softmax loss}}\\&= -\frac{1}{N}\sum_{i=1}^{N}\log\left(\frac{\mathrm{e}^{\|\boldsymbol{W}_i\|\|\boldsymbol{x}_i\|\phi(\theta_{y_i})}}{\mathrm{e}^{\|\boldsymbol{W}_i\|\|\boldsymbol{x}_i\|\phi(\theta_{y_i})} + \sum_{j\neq y_i}\mathrm{e}^{\|\boldsymbol{W}_j\|\|\boldsymbol{x}_i\|\cos(\theta_j)}}\right).\end{aligned} \tag{9.7}$$

比较发现，式(9.7) 与式(9.5) 的区别仅在于将第 $i$ 类分类间隔"拉大"了：由 $\cos(\theta_{y_i})$ 变为 $\phi(\theta_{y_i})$. 其中

$$\phi(\theta) = \begin{cases} \cos(m\theta), & 0 \leqslant \theta \leqslant \frac{\pi}{m} \\ \mathcal{D}(\theta), & \frac{\pi}{m} < \theta \leqslant \pi \end{cases}. \tag{9.8}$$

式中，$\mathcal{D}(\theta)$ 只需满足"单调递减"条件，并且 $\mathcal{D}(\frac{\pi}{m}) = \cos(\frac{\pi}{m})$. 为简化网络前向和反向运算，文献 (Liu et al., 2016) 推荐了一种具体的 $\phi(\theta)$ 函数，形式如下：

$$\phi(\theta) = (-1)^k \cos(m\theta) - 2k, \quad \theta \in \left[\frac{k\pi}{m}, \frac{(k+1)\pi}{m}\right], \tag{9.9}$$

式中，$k$ 为整数且满足 $k \in [0, m-1]$.

在图 9.2 中，直观地对比了二分类情形下 $\boldsymbol{W}_1$ 的模和 $\boldsymbol{W}_2$ 的模在"等于"、"大于"和"小于"三种不同关系下的决策边界 (Liu et al., 2016). 可以发现，大间隔交叉熵损失函数扩大了类间距离，由于它不仅要求分类正确，而且要求分开的类需保持较大间隔，使得训练目标相比传统交叉熵损失函数更困难. 训练目标变困难后带来的一个额外好处便是可以起到防止模型过拟合的作用. 因此，在分类性能方面，大间隔交叉熵损失函数要优于交叉熵损失函数和合页损失函数.

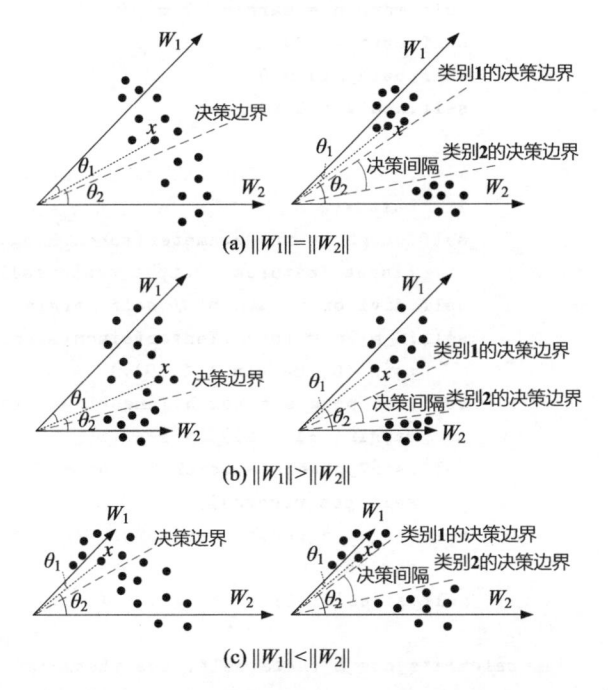

图 9.2 在二分类情形下，当 $\boldsymbol{W}_1$ 的模和 $\boldsymbol{W}_2$ 的模为不同关系时，传统交叉熵损失函数（左图）和大间隔交叉熵损失函数（右图）决策边界对比 (Liu et al., 2016)

大间隔交叉熵损失函数在 PyTorch 中的具体实现代码如下：

```python
# implementations of large margin softmax loss (PyTorch)
import math
import numpy as np
import torch
import torch.nn.functional as F
import torch.nn as nn
from scipy.special import binom


class LSoftmaxLinear(nn.Linear):
    def __init__(self, input_features, output_features, margin, device):
        super().__init__()
        self.input_dim = input_features  # number of
                         input feature i.e. output of the last
                         fc layer
        self.output_dim = output_features  # number
                          of output = class numbers
        self.margin = margin  # m
        self.beta = 100
        self.beta_min = 0
        self.scale = 0.99

        # Ln. 20-Ln. 26: Initialize L-Softmax
          parameters.
        self.weight = nn.Parameter(torch.FloatTensor
                      (input_features, output_features))
        self.divisor = math.pi / self.margin  # pi/m
        self.C_m_2n = torch.Tensor(binom(margin,
                      range(0, margin + 1, 2)))  # C_m{2n}
        self.cos_powers = torch.Tensor(range(self.
                          margin, -1, -2))  # m - 2n
        self.sin2_powers = torch.Tensor(range(len(
                           self.cos_powers)))  # n
        self.signs = torch.ones(margin // 2 + 1).to(
                     device)
        self.signs[1::2] = -1  # 1, -1, 1, -1, ...

    def calculate_cos_m_theta(self, cos_theta):
        # Ln. 30-Ln. 34: Calculate cos(m*theta).
        sin2_theta = 1 - cos_theta**2
        cos_terms = cos_theta ** self.cos_powers  #
                    cos^{m - 2n}
        sin2_terms = (sin2_theta ** self.sin2_powers
```

## 9.1 分类任务的目标函数

```
33                    ) # sin2^{n}
                      cos_m_theta = (self.signs * self.C_m_2n *
                          cos_terms * sin2_terms).sum(1) # -1^{n}
                          * C_m{2n} * cos^{m - 2n} * sin2^{n}
34                  return cos_m_theta
35
36          def find_k(self, cos):
37              # Ln. 38-Ln. 42: Find k.
38              eps = 1e-7
39              cos = torch.clamp(cos, -1 + eps, 1 - eps)
40              acos = cos.acos()
41              k = (acos / self.divisor).floor().detach()
42              return k
43
44          def forward(self, input, target=None):
45              if self.training:
46                  assert target is not None
47                  x, w = input, self.weight
48                  beta = max(self.beta, self.beta_min)
49                  logit = x.mm(w)
50                  indexes = range(logit.size(0))
51                  logit_target = logit[indexes, target
                        ]
52
53                  # Ln. 54-Ln. 56: Calculate cos(theta
                        ) = w * x / ||w||*||x||
54                  w_target_norm = w[:, target].norm(p
                        =2, dim=0)
55                  x_norm = x.norm(p=2, dim=1)
56                  cos_theta_target = logit_target / (
                        w_target_norm * x_norm + 1e-10)
57
58                  # Ln. 59: Calculate cos(m*theta)
59                  cos_m_theta_target = self.
                        calculate_cos_m_theta(
                        cos_theta_target)
60
61                  # Ln. 62: Find k
62                  k = self.find_k(cos_theta_target)
63
64                  logit_target_updated = (
                        w_target_norm * x_norm * (((-1)
                        ** k * cos_m_theta_target) - 2 *
                        k))
65                  logit_target_updated_beta = (
```

```
                                    logit_target_updated + beta *
                                    logit[indexes, target]) / (1 +
                                    beta)
66
67                                  logit[indexes, target] =
                                    logit_target_updated_beta
68                              self.beta *= self.scale
69                              return logit
70                          else:
71                              assert target is None
72                              return input.mm(self.weight)
```

大间隔交叉熵损失函数在 MindSpore 中的具体实现代码如下:

```
1  # implementations of large margin softmax loss (MindSpore)
2  import math
3  import numpy as np
4  import mindspore
5  import mindspore.nn as nn
6  from mindspore import Tensor, Parameter
7  import mindspore.ops as ops
8  from scipy.special import binom
9
10 class LSoftmaxLinear(nn.Cell):
11     def __init__(self, in_dim, out_dim, margin):
12         super().__init__()
13         self.weight = Parameter(Tensor(np.random.
                normal(0, 0.01, (out_dim, in_dim)),
                mindspore.float32))
14         self.margin = margin
15
16         # Ln. 17-Ln. 24: Initialize L-Softmax
               parameters.
17         self.beta = Parameter(Tensor([100.]),
                requires_grad=False)
18         self.beta_min = Tensor(0)
19         self.scale = 0.99
20
21         self.C_m_2n = Tensor(binom(margin, range(0,
                margin + 1, 2)))
22         self.cos_powers = Tensor(np.arange(margin,
                -1, -2))
23         self.sin2_powers = Tensor(np.arange(0,
                margin // 2 + 1))
24         self.signs = Tensor((-np.ones(margin // 2 +
                1)) ** self.sin2_powers)
```

## 9.1 分类任务的目标函数

```python
    def _calc_cos_m_theta(self, cos_theta):
        # Ln. 28-Ln. 32: Calculate cos(m*theta).
        sin2_theta = 1 - cos_theta ** 2
        cos_terms = cos_theta.reshape(-1, 1) ** self
            .cos_powers
        sin2_terms = sin2_theta.reshape(-1, 1) **
            self.sin2_powers
        cos_m_theta = (self.signs * self.C_m_2n *
            cos_terms * sin2_terms).sum(1)
        return cos_m_theta

    def construct(self, inp, target):
        logits = ops.MatMul()(inp, ops.Transpose()(
            self.weight, (1, 0)))
        indices = ops.Tensor(np.arange(0, target.
            size()[0]))
        target_logit = logits[indices.astype(int),
            target]
        w_norm = ops.Sqrt()(ops.ReduceSum()(self.
            weight[:, target] ** 2))
        inp_norm = ops.Sqrt()(ops.ReduceSum()(inp **
            2))
        target_cos_theta = target_logit / (w_norm *
            inp_norm + 1e-6)

        # Ln. 59:Calculate cos(m*theta)
        target_cos_m_theta = self._calc_cos_m_theta(
            target_cos_theta)

        # Ln. 62:Find k
        k = (ops.Acos()(target_cos_theta) / math.pi
            * self.margin).floor().detach()

        updated_target_logit = w_norm * inp_norm *
            ((-1) ** k * target_cos_m_theta - 2 * k)
        beta = max(self.beta.asnumpy(), self.
            beta_min.asnumpy())
        updated_target_logit_beta = (
            updated_target_logit + beta *
            target_logit) / (1 + beta)
        logits[indices.astype(int), target] =
            updated_target_logit.float()
        self.beta.data = Tensor(self.scale * beta)

        return logits
```

### 9.1.5 中心损失函数

大间隔交叉熵损失函数主要考虑增大类间距离问题. 而中心损失函数（center loss function）(Wen et al., 2016) 则在考虑类间距离问题的同时还将一些注意力放在减小类内的差异上. 中心损失函数的定义为：

$$\mathcal{L}_{\text{center loss}} = \frac{1}{2} \sum_{i=1}^{N} \|\boldsymbol{x}_i - \boldsymbol{c}_{y_i}\|_2^2, \tag{9.10}$$

其中，$\boldsymbol{c}_{y_i}$ 为第 $y_i$ 类所有深度特征的均值（也被称为"中心"），故名"中心损失函数". 从直观上看，式(9.10)迫使所有隶属于 $y_i$ 类的样本与中心不要距离过远，否则将增大惩罚. 在实际使用时，由于中心损失函数本身考虑类内的差异，因此，应将中心损失函数与其他主要考虑类间距离的损失函数配合使用，如交叉熵损失函数，这样网络最终的目标函数形式可表示为：

$$\begin{aligned}\mathcal{L}_{\text{final}} &= \mathcal{L}_{\text{cross entropy loss}} + \lambda \mathcal{L}_{\text{center loss}}(\boldsymbol{h}, y_i) \\ &= -\frac{1}{N} \sum_{i=1}^{N} \log\left(\frac{e^{h_{y_i}}}{\sum_{j=1}^{C} e^{h_j}}\right) + \frac{\lambda}{2} \sum_{i=1}^{N} \|\boldsymbol{x}_i - \boldsymbol{c}_{y_i}\|_2^2,\end{aligned} \tag{9.11}$$

式中，$\lambda$ 为两个损失函数间的调节项. $\lambda$ 越大，则类内的差异占整个目标函数的比重越大，反之亦然.

图 9.3 展示了不同 $\lambda$ 取值对分类结果的影响 (Wen et al., 2016)，其分类任务为 "0" ~ "9"，共 10 个手写字符识别任务.[1] 图中不同颜色的"簇"表示不同类别的手写字符（"0" ~ "9"）. 可明显地发现，在中心损失函数占比重较大时，簇更加集中，说明类内的差异明显减小. 另外需要指出的是，类内的差异减小的同时也使得特征具备更强的判别能力.[2] 在分类性能方面，组合使用中心损失函数和传统交叉熵损失函数要优于只使用交叉熵损失函数作为目标函数的网络模型，特别是在人脸识别（face recognition）问题上可有较大的性能提升 (Wen et al., 2016).

---

[1] 数据集为 MNIST，可下载数据：见"链接 26".

[2] 在图 9.3(a) ~ 图 9.3(d) 中，簇的间隔越来越大，即类别区分性越来越大.

(a) $\lambda = 0.001$

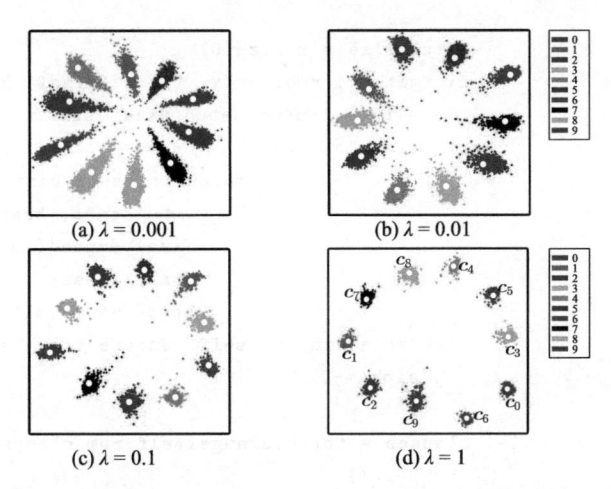

(b) $\lambda = 0.01$

(c) $\lambda = 0.1$

(d) $\lambda = 1$

图 9.3 中心损失函数示意图 (Wen et al., 2016). 随着 $\lambda$ 增加，中心损失函数在整个目标函数中占比重增加，类内差异减小，特征分辨能力增强

中心损失函数在 PyTorch 中的具体实现代码如下：

```python
# implementations of center loss (PyTorch)
import torch
import torch.nn as nn

class CenterLoss(nn.Module):
    def __init__(self, num_classes=10, feat_dim=2,
        use_gpu=True):
        super(CenterLoss, self).__init__()
        self.num_classes = num_classes
        self.feat_dim = feat_dim
        self.use_gpu = use_gpu

        if self.use_gpu:
            self.centers = nn.Parameter(torch.
                randn(self.num_classes, self.
                feat_dim).cuda())
        else:
            self.centers = nn.Parameter(torch.
                randn(self.num_classes, self.
                feat_dim))

    def forward(self, x, labels):
        # Ln. 19-Ln. 32: Calculate center loss by
            the Euclidean distance matrix between
            the centers and sample embeddings.
```

中心损失函数

```python
                batch_size = x.size(0)
                distmat = torch.pow(x, 2).sum(dim=1, keepdim
                    =True).expand(batch_size, self.
                    num_classes) + \
                              torch.pow(self.centers, 2)
                                  .sum(dim=1, keepdim=
                                  True).expand(self.
                                  num_classes,
                                  batch_size).t()
                distmat.addmm_(x, self.centers.t(), beta=1,
                    alpha=-2)

                classes = torch.arange(self.num_classes).
                    long()
                if self.use_gpu: classes = classes.cuda()
                labels = labels.unsqueeze(1).expand(
                    batch_size, self.num_classes)
                mask = labels.eq(classes.expand(batch_size,
                    self.num_classes))

                dist = distmat * mask.float()
                loss = dist.clamp(min=1e-12, max=1e+12).sum
                    () / batch_size

                return loss
```

中心损失函数在 MindSpore 中的实现代码如下：

```python
# implementations of center loss (MindSpore)
import mindspore
import mindspore.nn as nn
from mindspore import Tensor, Parameter
import mindspore.ops as ops

class CenterLoss(nn.Cell):
        def __init__(self, num_classes=10, feat_dim=2,
            use_gpu=True):
                super(CenterLoss, self).__init__()
                self.num_classes = num_classes
                self.feat_dim = feat_dim
                self.use_gpu = use_gpu

                self.centers = Parameter(Tensor(np.random.
                    randn(self.num_classes, self.feat_dim),
                    mindspore.float32))
```

```python
15
16      def construct(self, x, labels):
17          # Ln. 18-Ln. 30: Calculate center loss by
                the Euclidean distance matrix between
                the centers and sample embeddings.
18          batch_size = x.shape[0]
19          distmat = ops.Reshape()(ops.ReduceSum()(ops.
                Square()(x), 1), (batch_size, 1)) + \
20                    ops.Reshape()(ops.
                        ReduceSum()(ops.Square
                        ()(self.centers), 1),
                        (self.num_classes, 1))
21          distmat = ops.MatMul()(x, ops.Transpose()(
                self.centers, (1, 0)), b=distmat, alpha
                =-2)
22
23          classes = Tensor(np.arange(self.num_classes)
                .astype(np.int32))
24          labels = ops.Reshape()(labels, (batch_size,
                1))
25          mask = ops.Equal()(labels, classes)
26
27          dist = distmat * ops.Cast()(mask, mindspore.
                float32)
28          loss = ops.ReduceSum()(ops.ClipByValue()(
                dist, 1e-12, 1e+12)) / batch_size
29
30          return loss
```

## 9.2 回归任务的目标函数

在上一节的分类问题中,样本真实标记实际对应了一条独热向量(one hot vector):对样本 $i$,该向量在 $y_i$ 处为 $1$,表征该样本的真实隶属类别,而其余 $C-1$ 维均为 $0$. 而在本节讨论的回归任务中,样本真实标记同样对应一条向量,但与分类任务真实标记的区别在于,回归任务真实标记的每一维为实值,而非二值($0$ 或 $1$). 在介绍不同的回归任务目标函数前,首先介绍一个回归问题的基本概念:"残差"或被称为"预测误差",其用于衡量模型预测值与真实标记的靠近程度. 假设回归

问题中对应于第 $i$ 个输入特征 $\boldsymbol{x}_i$ 的真实标记为 $\boldsymbol{y}^i = (y_1, y_2, \ldots, y_M)^\top$，$M$ 为标记向量维度总长，$l_t^i$ 则表示样本 $i$ 上网络回归预测值（$\hat{\boldsymbol{y}}^i$）与其真实标记在第 $t$ 维的预测误差（也被称为残差），其关系如下：

$$l_t^i = y_t^i - \hat{y}_t^i. \tag{9.12}$$

### 9.2.1 $\ell_1$ 损失函数

常用的两种回归问题损失函数为 $\ell_1$ 和 $\ell_2$. 对 $N$ 个样本的 $\ell_1$ 损失函数定义如下：

$$\mathcal{L}_{\ell_1 \text{ loss}} = \frac{1}{N} \sum_{i=1}^{N} \sum_{t=1}^{M} |l_t^i|. \tag{9.13}$$

$\ell_1$ 损失函数在 PyTorch 中的调用方式可参考如下代码：

```
1  # l1 loss (PyTorch)
2  import torch
3  import torch.nn.functional as F
4
5  input = torch.FloatTensor([3, 3, 3, 3])
6  target = torch.tensor([2, 8, 6, 1])
7  # Ln. 8: Calculate l1 loss.
8  loss = F.l1_loss(input, target)
9  print(loss)
```

$\ell_1$ 损失函数

其在 PyTorch 中的具体实现代码如下：

```
1   # implementations of l1 loss (PyTorch)
2   def l1_loss(
3           input: Tensor,
4           target: Tensor,
5           size_average: Optional[bool] = None,
6           reduce: Optional[bool] = None,
7           reduction: str = "mean",
8   ) -> Tensor:
9       """
10      l1_loss(input, target, size_average=None, reduce=
              None, reduction='mean') -> Tensor
11
12      Function that takes the mean element-wise absolute
              value difference.
```

```
                See :class:`~torch.nn.L1Loss` for details.
                """
                # Ln. 17-Ln. 32: Calculate l1 loss.
                if has_torch_function_variadic(input, target):
                    return handle_torch_function(
                        l1_loss, (input, target), input,
                        target, size_average=
                        size_average, reduce=reduce,
                        reduction=reduction
                    )
                if not (target.size() == input.size()):
                    warnings.warn(
                        "Using a target size ({}) that is
                            different to the input size ({})
                            ."
                        "This will likely lead to incorrect
                            results due to broadcasting. "
                        "Please ensure they have the same
                            size.".format(target.size(),
                            input.size()),
                        stacklevel=2,
                    )
                if size_average is not None or reduce is not None:
                    reduction = _Reduction.legacy_get_string(
                        size_average, reduce)

                expanded_input, expanded_target = torch.
                    broadcast_tensors(input, target)
                return torch._C._nn.l1_loss(expanded_input,
                    expanded_target, _Reduction.get_enum(reduction))
```

$\ell_1$ 损失函数在 MindSpore 中的调用方式可参考如下代码：

```
# l1 loss (MindSpore)
from mindspore import Tensor, ops
from mindspore import dtype as mstype

x = ms.Tensor([[1, 2, 3], [4, 5, 6]], mstype.float32)
target = ms.Tensor([[6, 5, 4], [3, 2, 1]], mstype.float32)
# Ln. 8: Calculate l1 loss.
output = ops.l1_loss(x, target, reduction="mean")
print(output)
```

其在 MindSpore 中的具体实现代码如下：

```python
# implementations of l1 loss (MindSpore)
def l1_loss(input, target, reduction='mean'):
    """
    Calculate the mean absolute error between the `input
    ` value and the `target` value.

    Assuming that the `x` and `y` are 1-D Tensor, length
        `N`, `reduction` is set to ``'none'``,
    then calculate the loss of `x` and `y` without
        dimensionality reduction.

    Args:
        input (Tensor): Predicted value, Tensor of
            any dimension.
        target (Tensor): Target value, usually has
            the same shape as the `input`.
            If `input` and `target` have
                different shape, make sure they
                can broadcast to each other.
        reduction (str, optional): Apply specific
            reduction method to the output: ``'none
            '``, ``'mean'``, ``'sum'``. Default:
            ``'mean'``.

            - ``'none'``: no reduction will be
                applied.
            - ``'mean'``: compute and return the
                mean of elements in the output.
            - ``'sum'``: the output elements
                will be summed.

    Returns:
        Tensor or Scalar, if `reduction` is ``'none
            '``, return a Tensor with same shape and
            dtype as `input`.
        Otherwise, a scalar value will be returned.
    """
    # Ln. 24-Ln. 29: Calculate l1 loss.
    _check_is_tensor('input', input, 'l1_loss')
    _check_is_tensor('target', target, 'l1_loss')
    if reduction not in ('mean', 'sum', 'none'):
        raise ValueError(f"For l1_loss, the '
            reduction' must be in ['mean', 'sum', '
            none'], but got {reduction}.")
    loss = _get_cache_prim(ops.Abs)()(input - target)
    return _get_loss(loss, reduction, 'l1_loss')
```

## 9.2.2 $\ell_2$ 损失函数

类似地，对 $N$ 个样本的 $\ell_2$ 损失函数定义如下：

$$\mathcal{L}_{\ell_2 \text{ loss}} = \frac{1}{N} \sum_{i=1}^{N} \sum_{t=1}^{M} \left(l_t^i\right)^2. \tag{9.14}$$

$\ell_2$ 损失函数在 PyTorch 中的具体实现代码如下：

```
# implementations of l2 loss (PyTorch)
def mse_loss(
        input: Tensor,
        target: Tensor,
        size_average: Optional[bool] = None,
        reduce: Optional[bool] = None,
        reduction: str = "mean",
) -> Tensor:
    """
    mse_loss(input, target, size_average=None, reduce=
        None, reduction='mean') -> Tensor

    Measures the element-wise mean squared error.

    See :class:`~torch.nn.MSELoss` for details.
    """
    # Ln. 17-Ln. 32: Calculate l2 loss.
    if has_torch_function_variadic(input, target):
        return handle_torch_function(
            mse_loss, (input, target), input,
                target, size_average=
                size_average, reduce=reduce,
                reduction=reduction
        )
    if not (target.size() == input.size()):
        warnings.warn(
            "Using a target size ({}) that is
                different to the input size ({})
                ."
            "This will likely lead to incorrect
                results due to broadcasting. "
            "Please ensure they have the same
                size.".format(target.size(),
                input.size()),
```

$\ell_2$ 损失函数

```
26                    stacklevel=2,
27                )
28        if size_average is not None or reduce is not None:
29            reduction = _Reduction.legacy_get_string(
                  size_average, reduce)
30
31        expanded_input, expanded_target = torch.
              broadcast_tensors(input, target)
32        return torch._C._nn.mse_loss(expanded_input,
              expanded_target, _Reduction.get_enum(reduction))
```

$\ell_2$ 损失函数在 MindSpore 中的具体实现代码如下：

```
1  # implementations of l2 loss (MindSpore)
2  def mse_loss(input, target, reduction='mean'):
3      """
4      Calculates the mean squared error between the
           predicted value and the label value.
5
6      For detailed information, please refer to :class:`
           mindspore.nn.MSELoss`.
7
8      Args:
9          input (Tensor): Tensor of any dimension.
10         target (Tensor): The input label. Tensor of
               any dimension, same shape as the `input`
               in common cases.
11             However, it supports that the shape
                   of `input` is different from the
                   shape of `target`
12             and they should be broadcasted to
                   each other.
13         reduction (str, optional): Apply specific
               reduction method to the output: ```'none
               '```, ```'mean'```,
14             ```'sum'```. Default: ```'mean'```.
15
16             - ```'none'```: no reduction will be
                   applied.
17             - ```'mean'```: compute and return the
                   mean of elements in the output.
18             - ```'sum'```: the output elements
                   will be summed.
19
```

```python
20      Returns:
21          Tensor, loss of type float, the shape is
                zero if `reduction` is ``'mean'`` or ``'
                sum'``,
22              while the shape of output is the broadcasted
                    shape if `reduction` is ``'none'``.
23      """
24      # Ln. 25-Ln. 53: Calculate l2 loss.
25      if not isinstance(input, (Tensor, Tensor_)):
26          raise TypeError("For ops.mse_loss, the `
                input` must be tensor")
27      if not isinstance(target, (Tensor, Tensor_)):
28          raise TypeError("For ops.mse_loss, the `
                target` must be tensor")
29      if reduction not in ['mean', 'none', 'sum']:
30          raise ValueError("For ops.mse_loss, `
                reduction` value should be either 'mean
                ', 'none' or 'sum'.")
31
32      x = _get_cache_prim(ops.Square)()(input - target)
33      float_type = (mstype.float16, mstype.float32, mstype
                .float64)
34      if x.dtype not in float_type:
35          input_dtype = mstype.float32
36      else:
37          input_dtype = x.dtype
38      x = _get_cache_prim(ops.Cast)()(x, mstype.float32)
39
40      average_flag = True
41      reduce_flag = True
42      if reduction == 'sum':
43          average_flag = False
44      if reduction == 'none':
45          reduce_flag = False
46
47      if reduce_flag and average_flag:
48          x = _get_cache_prim(ops.ReduceMean)()(x,
                _get_axis(x))
49
50      if reduce_flag and not average_flag:
51          x = _get_cache_prim(ops.ReduceSum)()(x,
                _get_axis(x))
52
53      return _get_cache_prim(ops.Cast)()(x, input_dtype)
```

在实际使用中，$\ell_1$ 与 $\ell_2$ 损失函数在回归精度上一般相差无几，不过在一些情况下，$\ell_2$ 损失函数可能会略优于 $\ell_1$ (Zhang et al., 2016)，在收敛速度方面，$\ell_2$ 损失函数也略快于 $\ell_1$ 损失函数. 两者的函数示意图如图 9.4(a) 和图 9.4(b) 所示.

### 9.2.3 Tukey's biweight 损失函数

与分类任务中提到的坡道损失函数一样，Tukey's biweight 损失函数 (Belagiannis et al., 2015) 也是一类非凸损失函数，其可克服在回归任务中的离群点或样本噪声对整体回归模型的干扰和影响，是回归任务中一种鲁棒（robust）的损失函数，其定义如下

$$\mathcal{L}_{\text{Tukey's biweight loss}} = \begin{cases} \dfrac{c^2}{6N} \sum_{i=1}^{N} \sum_{t=1}^{M} \left[ 1 - \left( 1 - \left( \dfrac{l_t^i}{c} \right)^2 \right)^3 \right], & |l_t^i| \leqslant c, \\ \dfrac{c^2 M}{6}, & \text{其他}. \end{cases} \tag{9.15}$$

式中，常数 $c$ 指定了函数拐点 [ 见图 9.4(c) 实心圆点所示 ] 的位置. 需要指出的是，该超参数并不需要人为指定. 一般情况下，当 $c = 4.6851$ 时，Tukey's biweight 损失函数可取得与 $\ell_2$ 损失函数在最小化符合标准正态分布时的残差类似的（95% 渐近）回归效果.

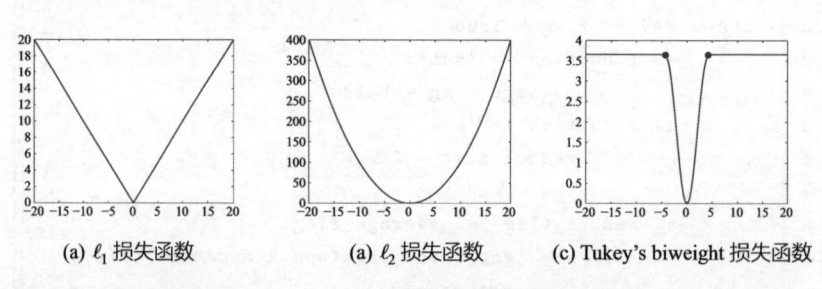

(a) $\ell_1$ 损失函数　　(a) $\ell_2$ 损失函数　　(c) Tukey's biweight 损失函数

图 9.4　回归损失函数对比. $\ell_1$ 损失函数、$\ell_2$ 损失函数和 Tukey's biweight 损失函数. 其中，前两种损失函数为凸函数，Tukey's biweight 为非凸函数

Tukey's biweight 损失函数在 PyTorch 中的具体实现代码如下：

```python
# implementations of Tukey's biweight loss (PyTorch)
import torch
import torch.nn.functional as F

def tukey_biweight_loss(pred, target, c=4.6851):
    # Ln. 7-Ln. 12: Calculate Tukey's biweight loss.
    l = torch.abs(pred - target)
    loss1 = (1 - (1 - (l / c) ** 2) ** 3) * (c ** 2) / 6
        # upper half of the piecewise function
    loss2 = torch.tensor((c ** 2) / 6.).repeat(loss1.
        size())  # lower half of the piecewise function
    mask = l < c  # condition
    loss = torch.where(mask, loss1 / loss1.size()[0],
        loss2)  # the Tukey's biweight loss
    return loss.mean()
```

Tukey's biweight 损失函数

该函数在 MindSpore 中的具体实现代码如下：

```python
# implementations of Tukey's biweight loss (MindSpore)
import mindspore
import mindspore.ops as ops

def tukey_biweight_loss(pred, target, c=4.6851):
    # Ln. 7-Ln. 12: Calculate Tukey's biweight loss.
    l = ops.abs(pred - target)
    loss1 = (1 - (1 - (l / c) ** 2) ** 3) * (c ** 2) / 6
        # upper half of the piecewise function
    loss2 = ops.Fill()(loss1.shape(), (c ** 2) / 6.)  #
        lower half of the piecewise function
    mask = l < c  # condition
    loss = ops.Select() (mask, loss1 / loss1.size()[0],
        loss2)  # the Tukey's biweight loss
    return ops.ReduceMean(keep_dims=False)(loss)
```

## 9.3 其他任务的目标函数

前面提到了分类和回归两类经典预测任务，但实际问题往往不能简单地划归为这两类问题. 如图 9.5 所示，在年龄估计问题中，一个人的年龄很难用一个单一的数字去描述. 例如, 我们在判断年龄时经常会这样表达:"这个人看起来 30 岁左右". 这个"左右"实际上表达了一种不确定性, 但不确定的同时又有一种肯定, 那就是这个人的年龄极大可能是 30 岁. 这种情况可以很自然地用一个"标记分布"(label distribution 或 distribution of labels)来描述, 即图 9.5(a) 中均值为 30 的正态分布 (Geng et al., 2013). 又如, 在头部姿态识别 [见图 9.5(b)] 中很难对头部角度给定一个精准的度数, 因此该问题中的样本便借助角度的分布作为标记目标 (Geng et al., 2014). 在多标记分类 [见图 9.5(c)] 任务中, 对于图中存在但难于识别的一些物体 (如"椅子""蜡烛"等小物体), 标记分布的利用可以在一定程度上缓解多标记任务中的类别不确定问题 (Gao et al., 2017). 而在图像语义分割中, 当我们细看两种语义交汇边界时能发现图中实际也存在某种程度的类别不确定现象, 如图 9.5(d) 中绿色框所示, 图中边界区域既可以说隶属于"天空"类别, 也可说隶属于"鸟类"类别. 标记分布的介入能提升语义分割性能, 特别是边界区域的分割精度 (Gao et al., 2017).

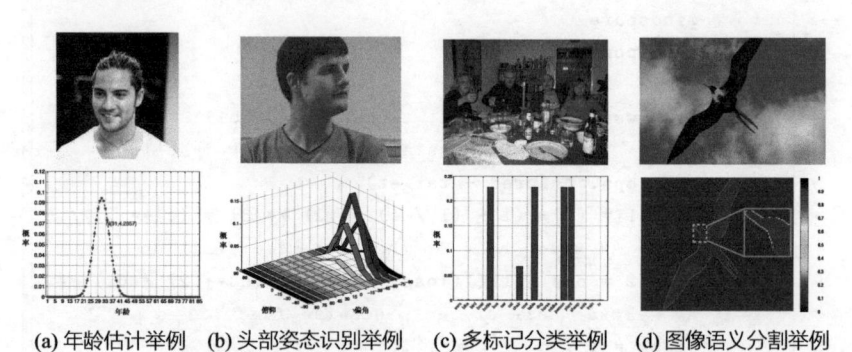

(a) 年龄估计举例　(b) 头部姿态识别举例　(c) 多标记分类举例　(d) 图像语义分割举例

图 9.5　使用标记分布作为标记目标的若干问题举例 (Gao et al., 2017)

通过上面的描述可知, 标记分布问题明显有别于分类问题的离散标记, 同时也和回归问题的连续标记不同. 其与回归问题的显著差异在于, 在回归问题中尽管标记连续, 却不符合一个合法的概率分布. 具体而言, 假设 $h = (h_1, h_2, \ldots, h_C)^\top$ 为网络模型对于输入样本 $x_i$ 的最终输出结果, 那么在利用标记分布技术解决问题之前, 首先需要将 $h$ 转换为一个合法分布. 在此, 以 Softmax 函数为例, 可将 $h$ 转换为如下形式:

$$\hat{y}_k = \frac{e^{h_k}}{\sum_{j=1}^{C} e^{h_j}}, \tag{9.16}$$

其中，$k \in \{1, 2, \ldots, C\}$ 代表标记向量的第 $k$ 维．针对预测的标记向量（标记分布）$\hat{\boldsymbol{y}}$，通常可用 Kullback-Leibler 散度[1] 来度量其与真实标记向量 $\boldsymbol{y}$ 之间的误差，KL 散度也被称为 KL 损失（KL loss），其公式如下：

$$\mathcal{L}_{\text{KL loss}} = \sum_k y_k \log \frac{y_k}{\hat{y}_k}. \tag{9.17}$$

由于 $y_k$ 为常量，式 (9.17) 等价于

$$\mathcal{L}_{\text{KL loss}} = -\sum_k y_k \log \hat{y}_k. \tag{9.18}$$

[1] Kullback-Leibler 散度（KL divergence）是用于衡量两个概率分布之间差异的一种度量，表示一个分布相对于另一个分布的不确定性增加的程度．

通过式 (9.18) 可衡量样本标记分布与真实标记分布之间的差异，并利用该差异指导模型训练．

## 9.4 总结与扩展阅读

本章介绍了深度学习中常用的目标函数，涵盖了分类任务和回归任务两个主要方面．对于分类任务，讨论了几种常见的损失函数，包括交叉熵损失函数、合页损失函数、坡道损失函数、大间隔交叉熵损失函数和中心损失函数．在这些分类问题的目标函数中，交叉熵损失函数是最为常用的分类目标函数，并且效果一般优于合页损失函数；大间隔损失函数和中心损失函数的出发点在于增大类间距离、减小类内距离，这样不仅要求分类准确，而且还有助于提高特征的分辨能力；坡道损失函数是分类问题的目标函数中的一类非凸损失函数，由于其良好的抗噪特性，推荐将其用于样本噪声或离群点较多的分类任务中．

对于回归任务，介绍了一些常用的回归损失函数，包括 $\ell_1$ 损失函数、$\ell_2$ 损失函数，以及 Tukey's biweight 损失函数．在这些回归问题的目标函数中，$\ell_1$ 损失函数和 $\ell_2$ 损失函数是两个直观且常用的回归任务目标函数，在实际使用中，$\ell_2$ 损失函数略优于 $\ell_1$ 损失函数；Tukey's biweight

损失函数为回归问题中的一类非凸损失函数,同样具有良好的抗噪能力.

此外,读者还可以继续探索更多关于目标函数的内容. 以下是一些扩展阅读资料,可供读者深入研究.

- "Connectionist Temporal Classification: Labelling Unsegmented Sequence Data with Recurrent Neural Networks" (Graves et al., 2006):该论文提出 CTC 损失函数,通过考虑输入与目标的可能对齐方式,生成可微分的损失值,用于计算连续时间序列与目标序列之间的损失.

- "Deep label distribution learning with label ambiguity" (Gao et al., 2017):在一些如人脸年龄估计、头部角度识别等任务样本标记具有不确定性的特殊应用场景下,基于标记分布(label distribution)的损失函数不失为一种优质的选择.

## 9.5 习题

**习题 9-1** 试从交叉熵损失函数和坡道损失函数的定义出发,说明它们各自适用于什么样的场景.

**习题 9-2** 试写出本章交叉熵损失函数、合页损失函数、$\ell_1$ 损失函数在 PyTorch 和 MindSpore 调用示例中的输出结果.

**习题 9-3** 试回答在分类问题中,为什么交叉熵损失函数比均方误差更适合作为目标函数.

**习题 9-4** 试写出中心损失函数的误差(梯度)反向传播公式.

**习题 9-5** 试说明 $\ell_1$ 损失函数和 $\ell_2$ 损失函数的区别,并分析它们分别适用于什么样的回归任务.

**习题 9-6** 对于回归问题,若样本存在大量噪声,使用 $\ell_1$ 损失函数是否合适?请简述其原因.

**习题 9-7** 试自行使用 PyTorch 或 MindSpore(或其他熟悉的深度学习工具)实现式(9.18)中的 KL 损失函数.

**习题 9-8** 在训练深度神经网络的过程中,我们通常不会直接最小化中心损失函数,而是采用与交叉熵损失函数的联合训练,试思考其原因.

**习题 9-9**　除了传统的损失函数,还有一类无监督学习的目标函数. 请阅读文献 "Greedy Layer-Wise Training of Deep Networks" (Bengio et al., 2007),试述无监督学习的优点和局限性,并说明其适用场景.

**习题 9-10**　阅读文献 "Generative Adversarial Nets" (Goodfellow et al., 2014),给出生成对抗网络(Generative Adversarial Nets,GAN)[1]任务的目标函数,并简要说明该目标函数的作用与意义.

---

[1] 生成对抗网络是一种深度学习框架,由生成器(generator)和判别器(discriminator)组成,通过对抗训练的方式使生成器生成逼真的数据,而判别器则努力区分真实数据和生成数据,从而推动模型学习并生成高质量的样本.

## 历史的天空

### 苏步青
(1902—2003)

中国科学院院士、数学家. 1927 年毕业于日本东京帝国大学数学系,1931 年获该校理学博士学位. 1955 年任中国科学院学部委员(1993 年后改为中国科学院院士). 曾任浙江大学教授,复旦大学教授、校长、名誉校长,政协全国委员会副主席. 中国数学会的发起人之一. 主要从事微分几何学、计算几何学研究,创立了国内外公认的微分几何学派. 早期在仿射微分几何学和射影微分几何学研究方面取得出色成果其后在一般空间微分几何学、高维空间共轭理论、几何外形设计、计算机辅助几何设计等方面取得突出成就. 1978 年获全国科学大会奖,1986 年获国家科学进步奖,1998 年获何梁何利基金科学与技术成就奖. 第一个以我国数学家名字命名的大奖——国际工业与应用数学联合会(ICIAM)苏步青奖,便是以苏步青先生的名字命名的.

## 参考文献

BELAGIANNIS V, RUPPRECHT C, CARNEIRO G, et al., 2015. Robust optimization for deep regression[C]//Proc. IEEE Int. Conf. Comp. Vis. Santiago, IEEE: 2830-2838.

BENGIO Y, LAMBLIN P, POPOVICI D, et al., 2007. Greedy layer-wise training of deep networks[C]//Advances in Neural Inf. Process. Syst. British Columbia, MIT: 153-160.

COLLOBERT R, SINZ F, WESTON J, et al., 2006. Trading convexity for scalability[C]//Proc. Int. Conf. Mach. Learn. Pemsylvania, ACM: 201-208.

GAO B B, XING C, XIE C W, et al., 2017. Deep label distribution learning with label ambiguity[J]. IEEE Trans. Image Process., 26(6): 2825-2838.

GENG X, XIA Y, 2014. Head pose estimation based on multivariate label distribution[C]//Proc. IEEE Conf. Comp. Vis. Patt. Recogn. Ohio, IEEE: 1837-1842.

GENG X, YIN C, ZHOU Z H, 2013. Facial age estimation by learning from label distributions[J]. IEEE Trans. Pattern Anal. Mach. Intell., 35(10): 2401-2412.

GOODFELLOW I J, POUGET-ABADIE J, MIRZA M, et al., 2014. Generative adversarial nets[C]//Advances in Neural Inf. Process. Syst. Quebec, MIT: 2672-2680.

GRAVES A, FERNáNDEZ S, GOMEZ F, et al., 2006. Connectionist temporal classification: labelling unsegmented sequence data with recurrent neural networks[C]//Proc. Int. Conf. Mach. Learn. Pemsylvania, ACM: 369-376.

LIU W, WEN Y, YU Z, et al., 2016. Large-margin softmax loss for convolutional neural networks[C]//Proc. Int. Conf. Mach. Learn. New York, ACM: 507-516.

WEN Y, ZHANG K, LI Z, et al., 2016. A discriminative feature learning approach for deep face recognition[C]//Proc. Eur. Conf. Comp. Vis. Amsterdam, Springer: 499-515.

WU Y, LIU Y, 2007. Robust truncated hinge loss support vector machines[J]. J. American Stat. Association, 102(479): 974-983.

ZHANG C L, ZHANG H, WEI X S, et al., 2016. Deep bimodal regression for apparent personality analysis[C]//Proc. Eur. Conf. Comp. Vis. Workshops. Amsterdam, Springer: 311-324.

# 第 10 章
# 网络正则化

机器学习的一个核心问题是,如何使学习算法不仅在训练样本上表现良好,并且在新数据或测试集上同样奏效.学习算法在新数据上的这种表现被称为模型的"泛化性"或"泛化能力"(generalization ability).若某学习算法在训练集上表现优异,同时在测试集上依然工作良好,则可以说该学习算法有较强的泛化能力;若某算法在训练集上表现优异,但在测试集上的表现却非常糟糕,则我们说这样的学习算法并没有泛化能力,这种现象也被称为"过拟合"(overfitting).[1]

由于我们关注模型的预测能力,即模型在新数据上的表现,而不希望过拟合现象的发生,因此我们通常使用"正则化"(regularization)技术来防止过拟合.正则化是机器学习中通过显式地控制模型复杂度来避免模型过拟合,确保泛化能力的一种有效方式.如图 10.1 所示,如果将模型原始的假设空间比作"天空",那么天空中自由飞翔的"鸟"就是模型可能收敛到的一个个最优解.在施加了模型正则化后,就好比将原假设空间("天空")缩小到一定的空间范围("笼子"),这样一来,可能得到的最优解("鸟")能搜寻的假设空间也变得相对有限.有限空间自然对应复杂度不太高的模型,也自然对应了有限的模型表达能力,这就是"正则化能有效防止模型过拟合"的一种直观解释.

[1]过拟合又被称为"过配",是机器学习中的一个基本概念.即给定一个假设空间 $\mathcal{H}$,一个假设 $h$ 属于 $\mathcal{H}$,若存在其他的假设 $h'$ 属于 $\mathcal{H}$,使得在训练样例上 $h$ 的错误率比 $h'$ 小,但在整个实例分布上 $h'$ 比 $h$ 的错误率小,那么就说假设 $h$ 过拟合训练数据.

图 10.1 模型正则化示意

为了提高模型的泛化能力,许多浅层学习器(如支持向量机等)往往都要依赖模型正则化,深度学习更是如此.深度网络模型相较于浅层学习器具有更高的模型复杂度，它是一把更锋利的"双刃剑"：保证模型表示能力更强大的同时，也使模型蕴藏着更巨大的过拟合风险. 深度模型的正则化可以说是整个深度模型搭建的最后一步，更是不可缺少的重要一步. 本章将介绍 5 种在实践中常用的深度学习网络正则化方法.

## 10.1 $\ell_2$ 正则化

$\ell_2$ 正则化与下一节要介绍的 $\ell_1$ 正则化都是机器学习模型中相当常见的模型正则化方式. 在深度模型中也常用二者对操作层（如卷积层、分类层等）进行正则化，约束模型的复杂度. 假设待正则化的网络层参数为 $\boldsymbol{\omega}$，则 $\ell_2$ 正则项形式如下：

$$\ell_2 = \frac{1}{2}\lambda\|\boldsymbol{\omega}\|_2^2, \tag{10.1}$$

其中，$\lambda$ 控制正则项大小，较大的 $\lambda$ 取值将较大程度地约束模型的复杂度；反之亦然. 在实际使用时，一般将正则项加入目标函数，通过整体目标函数的误差反向传播，从而达到正则项影响和指导网络训练的目的.

$\ell_2$ 正则化在深度学习中有一个常用的说法是"权重衰减"（weight decay）. 另外，$\ell_2$ 正则化在机器学习中还被称为"岭回归"（ridge regression）或 Tikhonov 正则化（Tikhonov regularization）.

## 10.2 $\ell_1$ 正则化

类似地，对于待正则化的网络层参数 $\boldsymbol{\omega}$，$\ell_1$ 正则项形式如下：

$$\ell_1 = \lambda\|\boldsymbol{\omega}\|_1 = \lambda\sum_i |\omega_i|, \tag{10.2}$$

注意，$\ell_1$ 正则化除了与 $\ell_2$ 正则化一样能约束参数量级，还能起到使参数更稀疏的作用. 稀疏化的结果使优化后的参数一部分为 0，另一部分为非零实值. 非零实值的那部分参数可起到选择重要参数或特征维度的作用，同时可起到去除噪声的作用. 此外，$\ell_2$ 正则化和 $\ell_1$ 正则化也可联合使用，形式如下：

$$\lambda_1\|\omega\|_1 + \lambda_2\|\omega\|_2^2. \tag{10.3}$$

这种形式也被称为"Elastic 网络正则化"(Zou et al., 2005).

## 10.3 最大范数约束

最大范数约束（max norm constraint）是通过向参数量级的范数设置上限对网络进行正则化的手段，形式如下：

$$\|\omega\|_2 < c, \tag{10.4}$$

其中，$c$ 多取 $10^3$ 或 $10^4$ 数量级数值. 有关"范数"的内容，参见本书附录 A.

## 10.4 随机失活

随机失活（dropout）(Srivastava et al., 2014) 是目前几乎所有配备全连接层的深度学习网络都在使用的网络正则化方法. 随机失活在约束网络复杂度的同时，还是一种针对深度模型的高效集成学习 (Zhou, 2012) 方法.[1]

在传统的神经网络中，由于神经元间的互联，对于某单个神经元来说，其反向传导来的梯度信息同时也受到其他神经元的影响，可谓"牵一发而动全身". 这就是所谓的"复杂协同适应效应"（complex co-adaptation effect）. 随机失活的提出在一定程度上缓解了神经元之间复杂的协同适应效应，降低了神经元之间的依赖程度，避免了网络过拟合的发生. 其原理非常简单：对于某层的每个神经元，在训练阶段均以概率 $p$ 随机将该神经元权重置零（故被称为"随机失活"），测试阶段所有的

[1] 集成学习是一种机器学习方法，通过整合多个弱学习器的预测，以获得更强大、更稳健的整体模型，提高预测性能和泛化能力.

神经元均呈激活态，但其权重需乘以 $(1-p)$，以保证训练和测试阶段各自权重拥有相同的期望，如图 10.2 所示.

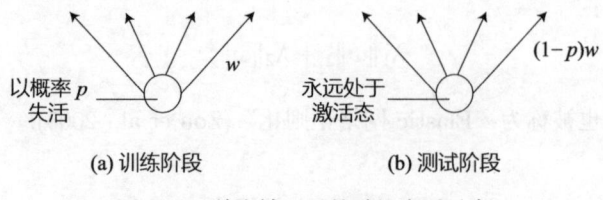

图 10.2 单个神经元的随机失活示意

由于失活的神经元无法参与网络训练，因此每次训练（前向操作和反向操作）时相当于面对一个全新网络. 以含两层网络、各层有三个神经元的简单神经网络为例（见图 10.3），若每层随机失活一个神经元，则该网络共可产生 9 种子网络. 根据上述随机失活原理，训练阶段相当于共训练了 9 个子网络，测试阶段则相当于 9 个子网络的平均集成（average ensemble）. 类似地，对于 Alex-Net 和 VGG 等网络最后的 $4096 \times 4096$ 全连接层来讲，随机失活后，便是指数级子网络的网络集成，这对于提升网络泛化能力效果显著.

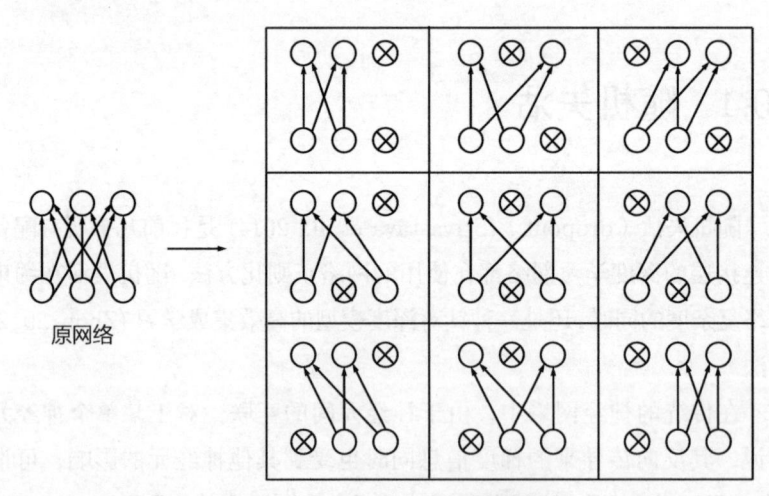

图 10.3 两层网络、各层含三个神经元的随机失活情形. 每层随机失活一个神经元，共有 $C_3^1 \times C_3^1 = 9$ 种情况

另外，还需注意，随机失活操作在工程实现中并没有完全遵照原理，

而是在训练阶段直接将随机失活后的网络响应（activation）乘以 $\frac{1}{1-p}$，这样在测试阶段便不需要做任何量级调整. 这样的随机失活被称为"倒置随机失活"（inverted dropout），如图 10.4 所示.

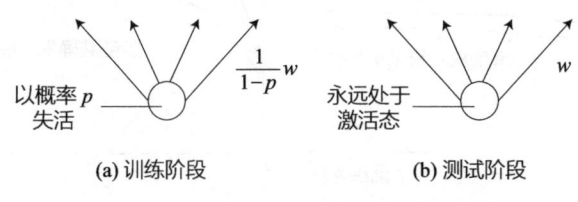

(a) 训练阶段　　　　　(b) 测试阶段

图 10.4　单个神经元的倒置随机失活示意

## 10.5　验证集的使用

通常，在模型训练前可从训练集数据随机划分出一个子集作为"验证集"，用以在训练阶段评测模型预测性能. 一般在每轮或每次批处理训练后在该训练集和验证集上分别做网络前向运算，预测训练集和验证集样本的标记，绘制学习曲线，以此检验模型泛化性能.

以模型的分类准确率为例，若模型在训练集和验证集上的学习曲线（learning curve）如图 10.5(a) 所示，验证集上的准确率一直低于训练集上的准确率，但无明显下降趋势. 这说明此时模型复杂度欠缺，模型表示能力有限——属于"欠拟合"[1]状态. 对此，可通过增加层数、调整激活函数、增加网络非线性、减小模型正则化等措施增加网络复杂度. 相反，若验证集曲线不仅低于训练集，并且随着训练轮数增长有明显下降趋势[见图 10.5(b)]，则说明模型已经过拟合. 此时，应增大模型正则化，从而降低网络复杂度.

除了上述几种网络正则化方式，借助验证集"提早停止"（也被称为"早停"）网络训练也是一种有效的防止网络过拟合的方法：可取验证集上准确率最高的那一轮训练结果作为最终网络，用于测试集数据的预测. 此外，在数据方面"做文章"，比如增加训练数据或尝试更多的数据扩充方式（相关内容参见本书第 6 章）则是另一种防止过拟合的方式.

[1] 欠拟合是指模型拟合程度不高，数据距离拟合"曲线"较远，或指模型没有很好地捕捉到数据特征，不能够很好地拟合数据.

(a) 模型欠拟合

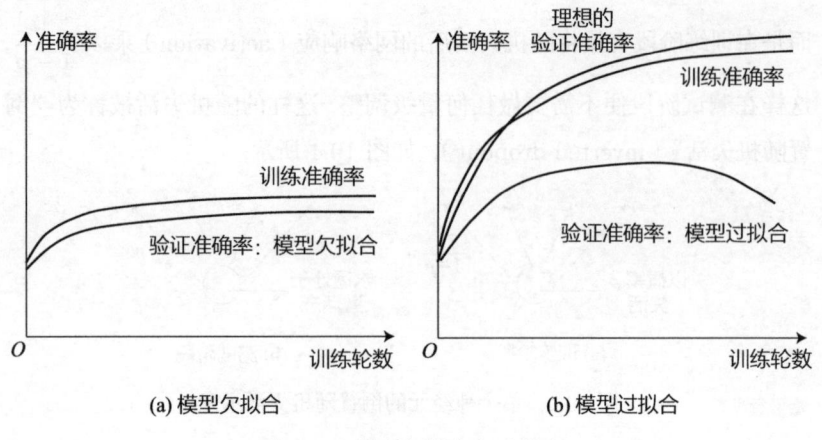

(b) 模型过拟合

图 10.5　模型欠拟合和过拟合

## 10.6　总结与扩展阅读

网络正则化是提高深度学习模型泛化性能的重要方法. 本章系统地介绍了多种网络正则化技术, 包括 $\ell_2$ 正则化、$\ell_1$ 正则化、最大范数约束、随机失活, 以及验证集的使用. $\ell_2$ 正则化通过对模型权重的平方和进行惩罚, 有助于防止过拟合. $\ell_1$ 正则化则通过对模型权重的绝对值进行惩罚, 促使模型学习稀疏特征. 一般而言, $\ell_2$ 正则化效果优于 $\ell_1$ 正则化; $\ell_1$ 正则化可求得稀疏解. 另外, 二者可联合使用, 此时被称为 "Elastic 网络正则化". 最大范数约束是通过约束参数范数对网络施加正则化, 它的一个非常吸引人的优势在于, 由于最大范数约束对参数范数约定了上限, 因此即使网络学习率设置得过大, 也不至于导致 "梯度爆炸". 随机失活是目前针对全连接层操作有效的正则化方式, 实际工程实现时多采用 "倒置随机失活" 方式. 随机失活还可与 $\ell_2$ 等正则化方法配合使用. 在实际使用时, 往往可通过网络训练时验证集上的学习曲线评估模型训练效果, "及时停止" 网络训练也是一种有效的防止网络过拟合的方法. 此外, 增加训练数据、使用更多的数据扩充方式、在网络分类层加入随机噪声等均可隐式增加对模型的约束, 提高模型泛化能力.

以下文献供读者深入理解深度学习中网络正则化的机理.

- "Understanding Deep Learning Requires Rethinking Generalization" (Zhang et al., 2021): 该论文挑战了传统观点, 通过广泛的实

验和理论构建，揭示出大型神经网络在泛化上的成功不仅依赖于模型族的特性或训练过程中的正则化技术，还与训练数据的随机性密切相关，为深度学习泛化提供了新的理论视角.
- "Saliency-Regularized Deep Multi-Task Learning"（Guangji Bai, 2022）：多任务学习和网络正则化之间存在密切关系. 多任务学习通过共享部分模型参数，将多个任务的数据信息汇总，使得模型对共享参数更加约束，从而提高了泛化性能. 这种共享参数的机制相当于一种正则化，通过增加数据的共享部分来增强泛化能力.

## 10.7 习题

习题 10-1　假设一个神经网络包含 100 个神经元，采用 $\ell_2$ 正则化，并设正则化参数 $\lambda = 0.01$. 试计算网络的 $\ell_2$ 正则化项对损失函数的贡献.

习题 10-2　对于 $\ell_1$ 正则化和 $\ell_2$ 正则化，试解释它们的区别，以及在使用神经网络时何种情况用哪种正则化更为有效.

习题 10-3　试思考最大范数约束和 $\ell_2$ 正则化有何不同，它们有何相似之处？

习题 10-4　最大范数约束可以通过在每次更新参数之前缩放梯度向量来实现. 试说明该过程如何防止梯度爆炸，并思考当梯度向量的范数大于设定的最大值时如何进行缩放？

习题 10-5　请思考随机失活法的误差（梯度）反向传播方式.

习题 10-6　试说明如何使用验证集来选择最优的随机失活比率？

习题 10-7　结合验证集的表现进行模型训练时，若发现验证集的学习曲线出现剧烈抖动，试分析其可能原因和应对策略.

习题 10-8　有人声称："正则化项可能会导致过拟合."试举例说明这种说法的真伪.

习题 10-9　请阅读文献"When Does Label Smoothing Help?"（Müller et al., 2019），理解文中关于标签平滑化（label smoothing）的相关内容，并分析其与网络正则化的关系.

**习题 10-10** 试使用 $\ell_2$ 正则化训练一个多层感知机,并将其与没有使用正则化的模型进行比较. 请使用测试集评估它们的表现,并解释结果.

# 历史的天空

## 夏培肃
(1923—2014)

　　女,中国科学院院士、计算机科学家. 1945 年毕业于中央大学电机系. 1950 年获英国爱丁堡大学博士学位. 中国科学院计算技术研究所研究员. 1991 当选为中国科学院院士(学部委员). 20 世纪 50 年代,夏培肃设计试制成功中国第一台自行设计的通用电子数字计算机. 从 20 世纪 60 年代开始,她在高速计算机的研究和设计方面做出了系统的具有创造性的成果. 解决了数字信号在大型高速计算机中传输的关键问题. 她负责设计研制的高速阵列处理机使石油勘探中的常规地震资料处理速度提高 10 倍以上. 她还提出了最大时间差流水线设计原则,根据这个原则设计的向量处理机的运算速度比当时国内向量处理机的快 4 倍. 她负责设计研制成功多台不同类型的并行计算机. 中国计算机学会旨在奖励在学术、工程、教育及产业等领域,为推动中国的计算机事业做出杰出贡献、取得突出成就的中国计算机学会女性会员而设立的"中国计算机学会夏培肃奖"便是以夏培肃先生的名字命名的.

# 参考文献

GUANGJI BAI L Z, 2022. Saliency-regularized deep multi-task learning[C]//Proc. ACM SIGKDD Int. Conf. Knowledge discovery & data mining. New York, ACM: 15-25.

MüLLER R, KORNBLITH S, HINTON G E, 2019. When does label smoothing help[C]//Advances in Neural Inf. Process. Syst. Vancouver, MIT: 4694-4703.

SRIVASTAVA N, HINTON G E, KRIZHEVSKY A, et al., 2014. Dropout: A simple way to prevent neural networks from overfitting[J]. J. Mach. Learn. Res., 15: 1929-1958.

ZHANG C, BENGIO S, HARDT M, et al., 2021. Understanding deep learning requires rethinking generalization[J]. Communications of the ACM, 64(4): 107-115.

ZHOU Z H, 2012. Ensemble methods: Foundations and algorithms[M]. London: Boca Raton, FL: Chapman & Hall/CRC.

ZOU H, HASTIE T, 2005. Regularization and variable selection via the elastic net[J]. J. Royal Stat. Society, Series B, 67: 301-320.

# 第 11 章
# 超参数设定和网络训练

前文先后介绍了深度学习模型在实践中各模块、各环节的配置细节及要点. 网络各部件选定后, 即可开始搭建网络模型并进行模型训练了. 本章将以卷积神经网络为主, 介绍一些重要的网络设计过程中的超参数设定技巧和训练技巧, 如学习率的设定、批规范化操作和网络模型优化算法选择等.

## 11.1 网络超参数设定

在搭建整个网络架构之前, 首先需要指定与网络结构相关的各项超参数: 输入图像像素大小、卷积层超参数的设定等.

### 11.1.1 输入图像像素大小

在使用卷积神经网络处理图像问题时, 对不同的输入图像, 为得到相同规格的输出, 同时便于 GPU 设备并行, 就会统一将图像压缩到 2 的次幂或 2 的不同次幂之和的大小.[1] 一些经典案例有 CIFAR-10 (Krizhevsky, 2009) 数据集的 32 像素 ×32 像素、STL 数据集 (Coates et al., 2011) 的 96 像素 × 96 像素、ImageNet 数据集 (Russakovsky et al., 2015) 常用的 224 像素 × 224 像素. 另外, 若不考虑硬件设备限制 (通常是 GPU 显存大小), 更高分辨率的图像作为输入数据 (如 448 像素 × 448 像素、672 像素 × 672 像素等) 一般均有助于网络性能的提升, 特别是基于注意力机制[2]的深度网络提升更为显著. 不过, 高分辨率的图像会增加模型的计算消耗, 从而导致整个网络的训练时间延长. 此外, 需要指出的是, 由于一般卷积神经网络采用全连接层作为最后分类层, 若直接改变原始网络模型的输入图像分辨率, 就会导致原始模型卷积层的最

---

[1] 2 的次幂, 如 $2^5 = 32$; 2 的不同次幂之和, 如 $2^6 + 2^5 = 64 + 32 = 96$, $2^7 + 2^6 + 2^5 = 128 + 64 + 32 = 224$.

[2] 注意力机制 (attention mechanism) 是深度学习中一种关键的模型组件, 它使模型能够在处理序列或图像等复杂输入时, 有选择地关注和集中注意力于输入中的特定部分, 从而提高模型对重要信息的捕捉和处理能力.

终输出无法输入全连接层的状况,此时需重新改变全连接层输入滤波器的大小或重新指定其他相关参数.

## 11.1.2 卷积层超参数的设定

卷积层的超参数主要包括卷积核大小、卷积操作的步长和卷积核个数. 关于卷积核大小,如 3.2.1 节所述,小卷积核相比大卷积核有两项优势:
- 增加网络容量和模型复杂度.
- 减少卷积参数个数.

因此,在实践中推荐使用 $3 \times 3$ 和 $5 \times 5$ 这样的小卷积核,其对应卷积操作步长建议设为 1. 此外,在卷积操作前还可配合使用填充操作. 该操作有两方面的作用:
- 可充分利用和处理输入图像(或输入数据)的边缘信息(如图 11.1 所示).
- 配合使用合适的卷积层参数可保持输出与输入同等大小,从而避免随着网络深度的增加,后续输入大小急剧减小.

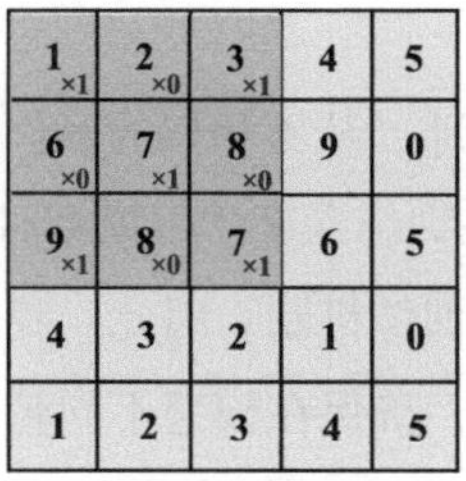

(a) 未做填充操作 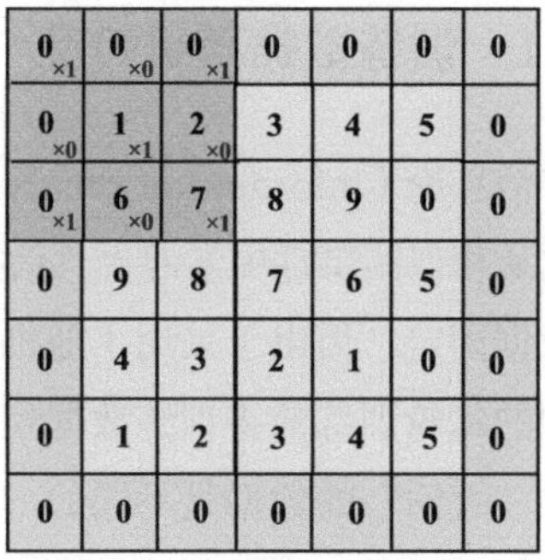　　　　　(b) 填充操作后

图 11.1　填充操作示例. 向输入数据四周填充 0 像素(右图中灰色区域)

例如,当卷积核大小为 $3 \times 3$、步长为 1 时,可在输入数据上、下、左、右各填充 1 单位大小的黑色像素(值为 0,故该方法也被称为 zeros-padding),从而保持输出结果与原输入同等大小,此时 $p = 1$.[1] 当卷积核为 $5 \times 5$、步长为 1 时,可指定 $p = 2$,这样也可保持输出与输入相等. 从泛化角度讲,对于卷积核大小为 $f \times f$、步长为 1 的卷积操作,当 $p = (f-1)/2$ 时,便可维持输出与原输入相等.

[1] $p$ 指代 padding 大小.

最后，为了硬件字节级存储管理的方便，卷积核个数通常设置为 2 的次幂，如 64、128、512 和 1024 等. 这样的设定有利于在硬件计算过程中划分数据矩阵和参数矩阵，尤其在利用显卡进行计算时.

### 11.1.3 汇合层超参数的设定

与卷积核大小类似，汇合层的核大小一般也设为较小的值，如 $2\times 2$、$3\times 3$ 等. 常用的参数设定核大小为 $2\times 2$，汇合步长为 2. 在此设定下，输出结果大小仅为输入数据长宽大小的四分之一. 也就是说，输入数据中有 75% 的响应值（activation value）被丢弃，这也就起到了"下采样"的作用. 为了不丢弃过多的输入响应而损失网络性能，汇合操作极少使用超过 $3\times 3$ 的核大小.

## 11.2 训练技巧

### 11.2.1 训练数据随机打乱

在信息论（information theory）中曾提到："从不相似的事件中学习总是比从相似的事件中学习更具信息量." 在训练深度学习模型时，尽管训练数据固定，但由于采用了随机批处理的训练机制，因此，我们可在对模型的每轮训练前将训练数据集随机打乱，确保在模型不同轮数、相同批次"看到"的数据是不同的. 这样的处理不仅会提高模型收敛速率，同时，相比以固定次序训练的模型，此操作会略微提升模型在测试集上的预测准确率.

### 11.2.2 学习率的设定

在训练模型时，另一个关键的设定便是模型学习率的设定. 一个理想的学习率会促进模型收敛，而不理想的学习率甚至会导致模型的直接目标函数损失值"爆炸"，从而无法完成训练. 学习率的设定可遵循下列两项原则：

- 模型训练开始时的初始学习率不宜过大，以 0.01 或 0.001 为宜；如发现刚开始训练较少批次的模型目标函数，损失值就会急剧上升，则说明模型训练的学习率过大，此时应减小学习率，从头训练.
- 在模型训练过程中，学习率应随轮数增加而减缓. 减缓机制可以不同，一般为如下三种方式：① 轮数减缓（step decay），如五轮训练后学习率减半，下一个五轮训练后再次减半；② 指数减缓（exponential decay），即学习率按训练轮数增长，指数插值递减等[1]；③ 分数减缓（1/t decay）. 若原始学习率为 $lr_0$，学习率递减公式为：$lr_t = lr_0/(1+kt)$，其中 $k$ 为超参数，用来控制学习率减缓幅度，$t$ 为训练轮数.

[1] 在 Python 中，利用 Numpy 包可指定 20 轮训练，每轮学习率为 "lr = np.logspace(1e-2,1e-5,20)".

除此之外，在寻找理想学习率或诊断模型训练学习率是否合适时，可借助模型训练曲线的帮助. 训练深度学习模型时不妨将每轮训练后模型在目标函数上的损失值保存起来，以图 11.2 所示的形式画出训练曲线. 读者可将自己的训练曲线与图中曲线"对号入座"：若模型损失值在模型训练刚开始的几个批次直接"爆炸"（极大学习率曲线），则学习率过大，此时应大幅减小学习率，从头训练网络；若模型一开始损失值下降明显，但"后劲不足"（较大学习率曲线），此时应使用较小的学习率从头训练，或在后几轮降低学习率，仅重新训练后几轮即可；若模型损失值一直下降缓慢（较小学习率曲线），此时应稍微加大学习率，然后继续观察训练曲线；直至模型呈现理想学习率下的训练曲线为止. 此外，在微调卷积神经网络的过程中，有时也需要特别关注学习率，具体内容见本书 11.2.5 节.

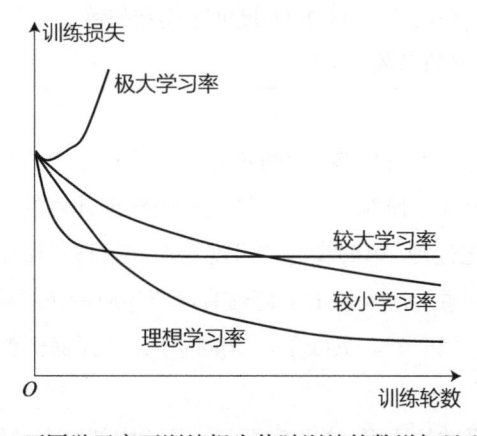

图 11.2 不同学习率下训练损失值随训练轮数增加呈现的状态

### 11.2.3 批规范化操作

加深网络深度，训练更深层的神经网络一直是深度学习中提高模型性能的重要手段之一. 2015 年年初，Google 率先提出了批规范化（Batch Normalization，BN）操作 (Ioffe et al., 2015)，该技术不仅加快了模型收敛速度，而且在一定程度上缓解了深层网络的一个训练难题"梯度弥散"，从而使得训练深层网络模型更加容易和稳定. 另外，批规范化操作不仅适用于深层网络，而且对于传统的较浅层网络，批规范化操作也能对网络泛化性能起到一定的提升作用. 目前批规范化已经成为几乎所有深度学习模型的标配.

首先，我们来看一下批规范化操作流程，见算法 11.1. 顾名思义，"批规范化"，即在模型每次进行随机梯度下降训练时，通过批处理来对相应的网络响应做规范化操作，使得结果[1] 的均值为 0，方差为 1.

[1] 指输出信号的各个维度.

---
**算法 11.1** 批规范化操作流程

**输入**： 批处理输入 $x$：$\mathcal{B} = \{x_{1,\ldots,m}\}$

**输出**： 规范化后的网络响应 $\{y_i = \text{BN}_{\gamma,\beta}(x_i)\}$

1: $\mu_{\mathcal{B}} \leftarrow \dfrac{1}{m} \sum_{i=1}^{m} x_i$ // 计算批处理数据均值

2: $\sigma_{\mathcal{B}}^2 \leftarrow \dfrac{1}{m} \sum_{i=1}^{m} (x_i - \mu_{\mathcal{B}})^2$ // 计算批处理数据方差

3: $\hat{x}_i \leftarrow \dfrac{x_i - \mu_{\mathcal{B}}}{\sqrt{\sigma_{\mathcal{B}}^2 + \epsilon}}$ // 规范化

4: $y_i \leftarrow \gamma \hat{x}_i + \beta = \text{BN}_{\gamma,\beta}(x_i)$ // 尺度变换和偏移

5: **return** 学习的参数 $\gamma$ 和 $\beta$

---

批规范化操作共分四步. 前两步分别计算批处理的数据均值（一阶统计量）和方差（二阶统计量），第三步则根据计算的均值、方差对该批数据做规范化处理. 第四步的"尺度变换和偏移"操作则是为了让因训练所需而"刻意"加入的 BN 能够有可能还原最初的输入（即当 $\gamma = \sqrt{\text{Var}(x_i)} = \sigma_{\mathcal{B}}$ 和 $\beta = E(x_i) = \mu_{\mathcal{B}}$ 时），从而保证整个网络的容量（capacity）.[2]

[2] 有关 capacity 的解释：实际上可以将 BN 看作在原模型上加入的"新操作"，这个新操作很大可能会改变某层原来的输入. 当然也可能不改变原始输入，此时便需要 BN 能做到"还原原输入". 如此一来，既可以改变原输入，也可以保持原输入，那么模型的容纳能力便提升了.

至于 BN 奏效的原因，首先需要说一下"内部协变量偏移"（internal covariate shift）. 读者应该知道在统计机器学习中的一个经典假设是，

源空间（source domain）和目标空间（target domain）的数据分布是一致的. 如果不一致，那么就会出现新的机器学习问题，如迁移学习等. 而协变量偏移就是分布不一致假设之下的一个分支问题，它是指源空间和目标空间的条件概率是一致的，但是边缘概率不同，即对所有 $x \in \mathcal{X}$，$P_\text{s}(Y|X=x) = P_\text{t}(Y|X=x)$，但 $P_\text{s}(x) \neq P_\text{t}(x)$. 大家细想便会发现，的确，对于神经网络的各层输出，由于它们经过了层内操作作用，其分布显然与各层对应的输入信号分布不同，而且差异会随着网络深度增大而加大，不过它们所"指示"的样本标记仍然保持不变，这便符合了协变量偏移的定义. 由于是对层间信号的分析，故有"内部"一称. 在实验中，Google 的研究人员发现可通过 BN 来规范化某些层或所有层的输入，从而可以固定每层输入信号的均值与方差. 这样，即使网络模型较深层的响应或梯度很小，也可通过 BN 的规范化作用将它的尺度变大，以此便可解决深层网络训练很可能带来的"梯度弥散"问题. 一个直观的例子是，对一组很小的随机数做 $\ell_2$ 规范化操作.[1] 这组随机数如下：

$$v = [0.0066, 0.0004, 0.0085, 0.0093, 0.0068, 0.0076, 0.0074, 0.0039, 0.0066, 0.0017]^\top$$

[1] 假设有向量 $v$，则向量的 $\ell_2$ 规范化操作为：$v \leftarrow v/\|v\|_2$.

在 $\ell_2$ 做规范化操作后，这组随机数变为：

$$v' = [0.3190, 0.0174, 0.4131, 0.4544, 0.3302, 0.3687, 0.3616, 0.1908, 0.3189, 0.0833]^\top$$

显然，经过规范化操作后，对于原本微小的数值，其尺度被"拉大"了. 试想：如果未做规范化操作的那组随机数 $v$ 就是反向传播的梯度信息，那么规范化自然可起到缓解"梯度弥散"效应的作用.

关于 BN 的使用位置，在卷积神经网络中，BN 一般应作用在非线性映射函数前. 另外，若在神经网络训练时遇到收敛速度较慢或"梯度爆炸"等无法训练的状况，也可以尝试用 BN 来解决. 同时，在常规情况下同样可加入 BN 来加快模型的训练速度，甚至提高模型精度. 在实际应用方面，目前绝大多数开源深度学习工具包（如 PyTorch[2]、MindSpore[3]、Caffe[4]、Torch[5]、Theano[6] 和 MatConvNet[7] 等）均已提供了 BN 的具体实现供使用者直接调用.

[2] 见"链接 9".
[3] 见"链接 10".
[4] 见"链接 27".
[5] 见"链接 28".
[6] 见"链接 29".
[7] 见"链接 30".

在 PyTorch 中的调用方式可按如下代码使用 BN 操作：

```
# batch normalization (PyTorch)
import torch
import torch.nn as nn

# Ln. 6-Ln. 8: Apply batch normalization.
m = nn.BatchNorm2d(4)
inp = torch.randn(1, 4, 3, 3)
oup = m(inp)
print(m.weight, m.bias)
```

在 MindSpore 中的调用方式可参考如下代码：

```
# batch normalization (MindSpore)
import numpy as np
import mindspore.nn as nn
import mindspore as ms

x = ms.Tensor(np.array([[[[1, 2], [1, 2]], [[3, 4], [3, 4]]]]).astype(np.float32))
# Ln. 8-Ln. 9: Apply batch normalization.
bn = nn.BatchNorm2d(num_features=2, momentum=0.8)
output = bn(x)
print(output)
```

不过，细心的读者可以发现，由于 BN 针对批处理来进行规范化操作，其潜在假设为基于批处理获得的统计量应为整体统计量的近似估计，即每个批处理彼此之间，以及这些批处理和整体数据均为近似同分布. 因此，BN 更适用于批处理较大的场景，并且需对训练数据做好充分的随机打乱[1]，从而获得更加接近整体分布的批处理统计量. 此外，BN 操作还需在运行过程中统计每个批处理的一阶和二阶统计量，这也限制了其在递归神经网络（recurrent neural network）和动态神经网络（dynamic neural network）中的应用.

针对 BN 的不足，Ba 等人 (2016) 提出了层规范化（layer normalization）操作，该操作针对一整层的所有维度的输入计算对应均值与方差，如图 11.3 所示. 之后，使用类似 BN 的规范化操作来转换各个维度的输入.

[1] 参见本书 11.2.1 节.

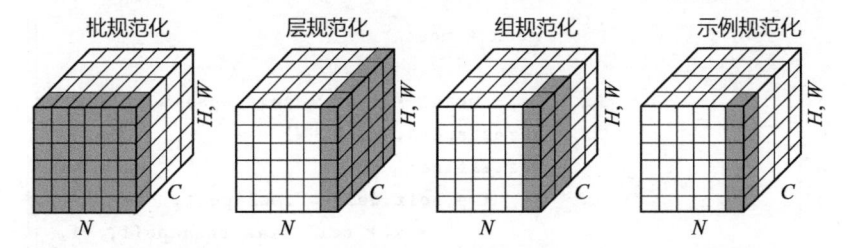

图 11.3 批规范化操作、层规范化操作、组规范化操作和示例规范化操作. 其中，$H$ 和 $W$ 为输入的长和宽，$N$ 为批处理中数据数量，$C$ 为通道数（层数）

层规范化操作基于 PyTorch 的具体实现细节代码如下：

```
1   # implementations of layer normalization (PyTorch)
2   class LayerNorm(nn.Module):
3
4       def __init__(self, num_channels, eps=1e-05, affine=True):
5           super().__init__()
6           self.num_channels = num_channels
7           self.eps = eps
8           self.affine = affine
9           if self.affine:
10              self.weight = nn.Parameter(torch.ones(num_channels))
11              self.bias = nn.Parameter(torch.zeros(num_channels))
12          else:
13              self.weight = None
14              self.bias = None
15          self.reset_parameters()
16
17      def reset_parameters(self):
18          if self.affine:
19              nn.init.ones_(self.weight)
20              nn.init.zeros_(self.bias)
21
22      def forward(self, x):
23          N, C, H, W = x.shape
24          assert C == self.num_channels
25          x = x.reshape(N, -1)
26
27          # Ln. 28-Ln. 35: Calculate mean and variance
                and apply batch normalization.
28          mean = x.mean(axis=1, keepdim=True)
29          var = (x ** 2).mean(axis=1, keepdim=True) -
```

```
                        mean * mean
30
31                      x = (x - mean) / (var + self.eps).sqrt()
32                      x = x.reshape(N, C, H, W)
33                      if self.affine:
34                          x = self.weight.reshape(1, -1, 1, 1)
                                * x + self.bias.reshape(1, -1,
                                1, 1)
35                      return x
```

层规范化操作在 MindSpore 中的实现代码如下:

```
1   # implementations of layer normalization (MindSpore)
2   class LayerNorm(Cell):
3       """
4       Applies Layer Normalization over a mini-batch of
            inputs.
5
6       Inputs:
7           - **x** (Tensor) - The shape of `x` is :math
                :`(x_1, x_2, ..., x_R)`,
8             and `input_shape[begin_norm_axis:]` is
                equal to `normalized_shape`.
9
10      Outputs:
11          Tensor, the normalized and scaled offset
                tensor, has the same shape and data type
                as the `x`.
12      """
13
14      def __init__(self,
15                   normalized_shape,
16                   begin_norm_axis=-1,
17                   begin_params_axis=-1,
18                   gamma_init='ones',
19                   beta_init='zeros',
20                   epsilon=1e-7
21                   ):
22          """Initialize LayerNorm."""
23          super(LayerNorm, self).__init__()
24          if not isinstance(normalized_shape, (tuple,
                list)):
25              raise TypeError(f"For '{self.
                    cls_name}', the type of '
                    normalized_shape' must be tuple[
```

```
                        int] or list[int], "
                    f"but got {normalized_shape} "
                    and the type is {type(
                    normalized_shape)}.")
        self.normalized_shape = normalized_shape
        self.begin_norm_axis = begin_norm_axis
        self.begin_params_axis = begin_params_axis
        self.epsilon = epsilon
        self.gamma = Parameter(initializer(
            gamma_init, normalized_shape), name="
                gamma")
        self.beta = Parameter(initializer(
            beta_init, normalized_shape), name="beta")
        # Ln. 36-Ln. 38: Initialize the LayerNorm
            funtion.
        self.layer_norm = P.LayerNorm(
            begin_norm_axis=self.begin_norm_axis,
             begin_params_axis=self.
                begin_params_axis,
             epsilon=self.epsilon)

    def construct(self, input_x):
        # Ln. 42: Apply the LayerNorm funtion.
        y, _, _ = self.layer_norm(input_x, self.
            gamma.astype(input_x.dtype), self.beta.
            astype(input_x.dtype))
        return y

    def extend_repr(self):
        return 'normalized_shape={}, begin_norm_axis
            ={}, begin_params_axis={}, gamma{}, beta
            ={}'.format(
                self.normalized_shape, self.
                    begin_norm_axis, self.
                    begin_params_axis, self.gamma,
                    self.beta)
```

可以看到,层规范化针对单个样本获取对应的统计信息,不依赖于其他数据.因此可避免因批处理过小而产生的统计量偏差带来的影响,适用于小批处理的场景,以及递归神经网络和动态神经网络等模型.同时,层规范化不需保存批处理的均值和方差,节约了额外的存储空间.不过,层规范化潜在假设了同一规范化操作应作用于整层神经元,在某种程度限制了神经元的多样性,这也为后续的组规范化(group normalization)(Wu and He, 2018)操作的提出埋下了伏笔.

2018 年,Wu and He (2018) 提出了组规范化操作(见图 11.3),该操作对卷积通道进行了分组,既有效地解决了批处理大小对于 BN 的影响,也在一定程度上缓解了层规范化对于层内神经元多样性的局限. 组规范化操作基于 PyTorch 的具体实现代码如下:

```python
# implementations of group normalization (PyTorch)
class GroupNorm(nn.Module):

    def __init__(self, num_groups, num_channels, eps=1e-05, affine=True):
        super().__init__()
        assert num_channels % num_groups == 0
        self.num_groups = num_groups
        self.num_channels = num_channels
        self.eps = eps
        self.affine = affine
        if self.affine:
            self.weight = nn.Parameter(torch.ones(num_channels))
            self.bias = nn.Parameter(torch.zeros(num_channels))
        else:
            self.weight = None
            self.bias = None
        self.reset_parameters()

    def reset_parameters(self):
        if self.affine:
            nn.init.ones_(self.weight)
            nn.init.zeros_(self.bias)

    def forward(self, x):
        N, C, H, W = x.shape
        assert C == self.num_channels
        # Ln. 28-Ln. 30: Group the inputs and calculate the mean and variance.
        x = x.reshape(N, self.num_groups, -1)
        mean = x.mean(axis=2, keepdims=True)
        var = (x ** 2).mean(axis=2, keepdim=True) - mean * mean
```

```
32            # Ln. 33-Ln. 36: Apply group normalization.
33            x = (x - mean) / (var + self.eps).sqrt()
34            x = x.reshape(N, C, H, W)
35            if self.affine:
36                x = self.weight.reshape(1, -1, 1, 1)
                    * x + self.bias.reshape(1, -1,
                    1, 1)
37
38            return x
```

组规范化操作在 MindSpore 中的实现代码如下:

```
1  # implementations of group normalization (MindSpore)
2  class GroupNorm(Cell):
3      """
4      Group Normalization over a mini-batch of inputs.
5
6      Inputs:
7          - **x** (Tensor) - The input feature with
              shape (N, C, H, W).
8
9      Outputs:
10          Tensor, the normalized and scaled offset
              tensor, has the same shape and data type
              as the `x`.
11
12     """
13
14     def __init__(self, num_groups, num_channels, eps=1e
           -05, affine=True, gamma_init='ones', beta_init='
           zeros'):
15         """Initialize GroupNorm."""
16         super(GroupNorm, self).__init__()
17         self.num_groups = validator.
               check_positive_int(num_groups, "
               num_groups", self.cls_name)
18         self.num_channels = validator.
               check_positive_int(num_channels, "
               num_channels", self.cls_name)
19         if num_channels % num_groups != 0:
20             raise ValueError(f"For '{self.
                   cls_name}', the 'num_channels'
                   must be divided by 'num_groups',
                   "
21                 f"but got 'num_channels': {
```

```
                        num_channels}, '
                        num_groups': {num_groups
                        }.")
22              self.eps = validator.check_value_type('eps',
                    eps, (float,), type(self).__name__)
23              self.affine = validator.check_bool(affine,
                    arg_name="affine", prim_name=self.
                    cls_name)
24
25              self.gamma = Parameter(initializer(
26                  gamma_init, num_channels), name="
                        gamma", requires_grad=affine)
27              self.beta = Parameter(initializer(
28                  beta_init, num_channels), name="beta
                        ", requires_grad=affine)
29              self.shape = F.shape
30              self.reshape = F.reshape
31              self.reduce_mean = P.ReduceMean(keep_dims=
                    True)
32              self.square = F.square
33              self.reduce_sum = P.ReduceSum(keep_dims=True
                    )
34              self.sqrt = P.Sqrt()
35
36          def _cal_output(self, x):
37              """calculate groupnorm output"""
38              batch, channel, height, width = self.shape(x
                    )
39              _channel_check(channel, self.num_channels,
                    self.cls_name)
40
41              # Ln. 42-Ln. 45: Group the inputs and
                    calculate the mean, variance and
                    standard deviation.
42              x = self.reshape(x, (batch, self.num_groups,
                    -1))
43              mean = self.reduce_mean(x, 2)
44              var = self.reduce_sum(self.square(x - mean),
                    2) / (channel * height * width / self.
                    num_groups)
45              std = self.sqrt(var + self.eps)
46
47              # Ln. 48-Ln. 50: Apply group normalization.
48              x = (x - mean) / std
49              x = self.reshape(x, (batch, channel, height,
```

```
                    width))
50          output = x * self.reshape(self.gamma, (-1,
                1, 1)) + self.reshape(self.beta, (-1, 1,
                1))
51          return output
52
53      def construct(self, x):
54          _shape_check(self.shape(x), self.cls_name)
55          _check_dtype(x.dtype, [mstype.float16,
                mstype.float32], "input", self.cls_name)
56          output = self._cal_output(x)
57          return output
58
59      def extend_repr(self):
60          return 'num_groups={}, num_channels={}'.
                format(self.num_groups, self.
                num_channels)
```

在规范化操作的研究中，研究者还提出了一种更极致的规范化操作，即示例规范化（instance normalization 或 contrast normalization）(Ulyanov et al., 2016)，它针对每个样本的每个通道单独计算其统计信息. 如此一来，基于单一样本获得的统计信息对应于原单独样本，并且保证了统计信息相互之间的独立性. 与 BN 不同的是，正是由于示例规范化操作的以上特性，通过在训练和测试阶段均使用该操作，可将其用于生成式模型（generative models）. 值得一提的是，在图像风格转换（image style transfer）(Ulyanov et al., 2016; Johnson et al., 2016) 任务中，示例规范化操作已经有了非常广泛的应用.

示例规范化操作基于 PyTorch 的具体实现代码如下：

```
1   # implementations of instance normalization (PyTorch)
2   class InstanceNorm(nn.Module):
3
4       def __init__(self, num_channels, eps=1e-05, affine=
            True):
5           super().__init__()
6           self.num_channels = num_channels
7           self.eps = eps
8           self.affine = affine
9           if self.affine:
10              self.weight = nn.Parameter(torch.
                    ones(num_channels))
```

```
11                    self.bias = nn.Parameter(torch.zeros
                          (num_channels))
12            else:
13                    self.weight = None
14                    self.bias = None
15            self.reset_parameters()
16
17        def reset_parameters(self):
18            if self.affine:
19                    nn.init.ones_(self.weight)
20                    nn.init.zeros_(self.bias)
21
22        def forward(self, x):
23            N, C, H, W = x.shape
24            assert C == self.num_channels
25            # Ln. 26-Ln. 28: Calculate the mean and
                variance for a single sample of a single
                channel.
26            x = x.reshape(N, C, -1)
27            mean = x.mean(axis=2, keepdim=True)
28            var = (x ** 2).mean(axis=2, keepdim=True) -
                mean * mean
29
30            # Ln. 31-Ln. 34: Apply instance
                normalization.
31            x = (x - mean) / (var + self.eps).sqrt()
32            x = x.reshape(N, C, H, W)
33            if self.affine:
34                    x = self.weight.reshape(1, -1, 1, 1)
                        * x + self.bias.reshape(1, -1,
                        1, 1)
35
36            return x
```

示例规范化操作在 MindSpore 中的实现代码如下:

```
1   # implementations of instance normalization (MindSpore)
2   class _InstanceNorm(Cell):
3       """Instance Normalization base class."""
4
5       @cell_attr_register
6       def __init__(self,
7                    num_features,
8                    eps=1e-5,
9                    momentum=0.1,
```

```python
                            affine=True,
                            gamma_init='ones',
                            beta_init='zeros',
                            input_dims='2d'):
    """Initialize Normalization base class."""
    super(_InstanceNorm, self).__init__()
    validator.check_value_type('num_features',
        num_features, [int], self.cls_name)
    validator.check_value_type('eps', eps, [
        float], self.cls_name)
    validator.check_value_type('momentum',
        momentum, [float], self.cls_name)
    validator.check_value_type('affine', affine,
        [bool], self.cls_name)
    args_input = {"gamma_init": gamma_init, "
        beta_init": beta_init}
    self.check_types_valid(args_input, '
        InstanceNorm2d')
    if num_features < 1:
            raise ValueError(f"For '{self.
                cls_name}', the 'num_features'
                must be at least 1, but got {
                num_features}.")

    if momentum < 0 or momentum > 1:
            raise ValueError(f"For '{self.
                cls_name}', the 'momentum' must
                be a number in range [0, 1], "
                f"but got {momentum}.")
    self.num_features = num_features
    self.eps = eps
    self.input_dims = input_dims
    self.moving_mean = Parameter(initializer('
        zeros', num_features), name="mean",
        requires_grad=False)
    self.moving_variance = Parameter(initializer
        ('ones', num_features), name="variance",
        requires_grad=False)
    self.gamma = Parameter(initializer(
            gamma_init, num_features), name="
                gamma", requires_grad=affine)
    self.beta = Parameter(initializer(
            beta_init, num_features), name="beta
                ", requires_grad=affine)

```

```python
38                self.shape = P.Shape()
39                self.momentum = momentum
40                # Ln. 41: Initialize the InstanceNorm
                    funtion.
41                self.instance_bn = P.InstanceNorm(epsilon=
                    self.eps, momentum=self.momentum)
42
43            def construct(self, x):
44                _shape_check_in(self.shape(x), self.
                    input_dims, self.cls_name)
45                # Ln. 46-Ln. 50: Apply instance
                    normalization.
46                return self.instance_bn(x,
47                        self.gamma,
48                        self.beta,
49                        self.moving_mean,
50                        self.moving_variance)[0]
51
52            def extend_repr(self):
53                return 'num_features={}, eps={}, momentum
                    ={}, gamma={}, beta={}, moving_mean={},
                    moving_variance={}'.format(
54                    self.num_features, self.eps, self.
                        momentum, self.gamma, self.beta,
                        self.moving_mean, self.
                        moving_variance)
55
56            def check_types_valid(self, args_dict, name):
57                for key, _ in args_dict.items():
58                    val = args_dict[key]
59                    if not isinstance(val, (Tensor,
                        numbers.Number, str, Initializer
                        )):
60                            raise TypeError(f"For '{self
                                .cls_name}', the type of
                                '{key}' must be in "
61                                f"[Tensor, numbers.Number,
                                str, Initializer], but
                                got type {type(val).
                                __name__}.")
62                    if isinstance(val, Tensor) and val.
                        dtype != mstype.float32:
63                            raise TypeError(f"For '{self
                                .cls_name}', the type of
                                '{key}' must be float32
```

```
                                  ,"
                        f"but got {val.dtype}.")
```

与此同时，BN 的变种也作为一种有效的特征处理手段被应用于人脸识别等任务中，即特征规范化（Feature Normalization, FN）(Hasnat et al., 2017). FN 作用于网络最后一层的特征表示上（FN 的下一层便是目标函数层），FN 的使用可提高习得特征的分辨能力，适用于类似人脸识别（face recognition）、行人重检测（person re-identification）、车辆重检测（car re-identification）[1] 等任务.

## 11.2.4 网络模型优化算法选择

在前面我们曾介绍过，深度学习模型通常采用随机梯度下降类型的优化算法进行模型训练和参数求解. 相关领域经过近些年的发展，出现了一系列有效的网络模型训练优化的新算法，而且在实际应用中，许多深度学习工具箱均提供了这些优化算法的实现，在工程实践中只需根据自身任务的需求选择合适的优化方法即可. 本节以其中几种一阶优化算法[2] 为例，通过对比这些优化算法的形式化定义，并配合这些算法在 PyTorch 和 MindSpore 中的实现示例，介绍这些优化算法的区别和选择建议. 至于算法详细的推导过程，读者若有兴趣，可参见原文献. 以下为简洁起见，我们假设待学习参数为 $\omega$、学习率（或步长）为 $\eta$、一阶梯度值为 $g$，$t$ 为第 $t$ 轮训练.

**1. 随机梯度下降法**

经典的随机梯度下降（SGD）法是神经网络训练的基本算法，即在每次批处理训练时，计算网络误差并进行误差的反向传播，之后根据一阶梯度信息对参数进行更新，更新策略表示如下：

$$\omega_t \leftarrow \omega_{t-1} - \eta \cdot g, \tag{11.1}$$

其中，一阶梯度信息 $g$ 完全依赖于当前批数据在网络目标函数上的误差，故可将学习率 $\eta$ 理解为当前批的梯度对网络整体参数更新的影响程度. 经典的随机梯度下降法是最常见的神经网络优化方法，收敛效果较稳定，

[1] 行人重检测和车辆重检测任务旨在从不同的监控摄像头中重新识别并匹配出同一行人和车辆的"身份"，目标是通过计算机视觉和机器学习技术，实现对行人和车辆"身份"的准确识别并匹配.

[2] 一阶优化算法是一类基于目标函数梯度信息的优化方法，通过利用一阶导数信息（梯度）来更新模型参数，其中常见的包括梯度下降法等.

不过收敛速度过慢.

SGD 基于 PyTorch 的实现代码如下：

```
1  # SGD (PyTorch)
2  for param in params:
3          # Ln. 4-Ln. 5: Obtain the gradient and update it.
4          d_p = param.grad.data
5          param.add_(d_p, alpha=-lr)
```

**随机梯度下降法**

SGD 基于 MindSpore 的实现代码如下：

```
1  # SGD (MindSpore)
2  for param in params:
3          # Ln. 4-Ln. 5: Obtain the gradient and update it.
4          d_p = param.grad.asnumpy()
5          param = ops.AssignAdd(param, Tensor(-lr * d_p))
```

**2. 基于动量的随机梯度下降法**

受物理学领域研究的启发，基于动量（momentum）的随机梯度下降法用于改善 SGD 更新时可能产生的振荡现象，其通过积累前几轮的"动量"信息辅助参数更新，更新策略表示如下：

$$v_t \leftarrow \mu \cdot v_{t-1} - \eta \cdot g, \tag{11.2}$$

$$\omega_t \leftarrow \omega_{t-1} + v_t, \tag{11.3}$$

其中，$\mu$ 为动量因子，控制动量信息对整体梯度更新的影响程度，一般设为 0.9. 基于动量的随机梯度下降法除了可以抑制振荡，还可在网络训练中后期网络参数趋于收敛、在局部最小值附近来回振荡时帮助其跳出局部限制，找到更优的网络参数. 另外，关于动量因子，除了设定为 0.9 的静态设定方式，还可将其设置为动态因子. 一种常见的动态设定方式是将动量因子初始值设为 0.5，之后随着训练轮数的增加逐渐变为 0.9 或 0.99.

基于动量的随机梯度下降法在 PyTorch 中的具体实现代码如下：

```
1  # momentum SGD (PyTorch)
2  for i, param in enumerate(params):
3          d_p = param.grad.data
```

```
4
5          # Ln. 6-Ln. 11: Obtain the momentum and update it.
6          buf = momentum_buffer_list[i]
7          if buf is None:
8                  buf = torch.clone(d_p).detach()
9                  momentum_buffer_list[i] = buf
10         else:
11                 buf.mul_(momentum).add_(d_p, alpha=1 -
                       dampening)
12
13         # Ln. 14-Ln. 15: Update the gradient and parameters.
14         d_p = buf
15         param.add_(d_p, alpha=-lr)
```

基于动量的随机梯度下降法

基于动量的随机梯度下降法基于 MindSpore 的实现代码如下：

```
1  # momentum SGD (MindSpore)
2  for i, param in enumerate(params):
3          d_p = param.grad.asnumpy()
4
5          # Ln. 6-Ln. 11: Obtain the momentum and update it.
6          buf = momentum_buffer_list[i]
7          if buf is None:
8                  buf = Tensor(d_p.copy())
9                  momentum_buffer_list[i] = buf
10         else:
11                 buf = ops.Mul()(buf, momentum) + ops.Mul()(
                       d_p, 1 - dampening)
12
13         # Ln. 14-Ln. 15: Update the gradient and parameters.
14         d_p = buf.asnumpy()
15         param = ops.AssignAdd()(param, Tensor(-lr * d_p))
```

### 3. Nesterov 型动量随机梯度下降法

Nesterov 型动量随机梯度下降法是在上述动量梯度下降法更新梯度时加入对当前梯度的校正，见式 (11.4) 和式 (11.5)。相比一般动量法，Nesterov 型动量随机梯度下降法对于凸函数在收敛性证明上有更强的理论保证，同时在实际使用中，Nesterov 型动量法也有更好的表现。具体如下：

$$\omega_{\text{ahead}} \leftarrow \omega_{t-1} + \mu \cdot v_{t-1}, \tag{11.4}$$

$$v_t \leftarrow \mu \cdot v_{t-1} - \eta \cdot \nabla_{\omega_{\text{ahead}}}, \tag{11.5}$$

$$\omega_t \leftarrow \omega_{t-1} + v_t, \tag{11.6}$$

其中，$\nabla_{\omega_{\text{ahead}}}$ 表示 $\omega_{\text{ahead}}$ 的导数信息。

在 PyTorch 中，Nesterov 型动量随机梯度下降法的实现代码如下：

Nesterov 型动量随机梯度下降法

```
# Nesterov momentum SGD (PyTorch)
for i, param in enumerate(params):
    d_p = param.grad.data

    # Ln. 6-Ln. 11: Obtain the momentum and update it.
    buf = momentum_buffer_list[i]
    if buf is None:
        buf = torch.clone(d_p).detach()
        momentum_buffer_list[i] = buf
    else:
        buf.mul_(momentum).add_(d_p, alpha=1 -
            dampening)

    # Ln. 14-Ln. 15: Update the gradient by momentum and
        parameters.
    d_p = d_p.add(buf, alpha=momentum)
    param.add_(d_p, alpha=-lr)
```

Nesterov 型动量随机梯度下降法基于 MindSpore 的实现代码如下：

```
# Nesterov momentum SGD (MindSpore)
for i, param in enumerate(params):
    d_p = param.grad.asnumpy()

    # Ln. 6-Ln. 11: Obtain the momentum and update it.
    buf = momentum_buffer_list[i]
    if buf is None:
        buf = Tensor(d_p.copy())
        momentum_buffer_list[i] = buf
    else:
        buf = ops.Mul()(buf, momentum) + ops.Mul()(
            d_p, 1 - dampening)

    # Ln. 14-Ln. 15: Update the gradient by momentum and
        parameters.
    d_p = ops.TensorAdd()(d_p, ops.Mul()(buf, momentum))
        .asnumpy()
    param = ops.AssignAdd()(param, Tensor(-lr * d_p))
```

可以发现，无论是经典的随机梯度下降法、基于动量的随机梯度下降法，还是 Nesterov 型动量随机梯度下降法，这些优化算法都是为了使梯度更新更加灵活，这对于优化神经网络这种拥有非凸且异常复杂函数空间的学习模型尤为重要. 不过，这些方法依然有自身的局限. 我们都知道，较低的学习率更加适合网络后期的优化，但这些方法的学习率 $\eta$ 却一直固定不变，并未将学习率的自适应性考虑进模型优化过程中.

**4. Adagrad 法**

针对学习率自适应问题，Adagrad 法 (Duchi et al., 2011) 根据训练轮数的不同，对学习率进行了动态调整. 公式如下：

$$\eta_t \leftarrow \frac{\eta_{\text{global}}}{\sqrt{\sum_{t'=1}^{t} g_{t'}^2 + \epsilon}} \cdot g_t, \tag{11.7}$$

式中，$\epsilon$ 为一个小的常数[1]，以防止分母为零. 在网络训练前期，由于分母中梯度的累加[2]较小，这一动态调整可放大原步长 $\mu_{\text{global}}$；在网络训练后期分母中梯度累加较大时，式 (11.7) 可起到约束原步长的作用. 不过，Adagrad 法仍需人为指定一个全局学习率 $\eta_{\text{global}}$，同时，网络训练到一定轮数后，分母的梯度累加过大会使学习率为零，从而导致训练过早结束.

[1] 通常设定为 $10^{-6}$ 数量级.
[2] 即 $\sum_{t'=1}^{t} g_{t'}^2$.

在 PyTorch 中，Adagrad 法的实现代码如下：

```
# Adagrad (PyTorch)
for (param, grad, state_sum, step) in zip(params, grads,
    state_sums, state_steps):
        if weight_decay != 0:
                if grad.is_sparse:
                        raise RuntimeError("weight_decay
                            option is not compatible with
                            sparse gradients")
                grad = grad.add(param, alpha=weight_decay)

        # Ln. 9: Calculate the dynamic learning rate
            associated with the step.
        clr = lr / (1 + (step - 1) * lr_decay)

        # Ln. 12-Ln. 25: Update the gradient and parameters
            by the dynamic learning rate.
```

Adagrad 法

```
12          if grad.is_sparse:
13              grad = grad.coalesce()  # the update is non-
                    linear so indices must be unique
14              grad_indices = grad._indices()
15              grad_values = grad._values()
16              size = grad.size()
17
18              state_sum.add_(_make_sparse(grad,
                    grad_indices, grad_values.pow(2)))
19              std = state_sum.sparse_mask(grad)
20              std_values = std._values().sqrt_().add_(eps)
21              param.add_(_make_sparse(grad, grad_indices,
                    grad_values / std_values), alpha=-clr)
22          else:
23              state_sum.addcmul_(grad, grad, value=1)
24              std = state_sum.sqrt().add_(eps)
25              param.addcdiv_(grad, std, value=-clr)
```

在 MindSpore 中，Adagrad 法的实现代码如下：

```
1   # Adagrad (MindSpore)
2   from mindspore import Tensor
3   import mindspore.ops as ops
4
5   for (param, grad, state_sum, step) in zip(params, grads,
        state_sums, state_steps):
6       if weight_decay != 0:
7           if grad.is_sparse():
8               raise RuntimeError("weight_decay
                    option is not compatible with
                    sparse gradients")
9           grad = grad + weight_decay * param
10
11      # Ln. 9: Calculate the dynamic learning rate
            associated with the step.
12      clr = lr / (1 + (step - 1) * lr_decay)
13
14      # Ln. 12-Ln. 25: Update the gradient and parameters
            by the dynamic learning rate.
15      if grad.is_sparse():
16          grad = grad.coalesce()  # the update is non-
                linear so indices must be unique
17          grad_indices = grad.indices
18          grad_values = grad.values
19          size = grad.shape
```

```
20
21                    state_sum = state_sum + ops.SparseApplyFtrl(
                          grad_indices, grad_values**2)
22                    std = ops.SparseApplyFtrl(grad_indices,
                          state_sum).sqrt() + eps
23                    param = param - clr * ops.SparseApplyFtrl(
                          grad_indices, grad_values / std)
24               else:
25                    state_sum = state_sum + ops.Mul()(grad, grad
                          )
26                    std = ops.Sqrt()(state_sum) + eps
27                    param = param - clr * (grad / std)
```

### 5. Adadelta 法

Adadelta 法 (Zeiler, 2012) 是对 Adagrad 法的扩展，其通过引入衰减因子 $\rho$ 消除 Adagrad 法对全局学习率的依赖，具体表示如下：

$$r_t \leftarrow \rho \cdot r_{t-1} + (1-\rho) \cdot g^2, \tag{11.8}$$

$$\eta_t \leftarrow \frac{\sqrt{s_{t-1} + \epsilon}}{\sqrt{r_t + \epsilon}}, \tag{11.9}$$

$$s_t \leftarrow \rho \cdot s_{t-1} + (1-\rho) \cdot (\eta_t \cdot g)^2, \tag{11.10}$$

其中，$\rho$ 为区间 $[0,1]$ 上的实值：较大的 $\rho$ 值会促进网络更新；较小的 $\rho$ 值会抑制网络更新. 两个超参数的推荐设定为：$\rho = 0.95$，$\epsilon = 10^{-6}$.

在 PyTorch 中，Adadelta 法的实现代码如下：

```
1  # Adadelta (PyTorch)
2  for (param, grad, square_avg, acc_delta) in zip(params,
       grads, square_avgs, acc_deltas):
3      if weight_decay != 0:
4          grad = grad.add(param, alpha=weight_decay)
5
6      # Ln. 7-Ln. 11: Calculate the running average of the
           gradient squares by rho, and update the
           gradient and parameters with it.
7      square_avg.mul_(rho).addcmul_(grad, grad, value=1 -
           rho)
8      std = square_avg.add(eps).sqrt_()
9      delta = acc_delta.add(eps).sqrt_().div_(std).mul_(
           grad)
```

Adadelta 法

```
10        param.add_(delta, alpha=-lr)
11        acc_delta.mul_(rho).addcmul_(delta, delta, value=1 -
              rho)
```

在 MindSpore 中，Adagrad 法的实现代码如下：

```
1  # Adadelta (MindSpore)
2  for (param, grad, square_avg, acc_delta) in zip(params,
       grads, square_avgs, acc_deltas):
3      if weight_decay != 0:
4          grad = ops.TensorAdd()(grad, ops.Mul()(param
              , weight_decay))
5
6      # Ln. 7-Ln. 11: Calculate the running average of the
           gradient squares by rho, and update the
           gradient and parameters with it.
7      square_avg = ops.TensorAdd()(ops.Mul()(square_avg,
           rho), ops.Mul()(ops.Sub()(1, rho), ops.Square()(
           grad)))
8      std = ops.Sqrt()(ops.TensorAdd()(square_avg, eps))
9      delta = ops.Mul()(ops.Div()(ops.Sqrt()(ops.TensorAdd
           ()(acc_delta, eps)), std), grad)
10     param = ops.AssignAdd()(param, ops.Neg()(ops.Mul()(
           lr, delta)))
11     acc_delta = ops.TensorAdd()(ops.Mul()(acc_delta, rho
           ), ops.Mul()(ops.Sub()(1, rho), ops.Square()(
           delta)))
```

### 6. RMSProp 法

RMSProp 法 (Tieleman et al., 2012) 可被视为 Adadelta 法的一个特例，即依然使用全局学习率替换 Adadelta 法中的 $s_t$，形式如下：

$$r_t \leftarrow \rho \cdot r_{t-1} + (1-\rho) \cdot g^2, \qquad (11.11)$$

$$\eta_t \leftarrow \frac{\eta_{\text{global}}}{\sqrt{r_t + \epsilon}}, \qquad (11.12)$$

式中，$\rho$ 的作用与 Adadelta 法中 $\rho$ 的作用相同．不过，RMSProp 法依然依赖全局学习率，这是它的一个缺陷．在实际使用中，关于 RMSProp 法中参数的设定，一组推荐值为：$\eta_{\text{global}} = 1$，$\rho = 0.9$，$\epsilon = 10^{-6}$．

在 PyTorch 中，RMSProp 法的实现代码如下：

```
# RMSProp (PyTorch)
for i, param in enumerate(params):
        grad = grads[i]
        square_avg = square_avgs[i]

        if weight_decay != 0:
                grad = grad.add(param, alpha=weight_decay)

        square_avg.mul_(alpha).addcmul_(grad, grad, value=1
            - alpha)

        if centered:
                grad_avg = grad_avgs[i]
                grad_avg.mul_(alpha).add_(grad, alpha=1 -
                    alpha)
                avg = square_avg.addcmul(grad_avg, grad_avg,
                    value=-1).sqrt_().add_(eps)
        else:
                avg = square_avg.sqrt().add_(eps)

        # Ln. 19-Ln. 24: Update parameters by gradient,
            global learning rate and the momentum `avg`.
        if momentum > 0:
                buf = momentum_buffer_list[i]
                buf.mul_(momentum).addcdiv_(grad, avg)
                param.add_(buf, alpha=-lr)
        else:
                param.addcdiv_(grad, avg, value=-lr)
```

RMSProp 法

在 MindSpore 中，RMSProp 法的实现代码如下：

```
# RMSProp (MindSpore)
for i, param in enumerate(params):
        grad = grads[i]
        square_avg = square_avgs[i]

        if weight_decay != 0:
                grad = ops.TensorAdd()(grad, ops.Mul()(param
                    , weight_decay))

        square_avg = ops.TensorAdd()(ops.Mul()(square_avg,
            alpha), ops.Mul()(ops.Sub()(1, alpha), ops.
            Square()(grad)))

```

```
11      if centered:
12              grad_avg = grad_avgs[i]
13              grad_avg = ops.TensorAdd()(ops.Mul()(
                    grad_avg, alpha), ops.Mul()(ops.Sub()(1,
                    alpha), grad))
14              avg = ops.Sqrt()(ops.TensorAdd()(square_avg,
                    ops.Neg()(ops.Square()(grad_avg)))).
                    add_(eps)
15      else:
16              avg = ops.Sqrt()(square_avg).add_(eps)
17
18      # Ln. 19-Ln. 24: Update parameters by gradient,
            global learning rate and the momentum `avg`.
19      if momentum > 0:
20              buf = momentum_buffer_list[i]
21              buf = ops.TensorAdd()(ops.Mul()(buf,
                    momentum), ops.Div()(grad, avg))
22              param = ops.AssignAdd()(param, ops.Neg()(ops
                    .Mul()(lr, buf)))
23      else:
24              param = ops.AssignAdd()(param, ops.Neg()(ops
                    .Mul()(lr, ops.Div()(grad, avg))))
```

### 7. Adam 法

Adam 法 (Kingma et al., 2015) 本质上是带有动量项的 RMSprop 法，它利用梯度的一阶矩估计和二阶矩估计动态调整每个参数的学习率。Adam 法的主要优点在于，经过偏置校正后，每一次迭代学习率都有一个确定范围，这样可以使参数更新比较平稳。

$$m_t \leftarrow \beta_1 \cdot m_{t-1} + (1 - \beta_1) \cdot g_t, \tag{11.13}$$

$$v_t \leftarrow \beta_2 \cdot v_{t-1} + (1 - \beta_2) \cdot g_t^2, \tag{11.14}$$

$$\hat{m}_t \leftarrow \frac{m_t}{1 - \beta_1^t}, \tag{11.15}$$

$$\hat{v}_t \leftarrow \frac{v_t}{1 - \beta_2^t}, \tag{11.16}$$

$$\omega_t \leftarrow \omega_{t-1} - \eta \cdot \frac{\hat{m}_t}{\sqrt{\hat{v}_t} + \epsilon}, \tag{11.17}$$

可以看出，使用 Adam 法仍然需要指定基本学习率 $\eta$。对于其中的超参数设定可遵循：$\beta_1 = 0.9$，$\beta_2 = 0.999$，$\epsilon = 10^{-8}$，$\eta = 0.001$。

在 PyTorch 中，Adam 法的实现代码如下：

```
# Adam (PyTorch)
for i, param in enumerate(params):
        grad = grads[i]
        exp_avg = exp_avgs[i]
        exp_avg_sq = exp_avg_sqs[i]
        step = state_steps[i]

        bias_correction1 = 1 - beta1 ** step
        bias_correction2 = 1 - beta2 ** step

        if weight_decay != 0:
                grad = grad.add(param, alpha=weight_decay)

        # Ln. 15-Ln. 16: Decay the first and second moment
            running average coefficient
        exp_avg.mul_(beta1).add_(grad, alpha=1 - beta1)
        exp_avg_sq.mul_(beta2).addcmul_(grad, grad, value=1
            - beta2)
        if amsgrad:
                # Ln. 19: Maintains the maximum of all 2nd
                    moment running avg. till now
                torch.maximum(max_exp_avg_sqs[i], exp_avg_sq
                    , out=max_exp_avg_sqs[i])
                # Ln. 21: Use the max. for normalizing
                    running avg. of gradient
                denom = (max_exp_avg_sqs[i].sqrt() / math.
                    sqrt(bias_correction2)).add_(eps)
        else:
                denom = (exp_avg_sq.sqrt() / math.sqrt(
                    bias_correction2)).add_(eps)

        step_size = lr / bias_correction1

        param.addcdiv_(exp_avg, denom, value=-step_size)
```

在 MindSpore 中，Adam 法的实现代码如下：

```
# Adam (MindSpore)
for i, param in enumerate(params):
        grad = grads[i]
        exp_avg = exp_avgs[i]
        exp_avg_sq = exp_avg_sqs[i]
        step = state_steps[i]

        bias_correction1 = 1 - beta1 ** step
        bias_correction2 = 1 - beta2 ** step
```

```
10
11          if weight_decay != 0:
12                  grad = ops.TensorAdd()(grad, ops.Mul()(param
                        , weight_decay))
13
14          # Ln. 15-Ln. 16: Decay the first and second moment
                running average coefficient
15          exp_avg = ops.TensorAdd()(ops.Mul()(exp_avg, beta1),
                ops.Mul()(ops.Sub()(1, beta1), grad))
16          exp_avg_sq = ops.TensorAdd()(ops.Mul()(exp_avg_sq,
                beta2), ops.Mul()(ops.Sub()(1, beta2), ops.
                Square()(grad)))
17
18          if amsgrad:
19                  # Ln. 19: Maintains the maximum of all 2nd
                        moment running avg. till now
20                  max_exp_avg_sq = max_exp_avg_sqs[i]
21                  max_exp_avg_sq = ops.Maximum()(
                        max_exp_avg_sq, exp_avg_sq)
22                  # Ln. 21: Use the max. for normalizing
                        running avg. of gradient
23                  denom = ops.TensorAdd()(ops.Sqrt()(ops.Div()
                        (max_exp_avg_sq, math.sqrt(
                        bias_correction2))), eps)
24          else:
25                  denom = ops.TensorAdd()(ops.Sqrt()(ops.Div()
                        (exp_avg_sq, math.sqrt(bias_correction2)
                        )), eps)
26
27          step_size = lr / bias_correction1
28
29          param = ops.AssignAdd()(param, ops.Neg()(ops.Mul()(
                step_size, ops.Div()(exp_avg, denom))))
```

### 11.2.5 微调神经网络

本书在前面章节介绍网络参数初始化时曾提到,除了从头训练自己的网络,一种更有效的方式是微调已预训练好的网络模型. 简单地说,微调预训练模型,就是用目标任务数据在原先预训练模型上继续进行训练过程. 在这个过程中需注意以下细节:

①由于网络已在原始数据上收敛,因此应设置较低的学习率在目标数据上微调,如 $10^{-4}$ 数量级或以下.

②在本书 3.2.1 节曾提到,卷积神经网络浅层拥有更泛化的特征(如边缘、纹理等),深层特征则更抽象,对应高层语义. 因此,在新数据上微调时泛化特征更新的可能性或程度较小,高层语义特征更新的可能性或程度较大,故可根据层深对不同层设置不同的学习率:网络深层的学习率可稍高于浅层学习率.

③根据目标任务数据与原始数据相似程度[1],采用不同的微调策略. 当目标数据较少且与原始数据非常相似时,可仅微调网络靠近目标函数的后几层;当目标数据充足且与原始数据相似时,可微调更多的网络层,也可全部微调;当目标数据充足但与原始数据差异较大时,必须多调节一些网络层,直至微调全部;当目标数据极少,同时还与原始数据有较大差异时,这种情形比较麻烦,微调成功与否要具体问题具体对待,不过仍可尝试首先微调网络的后几层,之后再微调整个网络模型.

④针对第③点中提到"目标数据极少,同时还与原始数据有较大差异"的情况,目前一种有效的方式是借助部分原始数据与目标数据协同训练. Ge 和 Yu (2017) 提出,因预训练模型的浅层网络特征更具泛化性,故可在浅层特征空间(shallow feature space)选择目标数据的近邻(nearest neighbor)作为原始数据子集. 之后,将微调改造为多目标学习任务[2]:一者使目标任务基于原始数据子集;二者使目标任务基于全部目标数据. 整体微调框架如图 11.4 所示. 实验证明,这样的微调策略可大幅改善"目标数据极少,同时还与原始数据有较大差异"情况下的模型微调结果(有时可获得约 2~10 个百分点的提升).

[1] 两数据集之间的相似程度极难定量评价,可根据任务目标(如该任务是一般物体分类、人脸识别还是细粒度级别物体分类等)、图像内容(如以物体为中心还是以场景为中心)等因素定性衡量.

[2] 多目标学习任务是一种机器学习方法,旨在通过同时学习多个相关任务来提高模型的性能,共享学到的知识以促进任务之间的相互影响和提升整体泛化能力.

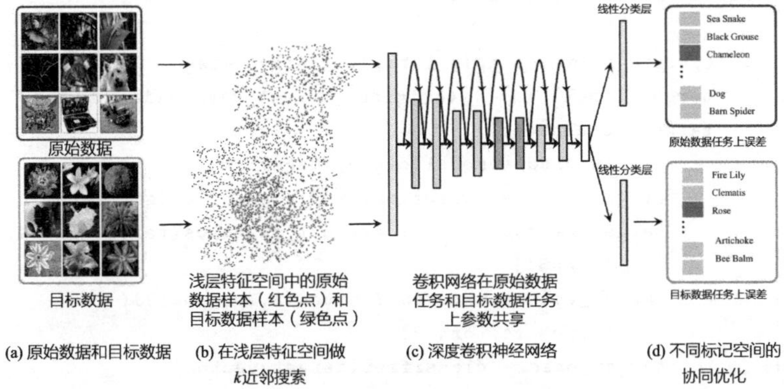

图 11.4  Ge 和 Yu (2017) 针对预训练网络模型微调的"多目标学习框架"示意图

关于上述多目标学习任务的实现，基于 PyTorch 的实现代码如下：

```
1   # multi-task (PyTorch)
2   # Ln. 3-Ln. 4: Load pre-trained model.
3   model = resnet50(pretrained=True)
4   model.eval()
5
6   # Ln. 7-Ln. 18: Find neiborhood.
7   orginal_shallow_features = {}
8   for i, image in enumerate(original_dataloader):
9       features = model.extract_feature(image)
10      original_shallow_features[i] = features['res1']
11
12  target_shallow_features = {}
13  for i, image in enumerate(target_dataloader):
14      features = model.extract_feature(image)
15      target_shallow_features[i] = features['res1']
16
17  original_subset = nearest_neighbor(orginal_shallow_features,
        target_shallow_features)
18  original_subset_dataloader = make_subset(orginal_dataloader,
        original_subset)
19
20  # Ln. 21-Ln. 39: Finetune.
21  model.train()
22  classifier = nn.Linear(2048, C)
23
24  optimizer = optim.SGD([
25      {'params': model.parameters()},
26      {'params': classifier.parameters()}], lr=lr)
27  criterion = nn.CrossEntropyLoss()
28
29  for (origin_image, origin_label), (target_image,
        target_label) in zip(original_subset_dataloader,
        target_dataloader):
30      origin_pred = model(origin_image)
31      origin_loss = criterion(origin_pred, origin_label)
32      target_vector = model.extract_features(target_image)
            ['res5']
33      target_vector = torch.flatten(F.avg_pool2d(
            target_vector, 7), 1)
34      target_pred = classifier(target_vector)
35      target_loss = criterion(target_pred, target_label)
36      loss = origin_loss + target_loss
37      optimizer.zero_grad()
```

```
38          optimizer.backward(loss)
39          optimizer.step()
```

其基于 MindSpore 的实现代码如下:

```
1   # multi-task (MindSpore)
2   # Ln. 3-Ln. 4: Load pre-trained model.
3   model = resnet50(pretrained=True)
4   model.set_train(False)
5
6   # Ln. 7-Ln. 18: Find neiborhood.
7   original_shallow_features = {}
8   for i, image in enumerate(original_dataloader):
9           features = model.extract_feature(Tensor(image))
10          original_shallow_features[i] = features['res1']
11
12  target_shallow_features = {}
13  for i, image in enumerate(target_dataloader):
14          features = model.extract_feature(Tensor(image))
15          target_shallow_features[i] = features['res1']
16
17  original_subset = nearest_neighbor(original_shallow_features
        , target_shallow_features)
18  original_subset_dataloader = make_subset(original_dataloader
        , original_subset)
19
20  # Ln. 21-Ln. 39: Finetune.
21  model.set_train(True)
22  classifier = nn.Dense(2048, C)
23
24  optimizer = nn.SGD([
25          {'params': model.trainable_params()},
26          {'params': classifier.trainable_params()}], lr=lr)
27  criterion = SoftmaxCrossEntropyWithLogits(sparse=True,
        reduction='mean')
28
29  for (origin_image, origin_label), (target_image,
        target_label) in zip(original_subset_dataloader,
        target_dataloader):
30          origin_pred = model(Tensor(origin_image))
31          origin_loss = criterion(origin_pred, Tensor(
                origin_label))
32          target_vector = model.extract_features(Tensor(
                target_image))['res5']
33          target_vector = ops.Reshape()(ops.ReduceMean()(
```

```
                      target_vector, (2, 3)), (-1, 2048))
34         target_pred = classifier(target_vector)
35         target_loss = criterion(target_pred, Tensor(
                      target_label))
36         loss = ops.Add()(origin_loss, target_loss)
37         optimizer.zero_grad()
38         loss.backward()
39         optimizer.step()
```

## 11.3  总结与扩展阅读

本章系统地介绍了超参数设置和网络训练中的关键要点. 首先, 讨论了网络超参数的设定, 包括输入图像像素大小, 以及卷积层和汇合层超参数的设定, 这些参数直接影响网络的性能和效率. 接着, 介绍了一些重要的训练技巧, 如训练数据随机打乱、学习率的设定以及批规范化操作, 这些技巧可以显著提升训练的稳定性和效果. 最后, 探讨了各种网络模型优化算法的选择, 包括随机梯度下降法、基于动量的随机梯度下降法、Adagrad 法、Adadelta 法、RMSProp 法等, 有助于读者了解何时选择哪种优化算法, 以及如何微调神经网络以达到最佳性能.

在实际使用时, 关于图像样本输入大小的设置, 为方便 GPU 设备的并行计算, 图像输入像素一般设置为 2 的次幂. 卷积层和汇合层核大小最宜使用 $3 \times 3$ 或 $5 \times 5$ 等, 同时可配合使用合适像素大小的填充操作. 关于学习率的设定, 建议在模型训练开始时设置 0.01 或 0.001 数量级的学习率, 并随着网络训练轮数增加逐渐降低学习率. 另外, 可通过观察模型训练曲线判断学习率是否合适, 以及如何调整模型学习率. 批规范化操作可在一定程度上缓解深层网络训练时的 "梯度弥散" 效应, 一般将批规范化操作设置于网络的非线性映射函数之前, 批规范化操作可有效地提高模型收敛率.

关于模型参数的优化算法选择. 随机梯度下降法是目前使用最多的网络训练方法, 通常训练时间较长, 但在理想的网络参数初始化和学习率设置方案下, 随机梯度下降法得到的网络更稳定, 结果更可靠. 若希望网络更快地收敛且需要训练较复杂结构的网络时, 推荐使用 Adagrad、Adadelta、RMSProp 和 Adam 等优化算法. 一般来讲，Adagrad、Adadelta、RMSprop 和 Adam 是性能相近的算法，在相同问题上的表现并无较大差异. 类似地，经典随机梯度下降法、动量随机梯度下降法和 Nesterov 型动量随机梯度下降法也是性能相近的算法. 上述优化算法均为一阶梯度方法，事实上，基于牛顿法的二阶优化方法[1]也是存在的[ 如 limited-memory BFGS 法 (Dean et al., 2012; Sohl-Dickstein et al., 2014) ]. 但是直接将二阶优化方法应用于深度学习模型优化目前看来并不现实，因为此类方法需要在整体（海量）训练集上计算海森矩阵[2]，这会带来巨大的计算代价. 因此，目前对于深度学习模型的实际应用，训练网络的优化算法仍以上述一阶梯度算法为主. 基于批处理的二阶网络训练方法则是当下学术界在深度学习领域的研究热点之一.

以下列出了更多的文献供读者扩展阅读.

- "Practical Recommendations for Gradient-Based Training of Deep Architectures"（Bengio, 2012）：该论文提供了关于深度学习中常见的超参数设置的实用指南，特别是针对基于反向传播梯度和梯度优化的学习算法. 其还讨论了如何处理允许调整多个超参数时产生更有趣结果的情况，为成功且高效地训练和调试大规模深度学习模型提供了实用建议.
- "Bag of Tricks for Image Classification with Convolutional Neural Networks"（He et al., 2019）：该论文总结了一系列针对图像分类的深度学习模型训练"技巧"，包括学习率调整、优化方法调整等，以提高卷积神经网络的性能.
- "Bag of Tricks for Long-Tailed Visual Recognition with Deep Convolutional Neural Networks"（Zhang et al., 2021）：该论文总结了一系列针对长尾分布[3]图像分类的"技巧"，并对其进行了广泛而系统的实验，以提供详细的实验指南并获得这些技巧的有效组合.

---

[1] 二阶优化方法是一类优化算法，与一阶优化方法相比，它利用了目标函数的二阶导数信息，以更准确地调整学习率，提高模型参数的更新效率和收敛速度.

[2] 海森矩阵（Hessian matrix 或 Hessian）指由一个多变量实值函数的二阶偏导数组成的方块矩阵.

[3] 长尾分布（long-tailed distribution）是一种统计分布，其特点是在分布中有一些极端值的频率非常低，而大多数值都集中在分布的尾部，形成一个"长尾"现象.

## 11.4 习题

**习题 11-1** 试在深度学习模型训练时实施训练数据的随机打乱，并与不打乱的情况进行比较. 观察模型的训练过程和性能，并分析随机打乱对模型训练的影响.

**习题 11-2** 试在深度学习模型训练时实施数据增强技术，如旋转、平移、缩放等. 比较使用数据增强和不使用数据增强的模型性能，并解释它们之间的差异.

**习题 11-3** 请根据本书提供的代码示例中组规范化调用方式，试通过改变其相应的输入参数快捷实现批规范化和层规范化操作.

**习题 11-4** 批规范化操作在网络正则化和加速训练过程中起着重要的作用. 试解释批规范化的原理和作用，并讨论在不同网络结构和任务中应用批规范化的效果和适用性.

**习题 11-5** 试推导和体会本书提供的代码示例中基于动量的随机梯度下降法的实现方式，并理解梯度动量的物理含义.

**习题 11-6** 试推导和体会本书提供的代码示例中 Nesterov 型动量随机下降法的实现方式，并理解该算法的物理含义.

**习题 11-7** 请阅读文献 "On the Difficulty of Training Recurrent Neural Networks"（Pascanu et al., 2013）中的梯度截断（gradient clipping）方法，并思考该操作会为深度学习模型训练带来何种益处.

**习题 11-8** 在微调一个预训练的神经网络时，尝试使用不同的微调策略，如冻结部分网络层或逐层解冻. 试通过评估模型的准确率和收敛速度，确定最佳的微调方法.

**习题 11-9** 超参数调优是训练神经网络过程中的关键任务之一. 试设计一个实验来优化网络的超参数，如学习率、正则化参数等，并讨论在调优过程中的挑战和技巧.

**习题 11-10** 试编写一个函数，实现学习率的自适应调整：给定初始学习率和训练过程中的验证集误差变化情况，据此基于某种策略自动进行学习率的调整.

## 历史的天空

**石青云**
（1936—2002）

女，中国科学院院士、模式识别与图像数据库专家. 1957 年毕业于北京大学数学系. 北京大学教授. 1978 年开始模式识别研究，建立了一类属性扩展图文法，给出了属性与随机树文法的高效误差校正句法分析算法等，从而以高维属性文法实现了统计与句法模式识别的有效结合. 率先在我国开展图像数据库的研究，取得了二维符号串 ICON 索引的重要结果，提出了新型图像数据结构 CD 表示. 从 1982 年开始，她主持指纹自动识别系统研究项目，创造了从指纹灰度图精确计算纹线局部方向，获取方向图的理论与算法. 基于指纹方向图，她进一步提出了快速纹型分类和准确提取指纹中心、三角、形态与细节特征的全套新算法，以及统一处理无中心和有中心情况的高效指纹匹配算法，成功研制技术先进的指纹自动识别实用系统，广泛用于公安和银行等领域. 1993 年当选为中国科学院院士（学部委员）. "石青云女科学家奖"便是以石青云先生的名字命名的，旨在表彰在图像图形学研究事业发展中做出突出贡献的女性科技工作者.

# 参考文献

BA J L, KIROS J R, HINTON G E, 2016. Layer normalization[J]. arXiv preprint arXiv:1607.06450.

BENGIO Y, 2012. Practical recommendations for gradient-based training of deep architectures[M]. Berlin: Lecture Notes in Computer Science.

COATES A, LEE H, NG A Y, 2011. An analysis of single layer networks in unsupervised feature learning[C]//Proc. Int. Conf. Artificial Intell. & Stat. Paris, MLR: 1-9.

DEAN J, CORRADO G S, MONGA R, et al., 2012. Large scale distributed deep networks[C]//Advances in Neural Inf. Process. Syst. Wevada MIT: 1223-1231.

DUCHI J, HAZAN E, SINGER Y, 2011. Adaptive subgradient methods for online learning and stochastic optimization[J]. J. Mach. Learn. Res., 12: 2121-2159.

GE W, YU Y, 2017. Borrowing treasures from the wealthy: Deep transfer learning through selective joint fine-tuning[C]//Proc. IEEE Conf. Comp. Vis. Patt. Recogn. Renice, IEEE: in press.

HASNAT A, BOHNé J, GENTRIC S, et al., 2017. DeepVisage: Making face recognition simple yet with powerful generalization skills[J]. arXiv preprint arXiv:1703.08388.

HE T, ZHANG Z, ZHANG H, et al., 2019. Bag of tricks for image classification with convolutional neural networks[C]//Proc. IEEE Conf. Comp. Vis. Patt. Recogn. Boston, IEEE: 558-567.

IOFFE S, SZEGEDY C, 2015. Batch normalization: Accelerating deep network training by reducing internal covariate shift[C]//Proc. Int. Conf. Mach. Learn. Amsterdam, Springer: 448-456.

JOHNSON J, ALAHI A, FEI-FEI L, 2016. Perceptual losses for real-time style transfer and super-resolution[C]//Proc. Eur. Conf. Comp. Vis. Amsterdam, Springer: 694-711.

KINGMA D P, BA J, 2015. Adam: A method for stochastic optimization[C]// Proc. Int. Conf. Learn. Representations. San Diego, ICLR Press: 1-15.

KRIZHEVSKY A, 2009. Learning multiple layers of features from tiny images[J]. Technique Report: 1-60.

PASCANU R, MIKOLOV T, BENGIO Y, 2013. On the difficulty of training recurrent neural networks[C]//Proc. Int. Conf. Mach. Learn. Atlanta, ACM: 1310-1318.

RUSSAKOVSKY O, DENG J, SU H, et al., 2015. ImageNet large scale visual recognition challenge[J]. Int. J. Comput. Vision, 115(3): 211-252.

SOHL-DICKSTEIN J, POOLE B, GANGULI S, 2014. Fast large-scale optimization by unifying stochastic gradient and quasi-Newton methods[C]//Proc. Int. Conf. Mach. Learn. Beijing, ACM: 604-612.

TIELEMAN T, HINTON G E. Neural networks for machine learning[J]. Coursera: Lecture 6.5 - RMSprop.

ULYANOV D, VEDALDI A, LEMPITSKY V, 2016. Instance normalization: The missing ingredient for fast stylization[J]. arXiv preprint arXiv:1607.08022.

WU Y, HE K, 2018. Group normalization[C]//Proc. Eur. Conf. Comp. Vis. Munich, Springer: 3-19.

ZEILER M D, 2012. ADADELTA: An adaptive learning rate method[J]. arXiv preprint arXiv:1212.5701.

ZHANG Y, WEI X S, ZHOU B, et al., 2021. Bag of tricks for long-tailed visual recognition with deep convolutional neural networks[C]//Proc. Conf. AAAI. Vancouver, AAAI: 3447-3455.

# 第 12 章
# 不平衡样本的处理

在机器学习的经典假设中，往往假定训练样本的各类别是同等数量，即各类样本数是均衡[1]的，但我们在真实场景中遇到的实际任务时常不符合这一假设. 一般来说，不平衡（imbalance）的训练样本会导致训练模型侧重样本数较多的类别，而"轻视"样本数较少的类别，这样模型在测试数据集上的泛化性能就会受到影响. 一个极端的例子是对于某二分类问题，训练集中有 99 个正例样本，而负例样本只有 1 个. 在不考虑样本不平衡的情况下，学习算法会使分类器"放弃"负例预测：因为把所有的样本都分为"正例"便可获得高达 99% 的训练分类准确率. 但是试想：若测试集有 99 个负例，仅有 1 个正例，这样该分类器仅有 1% 的测试正确率，完全丧失了测试集上的预测能力. 其实，除了常见的分类、回归任务，类似图像语义分割（semantic segmentation）(Long et al., 2015)、深度估计（depth estimation）(Liu et al., 2015)等像素级别的任务中也不乏样本不平衡的现象，如图 12.1 所示.

[1] 也被称为"平衡".

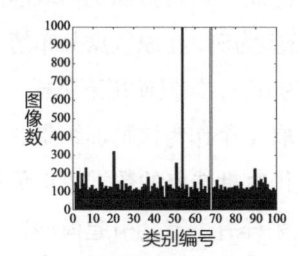

(a) 某分类任务的类别统计图. 纵轴为各类图像数，横轴为不同类别

(b) 图像语义分割示例. 可明显看出，不同类(语义)的像素数有巨大差异

(c) 图像深度估计. 不同类别(深度)的像素数也存在巨大差异

图 12.1　不平衡样本问题举例

为了进一步提升模型泛化性能，解决在网络训练时经常遇到的不平衡样本处理问题，本章将从"数据层面"和"算法层面"两个方面介绍不平衡样本问题的处理方法.

## 12.1 数据层面处理方法

数据层面的处理方法多借助数据采样法（sampling）使整体训练集样本趋于平衡，即各类样本数基本一致.

### 12.1.1 数据重采样

简单的数据重采样包括上采样（over-sampling 或 up-sampling）和下采样（under-sampling 或 down-sampling）. 对于样本较少的类别，可使用上采样，即复制该类图像，直至与样本最多类别的样本数一致. 当然也可以用数据扩充的方式替代简单的复制操作. 而对于样本较多的类别，可采用下采样. 需要指出的是，对深度学习而言，下采样并不是直接随机丢弃一部分图像，因为那样做会降低训练数据的多样性，进而影响模型泛化能力. 正确的下采样方式为：在批处理训练时，对每批随机抽取的图像严格控制样本较多类别的图像数量. 以二分类为例，在原数据分布情况下，每次批处理训练正负样本平均数量比例为 5:1，如仅使用下采样，可在每批随机挑选训练样本时每 5 个正例中只取 1 个作为该批训练集的正例，负例选取仍按照原来的准则，这样可使得每批选取的数据中正负比例均等. 此外，还需指出的是，仅使用数据上采样有可能会引起模型过拟合问题，更保险且有效的数据重采样策略是将上采样和下采样结合使用.

### 12.1.2 类别平衡采样

另一类数据重采样策略则直接着眼于类别，即类别平衡采样. 该策略是把样本按类别分组，由每个类别生成一个样本列表. 在训练过程中，首先随机选择 1 个或几个类别，然后从各个类别所对应的样本列表中随机选择样本，这样可以保证每个类别参与训练的机会比较均衡.

不过上述方法对于样本类别任务较多且需要事先定义与类别数等量的列表的情形，如对于海量类别任务像 ImageNet 数据集等，此举将极其烦琐. 在类别平衡采样的基础上，Yang (2016) 在 ILSVRC 场景分类（scene classification）任务中提出了"类别重组"（label shuffling）的平衡方法. 值得一提的是，其还获得了 2016 年 ILSVRC 场景分类任务的冠军.

类别重组法 (Yang, 2016) 只需要原始图像列表，即可完成同样的均匀采样任务. 如图 12.2 所示，其步骤如下.

①按照类别顺序对原始样本进行排序.

②计算每个类别的样本数，并记录样本最多的那个类别的样本数.

③首先根据这个最多样本数对每类样本产生一个随机排列列表，然后用该列表中的随机数对各自类别的样本数求余，得到对应的索引值.

④根据索引从该类的图像中提取图像，生成该类的图像随机列表.

⑤把所有类别的随机列表连在一起，再随机打乱次序，即可得到最终的图像列表.

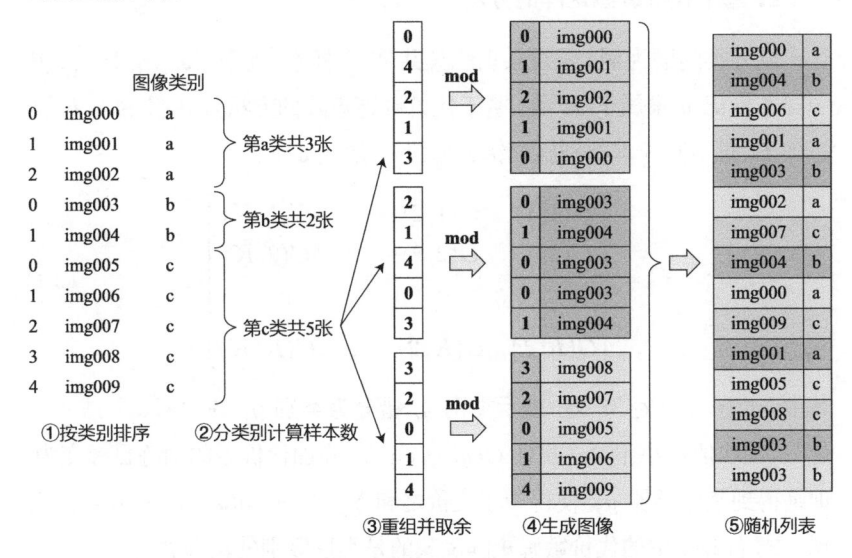

图 12.2 利用类别重组法处理不平衡样本

可以发现，最终列表中的每类样本数均等. 根据此列表训练模型，在训练时若列表被遍历完毕，则从头再做一遍上述操作，即可进行第二轮训练，如此重复下去. 类别重组法的优点在于，只需原始图像列表，并且所有的操作均在内存中在线完成，易于实现. 细心的读者或许能发现，类别重组法与上一节提到的数据上采样有类似的效果.

## 12.2 算法层面处理方法

对于不平衡样本导致样本数较少的类别"欠拟合"现象，一个很自然的解决办法是增加小样本错分的"惩罚代价"，并将此"惩罚代价"直接体现在目标函数中，这便是"代价敏感"方法.[1] 这样通过优化目标函数，就可以调整模型在小样本上的"注意力". 算法层面处理不平衡样本问题的方法也多从代价敏感角度出发.

[1] 可将原始目标函数看作对不同类别样本错分权重均等的情形. 在使用代价敏感法后，如错分，则施加对应权重的惩罚，这样，相比样本较多的类别，小样本类别的错分代价往往更高.

### 12.2.1 代价敏感方法

代价敏感方法可概括为两种：一是基于代价敏感矩阵的方法；二是基于代价敏感向量的方法.

**1. 基于代价敏感矩阵的方法**

以分类问题为例，假设某训练集共 $N$ 个样本，形如 $\{\boldsymbol{x}_n, y_n\}_{n=1}^N$，其中样本标记 $y$ 隶属于 $K$ 类. 基于代价敏感矩阵的方法是利用 $K \times K$ 的矩阵 $\boldsymbol{C}$ 对不同样本类别施加错分惩罚[2]，形式如下：

[2] 也可称为"权重".

$$\boldsymbol{C} = \begin{bmatrix} C(1,1) & C(1,2) & \dots & C(1,K) \\ C(2,1) & C(2,2) & \dots & C(2,K) \\ \vdots & \vdots & \ddots & \vdots \\ C(K,1) & C(K,2) & \dots & C(K,K) \end{bmatrix}, \quad (12.1)$$

其中，$C(y_i, y_j) \in [0, \infty)$ 表示类别 $y_i$ 错分为类别 $y_j$ 的"惩罚"或"代价"，其取值不小于 0，并且 $C(y_i, y_i) = 0$. 施加代价后的训练目标变为：训练得到某分类器 $g$，使得期望代价之和 $\sum_n C(y_n, g(\boldsymbol{x}_n))$ 最小. 可以发现，式 (12.1) 中的代价敏感矩阵反映的是类别级别的错分惩罚.

**2. 基于代价敏感向量的方法**

另一种代价敏感的方法则针对样本级别：对某样本 $(\boldsymbol{x}_n, y_n)$，有对应的一个 $K$ 维代价敏感向量 $\boldsymbol{c}_n \in [0, \infty)^K$，其中，$\boldsymbol{c}_n$ 的第 $k$ 维表示该样本被错分为第 $k$ 类的惩罚，显然，其第 $y_n$ 维应为 0. 基于代价敏感向量的方法在模型训练阶段将样本级别的代价敏感向量与样本以 $(\boldsymbol{x}_n, y_n, \boldsymbol{c}_n)$

三元组形式一同作为输入数据送入学习算法. 细心的读者不难发现, 基于代价敏感矩阵的方法实际上是基于代价敏感向量的方法的一种特殊形式, 即对于某类的所有样本, 其错分惩罚向量为同一向量.

### 12.2.2 代价敏感法中权重的指定方式

通过以上描述可发现, 代价敏感方法处理不平衡样本问题的前提是需要事先指定代价敏感矩阵或向量, 其中关键是错分惩罚或错分权重的设定. 在实际使用中可根据样本比例、分类结果的混淆矩阵等信息指定代价敏感矩阵或向量中错分权重的具体取值.

**1. 按照样本比例指定**

下面以代价敏感矩阵为例, 说明如何按照样本比例信息指定矩阵取值. 假设训练样本标记共 3 类: a 类、b 类和 c 类, 它们的样本数比例为 3:2:1. 则根据本书 12.2.1 节的描述, 代价敏感矩阵可指定为如下形式:

$$C = \begin{bmatrix} 0 & \frac{2}{3} & \frac{1}{3} \\ \frac{3}{2} & 0 & \frac{1}{2} \\ 3 & 2 & 0 \end{bmatrix}. \tag{12.2}$$

具体地讲, 当 a 类样本被错分为 b 类 (c 类) 时, 由于其样本数最多, 所以对应的惩罚权重可设为稍小值, 即 b 类 (c 类) 样本数与 a 类样本数的比值 $\frac{2}{3}\left(\frac{1}{3}\right)$; 当 b 类样本被错分为 a 类 (c 类) 时, 对应的惩罚权重同样为 a 类 (c 类) 样本数与 b 类样本数的比值 $\frac{3}{2}\left(\frac{1}{2}\right)$; 当样本数最少的 c 类样本被错分为 a 类 (b 类) 时, 对应的惩罚权重应加大, 为 3 (2), 以增加小样本错分代价, 从而体现小样本数据的重要程度. 当然, 也可在以上矩阵的基础上对矩阵元素都乘以类别数的最小公倍数 6, 确保有效惩罚权重为正整数, 即

$$C = \begin{bmatrix} 0 & 4 & 2 \\ 9 & 0 & 3 \\ 18 & 12 & 0 \end{bmatrix}. \tag{12.3}$$

## 2. 按照混淆矩阵指定

混淆矩阵（confusion matrix）是人工智能中的一种算法分析工具，用来度量模型或学习算法在监督学习中预测能力的优劣. 在机器学习领域，混淆矩阵通常也被称为"列联表"或"误差矩阵". 混淆矩阵的每一列代表一个类的实例预测，每一行表示其真实类别. 下面仍以 a、b、c 三类分类为例，有如图 12.3 所示的混淆矩阵.

|  |  | 预测结果 | | |
|---|---|---|---|---|
|  |  | 类别a | 类别b | 类别c |
| 真实标记 | 类别a | 4 | 1 | 3 |
|  | 类别b | 2 | 3 | 4 |
|  | 类别c | 3 | 2 | 21 |

图 12.3　混淆矩阵

矩阵对角线为正确分类样本数，各类分别为 4、3 和 21. 矩阵其他位置为错分样本数，如 a 类错分为 b 类的样本数为 1，错分为 c 类的样本数为 3；b 类错分为 a 类的样本数为 2，错分为 c 类的样本数为 4；c 类错分为 a 类的样本数为 3，错分为 b 类的样本数为 2. 虽说各类错分的样本数的绝对数值接近（均错分了约 3 个样本），但相对而言，样本数较少的 $a$ 和 b 类分别有 50% 和 66.67% 的样本被错分，比例相当高. 而对于样本数较多的 c 类，其错分概率就相对较低（约 19%）. 对于该情况，利用代价敏感法处理时，可根据各类错分样本数设置代价敏感矩阵的取值. 一种方式可直接以错分样本数为矩阵取值，具体如下：

$$\boldsymbol{C} = \begin{bmatrix} 0 & 1 & 3 \\ 2 & 0 & 4 \\ 3 & 2 & 0 \end{bmatrix}. \tag{12.4}$$

不过，更优的方案还需要考虑各类的错分比例，并以此比例调整各类错分权重. 对 a 类而言，a 类错分比例为 50%，占所有错分比例 136%（50%＋67%＋19%）的 36.76%；同理，b 类占 49.26%，c 类最少，占 13.97%. 以此为权重乘以原代价矩阵，可得如下新的代价矩阵（已取整）：

$$C = \begin{bmatrix} 0 & 36 & 110 \\ 99 & 0 & 197 \\ 42 & 28 & 0 \end{bmatrix}. \tag{12.5}$$

## 12.3 总结与扩展阅读

本章系统地探讨了处理不平衡样本问题的多种方法. 首先, 介绍了数据层面的处理方法, 包括数据重采样和类别平衡采样, 这些方法通过在训练数据中进行样本调整, 以实现不同类别的平衡. 其次, 讨论了算法层面的处理方法, 重点关注代价敏感方法. 这些方法根据不同类别的代价或重要性调整模型, 以更好地适应不平衡情况. 其中, 详细介绍了基于代价敏感矩阵和基于代价敏感向量的代价敏感方法, 这两种方法允许为每个类别分配不同的代价权重, 以反映其重要差异. 最后, 探讨了在代价敏感方法中如何指定权重的方式, 包括按照样本比例和按照混淆矩阵, 有助于读者更好地理解如何调整模型以处理不平衡样本问题.

近年来, 与不平衡样本处理非常相关的长尾分布 (long-tailed distribution) 问题因在诸多现实场景中均有涉及而受到广泛关注. 以下是一些关于长尾分布学习和长尾图像识别的重要研究工作, 供读者对不平衡样本问题进行扩展阅读.

- "Learning from Imbalanced Data" (He et al., 2009): 该论文是早年不平衡数据处理方面的综述文章, 它提供了对不平衡数据学习领域的全面回顾, 强调了该领域的问题性质、现有技术和评估指标, 并指出了潜在的研究机会和挑战, 为进一步研究提供了重要的方向和见解.

- "Deep Long-Tailed Learning: A Survey" (Zhang et al., 2023): 该论文全面回顾了深度长尾学习领域的最新进展, 将其研究分为三大类, 并详细介绍了这些方法. 通过引入相对准确度评估指标, 该论文对几种最先进的方法进行了实证分析, 并最终指出了深度长尾学习的重要应用及其未来研究的潜在方向.

- "A Survey on Long-Tailed Visual Recognition" (Yang et al., 2022):

该论文系统地研究了长尾数据分布引发的问题，总结了具有代表性的长尾视觉识别数据集和主流研究，并提出了十大研究类别，详细列出了每个类别的亮点和局限性. 另外，该论文还介绍了用于评估不平衡性的四个定量度量标准.

- "Class-Balanced Loss Based on Effective Number of Samples" (Cui et al., 2019)：该论文提出了一种新的理论框架来尝试解决长尾分布问题，引入了"有效样本数"的概念，并设计了一种新型重平衡损失方案. 通过对类别进行重新加权，该方案显著提高了长尾数据集上网络的性能.

- "BBN: Bilateral-Branch Network with Cumulative Learning for Long-Tailed Visual Recognition" (Zhou et al., 2020)：该论文揭示了经典类别重平衡法的工作原理，并提出了一种双分支网络方法，该方法旨在协同处理表示学习和分类器学习，以应对图像识别任务中的长尾数据分布问题. 这一方法获得了 iNaturalist 2019 国际竞赛[1] 的冠军.

[1] iNaturalist 是国际权威细粒度图像识别竞赛，往届通常依托 FGVC Workshop 在 CVPR 会议上举办.

## 12.4 习题

习题 12-1　试解释数据重采样方法中的过采样和欠采样的区别，并比较它们的优缺点.

习题 12-2　试编写一个函数，实现数据重采样方法中的欠采样. 给定一个不平衡样本集，通过欠采样方法生成平衡的样本集，并返回结果.

习题 12-3　试解释代价敏感方法在处理不平衡样本问题时的思路和原理.

习题 12-4　试编写一个函数，实现代价敏感法中权重的自动调整. 给定一个样本集和初始权重，根据代价敏感方法的思想，自动调整样本的权重，并返回调整后的权重列表.

习题 12-5　除了数据重采样和代价敏感方法，还有哪些常见的不平衡样本处理方法？试列举并简要描述它们的原理和适用情况.

习题 12-6　为什么简单地使用准确率作为模型评估指标可能会导致偏误？试说明在不平衡样本问题中，使用准确率可能存在的问题，并提出一个更合适的评估指标.

**习题 12-7** 试解释本书第 1 章中 ROC 曲线和 AUC 在评估不平衡样本问题时的作用，并说明它们的优点和不足.

**习题 12-8** 请阅读文献 "Training Cost-Sensitive Neural Networks with Methods Addressing the Class Imbalance Problem" (Zhou et al., 2006)，试解释阈值移动（threshold moving）在处理不平衡样本问题时的作用和原理. 并说明如何使用阈值移动来调整模型的预测结果，并提升模型性能.

**习题 12-9** 研究并总结最新的不平衡样本处理方法，如解耦方法（decoupling）等 (Zhou et al., 2020; Kang et al., 2020)，并讨论它们的创新点和应用前景.

**习题 12-10** 试思考：在实际应用中，如何选择合适的不平衡样本处理方法？请提供一些建议.

## 历史的天空

### 王选
（1937—2006）

中国科学院院士、中国工程院院士、计算机科学家. 1958 年毕业于北京大学数学力学系. 曾任北京大学计算机研究所所长、教授、博士生导师，九三学社中央副主席，中国科协副主席，第十届全国政协副主席. 他是汉字激光照排系统的创始人和技术负责人，主持研制的华光和方正电子出版系统引起了我国出版印刷业废除铅字印刷、实现激光照排的技术革命，为我国新闻、出版全过程的计算机化奠定了基础. 两次获国家科技进步一等奖，两度列入国家十大科技成就. 荣获联合国教科文组织科学奖等 20 多项大奖. 2001 年获国家最高科学技术奖. 中国计算机学会旨在表彰在计算机领域取得重大理论、技术突破或获得重大科研成果的个人奖项"CCF 王选奖"便是以王选先生的名字命名的.

## 参考文献

CUI Y, JIA M, LIN T Y, et al., 2019. Class-balanced loss based on effective number of samples[C]//Proc. IEEE Conf. Comp. Vis. Patt. Recogn. Los Angeles, IEEE: 9268-9277.

HE H, GARCIA E A, 2009. Learning from imbalanced data[J]. IEEE Trans. Knowl. Data Eng., 21(9): 1263-1284.

KANG B, XIE S, ROHRBACH M, et al., 2020. Decoupling representation and classifier for long-tailed recognition[C]//Proc. Int. Conf. Learn. Representations. Boston, IEEE: 1-16.

LIU F, SHEN C, LIN G, 2015. Deep convolutional neural fields for depth estimation from a single image[C]//Proc. IEEE Conf. Comp. Vis. Patt. Recogn. Boston, IEEE: 5162-5170.

LONG J, SHELHAMER E, DARRELL T, 2015. Fully convolutional networks for semantic segmentation[C]//Proc. IEEE Conf. Comp. Vis. Patt. Recogn. Boston, IEEE: 3431-3440.

YANG L, JIANG H, SONG Q, et al., 2022. A survey on long-tailed visual recognition[J]. Int. J. Comput. Vision, 130(7): 1837-1872.

YANG S, 2016. Several tips and tricks for ImageNet CNN training[J]. Technique Report: 1-12.

ZHANG Y, KANG B, HOOI B, et al., 2023. Deep long-tailed learning: A survey[J]. IEEE Trans. Pattern Anal. Mach. Intell., 45(9): 10795-10816.

ZHOU B, CUI Q, WEI X S, et al., 2020. BBN: Bilateral-branch network with cumulative learning for long-tailed visual recognition[C]//Proc. IEEE Conf. Comp. Vis. Patt. Recogn. Seattle, IEEE: 9719-9728.

ZHOU Z H, LIU X Y, 2006. Training cost-sensitive neural networks with methods addressing the class imbalance problem[J]. IEEE Trans. Knowl. Data Eng., 18(1): 63-77.

# 第 13 章
# 模型集成方法

集成学习是机器学习中的一类学习算法,指训练多个学习器,并将它们组合起来使用的方法. 这类算法通常在实践中能取得比单个学习器更好的预测结果,颇有"众人拾柴火焰高"之意. 特别是历届国际重量级学术竞赛,如 ImageNet[1]、KDD Cup[2],以及许多 Kaggle 竞赛的冠军做法,或简单或复杂,但最后一步必然是集成学习. 尽管深度网络模型已经拥有强大的预测能力,但集成学习方法的使用仍然能起到"锦上添花"的作用. 因此,有必要了解并掌握一些深度学习模型方面的集成方法. 一般来讲,深度学习模型的集成多从"数据层面"和"模型层面"两方面着手.

[1] 相关内容见"链接 21".
[2] 相关内容见"链接 31".

## 13.1 数据层面集成方法

### 13.1.1 测试阶段数据扩充

本书在第 6 章中曾提到训练阶段的若干数据扩充方式,实际上,这些扩充方式在模型测试阶段同样适用,诸如图像多尺度、随机抠取等. 以随机抠取为例,对某张测试图像可得到 $n$ 张随机抠取图像,测试阶段只需用训练好的深度网络模型对 $n$ 张图像分别做预测,之后将预测的各类置信度平均作为该测试图像最终预测结果即可.

### 13.1.2 简易集成法

简易集成法(easy ensemble)(Liu et al., 2009)是由 Liu 等人提出的针对不平衡样本问题的一种集成学习解决方案. 具体地说,简易集成法对于样本较多的类别采取下采样,每次采样数依照样本数最少的类别而定,这样可使每类取到的样本数保持均等. 采样结束后,针对每次采样得到的子数据集训练模型，如此采样、训练反复进行多次. 最后对测试数据的预测则从对训练得到的若干个模型的结果取平均或投票获得.[1]

[1] 有关"多模型集成方法"的内容参见本书 13.2.2 节.

总结来说，简易集成法在模型集成的同时，还能缓解数据不平衡带来的问题，可谓一举两得.

## 13.2 模型层面集成方法

### 13.2.1 单模型集成

#### 1. 多层特征融合

多层特征融合（multi-layer ensemble）是针对单模型的一种模型层面集成方法. 由于深度学习模型的特征具有层次性的特点[2]，不同层特征富含的语义信息可以相互补充，在图像语义分割 (Hariharan et al., 2017)、细粒度图像[3]检索 (Wei et al., 2017)、基于视频的表象性格分析 (Zhang et al., 2016) 等任务中常见到多层特征融合策略的使用. 一般地，在进行多层特征融合操作时可直接将不同层的网络特征级联（concatenate）. 而对于特征融合，应选取哪些网络层？一个实践经验是，最好使用靠近目标函数的几层卷积特征，因为愈深层，特征包含的高层语义性愈强，分辨能力也愈强；相反，网络较浅层的特征较普适，用于特征融合很可能起不到作用，有时甚至会起相反作用.

[2] 参见本书 3.2.1 节的内容.

[3] 细粒度图像指的是具有相似外观但在细节层面存在显著差异的图像，通常需要通过细微的特征区分不同类别. 这类图像的识别挑战较大，需要关注局部细节和微小差异，如不同种类的鸟类、花卉等.

#### 2. 网络"快照"集成法

我们知道，深度神经网络模型复杂的解空间中存在非常多的局部最优解，但经典的批处理随机梯度下降法只能让网络模型收敛到其中一个局部最优解. 网络"快照"集成法（snapshot ensemble）(Huang et al., 2017) 便利用了网络解空间中的这些局部最优解来对单个网络做模型集成. 通过循环调整网络学习率，可使网络依次收敛到不同的局部最优解处，如图 13.1 左图所示.

具体而言，是将网络学习率 $\eta$ 设置为随模型迭代轮数[4] $t$ 改变的函数，即

[4] iteration，即一次批处理随机梯度下降被称为一个迭代轮数.

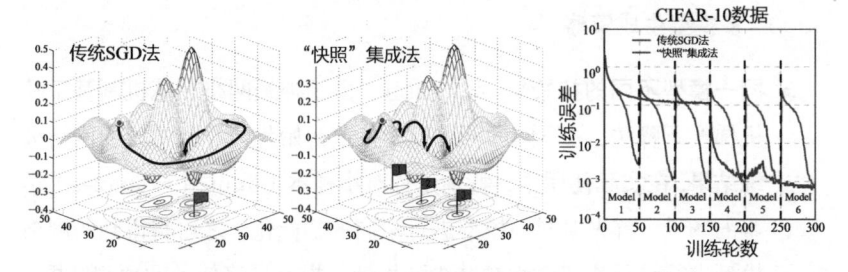

图 13.1 网络"快照"集成法. 左图为"传统 SGD 法"和"'快照'集成法"的收敛情况示意图；右图为两种方法在 CIFAR-10 数据集上的收敛曲线对比（红色曲线为"'快照'集成法"，蓝色曲线对应"传统 SGD 法"）

$$\eta(t) = \frac{\eta_0}{2} \left( \cos \left( \frac{\pi \bmod (t-1, \lceil T/M \rceil)}{\lceil T/M \rceil} \right) + 1 \right), \quad (13.1)$$

其中，$\eta_0$ 为初始学习率，一般设为 0.1 或 0.2. $t$ 为模型迭代轮数.[1] $T$ 为模型总的批处理训练次数. $M$ 为学习率"循环退火"[2]次数，其对应模型将收敛到的局部最优解个数. 式 (13.1) 利用余弦函数的循环性来循环更新网络学习率，将学习率从 0.1 随 $t$ 的增长逐渐降低到 0，之后将学习率重新提高，从而跳出该局部最优解，自此开始下一循环的训练，此循环结束后可收敛到新的局部最优解处，如此循环往复，直到 $M$ 个循环结束. 因式 (13.1) 中利用余弦函数循环更新网络参数，所以这一过程被称为"循环余弦退火"过程 (Loshchilov et al., 2017).

当通过"循环余弦退火"对学习率进行调整后，每个循环结束可使模型收敛到一个不同的局部最优解，若将收敛到不同局部最优解的模型保存，就可得到 $M$ 个处于不同收敛状态的模型，如图 13.1 右图红色曲线所示. 对于每个循环结束后保存的模型，我们称之为模型"快照". 在测试阶段做模型集成时，由于深度网络模型在初始训练阶段未必拥有较优的性能，因此一般挑选最后 $m$ 个模型"快照"用于集成. 关于对这些模型"快照"的集成策略，可采用本章后面提到的"直接平均法".

[1] 即批处理训练次数.

[2] 退火（annealing），原本是冶金学或材料工程学中的一个专有名词，是一种改变材料微结构，进而改变诸如硬度和强度等机械性质的热处理方法. 退火是将金属加温到某个高于再结晶温度的某一温度，并维持此温度一段时间，再将其缓慢冷却的过程. 在此用"退火"形容网络模型学习率从初始学习率逐渐降低，直到为 0 的过程.

### 13.2.2 多模型集成

上一节我们介绍了基于单个网络如何进行模型集成，本节将介绍如何产生多个不同网络训练结果和一些多模型的集成方法.

### 1. 多模型生成策略

- **同一模型不同的初始化**. 我们知道，由于神经网络训练机制基于随机梯度下降法，故不同的网络模型参数初始化会导致不同的网络训练结果. 在实际使用中，特别是针对小样本（limited examples）学习的场景，首先对同一模型进行不同的初始化，之后将得到的网络模型进行结果集成会大幅减少随机性，提升最终任务的预测结果.

- **同一模型不同的训练轮数**. 若网络超参数设置得当，则深度模型随着网络训练的进行会逐步趋于收敛，但不同训练轮数的结果仍有不同，无法确定到底哪一轮训练得到的模型最适用于测试数据. 针对上述问题，一种简单的处理方式是将最后几轮训练模型结果做集成，这样，一方面可降低随机误差，另一方面，也避免了训练轮数过多带来的过拟合风险. 这样的操作被称为"轮数集成"（epoch fusion 或 epoch ensemble）. 具体使用实例可参考 ECCV 2016 举办的"基于视频的表象性格分析"竞赛冠军方案 (Zhang et al., 2016).

- **不同的目标函数**. 目标函数（也被称为"损失函数"）是整个网络训练的"指挥棒"，选择不同的目标函数势必使网络学到不同的特征表示. 以分类任务为例，可将"交叉熵损失函数"、"合页损失函数"、"大间隔交叉熵损失函数"和"中心损失函数"作为目标函数分别训练模型. 在预测阶段，既可以直接对不同的模型预测结果做"置信度级别"（score level）的平均或投票，也可以做"特征级别"（feature level）的模型集成：将不同网络得到的深度特征抽出后级联作为最终特征，之后离线训练浅层分类器（如支持向量机）完成预测任务.

- **不同的网络结构**. 该结构也是一种有效的产生不同网络模型结果的方式. 在操作时，可在如 VGG 网络、深度残差网络等不同网络架构的网络上训练模型，最后对从不同架构网络得到的结果做集成.

### 2. 多模型集成方法

使用前面提到的多模型生成策略或网络"快照"集成法均可得到若干网络训练结果，除特征级别直接级联训练离线浅层学习器外，还可以在网络预测结果级别对得到的若干网络结果做集成. 下面介绍四种最常用的多模型集成方法. 假设共有 $N$ 个模型待集成, 对某测试样本 $\boldsymbol{x}$, 其预测结果为 $N$ 个 $C$ 维向量（$C$ 为数据的标记空间大小）: $\boldsymbol{s}_1, \boldsymbol{s}_2, \ldots, \boldsymbol{s}_N$.

- **直接平均法**（simple averaging）: 是最简单有效的多模型集成方法, 通过直接将不同模型产生的类别置信度进行平均, 得到最后的预测结果, 形式如下:

$$\text{Final score} = \frac{\sum_{i=1}^{N} \boldsymbol{s}_i}{N}. \tag{13.2}$$

- **加权平均法**（weighted averaging）: 是在直接平均法的基础上加入权重来调节不同模型输出的重要程度, 形式如下:

$$\text{Final score} = \frac{\sum_{i=1}^{N} \omega_i \boldsymbol{s}_i}{N}, \tag{13.3}$$

其中, $\omega_i$ 对应第 $i$ 个模型的权重, 并且必须满足以下公式:

$$\omega_i \geqslant 0, \quad \sum_{i=1}^{N} \omega_i = 1. \tag{13.4}$$

在实际使用时, 关于权重 $\omega_i$ 的取值, 可根据不同模型在验证集上各自单独的准确率而定, 高准确率的模型权重较高, 低准确率的模型权重较低.

- **投票法**（voting）: 投票法中最常用的是多数表决法（majority voting）, 表决前需先将各自模型返回的预测置信度 $\boldsymbol{s}_i$ 转化为预测类别, 即最高置信度对应的类别标记 $c_i \in \{1, 2, \ldots, C\}$ 作为该模型的预测结果. 在多数表决法中, 在得到样本 $\boldsymbol{x}$ 的最终预测时, 若某预测类别获得一半以上模型投票, 则该样本预测结果为该类别; 若对于该样本无任何类别获得一半以上投票, 则拒绝做出预测（被称为 "rejection option"）.

在投票法中, 另一种常用方法是相对多数表决法（plurality voting）, 与多数表决法会输出 "拒绝预测" 不同的是, 相对多数表决法一定会返回某个类别作为预测结果, 因为相对多数表决是选取投票数最高的类别作为最后的预测结果.

- **堆叠法**（stacking）: 又称 "二次集成法", 是一种高阶的集成学习算法. 在上面的例子中, 样本 $x$ 作为学习算法或网络模型的输入, $s_i$ 作为第 $i$ 个模型的类别置信度输出, 整个学习过程可记为"一阶学习过程"(first-level learning). 堆叠法则以一阶学习过程的输出作为输入开展"二阶学习过程"(second-level learning), 有时也被称为"元学习"(meta learning). 仍以上面的例子来说, 对于样本 $x$, 堆叠法的输入是 $N$ 个模型的预测置信度 $[s_1, s_2, \ldots, s_N]$, 这些置信度可以级联作为新的特征表示. 之后基于这样的"特征表示"训练学习器将其映射到样本原本的标记空间. 注意, 此时的学习器可为任何学习算法习得的模型, 如支持向量机、随机森林(random forest), 当然也可以是神经网络模型. 不过在此需要指出的是, 堆叠法有较大的过拟合风险.

## 13.3 总结与扩展阅读

本章探讨了模型集成的各种方法, 旨在提高深度学习模型的性能和鲁棒性. 首先, 我们介绍了数据层面的集成方法, 数据层面常用的方法是数据扩充和简易集成法, 均操作简单, 但效果显著. 接着, 介绍了模型层面的集成方法. 模型层面的模型集成方法可分为"单模型集成"和"多模型集成". 基于单一模型的集成方法可借助单个模型的多层特征的融合和网络"快照"集成法进行. 关于多模型集成, 可通过不同的参数初始化、不同的训练轮数和不同的目标函数的设定产生多个网络模型的训练结果. 最后使用平均法、投票法和堆叠法进行结果集成. 需要指出的是, 在本书 10.4 节提到的随机失活实际上也是一种隐式的模型集成方法.

关于集成学习的更多信息, 可参阅以下文献.

*Ensemble Methods: Foundations and Algorithms* (Zhou, 2012): 该书是一本深入介绍集成学习原理和算法的权威教材, 其中文版已由电子工业出版社出版发行.

## 13.4　习题

**习题 13-1**　试解释本书第 1 章中的交叉验证在数据层面集成中的作用和原理,并讨论其在解决样本不平衡问题上的优势.

**习题 13-2**　试自行查阅资料比较集成学习中的"硬投票"和"软投票"两种投票方式,解释它们的区别,并讨论在什么情况下选择使用哪种方式.

**习题 13-3**　试解释模型堆叠法的原理和步骤,并讨论如何选择适合的基础模型和融合策略.

**习题 13-4**　试思考模型集成方法是否可避免过拟合.

**习题 13-5**　在实际应用中,集成学习方法可能面临样本不平衡、过拟合和计算复杂度等问题,试讨论如何解决这些挑战以优化模型集成的性能和效率.

**习题 13-6**　除堆叠法外,试思考深度学习模型是否可直接与传统机器学习模型(如决策树、支持向量机等)进行模型集成.

**习题 13-7**　在模型集成中,集成模型的训练数据如何选择?你认为选择哪些数据进行训练可以带来更好的集成效果?试说明理由.

**习题 13-8**　在模型集成中,如何处理集成模型之间的冲突和不一致性?试提供一些应对策略,并解释它们的原理和优点.

**习题 13-9**　在模型集成中,有时候模型之间存在相似性导致集成效果不理想.试提出一种解决方案,用于减少集成模型之间的相似性,并提供详细的步骤和实例.

**习题 13-10**　在实际应用中,模型集成往往需要花费大量的计算资源和时间.试讨论一种高效的方法来加速模型集成过程,并解释它是如何提升效率的.

## 历史的天空

**蒋新松**
（1931—1997）

中国工程院院士、机器人学专家. 1956 年毕业于上海交通大学. 曾任中国科学院沈阳自动化研究所所长. 我国机器人事业的开拓者之一、著名专家. 20 世纪 70 年代初率先从事人工智能与机器人学研究. 1985 年研制出 HR-01 水下机器人. 1988 年研制出我国第一台示教再现机器人. 后通过引进创新研制出水深 300 米有缆水下机器人 Recon-Ⅳ-SIA-300，实现国产化 70%，已生产商品 5 台提供给用户，该成果获中国科学院科技进步奖一等奖和 1992 年国家科技进步奖二等奖. 后又领导并参加了 CR-01（6000 米无缆）水下机器人的研制. 创建了国家机器人技术研究开发工程中心和中国科学院机器人开放实验室. 对 CIMS 技术有很深的造诣，连任三届国家"863"计划自动化领域专家委员会首席科学家，不断提出方向性、战略性的新思想和新见解. 在他的领导下，我国在 CIMS 领域从一无所有到在国际上占有一席之地；我国特种机器人也从几乎空白发展到今天令人瞩目的水平，成绩斐然. 著有《机器人学导论》等专著.

## 参考文献

HARIHARAN B, ARBELáEZ P, GIRSHICK R, et al., 2017. Object instance segmentation and fine-grained localization using hypercolumns[J]. IEEE Trans. Pattern Anal. Mach. Intell., 39(4): 627-639.

HUANG G, LI Y, PLEISS G, et al., 2017. Snapshot ensembles: Train 1, get $m$ for free[C]//Proc. Int. Conf. Learn. Representations. Toulon, ICLR Press: 1-14.

LIU X Y, WU J, ZHOU Z H, 2009. Exploratory undersampling for class-imbalance learning[J]. IEEE Trans. Systems, Man, and Cybernetics, Part B (Cybernetics), 39(2): 539-550.

LOSHCHILOV I, HUTTER F, 2017. SGDR: Stochastic gradient descent with warm restarts[C]//Proc. Int. Conf. Learn. Representations. Toulon, ICLR

Press: 1-16.

WEI X S, LUO J H, WU J, et al., 2017. Selective convolutional descriptor aggregation for fine-grained image retrieval[J]. IEEE Trans. Image Process., 26(6): 2868-2881.

ZHANG C L, ZHANG H, WEI X S, et al., 2016. Deep bimodal regression for apparent personality analysis[C]//Proc. Eur. Conf. Comp. Vis. Workshops. Amsterdam, Springer: 311-324.

ZHOU Z H, 2012. Ensemble methods: Foundations and algorithms[M]. Boston: Boca Raton, FL: Chapman & Hall/CRC.

# 第 14 章
# 深度学习开源工具简介

自 2006 年 Hinton 和 Salakhutdinov 在 *Science* 上发表的深度学习论文 (Hinton et al., 2006) 点燃了最近一次神经网络复兴的"星星之火"之后,2012 年,Alex-Net 在 ImageNet 上的夺冠又迅速促成了深度学习在人工智能领域的"燎原之势".当下深度学习算法可谓主宰了计算机视觉、自然语言学习等众多人工智能应用领域.与此同时,与学术研究一起快速发展、并驾齐驱的还有层出不穷的诸多深度学习开源开发框架.本章将向读者介绍和对比十个目前使用较多的深度学习开源框架,供大家根据自身情况选用.

## 14.1 常用框架对比

表 14.1 从"开发语言"、"支持平台"、"支持接口",以及是否支持"自动求导"、是否提供"预训练模型"、是否支持"单机多卡并行"运算等方面,对包含 Caffe、Jittor、Keras、MatConvNet、MindSpore、MXNet、PyTorch、TensorFlow、Theano 和 Torch 在内的十个有代表性的深度学习开源框架进行了对比.

## 14.1 常用框架对比

表 14.1 不同深度学习开发框架对比

| 开发框架 | 开发者 | 开发语言 | 支持平台 | 支持接口 | 自动求导 | 预训练模型 | CNN开发 | RNN[1]开发 | 单机多卡并行 |
|---|---|---|---|---|---|---|---|---|---|
| Caffe | BVLC | C++ | Linux, Mac OS X, Windows | Python, MATLAB | 不支持 | 提供[2] | 支持 | 支持 | 支持 |
| Jittor | 清华大学 | C++ | Linux, Mac OS X, Windows | Python | 支持 | 提供[3] | 支持 | 支持 | 支持 |
| Keras | François Chollet | Python | Linux, Mac OS X, Windows | Python | 支持 | 提供[4] | 支持 | 支持 | 不支持[4] |
| MatConvNet | 牛津大学 | MATLAB, C++ | Linux, Mac OS X, Windows | MATLAB | 不支持 | 提供[5] | 支持 | 不支持 | 支持 |
| MindSpore | 中国华为 | Python, C++ | Linux, Mac OS X, Windows, Ascend, Android | Python, C/C++, MindSpore Lite | 支持 | 提供[6] | 支持 | 不支持 | 支持 |
| MXNet | Distributed (Deep) Machine Learning Community | C++ | Linux, Mac OS X, Windows, AWS, Android, iOS, JavaScript | C++, Python, Julia, MATLAB, JavaScript, Go, R, Scala, Perl | 不支持 | 提供[7] | 支持 | 支持 | 支持 |
| PyTorch | Meta（原 Facebook） | Python | Linux, Mac OS X | Python | 支持 | 提供[8] | 支持 | 支持 | 支持 |
| TensorFlow | Google Brain | C++, Python | Linux, Mac OS X, Windows | Python, C/C++, Java, Go | 支持 | 提供[9] | 支持 | 支持 | 支持 |
| Theano | Université de Montréal | Python | Cross-platform | Python | 支持 | 不提供 | 支持 | 支持 | 不支持 |
| Torch | Ronan Collobert, Koray Kavukcuoglu, Clément Farabet | C, Lua | Linux, Mac OS X, Windows, Android, iOS | Lua, LuaJIT, C, utility library for C++/OpenCL | 不支持 | 提供[10] | 支持 | 支持 | 支持 |

[1] 递归神经网络（RNN）是两种人工神经网络的总称，一种是时间递归神经网络，另一种是结构递归神经网络。前者的神经元间连接构成有向图，后者利用相似的神经网络结构递归构造更为复杂的深度网络。RNN 一般指代时间递归神经网络。
[2] 见"链接 32"。
[3] 见"链接 33"。
[4] Theano 作为后端时不支持单机多卡；TensorFlow 作为后端时可支持。
[5] 见"链接 34"。
[6] 见"链接 35"。
[7] 见"链接 16"。
[8] 见"链接 36"。
[9] 见"链接 37"。
[10] 见"链接 38"。

## 14.2 代表性框架的各自特点

### 14.2.1 Caffe

Caffe 是深度学习初期（即 2013 年前后）广为人知、广泛应用于计算机视觉方面的一个深度学习库，由加州大学伯克利分校 BVLC 组开发，但随着深度学习的快速发展和开发工具及理念的高速迭代，Caffe 现今已退出历史舞台.

总结来说，Caffe 有以下优点：
- 适合前馈神经网络和图像处理.
- 适合微调已有的网络模型.
- 训练已有网络模型，无须编写任何代码.
- 提供方便的 Python 和 MATLAB 接口.

Caffe 的缺点如下：
- 可单机多卡，但不支持多机多卡.
- 需要用 C++/CUDA 编写新的 GPU 层.
- 不适合循环网络.
- 用于大型网络（如 GoogLeNet、ResNet）时过于烦琐.
- 扩展性稍差，代码不够精简.
- 不提供商业支持.
- 框架更新缓慢，2018 年后基本不再更新.

### 14.2.2 Jittor

Jittor（计图）是由清华大学胡事民院士团队发起及维护的一个拥有完全自主知识产权的开源深度学习框架，它通过即时编译（Just-in-Time，JIT）的方式来优化深度学习模型的计算过程. Jittor 的目标是提供一个高效、灵活且用户友好的深度学习工具，其设计理念强调对硬件的友好支持和对先进算法的快速适应. Jittor 支持多种类型的硬件设备，并且可以轻松地在 CPU 和 GPU 之间进行切换.

Jittor 主要的优点如下：

- 具有即时编译（JIT）特性，可优化执行效率.
- 支持自动微分，简化复杂网络的搭建过程.
- 提供灵活的 Python 接口，易于学习和使用.
- 支持多 GPU 训练，有效利用硬件资源.
- 适应最新的深度学习算法和技术.
- 活跃的社区支持和丰富的教程资源.

Jittor 的缺点如下：
- 预训练模型和资源相对较少.
- 在某些特定硬件或环境下的兼容性不佳.
- 文档和社区支持主要以中文为主.

### 14.2.3　Keras

Keras 由 Google 软件工程师 Francois Chollet 开发，是一个基于 Theano 和 TensorFlow 的深度学习库，具有一个受 Torch 启发、较为直观的 API. 其优点如下：
- 受 Torch 启发的直观 API.
- 可使用 Theano 和 TensorFlow 后端.
- 支持自动求导.
- 框架更新速度较快.

### 14.2.4　MatConvNet

MatConvNet 由英国牛津大学著名计算机视觉和机器学习研究组 VGG 负责开发，是主要基于 MATLAB 的深度学习工具包. 其优点如下：
- 基于 MATLAB，便于进行图像处理和深度特征后处理.
- 提供了丰富的预训练模型.
- 提供了充足的文档及教程.[1]

MatConvNet 的缺点如下：
- 不支持自动求导.
- 跨平台能力较差.

---
[1] 见"链接 39".

### 14.2.5 MindSpore

MindSpore 是华为于 2019 年发布的一款面向 AI 应用的开源框架，它支持多种硬件和设备，包括 CPU、GPU、Ascend 等，同时提供了高效的深度学习算法和模型. MindSpore 使用了基于图的计算模型，可以实现高效的分布式训练，并提供了丰富的工具和 API，方便开发者构建和优化深度学习模型. 其核心特性如下：

- 支持自动并行化和模型优化.
- 支持跨多种设备部署.
- 内置分布式训练支持.
- 支持图模型和命令式编程风格.
- 支持 PyTorch 和 TensorFlow 模型转换.
- 基于 Ascend AI 处理器优化，具有高效性能.

### 14.2.6 MXNet

MXNet 是一个提供多种 API 的机器学习框架，主要面向 R、Python 和 Julia 等语言，目前已被亚马逊云服务采用. 其优点如下：

- 可跨平台使用.
- 支持多种语言接口.

其缺点是不支持自动求导.

### 14.2.7 PyTorch

PyTorch 是 Facebook（2021 年 10 月已更名为 Meta）开发的基于 Python 的科学计算框架，主要用于深度学习研究，也可用于构建生产环境中的机器学习模型. PyTorch 支持动态计算图和静态计算图，其中动态计算图的实现方式类似于 NumPy，用户可以像使用 NumPy 一样使用 PyTorch，使得代码编写更加自然简洁.

PyTorch 的优点如下：

- 强大的动态计算图，方便调试和运行.
- 灵活的张量计算和高效的梯度计算.

- 可直接在 GPU 上运行，速度较快.
- 简单易用的 API，可读性强.
- 支持大量的预训练模型，并且社区和生态系统较为完善.

PyTorch 的缺点如下：
- 处理大规模数据不够高效.
- 在生产环境中部署需要额外的工作.

### 14.2.8 TensorFlow

TensorFlow 是由 Google 负责开发的用 Python API 编写，并通过 C/C++ 引擎加速的、被关注最多的深度学习框架之一. 它使用数据流图集成深度学习中最常见的单元，并支持许多最新的 CNN 网络结构，以及不同设置的 RNN.

其优点如下：
- 具有包含深度学习在内的多种用途，还有支持强化学习和其他算法的工具.
- 跨平台运行能力强.
- 支持自动求导.

TensorFlow 的缺点如下：
- 运行速度明显比其他框架慢.
- 不提供商业支持.

### 14.2.9 Theano

Theano 是深度学习框架中的元老，用 Python 编写，可与其他学习库配合使用，适合用于学术研究中的模型开发. 现在已有大量基于 Theano 的开源深度学习库，包括 Keras、Lasagne 和 Blocks. 这些学习库大多在 Theano 的接口添加一层便于使用的 API.

Theano 的优点如下：
- 支持 Python 和 NumPy.
- 支持自动求导.
- RNN 与计算图匹配良好.

- 高级的包装（Keras、Lasagne）可减少使用时的麻烦.

Theano 的缺点如下：
- 编译困难，对错误信息可能没有提供帮助信息.
- 运行模型前需编译计算图，大型模型的编译时间较长.
- 仅支持单机单卡.
- 对预训练模型的支持不够完善.

### 14.2.10 Torch

Torch 是用 Lua 编写并带 API 的科学计算框架，支持机器学习算法. Meta（原名 Facebook）和 Twitter 等大型科技公司使用 Torch 的某些版本，由内部团队专门负责定制自己的深度学习平台.

其优点如下：
- 大量模块化组件，容易组合.
- 易编写新的网络层.
- 支持丰富的预训练模型.
- PyTorch 为 Torch 提供了更便利的接口.

Torch 的缺点如下：
- 使用 Lua 语言需要学习成本.
- 文档质量参差不齐.
- 一般需要自己编写训练代码（即插即用相对较少）.

## 历史的天空

**李三立**
（1935—2022）

中国工程院院士、计算机专家. 1955 年毕业于清华大学. 清华大学教授，兼任上海大学计算机学院院长，曾担任国家攀登计划项目首席科学家，国务院学位委员会计算机学科评审组召集人. 自 1956 年起，他开始从事计算机领域的工作，曾负责研制我国电子管、晶体管、LSI 和 VLSI 四代计算机. 其中，724 机是 20 世纪 70 年代我国各大学中用于国家尖端科技的规模最大的计算机. 他还参与研制了用于加工重要部件的光栅数控计算机 102 机，该计算机使精密加工效率提高了几十倍，带来了显著的社会经济效益，并使我国在这一领域进入当时国际先进行列. 从 20 世纪 80 年代开始，他作为我国微机体系结构研究领域的开创者之一，以及局部网络、RISC 和指令级并行处理研究领域的学术带头人之一，做出了重要贡献. 近年来，他负责研制的超级计算机中，有两台成功进入世界超级计算机 500 强排名榜单："深超-21C"（2003 年，排名第 146 位）和"自强 3000"（2004 年，排名第 126 位）.

# 参考文献

HINTON G E, SALAKHUTDINOV R, 2006. Reducing the dimensionality of data with neural networks[J]. Science: 504-507.

第四篇

# 深度学习进阶

第四章

家畜学実習

# 第 15 章
# 计算机视觉进阶与应用

当下,计算机视觉领域的研究和应用正呈现出爆炸式增长的态势,并成为人工智能领域中最具前景和潜力的研究领域之一. 计算机视觉技术的应用范围也越来越广泛,例如,人脸识别、物体检测、图像分割、场景理解等. 随着深度学习技术的发展和普及,计算机视觉领域的应用实践不断突破,各种前沿研究和新兴技术也不断涌现.

本章将重点介绍在计算机视觉领域中深度学习相关的进阶知识和应用实践,包括图像识别、目标检测、图像分割、视频理解方面的内容. 我们将系统地介绍这些方面的理论基础和实现方式,让读者在理解计算机视觉技术的同时,也能够掌握应用实践的相关技巧和方法. 我们相信,通过探究计算机视觉的进阶知识和应用实践,读者将能够更好地应对实际问题,将深度学习技术应用到更多的领域中.

## 15.1 图像识别

在计算机视觉领域中,图像识别是一项基础性技术,也是一种常见的视觉任务. 它的主要目标是通过计算机算法识别输入的图像,并将其分类为预先定义的类别. 在实际应用中,图像识别技术的应用非常广泛,如医学影像分析、安防监控、自动驾驶等领域. 随着深度学习技术的不断发展,图像识别技术在计算机视觉领域得到了广泛应用和研究. 本节将详细介绍图像识别的几种深度学习代表性模型,包括 Inception (Szegedy et al., 2015)、ResNet 系列 (He et al., 2016)、EfficientNet (Tan et al., 2019) 和 Vision Transformer (Dosovitskiy et al., 2020). 通过学习本节内容,读者将理解图像识别深度学习技术的基本原理、发展演变和实现方法,并了解如何应用这些技术来解决实际问题.

### 15.1.1 数据集和评价指标

#### 1. 数据集

**MNIST** (LeCun et al., 1998)：MNIST 数据集是计算机视觉和模式识别领域中非常著名的数据集之一[1]，它是由 Yann LeCun、Corinna Cortes 和 Christopher J. C. Burges 创建的一个手写数字数据集. 该数据集包含来自美国国家标准与技术研究所的手写数字图像，其中包括 $0 \sim 9$ 共 10 个数字，每个数字有约 6000 个样本，图像示例如图 15.1 所示. 这些样本经过预处理和标准化后，每个样本均为 28 像素 ×28 像素大小的灰度图像. MNIST 数据集被广泛用于图像识别任务的模型训练和测试，具有以下特点：

[1] 数据集访问见"链接 26".

- 该数据集具有良好的代表性，包含的手写数字样本可有效地代表真实场景中的手写数字.
- 该数据集较小，仅包含 60000 个训练样本和 10000 个测试样本，因此可以快速地进行模型训练和测试.
- 该数据集已被广泛研究，并且许多优秀模型和算法在该数据集上进行了验证，因此可方便地对比和评估新的算法和模型性能.

MNIST 数据集对于深度学习领域的发展和推广[2] 具有重要意义，它的广泛应用促进了许多深度学习图像识别算法的发展.

[2] 20 世纪 90 年代，Yann LeCun 使用 MNIST 训练的模型成功应用于全美邮件系统，用于识别邮件上的手写数字邮政编码. 这项应用案例提高了邮件分拣的自动化效率和准确性，对邮政服务产生了积极影响.

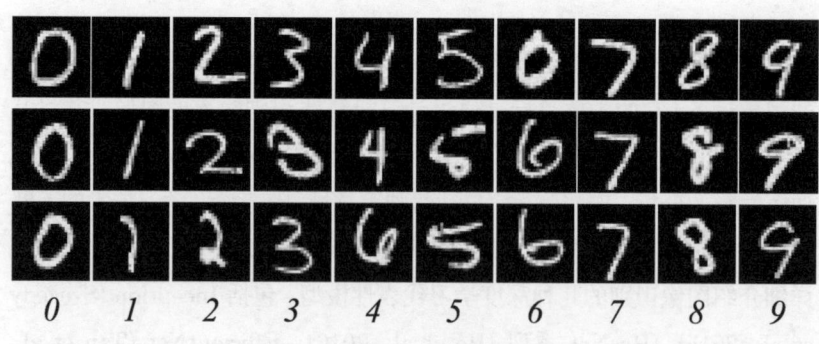

图 15.1 MNIST 数据集示例

**CIFAR-10** (Krizhevsky, 2009)：CIFAR-10 是一个经典的图像识别数据集[3]，包含 10 个类别的 60000 张 32 像素 ×32 像素彩色图像，其中 50000 张用于训练，10000 张用于测试. 这 10 个类别包括动物、交通工

[3] 数据集访问见"链接 19".

具等常见类别，即"猫"、"汽车"、"鸟类"、"飞机"、"鹿"、"狗"、"青蛙"、"马"、"船"和"卡车"，图像示例见图 15.2. CIFAR-10 数据集的重要意义在于它被广泛用于评估计算机视觉算法的性能和表现. 许多研究和论文都使用了 CIFAR-10 作为模型的训练和测试数据集. 它的图像尺寸较小，类别数量较少，因此训练速度相对较快，容易进行模型调试和比较. 同时，由于应用广泛，CIFAR-10 成为一个经典的基准测试集，有助于不同研究结果比较和复现.

图 15.2　CIFAR-10 数据集示例

**ImageNet** (Krizhevsky et al., 2012)：ImageNet 是一个大规模的视觉识别挑战赛（ILSVRC）[1] 数据集，包含超过 1400 万张图像，共有 1000 类，图像示例见图 15.3. 通常提到的 ImageNet 数据集指的是 ImageNet-1k，此外，较为常用的还有 ImageNet-21k[2] 等. 该数据集包含各种各样的视觉物体，从"日常物品"到各类"昆虫"和"鸟类"等. ImageNet 是重要的计算机视觉数据集，推动了深度学习的发展，促进了图像分类等任务的性能提升. 以 ImageNet 为基础举办的 ILSVRC 挑战赛自 2010 年开始，是评估图像识别模型性能的标准竞赛之一，有"计算机视觉世界杯"之称. 该竞赛的任务是对 1000 类图像进行分类，其中训练集包含超过 100 万张图像，测试集包含超过 10 万张图像. 在 2012 年的比赛中，深度卷积神经网络 AlexNet (Krizhevsky et al., 2012) 首次作为深度学习技术代表获胜，并且其准确率超过了当年亚军[3] 的 10 个百分点. 此后，每年的冠军方案均采用了深度学习技术.

[1] ImageNet Large Scale Visual Recognition Challenge（ILSVRC），见"链接 40".

[2] 包含 1400 万张图像和 21000 类.

[3] 以人工特征和传统机器学习算法为解决方案.

宇宙飞船　　宝座　　显示器　　快艇　　消防艇　　红酒瓶　　小型公共汽车

图 15.3　ImageNet 数据集示例

**2. 评价指标**

**准确率（Accuracy）**：准确率是图像识别任务中最常用的评价指标之一，它是指算法在测试集上正确分类的图像数的百分比. 准确率的计算公式为 $\text{Accuracy} = \dfrac{\text{TP} + \text{TN}}{\text{TP} + \text{TN} + \text{FP} + \text{FN}}$，其中，TP 代表 True Positive（真正例），TN 代表 True Negative（真反例），FP 代表 False Positive（假正例），FN 代表 False Negative（假反例）. 准确率越高，表示算法的性能越好.

**Top-$k$ 准确率（Top-$k$ Accuracy）**：Top-$k$ 准确率是指在前 $k$ 个预测结果中，有一个预测结果与实际结果相同的百分比. Top-$k$ 准确率通常用于评估多标签分类器[1]的性能.

**查准率（Precision）和查全率（Recall）**：查准率和查全率是图像识别任务中常用的评价指标，它们通常用于评估多类别分类器[2]的性能. 查准率是指模型在预测为正例的样本中，实际上是正例的比例，其计算公式为 $\text{Precision} = \dfrac{\text{TP}}{\text{TP} + \text{FP}}$. 查全率是指模型在所有正例中，成功预测为正例的比例，其计算公式为 $\text{Recall} = \dfrac{\text{TP}}{\text{TP} + \text{FN}}$.

**F1 值**：F1 值是查准率和查全率的调和平均值，它可以评估系统在整个测试集上的综合表现.[3] 其计算公式为 $\text{F1} = 2 \times \dfrac{\text{Precision} \times \text{Recall}}{\text{Precision} + \text{Recall}}$. 可以看到，F1 值是综合查准率和查全率的指标，它的取值范围为 0 到 1 之间，数值越大，表示模型性能越好. 当查准率和查全率的值都很高时，F1 值也会很高，反之，如果查准率和查全率有一个值很低，那么 F1 值

---

[1] 多标签分类器是一种机器学习模型，允许为每个输入样本分配多个标签或类别，适用于涉及多种标签的复杂分类问题，如图像标注或文本分类.

[2] 多类别分类器是一种机器学习模型，用于将输入数据分为多个不同的互斥类别或标签，适用于识别和分类多种不同类型的对象或情况.

[3] 更多有关查准率、查全率和 F1 值的内容参见本书 1.2.3 节.

也会很低. 因此, 在评估模型性能时, 我们通常同时考虑查准率、查全率和 F1 值 3 个指标.

### 15.1.2 Inception 模型

Inception-v1 (Szegedy et al., 2015) 是 Google 在 2014 年[1] 提出的一种深度卷积神经网络结构. Inception-v1 的核心思想是增加网络的宽度来提高网络性能, 即在网络中使用不同大小的卷积核和汇合层, 以并行的方式提取不同尺度的特征, 从而提高模型的准确率. 将 Inception-v1 结构作为主要构成的 GoogLeNet 在 ILSVRC 2014 比赛中取得了优异的成绩, 成为当时图像识别领域的标杆.

[1]该工作于 2014 年提出, 被 CVPR2015 会议录用.

如图 15.4(a) 所示, Inception-v1 由 4 部分组成, 包含不同大小的卷积核, 如 $1\times 1$、$3\times 3$、$5\times 5$, 以及 $3\times 3$ 汇合层, 最后对 4 个组成部分的运算结果进行拼接后输出. 使用不同大小的卷积核提取图像不同尺度的特征再进行融合, 可使模型适应不同大小的物体, 从而提高模型的准确率. 在 Inception-v1 中每个部分内部借鉴了 NIN (Lin, 2014) 的设计理念, 通过使用 $1\times 1$ 的卷积核进行降维, 旨在减少参数数量和计算量. 此外, 利用 $1\times 1$ 卷积层后, 都会紧接着采用 ReLU 激活函数, 这样不仅能引入更多的非线性特性, 还能有效地提升模型的泛化能力.

在 Inception-v1 基础上, 后续工作不断改进. 在 Inception-v2 (Ioffe et al., 2015) 中, 提出了批归一化 (Batch Normalization, BN)[2], 可以使用较大的学习率加速模型训练, 同时缓解训练神经网络时"梯度弥散"的问题, 使训练深度神经网络成为可能. 在 Inception-v3 (Szegedy et al., 2016b) 中, 使用了较小的卷积核来代替较大的卷积核, 使用了更多的 $1\times 1$ 卷积核进行特征降维, 从而减少模型参数数量和计算量, 进一步优化了模型结构. 如图 15.4(b) 所示, Inception-v3 将 Inception-v1 中 $5\times 5$ 的卷积核分解成两个 $3\times 3$ 的卷积核, 在二者的感受野相同的情况下, 参数量减少 28%. Inception-v4 (Szegedy et al., 2016a) 则融合了 ResNet (He et al., 2016) 模型思想, 通过更深的网络结构、更小的卷积核、改进的标准化方法和更多的数据增强等方面的优化, 进一步提高了模型的性能和效率.

[2]具体内容参见本书 11.2.3 节.

(a) Inception-v1 结构　　　　(b) Inception-v3 结构

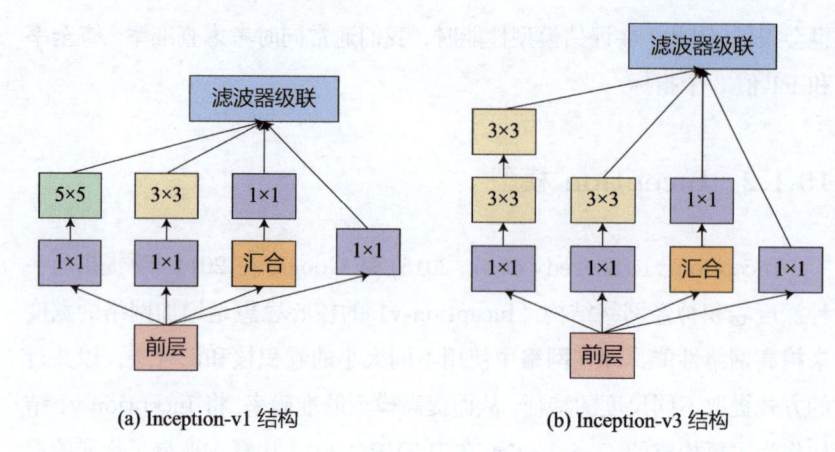

图 15.4　Inception-v1 结构 (Szegedy et al., 2015) 和 Inception-v3 结构 (Szegedy et al., 2016b)

### 15.1.3　ResNet 及其衍生模型

残差网络（Residual Network，ResNet）系列模型在计算机视觉图像识别领域具有深远的意义，其核心贡献在于解决了深度神经网络中的梯度消失问题，允许构建极深的神经网络. 这种网络深度的增加使模型可以从图像中提取更加抽象和复杂的特征，因此在图像识别任务中表现出色.

**1. ResNet 模型**

ResNet 是一类深度卷积神经网络架构，由 Kaiming He 等人于 2015 年[1]提出 (He et al., 2016)，并在 ImageNet 图像分类挑战赛中取得了突破性的成绩.[2] ResNet 的核心思想是通过引入残差学习模块（residual block）来解决深度神经网络中的梯度消失问题，允许构建极深的神经网络，更有效地捕捉和学习图像中的特征.

ResNet 的关键创新在于残差学习模块，它允许网络在层与层之间跳过连接（skip connection）或快捷路径，将前一层的输出添加到后一层的输入中，如图 15.5 所示. 这个残差连接的设计使得在训练过程中，即使网络变得非常深，梯度仍能够更轻松地传播回较早的层次，从而减轻了梯度消失问题的影响. ResNet 模型的架构通常包含深度残差模块的堆叠，以逐渐增加网络的深度. 在实践中，研究人员经常使用不同深度的 ResNet

---

[1] 该工作于 2015 年提出，被 CVPR 2016 会议录用.
[2] ResNet 模型曾在 ILSVRC 2015 挑战赛中取得世界冠军.

模型，例如 ResNet-18、ResNet-50 和 ResNet-152，以应对不同的计算资源和任务需求. 这些模型已经成为计算机视觉领域的标准. ResNet 的成功启发了许多后续神经网络架构的设计，如 DenseNet (Huang et al., 2017) 和 EfficientNet (Tan et al., 2019) 等. 因此，ResNet 作为深度学习领域的里程碑之一，对推动图像处理和计算机视觉的发展起到了关键作用.

如图 15.5 所示，ResNet 中每个残差模块学习的是输入特征与输出特征之间的残差关系，这种设计使得网络可以更容易地学习恒等映射（identity mapping）.[1] 一个常规的残差模块包括两个卷积层，中间是 ReLU 激活函数.[2] 假设输入特征为 $x$，那么残差模块的输出为：$F(x) = x + \mathrm{conv}(\mathrm{ReLU}(\mathrm{conv}(x)))$，这里的"conv"代表卷积操作. 该等式表示输出特征是输入特征加上学到的残差. 当残差为 0 时，网络可以直接输出输入特征，实现恒等映射.

为了减少计算量，ResNet 还引入了"瓶颈"结构用于网络层数较深的情况，如图 15.5 右图所示. "瓶颈"结构在每个残差模块中使用了 $1\times 1$、$3\times 3$ 和 $1\times 1$ 的 3 个卷积层，其中，$1\times 1$ 卷积层的作用是在不改变空间尺寸的情况下，降低和升高特征通道数. 这种设计减少了模型参数和计算量，同时保持了较高的特征表达能力.

[1] 恒等映射是指输入与输出之间的一种映射关系，其中输出等于输入，通常表示为 $f(x) = x$，恒等映射保持了数据的原始信息不变.

[2] 卷积层和激活函数的相关内容参见本书 3.1 节.

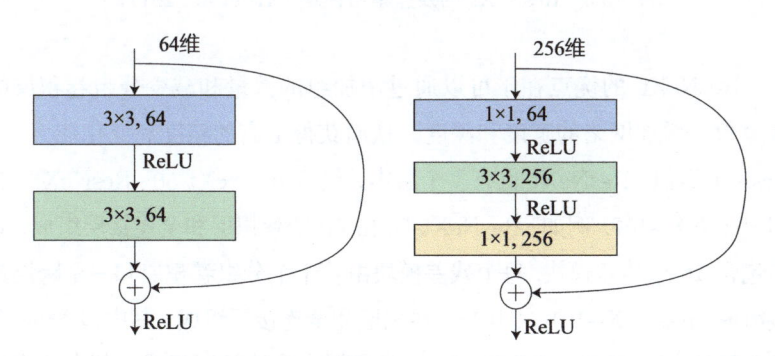

图 15.5 ResNet 中的两种不同的残差学习模块 (He et al., 2016). 左图为常规的残差模块，右图为"瓶颈"残差模块

ResNet 有多种不同深度的变体，如 ResNet-18、ResNet-34、ResNet-50、ResNet-101 和 ResNet-152 等. 不同深度的 ResNet 变体具有类似的结构，但残差模块的数量和配置可能有所不同. 数字表示网络的层数. 通常情况下，层数越多，网络的表达能力越强，但计算量也越大.

## 2. ResNeXt 模型

ResNeXt (Xie et al., 2017) 是一种基于 ResNet 的深度卷积神经网络, 由微软研究院在 2017 年提出, 它通过使用分组卷积 (grouped convolution) 的方式, 进一步提高了 ResNet 的性能.

采用 Inception 的思想, ResNeXt 在每个残差模块中使用分组卷积, 增加网络的宽度. 如图 15.6 所示, 分组卷积将输入特征映射分成若干个分支, 每个分支拥有相同的拓扑结构并进行独立的卷积操作, 然后将每个组的输出拼接在一起, 得到最终的输出特征映射. 分组卷积的优点在于可以减少卷积操作的计算量和参数数量, 同时保持较高的性能.

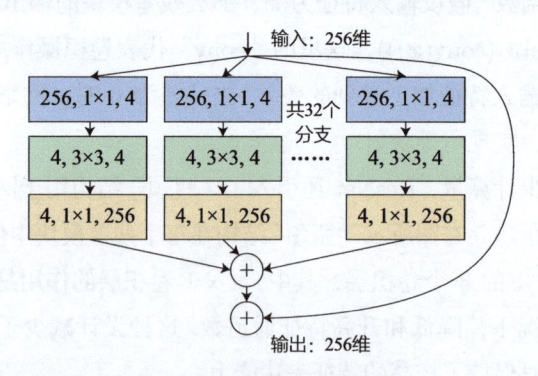

图 15.6  ResNeXt 的残差学习模块 (Xie et al., 2017)

ResNeXt 的优点在于可以通过增加组的数量和减少分组卷积层的通道数, 增加网络的宽度和深度, 从而获得更高的精度和泛化能力. 与 ResNet 类似, ResNeXt 也有多个版本, 包括 ResNeXt-50、ResNeXt-101 和 ResNeXt-152. 例如, ResNeXt-50 由 50 个卷积层和全连接层组成, 其中包含 16 个残差模块. 每个残差模块由若干个分组卷积层和一个跨层连接组成. ResNeXt-101 由 101 个卷积层和全连接层组成, 其中包含 33 个残差模块. ResNeXt-152 由 152 个卷积层和全连接层组成, 其中最多的包含了 50 个残差模块.

## 3. SENet 模型

SENet 在 ResNet 基础上使用 Squeeze-and-Excitation (SE) 模块 (Hu et al., 2018), 进一步提高了 ResNet 的性能. 如图 15.7 所示, SE 模块由两个全连接层、全局汇合操作以及激活函数组成, 其首先对特征图进行全局平均汇合之后进行全连接操作，得到一个通道数较少的特征向量，之后经过 ReLU 激活函数将其输入第二个全连接层，生成一个通道注意力向量，用来调整每个通道的权重．最后，将注意力向量乘以原始的特征图，得到加权后的特征图．SENet 在每个残差学习模块中使用 SE 模块，增强了网络的特征表示能力．可以看到，SE 模块可自适应地调整特征图的通道权重，使得网络可以更好地学习到重要的图像特征信息．

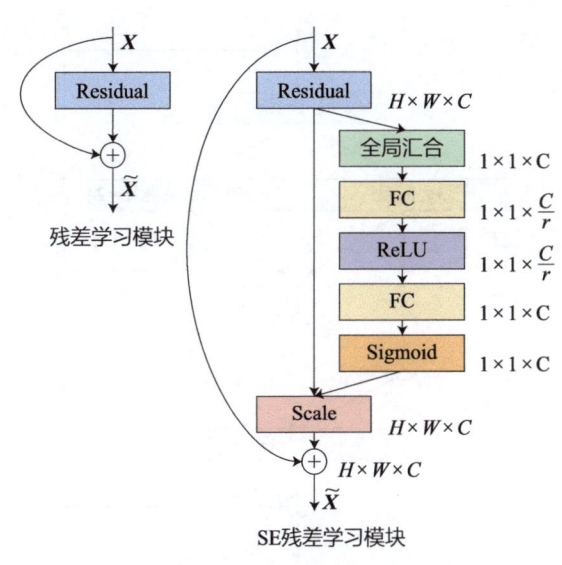

图 15.7 残差学习模块与 SE 残差学习模块 (Hu et al., 2018)

SENet 的优点在于通过 SE 模块增强网络的特征表示能力，提高了网络的精度和泛化能力．同时，SE 模块的计算量较小，可以轻松地集成到各种深度神经网络中．

#### 4. SKNet 模型

SKNet 在 ResNet 基础上，受到生物视觉皮层中神经元局部感受野大小能够随环境自适应改变的启发，将其传统的 $3 \times 3$ 卷积核拓展为可选择性卷积核（Selective Kernel, SK）(Li et al., 2019)，进一步提高了 ResNet 的性能，是多分支注意力模块的典型代表之一 (Guo et al., 2022)．如图 15.8 所示，SK 模块对常用的卷积层进行了多分支异构卷积核扩展，例如，$3 \times 3$ 和 $5 \times 5$ 的卷积核分支．[1] 随后，SK 模块通过融合多路的特

---

[1] 通常可采用膨胀率（atrous）为 2 的 $3 \times 3$ 空洞卷积代替 $5 \times 5$ 卷积，以提升参数效率．

征，进行全局平均汇合操作，再经过全连接层获取两个互补的注意力向量，使得这两个注意力向量在每一个维度的和均为 1. 这组注意力向量就分别代表了对每一个异构卷积核分支的通道选择权重. 最后，将每个注意力向量对应地乘以原始的各路分支的卷积特征图，得到加权求和后的总特征图. 可以看到，SK 模块可以根据输入的信息来自适应地调整不同卷积核特征图的加权比例系数，使得网络能够更好地、自适应地选择合适的感受野信息进行特征传递和变换.

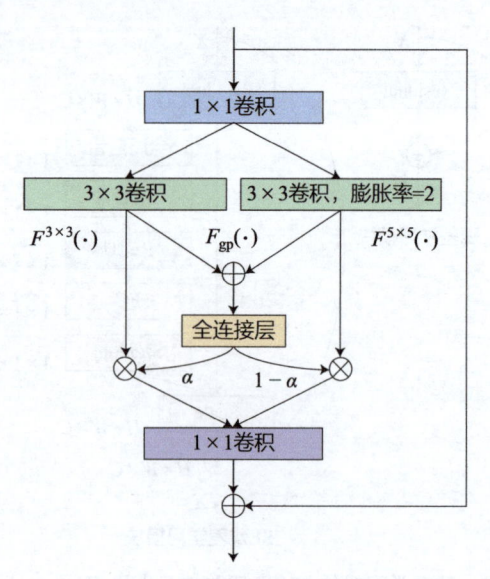

图 15.8 SKNet 的动态多分支残差学习模块 (Li et al., 2019)

SKNet 的优点在于通过 SK 模块为卷积神经网络建模了自适应感受野的选择机制，提高了网络的精度和泛化能力. 作为一个重要的基础模型，SKNet 被诺贝尔奖和图灵奖获得者 Geoffrey E. Hinton 及团队在其知名的自监督学习[1]论文 (Chen et al., 2020) 中所采用，并充分证明了 SK 模块能够显著提升自监督模型性能.

### 15.1.4 EfficientNet 模型

EfficientNet (Tan et al., 2019) 是 Google 于 2019 年提出的一种在计算效率和参数数量方面优化的深度学习卷积神经网络架构. 它的设计理念是在模型效能、模型深度和模型宽度之间取得理想的平衡，以达到最佳

---

[1] 自监督学习是一种机器学习范式，其中模型从未标记的数据中学习，通过将输入数据转换为输出数据来生成标签，而非依赖外部提供的标签.

性能. EfficientNet 的关键创新之处在于它的复合缩放因子（compound scaling factor），通过对网络深度、宽度和分辨率进行统一缩放的方式，同时优化了这三个维度，达到了更好的性能和计算效率的平衡.

在 EfficientNet 中，"网络深度"是指层数，增加深度意味着网络获得更好的非线性表达能力，能够提取出更加丰富和复杂的特征，但同时会面临梯度不稳定、训练困难等问题. "网络宽度"是指每一层通道数，增加宽度可以提高模型的容量，使模型的每一层能捕捉到更丰富的特征. 增加输入图像分辨率则能帮助模型捕捉到更多的局部信息，获得更细粒度的特征，但计算量会大大增加，并且随着分辨率的增加，准确率收益会逐步减小. 如图 15.9 所示，传统的模型缩放方法通常只关注这三个方面中的某一个或某两个，而 EfficientNet 通过在这三个维度上进行均衡缩放，取得了更高的性能.

在得到一个理想的 EfficientNet 模型过程中，首先通过使用"神经网络架构搜索"（neural architecture search）(Zoph et al., 2016) 方法[1] 寻找到一个基准模型（baseline model），该模型被称为"EfficientNet-B0". 接着，通过一个复合缩放因子来缩放 EfficientNet-B0 的宽度、深度和分辨率. 复合缩放方法的核心思想是使用一个超参数 $\varphi$ 来控制这三个维度的缩放：宽度的缩放因子是 $w = \alpha^\varphi$；深度的缩放因子是 $d = \beta^\varphi$；分辨率的缩放因子是 $r = \gamma^\varphi$，其中，$\alpha$、$\beta$ 和 $\gamma$ 分别是宽度、深度和分辨率的缩放常数，它们的值可以通过网格搜索或其他优化方法得到. 在实践中，研究团队发现，当 $\alpha = 1.2$，$\beta = 1.1$ 和 $\gamma = 1.15$ 时，能够获得较好的结果.

此外，通过调整 $\varphi$，我们可以得到一系列具有不同大小和性能的 EfficientNet 模型，如 EfficientNet-B1 至 EfficientNet-B7 (Tan et al., 2019). 一般而言，随着 $\varphi$ 的增加，模型的规模和性能也会相应提高. EfficientNet 在计算效率和性能方面表现出色，在 ImageNet 图像识别任务上，EfficientNet-B7 与其他模型如 ResNet (He et al., 2016) 和 DenseNet (Huang et al., 2017) 相比达到了更高的精度，同时参数数量和计算量相对较少. 总之，EfficientNet 通过在网络宽度、深度和输入分辨率上进行协同的复合缩放，实现了在保持高性能的同时减少模型大小和计算量，使得它在计算资源有限的场景下，如移动设备和嵌入式系统，具有很好的应用潜力.

[1] 神经网络架构搜索是一种自动化方法，用于寻找最佳的神经网络结构，以解决特定任务，通常通过搜索不同层次和连接方式的神经网络来实现.

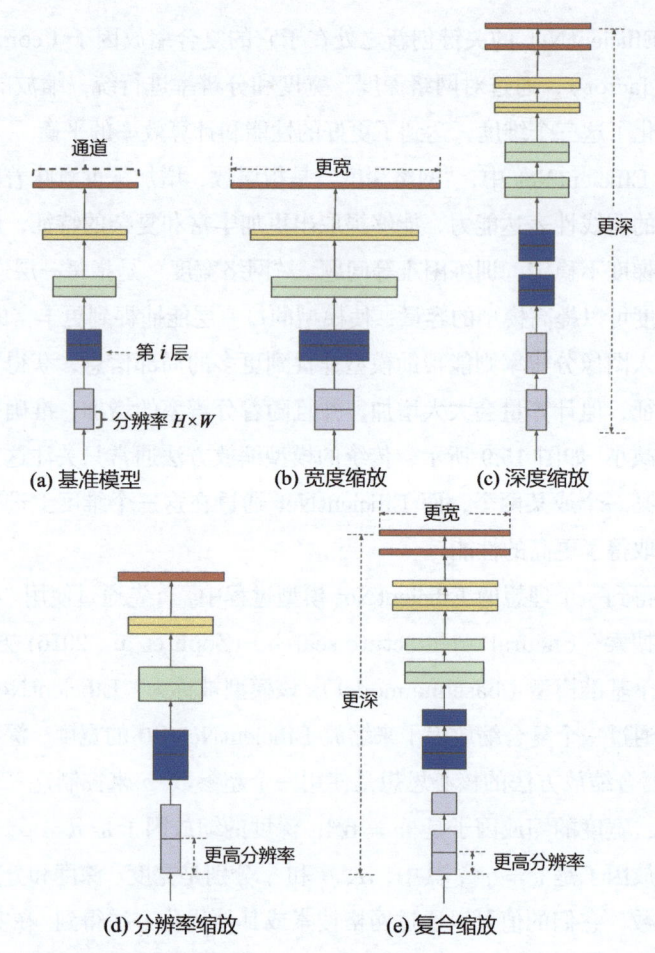

图 15.9 不同的模型缩放方法. (a) 为基准模型示例. (b)、(c) 和 (d) 为常规缩放，仅增加网络宽度、深度或分辨率中的某个维度. (e) 是 EfficientNet 提出的以固定比例均匀缩放所有三个维度的复合缩放 (Tan et al., 2019)

### 15.1.5 Vision Transformer 模型

Vision Transformer（简称 ViT）是近年来在计算机视觉领域引起广泛关注的一种深度学习模型 (Dosovitskiy et al., 2020). 不同于传统的卷积神经网络架构，ViT 采用了全新的 Transformer 架构[1]，该架构最初是为自然语言处理而设计的，但在视觉任务中的应用取得了显著的成功.

ViT 的核心思想是首先将输入的图像像素数据视为一个序列，然后通过多层的 Transformer 编码器（encoder）来捕捉图像中的特征和关系. 这种序列化的处理方式为图像处理引入了一种全新的范式，消除了传统

---

[1] 相关内容参见本书第 5 章.

CNN 中需要精心设计的卷积结构，使得 ViT 在处理不同尺寸、分辨率和领域的图像时表现出色.

图 15.10 展示了 ViT 的工作流程如下：

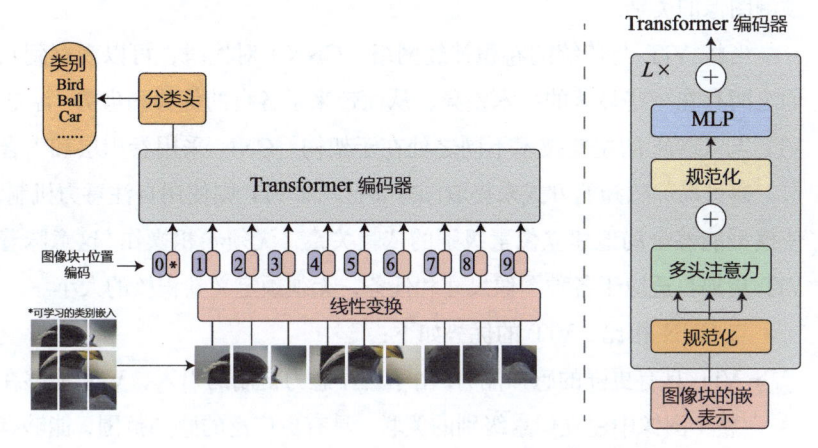

图 15.10　ViT (Dosovitskiy et al., 2020) 的工作流程

①图像划分：将输入的图像划分成一组非重叠的图像块（image patch），每个图像块通常包含一个小区域的像素. 这个过程旨在将图像转换成一个序列，其中每个图像块都被视为序列中的一个元素.[1]

[1] Transformer 模型中常被称为"token".

②嵌入（embedding）：对每个图像块进行嵌入操作，将其转换成一个向量. 通常，这个嵌入过程包括两步：首先，使用卷积操作从原始像素数据中提取特征，然后使用一个线性投影将这些特征映射到一个固定维度的向量，以便后续处理.

③位置编码（positional encoding）：为了将序列中的图像块与它们在图像中的位置关联起来，ViT 引入了位置编码. 位置编码是一组可学习的向量，它们与嵌入的图像块相加，为模型提供关于图像块在序列中位置的信息.

④Transformer 编码器：ViT 使用多层 Transformer 编码器来处理这个嵌入的序列. 每个编码器层包含多头自注意力机制[2]和前馈神经网络. 自注意力机制有助于模型捕捉序列中各元素之间的依赖关系，而前馈神经网络则用于提取更高级的特征.

⑤多层编码器：ViT 通常包含多个 Transformer 编码器层，每一层都会对序列进行一次编码. 这使得模型能够在不同层次上提取图像特征.

[2] 多头自注意力机制是注意力机制的一种扩展形式，常用于深度学习中的自然语言处理和计算机视觉任务. 在传统的自注意力机制中，模型能够关注输入序列中不同位置的信息，但多头自注意力引入了多个注意力头，每个头都学习一组不同的注意力权重. 这样，模型能够在不同的子空间中同时学到不同的表示.

⑥输出层：在经过所有的编码器层后，ViT 通常会将序列的表示汇总成一个全局特征向量，然后将其传递给输出层用于具体任务的预测. 对于图像分类任务，输出层通常包括一个全连接层和 Softmax 函数，用于预测图像的类别.

当将 ViT 与传统的卷积神经网络（CNN）对比时，可以观察到它们之间存在一些显著的技术差异，从而带来了各自的优势和劣势. 首先，ViT 与 CNN 的主要技术不同之处在于架构. CNN 采用卷积层和汇合层，通过局部感知的方式来提取图像特征. 而 ViT 则使用自注意力机制，使模型能够全局地建立像素级别的依赖关系，无须卷积操作. 这意味着 ViT 更加自适应于各种图像尺寸和任务，无须预定义卷积核的大小.

与 CNN 相比，ViT 的优势如下：

- ViT 具有更强的感知能力. 由于自注意力机制的引入，ViT 能够在整个图像中建立像素级别的关联，具有更广泛的感知范围，能够有效地捕获全局信息. 这对于需要全局上下文信息的任务，如物体检测和图像分割，非常有利.
- ViT 通常需要较少的参数来实现相似或更好的性能. 这降低了训练和推理的计算成本，使得 ViT 在计算资源受限的情况下也能够发挥出色的性能.
- ViT 在多个计算机视觉任务上表现出色，不需要特定任务的体系结构或领域知识. 这种通用性使得 ViT 成为一个强大的工具，适用于各种应用领域.

然而，ViT 也有一些劣势，具体如下：

- ViT 在处理大型数据集或高分辨率图像时，计算成本相对较高，因为自注意力机制需要大量的计算资源.
- 和 CNN 相比，ViT 对更大规模的数据集和更多的预训练步骤有更高的需求，这可能对一些应用而言可扩展性不足.
- 由于自注意力机制的复杂度，ViT 对输入序列的长度有一定限制，可能不适用于一些具有极长输入序列的任务.

## 15.2 目标检测

目标检测（object detection）是计算机视觉领域中的重要任务之一，如图 15.11 所示，其主要目的是在输入的图像或视频中识别出感兴趣的目标（object of interest），并对其进行定位。与图像识别任务不同，目标检测需要同时识别出目标的类别和位置信息，因此具有更高的难度和复杂度。目标检测技术在实际生活中具有广泛的应用，如智能安防、自动驾驶、医疗诊断等领域。随着深度学习技术的发展，目标检测算法也得到了极大的发展和改进。本节将详细介绍目标检测中的代表性方法，包括二阶段目标检测方法 R-CNN 系列 (Girshick et al., 2014; Girshick, 2015; Ren et al., 2015) 和单阶段目标检测方法 YOLO 系列 (Redmon et al., 2016, 2017, 2018; Bochkovskiy et al., 2020) 等，如图 15.12 所示。

图 15.11 目标检测任务：通过框出对象的边界框（bounding box），为每个对象分配一个类别标签

### 15.2.1 数据集和评价指标

**1. 数据集**

**PASCAL VOC**（Visual Object Classes）(Everingham, 2007)：PASCAL VOC 是一个全球知名的计算机视觉挑战赛。[1] 始于 2005 年的该挑战赛历经多年发展，其任务内容从最初的图像分类逐渐扩展到目标检测、语义分割和动作识别等领域，不仅如此，数据集的规模和多样性也不断

[1] 数据集访问参见"链接 41"。

壮大. PASCAL VOC 挑战赛为计算机视觉研究贡献了许多杰出的成果，尤其是随着深度学习技术的兴起，其推动了众多深度学习模型的发展. 该数据集中的图像涵盖了多种场景和来源，包括但不限于"图书馆"、"办公室"和"街道"等，呈现出高度的多样性和复杂性. PASCAL VOC 数据集中最重要的两个子集分别为 PASCAL VOC 2007 和 PASCAL VOC 2012，它们互为补充. PASCAL VOC 2007 包含共计 9963 张图像，划分为训练集（5011 张）和测试集（4952 张），共包含 20 个不同类别的物体，并标注了 24640 个物体实例（object instance）. 而 PASCAL VOC 2012 则包含 20 个物体类别和 11540 张图像，每张图像均附带了物体的边界框、类别标签和部分遮挡情况的标注信息. 尽管 PASCAL VOC 挑战赛已于 2012 年结束，但 PASCAL VOC 数据集仍然是评估目标检测和分割任务性能的重要基准之一，对于计算机视觉领域的进步和应用发展具有不可忽视的意义.

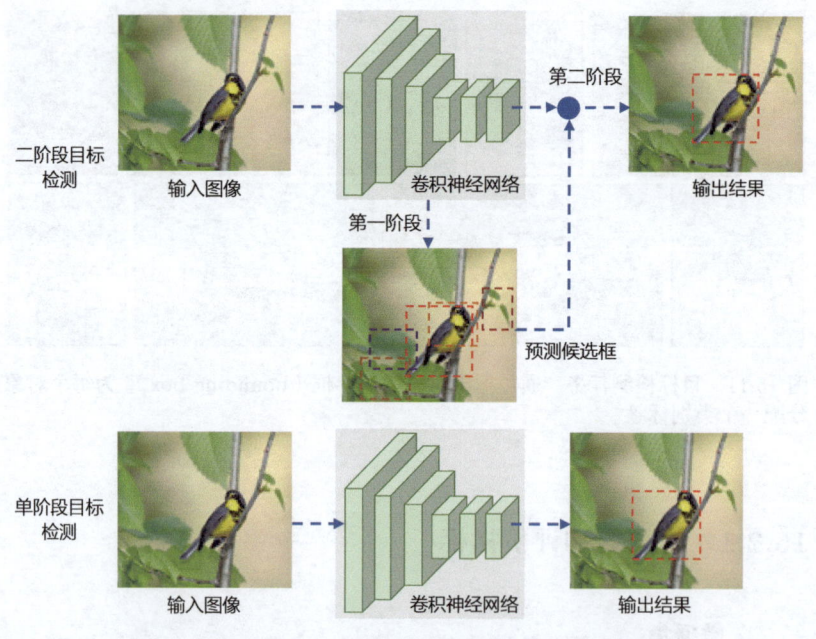

图 15.12　二阶段目标检测方法与单阶段目标检测方法

[1]数据集访问见"链接 42".

**COCO**（Common Objects in Context）(Lin et al., 2014)：COCO 数据集是应用广泛的计算机视觉数据集之一[1]，由微软公司主导开发. 该数据集包含超过 33 万张图像，涵盖超过 2.5 万个不同的物体类别和 80

种不同的场景. 每张图像都经过仔细标注，包括物体的边界框和相应的类别标签，同时也提供了图像分割掩码、关键点、人体姿态等丰富信息. 这些全面的标注信息使 COCO 数据集成为评估目标检测、分割、关键点检测等任务性能的重要基准之一. COCO 数据集的图像来源广泛，包括互联网图片、社交媒体图片，以及野外拍摄的图像等，呈现出高度多样性和复杂性，有助于研究者更好地应对实际应用中的计算机视觉挑战.

**2. 评价指标**

**Intersection over Union（IoU）**[1]：IoU 是一项常用的评价指标，用于度量预测边界框与真实边界框之间的重叠程度. 其计算公式为 $\text{IoU} = \frac{\text{Area of Overlap}}{\text{Area of Union}}$，其中，"Area of Overlap" 表示检测框与真实框之间的交集面积，"Area of Union" 表示它们的并集面积. 在目标检测任务中，IoU 通常被用于度量预测框与真实框发生重叠的程度，并且用于将预测框正确地分配到相应的类别中.

[1]常被称为"交并比".

**Average Precision（AP）**：AP 是用于评估模型在数据集中单个类别上的目标检测性能的重要指标. 其计算公式为 $\text{AP} = \frac{1}{n_{\text{pos}}} \sum_{i=1}^{n_{\text{pos}}} P(r_i) \Delta r_i$，其中，$n_{\text{pos}}$ 表示该类别的正样本数，$P(r_i)$ 表示在召回率为 $r_i$ 时的准确率，$\Delta r_i$ 表示 $r_i$ 与 $r_{i-1}$ 之间的差值. 在目标检测任务中，AP 被广泛用于度量模型的检测结果与真实标注框之间的精确度. AP 的计算方式包括对每个类别的精确率和召回率曲线下的面积进行积分，因此能够综合考虑不同阈值下的性能表现.

**Mean Average Precision（mAP）**：mAP 是 AP 的平均值，它在目标检测领域被广泛采用，用以综合评估模型在整个数据集上的性能. 其计算公式为 $\text{mAP} = \frac{1}{n_{\text{c}}} \sum_{i=1}^{n_{\text{c}}} \text{AP}_i$，其中 $n_{\text{c}}$ 表示类别的数量，$\text{AP}_i$ 表示第 $i$ 个类别的 AP 值. mAP 通过对不同类别的 AP 进行加权平均，能够全面评估模型的检测性能.

**Precision-Recall 曲线（PR 曲线）**：PR 曲线是另一种常用的评价指标，能够展示系统在不同阈值下精度和召回率之间的关系. 在 PR 曲线中，横轴表示召回率，纵轴表示准确率. 当一条 PR 曲线完全"包住"另一条 PR 曲线时，前者对应的模型性能更好（P 和 R 值越高，表示分类性能越强）. PR 曲线有助于研究人员和开发人员了解模型在不同阈值下的表现，并选择最佳阈值. 这有助于调整算法以满足特定的需求.

### 15.2.2 二阶段目标检测方法

在目标检测领域，二阶段目标检测方法一直以来都扮演着重要的角色. 这些方法通常分为两个主要阶段：首先，从输入图像中提取特征并生成潜在的候选框（bounding-box proposal），然后，通过深度学习模型对这些候选框进行分类和位置回归. R-CNN 系列方法是目标检测二阶段方法的代表，其中，R-CNN (Girshick et al., 2014) 作为该系列的第一步，Fast R-CNN (Girshick, 2015)、Faster R-CNN (Ren et al., 2015) 等方法都在其基础上不断演进，共享了高精度的检测性能，因此在目标检测领域备受关注.

**1. R-CNN 模型**

R-CNN（Region-based Convolutional Neural Network）是目标检测领域的一个重要里程碑 (Girshick et al., 2014)，也是首个成功将深度学习引入目标检测的尝试. 它为后续的研究奠定了坚实的基础. 图 15.13 展示了 R-CNN 的算法流程.

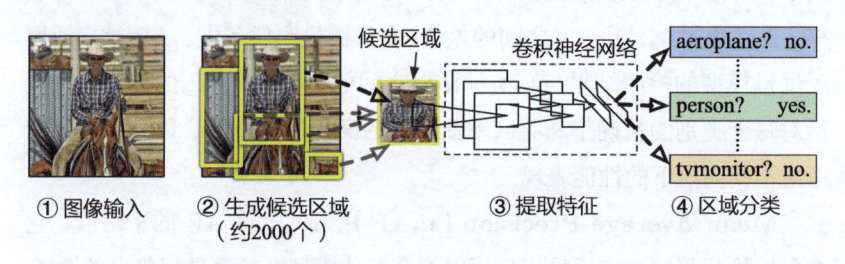

图 15.13 R-CNN (Girshick et al., 2014) 的算法流程

R-CNN 的核心思想是将目标检测任务转化为目标区域提取和图像分类的两个步骤. 首先，它使用选择性搜索（selective search）[1] (Uijlings et al., 2013) 等算法在输入图像上生成数千个候选框，这些框可能包含待检测的目标物体. 然后，R-CNN 将每个候选框从输入图像中裁剪出来，并对其进行尺寸归一化处理，以确保所有输入具有相同的尺寸. 接下来，这些裁剪后的候选框通过卷积神经网络（通常是预训练的深度学习模型，如 AlexNet）进行特征提取. 最后，通过线性 SVM 进行目标分类，并使

---

[1] 选择性搜索是一种用于图像目标检测的区域生成算法. 其目的是在图像中生成多个可能包含物体的候选区域（候选框），以便后续的目标检测算法对这些区域进行分类和定位.

用回归模型对候选框的精确位置进行微调.

值得一提的是, R-CNN 在当时成了最好的目标检测算法, 在 PASCAL VOC 2007 数据集上, mAP 达到了 58.5%. 尽管 R-CNN 在目标检测任务中取得了令人瞩目的结果, 但它的主要缺点是计算和存储资源的消耗较大. 由于每个候选框都需要单独的前向传播, 耗费了大量的计算时间. 此外, R-CNN 需要大量的存储空间来存储候选框的特征, 因此在实际应用中存在一定的限制.

然而, R-CNN 的出现为深度学习在目标检测领域的应用铺平了道路, 激发了更多研究者的兴趣, 促使他们不断改进和创新, 涌现了一批后续方法, 如 Fast R-CNN 和 Faster R-CNN, 以更好地解决目标检测任务中的计算和效率问题.

**2. Fast R-CNN 模型**

Fast R-CNN 是目标检测领域的一种二阶段检测算法, 是 R-CNN 模型的进一步改进 (Girshick, 2015). Fast R-CNN 在速度和性能上比 R-CNN 有显著提升.

Fast R-CNN 的核心思想是通过 RoI 汇合 (Region of Interest pooling) 层来提高效率. RoI 汇合允许网络仅对候选框中的感兴趣区域提取特征, 而不需要处理整个图像, 从而大大减少了计算量, 加快了检测速度.

图 15.14 给出了其网络结构.

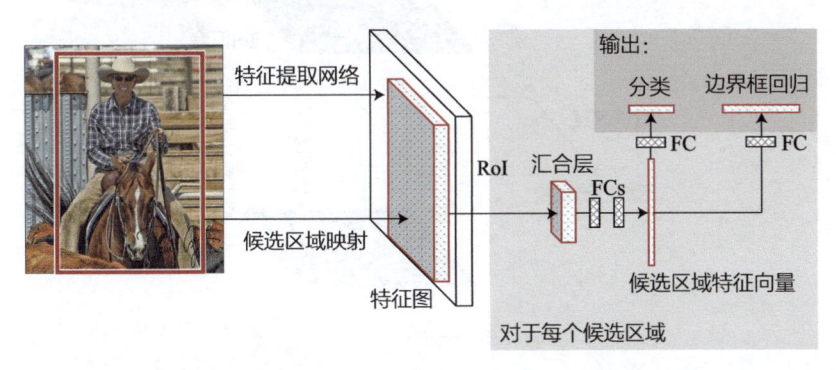

图 15.14  Fast R-CNN (Girshick, 2015) 网络结构

Fast R-CNN 的工作流程如下:

①特征提取: 输入图像首先经过卷积神经网络 (通常是一个预训练的 CNN 模型, 如 VGG-16) 提取特征.

②候选框生成：与 R-CNN 不同，Fast R-CNN 使用选择性搜索等方法直接在特征图上生成候选框.

③RoI 汇合：对于每个候选框，使用 RoI 汇合将其映射到固定大小的特征图上，以便后续进行分类和回归.

④特征向量的分类和定位：通过全连接层进行分类和定位，得到每个候选框的类别和边界框坐标.

Fast R-CNN 比 R-CNN 的速度更快，因为它共享了卷积神经网络的计算，并且采用了 RoI 汇合来减少冗余计算. 此外，Fast R-CNN 引入了端到端的训练，更容易优化整个模型. 它在准确性和速度之间取得了一种平衡，成为目标检测任务中的重要算法. 然而，Fast R-CNN 仍然存在一些局限性，如候选框生成速度仍然较慢，并且需要独立的选择性搜索步骤. 这些问题在后续的 Faster R-CNN 算法中有所改善.

### 3. Faster R-CNN 模型

Faster R-CNN 是一种在目标检测领域取得重大突破的算法 (Ren et al., 2015). 它在 Fast R-CNN 模型上进一步改进，主要解决了候选框生成速度慢的问题，使得目标检测更加高效和准确. 图 15.15 给出了其网络结构.

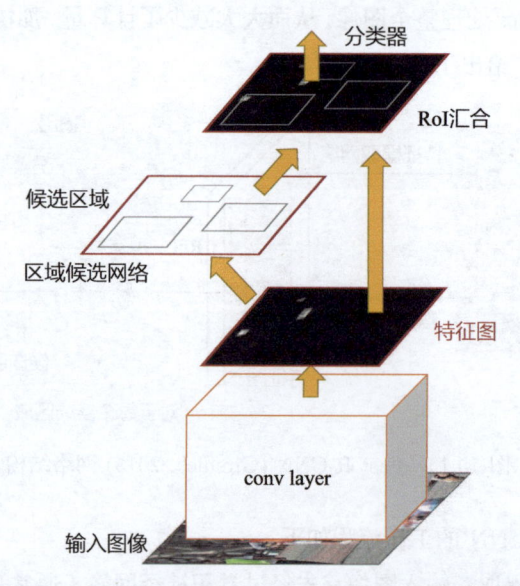

图 15.15 Faster R-CNN (Ren et al., 2015) 网络结构

Faster R-CNN 的关键创新是引入了 Region Proposal Network（RPN，区域提议网络），它是一个深度学习模型，可以快速生成候选框，如图 15.16 所示. RPN 通过在卷积特征图上滑动一个小窗口，预测每个窗口是否包含物体，并为每个窗口生成多个不同尺寸和不同长宽比的候选框. 这些候选框经过非极大值抑制[1]筛选后，作为 RoI[2] 输入后续的网络，完成分类和精确定位.

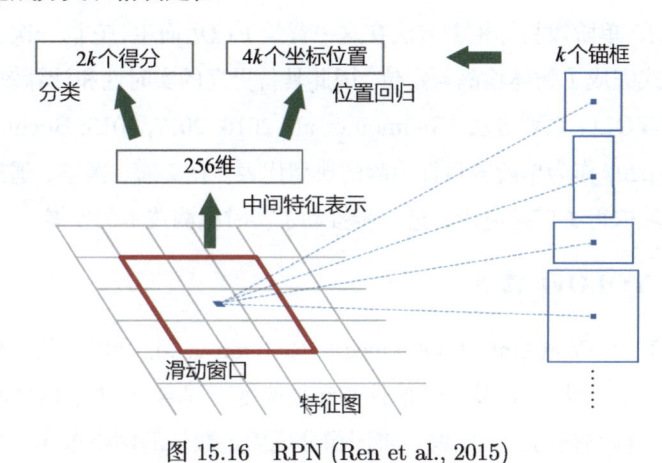

[1] 非极大值抑制（non-maximum suppression）是目标检测中常用的一种技术，用于去除冗余的检测框，只保留最具置信度的物体框.

[2] RoI 是在目标检测中用于提取和分析可能包含物体的图像区域，以减少计算量和提高检测精度的技术.

图 15.16  RPN (Ren et al., 2015)

Faster R-CNN 的工作流程如下：

①特征提取：输入图像首先经过卷积神经网络（通常是一个预训练的 CNN 模型，如 VGG-16 或 ResNet）进行特征提取.

②RPN 生成候选框：预先设定好不同比例和不同尺寸的锚框（anchor box）. 当 RPN 网络在特征图上滑动时，在每个或者间隔位置上根据锚框来生成多个初始的候选框，同时计算这些候选框是否包含物体、类别和位置偏移量以获得更精准的候选区域，然后经非极大值抑制等操作最终得到预测的候选框.

③RoI 汇合：通过 RoI 汇合将 RPN 生成的候选框映射到固定大小的特征图上.

④特征向量的分类和定位：与 Fast R-CNN 类似，通过全连接层进行分类和边界框回归，得到每个候选框的类别和坐标.

Faster R-CNN 的主要优势在于引入了 RPN，将候选框生成和物体检测整合在一个模型中，大大提高了检测速度. 此外，Faster R-CNN 采用了端到端的训练，更容易优化模型. 它在准确性和速度上都取得了重大突破，成为目标检测领域的重要里程碑。[1]

[1] Faster R-CNN 在 2015 年的 ILSVRC 和 COCO 竞赛中获得了多个世界冠军.

### 15.2.3 单阶段目标检测方法

尽管 Faster R-CNN 在检测精度和速度方面已显著提升，但需要在获取候选区域后分别进行分类和回归，运行速度仍然无法满足实时目标检测的需求. 单阶段目标检测方法在这一背景下应运而生，它以一次前向传播的方式完成了物体检测与定位，因此具备更高的实时性和计算效率. 代表性的 YOLO 系列方法 (Redmon et al., 2016, 2017, 2018; Bochkovskiy et al., 2020) 作为单阶段目标检测的典型代表，在交通、医学、遥感、安全等领域取得了广泛应用，进一步推动了实时检测技术的发展.

#### 1. YOLOv1 模型

YOLO（You Only Look Once）(Redmon et al., 2016) 是一种单阶段目标检测方法[2]，以其卓越的性能和高速度而闻名. 该方法的核心思想是将目标检测视为回归问题，将图像分成固定数量的网格单元，并为每个单元格生成多个边界框. 之后，通过单次前向传播，同时预测边界框的位置和每个边界框内物体的类别概率. 图 15.17 给出了其工作流程.

[2] 为区别后续的 YOLO 方法，该方法记为 YOLOv1.

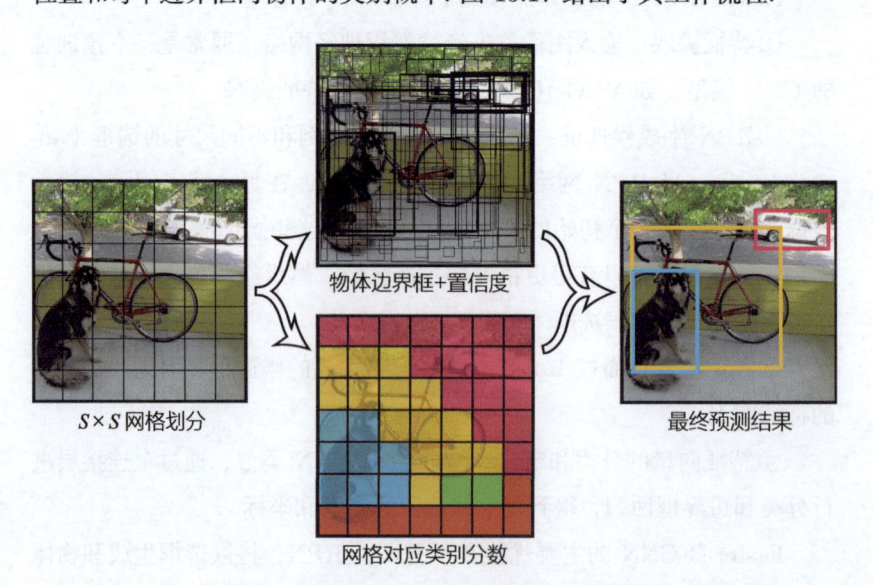

图 15.17　YOLOv1 (Redmon et al., 2016)

YOLOv1 方法的工作流程如下：

①将输入图像划分为固定数量的网格单元[1]，每个网格单元负责检测该单元格内的目标.

[1]图 15.17 中为 $S \times S$.

②在每个网格单元内，模型预测多个边界框，每个边界框由一组参数定义，包括位置（中心坐标和宽高），以及包含的目标类别的概率. 同时，模型为每个边界框预测了每个可能类别的概率分数，以确定边界框内的目标类别.

③通过应用非极大值抑制算法，筛选出最具置信度的边界框，以减少冗余检测结果，从而得到最终的目标检测结果. 这一全新的思路将目标检测任务转化为一次前向传播过程，大大提高了检测速度和效率.

YOLOv1 的主要优点在于其高速度和简单性. 它在单次前向传播中完成所有的检测和分类任务，因此在实时目标检测方面表现出色. 然而，YOLOv1 也存在一些限制，如对小物体的检测精度相对较低，对于密集物体的处理不够理想. 后续版本的 YOLO 算法（如 YOLOv2、YOLOv3、YOLOv4）有所改进，并在检测性能和速度方面取得了更好的平衡.

**2. YOLOv2 模型**

YOLOv2 是目标检测领域中一项重要的技术创新，作为 YOLO 系列的升级版本，它在原有 YOLOv1 的基础上引入了一系列关键性改进，以满足更高的检测性能和精度要求 (Redmon et al., 2017). 通过引入多尺度检测、锚框、更深的 Darknet-19 网络[2]等技术，YOLOv2 不仅显著提高了目标检测的性能，同时保持了较快的运行速度，成为单阶段目标检测方法的重要代表之一.

[2]Darknet-19 是 YOLOv2 模型中的骨干卷积神经网络，专为目标检测任务而设计，由 Joseph Redmon 等人提出 (Redmon et al., 2017).

以下是 YOLOv2 的重要组成部分.

- 多尺度检测：YOLOv2 引入了多尺度检测，允许模型在不同分辨率的特征图上检测目标. 这提高了模型对小物体的检测性能，同时仍然保持了对大物体的检测准确性.
- 锚框：YOLOv2 采用了锚框来提高边界框的预测准确性. 每个网格单元现在不再预测多个边界框，而是与一组锚框关联，每个锚框负责预测特定宽高比例的边界框. 这有助于更好地适应不同形状的目标.
- 骨干网络：YOLOv2 使用了一个称为 Darknet-19 的深度卷积神经

网络作为特征提取器。该网络具有 19 个卷积层，比原始 YOLOv1 中的网络更深、更复杂，有助于提取更丰富的特征。

- 归一化层：为了加速训练过程和提高检测性能，YOLOv2 引入了批归一化层，网络收敛更快。
- 全卷积预测：YOLOv2 采用了全卷积[1] 预测，允许模型在输入图像的任何尺寸上检测，而不需要预定义的固定输入尺寸。这提高了模型的灵活性。
- 损失函数：YOLOv2 引入了类别嵌套损失函数[2]，该函数可以更好地处理多类别目标检测任务，提高了模型识别不同类别的能力。

YOLOv2 作为单阶段目标检测方法的一代经典，通过一系列创新性的技术和改进，在目标检测任务中取得了显著的进展。其多尺度检测、类别嵌套损失等特性使其成为计算机视觉领域的一项重要工具，并在多个应用领域取得了成功。虽然 YOLOv2 后续有了更多的版本，但其独特的设计思想和方法仍然具有重要的参考价值，有力地启发了后续目标检测算法的发展。

### 3. YOLOv3 模型

YOLOv3 是 YOLO 目标检测系列的第三代方法 (Redmon et al., 2018)。自从 YOLOv1 首次提出以来，YOLO 系列一直致力于将目标检测技术推向更高的性能水平和更广泛的应用场景。YOLOv3 在保持 YOLO 系列速度优势的基础上，进一步提升了检测精度，同时引入了更多的创新性技术。与前一代相比，YOLOv3 不仅在检测精度上取得了显著的提升，还拥有更强大的通用性，使其成为计算机视觉领域中备受瞩目的目标检测方法之一。

YOLOv3 在 YOLOv2 的基础上引入了一系列关键的改进，以提高检测性能和多样性，主要涉及采用新的骨干网络、利用特征金字塔结构检测不同尺度的目标，采用 Leaky ReLU 激活函数等。

以下是 YOLOv3 的重要组成部分。

- 骨干网络：YOLOv3 的骨干网络使用了 Darknet-53，没有全连接层和汇合层，其中每一个模块都加入了残差结构，通过卷积核缩小特征尺度，最终图像的尺寸缩小为原来的 1/32。
- 特征金字塔：采用了 FPN (Ren et al., 2015) 的特征融合结构，分

---

[1] 全卷积（fully convolution）操作是一种神经网络层，它接受任意大小的输入，并生成相应大小的输出，通常用于图像分割和其他密集预测任务。

[2] YOLOv2 中的类别嵌套损失是一种用于目标检测的损失函数，旨在提高模型对多类别目标的识别能力。这种损失函数不仅考虑了目标是否存在于边界框内，还关注了目标的类别是否正确。它通过将类别损失嵌套在目标函数内，综合考虑了目标存在性和类别准确性，提高了检测模型的性能，有助于减少错误的检测和提高多类别目标的识别准确性。

别融合了 3 个不同的特征尺度，这里特征融合使用拼接的方式.
- **损失函数**：在损失函数中，YOLOv3 的分类损失使用 Sigmoid 函数替代了 YOLOv2 中的 Softmax 函数.
- **正负样本筛选**：YOLOv3 改变了正负样本的筛选策略，将预测框与真实目标之间交并比最大者作为唯一正样本，将交并比小于特定阈值且不是正样本的候选框作为负样本，对负样本进行类别和位置的损失计算.

**4. YOLOv4 模型**

YOLOv4 作为前代版本的继承者，在保持了 YOLO 系列一贯的速度和效率特点的同时，进一步提升了检测性能，具备更强大的通用性和鲁棒性 (Bochkovskiy et al., 2020). 其组合尝试了大量深度学习领域当时最新的研究成果，在 YOLOv3 的基础上进行了一系列的优化.

YOLOv4 包括以下关键的技术和改进.
- **骨干网络**：YOLOv4 采用了 CSPDarknet53 (Wang et al., 2020) 作为骨干网络，这是一种基于 Darknet-53 的改进版本. 其 CSP（Cross-Stage Partial）结构通过跨阶段的特征部分共享实现了高效的特征提取，提高了模型的性能.
- **特征金字塔**：为了检测不同尺度的目标，YOLOv4 引入了 PANet（Path Aggregation Network）模块[1]，用于构建特征金字塔. 这有助于网络更好地理解图像中不同尺寸目标的上下文信息.
- **跨尺度特征融合**：YOLOv4 采用了 SAM（Spatial Attention Module）和 SAM_CSP（Spatial Attention Module in CSP Darknet53）来加强特征图之间的通信，提高了跨尺度特征的利用效率.
- **训练技巧**：YOLOv4 引入了一系列技巧，如 CIOU 损失 (Zheng et al., 2020)、DropBlock 正则化 (Ghiasi et al., 2018)、Mosaic 数据增强[2]等，以进一步提高模型的检测性能. 这些技巧旨在降低模型的过拟合风险和提高鲁棒性.

[1] PANet 模块是一种在语义分割领域广泛应用的技术，用于有效整合多尺度特征信息，提升模型对物体边界和细节的感知能力.

[2] Mosaic 数据增强是一种目标检测中的技术，它将多个随机选取的图像以拼贴的方式组合在一起，以扩充训练数据，提高模型的鲁棒性.

## 15.3 图像分割

图像分割是计算机视觉领域中的一项关键任务，旨在将图像中的每个像素分配给不同的语义类别，实现对图像的精细化理解、语义分割或实例分割。与目标检测任务不同，图像分割的目标是像素级别的标注，为图像中的每个像素赋予语义标签，因此被广泛应用于医学影像分析、自动驾驶、遥感图像分析、物体识别、人像分割、视频分割等领域。在本节中，我们将介绍图像分割领域中的两个重要任务：语义分割（semantic segmentation）和实例分割（instance segmentation）。如图 15.18 所示，在语义分割任务中，我们旨在将每个像素分配给其所属的语义类别，例如，将图像中的"道路"、"建筑"和"天空"等区域分别赋予相应的标签。而在实例分割任务中，则需要将每个像素分配给相应的物体实例，例如，在图像中分割出不同的"车辆""行人"等。本节将介绍这两种任务的基本概念、经典算法和最新进展，并探讨如何使用深度学习技术在图像分割领域获得更好的性能。

输入图片　　　　语义分割　　　　实例分割

图 15.18　语义分割与实例分割

### 15.3.1　数据集和评价指标

**1. 数据集**

**Cityscapes** (Cordts et al., 2016)：Cityscapes 是一个广泛使用的图像分割数据集。[1] 该数据集汇集了来自德国和其他欧洲城市的街景图像，总计包含 5000 张高分辨率图像。在这些图像中，2975 张被划分为训练集，500 张用于验证，而其余的 1525 张则构成了测试集。每张图像的分辨率高达 2048 像素 ×1024 像素，捕捉了"城市街道"、"建筑物"、"行

---
[1] 数据集访问见"链接43"。

人"和"车辆"等多样化的场景. Cityscapes 数据集的特点之一是其对 19 个类别的像素级标注，包括"路面"、"建筑物"、"天空"、"树木"、"行人"和"车辆"等. 这些精细的标注使其成为评估分割算法性能的重要基准之一. 研究人员和从业者可以借助 Cityscapes 数据集来验证和改进各种图像分割方法，以满足对复杂城市场景中精确分割的需求.

**ADE20K** (Zhou et al., 2017)：ADE20K 是一个经典的场景理解数据集.[1] 该数据集规模庞大，包含超过 2 万张图像，其中包括 25574 张训练集图像、2000 张验证集图像，以及 3352 张测试集图像，并为这些图像提供了密集的开放字典标签注释. ADE20K 囊括了 151 个物体类别，包括"汽车"、"天空"、"街道"和"咖啡桌"等各种物体. 有些类别在不同情境下既可以作为独立的对象，又可以作为其他物体的组成部分. 例如，"门"既可以表示独立的物体（在室内场景中），也可以表示其他对象（如"汽车"的"门"）的一部分. 值得注意的是，数据集中的同名类别（如"门"）可以对应于不同的视觉类别，具体取决于它们是哪个对象的一部分. 例如，汽车门在视觉上与橱柜门或建筑物门不同，但它们具有相似的功能. 总的来说，ADE20K 数据集中的每张图像都可能包含多个不同类型的物体，这些物体存在尺度差异，使图像分割任务具有相当的挑战性.

[1] 数据集访问见"链接 44".

### 2. 评价指标

**像素准确率（Pixel Accuracy, PA）**：像素准确率表示了所有被正确分类的像素点在总像素点中的占比. 其计算公式为 $\text{PA} = \frac{\sum_{i=1}^{N} \mathbb{I}(y_i = \hat{y}_i)}{N}$，其中，$N$ 代表图像中像素点的总数量，$y_i$ 表示第 $i$ 个像素点的真实类别，$\hat{y}_i$ 表示第 $i$ 个像素点的预测类别，$\mathbb{I}$ 则是指示函数. 若 $y_i = \hat{y}_i$，则 $\mathbb{I}(y_i = \hat{y}_i) = 1$，否则 $\mathbb{I}(y_i = \hat{y}_i) = 0$. PA 指标主要关注像素级别的分类准确性，但未考虑分类结果的空间一致性以及边界的准确性.

**平均准确率（Mean Pixel Accuracy, MPA）**：平均准确率表示所有类别的像素点分类准确率的平均值. 计算 MPA 的步骤如下：首先，计算每个类别的像素准确率，然后将所有类别的像素准确率求平均. 具体计算公式为 $\text{MPA} = \frac{1}{n_c} \sum_{i=1}^{n_c} \frac{\sum_{j=1}^{N} \mathbb{I}(y_j = i) \cdot \mathbb{I}(\hat{y}_j = i)}{\sum_{j=1}^{N} \mathbb{I}(y_j = i)}$，其中，$n_c$ 表示类别数量，$N$ 代表图像中像素点的总数量，$y_j$ 表示第 $j$ 个像素点的真

实类别，$\hat{y_j}$ 表示第 $j$ 个像素点的预测类别，$\mathbb{I}$ 则是指示函数.

**平均交并比（Mean Intersection over Union, mIoU）**：平均交并比表示所有类别的交并比的平均值. 计算方法如下：首先，计算每个类别的 IoU，然后将所有 IoU 求平均. 具体计算公式为 $\text{mIoU} = \frac{1}{n_c} \sum_{i=1}^{n_c} \frac{\sum_{j=1}^{N} \mathbb{I}(y_j = i) \cdot \mathbb{I}(\hat{y_j} = i)}{\sum_{j=1}^{N} [\mathbb{I}(y_j = i) + \mathbb{I}(\hat{y_j} = i) - \mathbb{I}(y_j = i) \cdot \mathbb{I}(\hat{y_j} = i)]}$，其中，$n_c$ 表示类别数量，$N$ 代表图像中像素点的总数量，$y_j$ 表示第 $j$ 个像素点的真实类别，$\hat{y_j}$ 表示第 $j$ 个像素点的预测类别，$\mathbb{I}$ 则是指示函数. mIoU 指标综合考虑了分类结果的空间连续性和边界的精度，因此，被广泛应用于衡量分割模型的性能. 然而，当类别数量较多时，mIoU 可能会受到类别分布不均匀的影响.

### 15.3.2 语义分割

语义分割（semantic segmentation）任务旨在将一张图像中的每个像素准确分类到其相应的语义类别中. 具体而言，这意味着对于输入图像中的每个像素点，语义分割的目标是将其标记为属于特定物体或场景类别，例如"人"、"车"、"树木"和"天空"等. 分割的结果通常以一个与原始图像尺寸相同的掩码（mask）[1] 呈现，其中的每个像素都被分配到其对应的语义类别. 语义分割通常是一个像素级别的任务，因此在自动驾驶、智能监控、无人机航拍等领域有着广泛的应用. 在深度学习的推动下，出现了一系列基于卷积神经网络的语义分割方法，如 FCN (Long et al., 2015)、U-Net (Ronneberger et al., 2015)、DeepLab (Chen et al., 2017a) 等. 这些方法通过卷积神经网络来提取图像特征，随后利用反卷积[2] 或上采样[3] 操作将特征图还原到与原始图像相同的尺寸，最后使用分类器对每个像素进行分类，从而实现像素级别的语义分割.

**1. FCN 模型**

全卷积神经网络（Fully Convolutional Network, FCN）是深度学习领域中语义分割任务的重要里程碑之一 (Long et al., 2015). 为了实现像素级别的语义分割，FCN 引入了一种端到端的卷积神经网络架构，该架构可以将输入图像转换为与输入相同大小的像素级别的分割掩码. FCN 的引入标志着深度学习在计算机视觉领域中的巨大成功，为语义分割问

---

[1] 掩码（mask）是图像分割任务中的输出，它是与输入图像具有相同分辨率的图像，其中的每个像素都被分配到特定的语义类别或实例，用于表示每个像素所属的对象或区域.

[2] 反卷积（deconvolution，或简称 deconv）是一种神经网络操作，通常用于图像分割和图像生成任务，它可以将低分辨率的特征图恢复到原始输入图像的分辨率，以便进行更精细的像素级别处理.

[3] 上采样是图像处理和深度学习中常用的一种操作，用于将图像或特征图的尺寸扩大. 在深度学习中，上采样有多种实现方式，其中两种常见的方法是最近邻插值和双线性插值. 在深度学习中，上采样通常用于上卷积层（反卷积层）或转置卷积层的操作，以将低分辨率的特征图扩大到与输入图像相同的尺寸. 这对于分割任务、物体检测等场景中恢复细节信息和实现更精确的定位非常有用.

题带来了新的方法和性能突破.

FCN 的设计灵感来源于传统的卷积神经网络（CNN），但与传统的 CNN 不同，它不再包含全连接层，而是完全由卷积和上采样层组成. 这使得 FCN 能够接受任意分辨率的输入图像，并输出相同分辨率的像素级别分割结果. 通过使用转置卷积（或反卷积）操作，FCN 可以将底层卷积特征图上采样到与输入图像相同的分辨率，从而实现像素级别的分割. FCN 的引入极大地推动了语义分割领域的发展，为许多后续的分割模型提供了灵感.

图 15.19 给出了 FCN 的结构和工作流程. 具体如下.

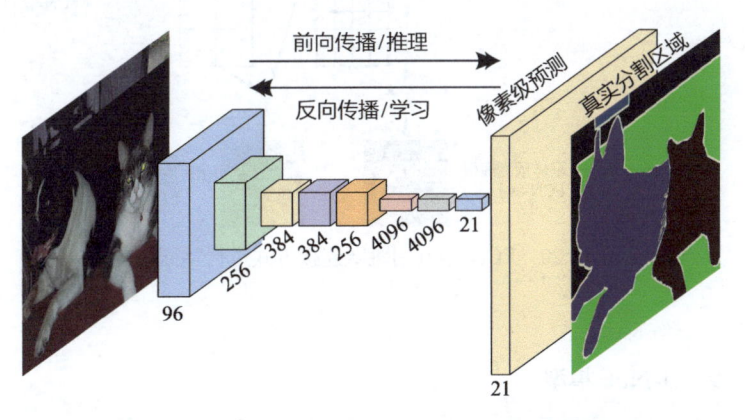

图 15.19　FCN (Long et al., 2015) 的结构和工作流程

首先，FCN 采用深度卷积神经网络来提取输入图像的高层次语义特征. 这些网络通常是预训练的，如 VGG 或 ResNet，其卷积和汇合层可以捕捉到图像的各种特征，从低级纹理[1]到高级语义[2]信息. 不同于传统网络，FCN 将全连接层替换为卷积层. 这个转变的好处在于网络能够处理不同分辨率的输入图像，因为全连接层的输入输出大小是固定的，而卷积层则不然.

接下来，为了将特征图的分辨率还原到与输入图像相同的大小，FCN 引入了上采样操作. 最常见的方法是使用反卷积或双线性插值. 此外，FCN 还引入了跳跃连接（skip connection）[3]的概念（见图 15.20），允许网络在不同层次的特征图之间传递信息. 这对于融合来自不同层次的特征信息是至关重要的，有助于提高语义分割的性能. 在网络的最后一层，FCN 使用一个分类层来对每个像素进行分类，通常使用 $1 \times 1$ 的卷积核

---

[1] 低级纹理通常指的是图像中相对较小的、局部的细微纹理或图案. 这些纹理通常包括一些基本的、局部的特征，如边缘、点、线条等，而不涉及更大范围内的整体结构. 低级纹理在图像处理和计算机视觉中经常被用来描述和分析图像的基本特性.

[2] 高级语义通常指的是对数据、信息或内容更深层次和更抽象层次的理解. 在计算机视觉领域，高级语义的分析可能包括对图像中物体、场景的语义理解，它不仅仅涉及简单的物体识别与检测，还需要模型能够理解和把握物体之间的关系，以及场景的整体语义结构.

[3] 跳跃连接是神经网络中的一种特殊连接方式，它允许网络在不同层次的特征图之间传递信息，以提高特征融合和语义分割性能.

生成像素的类别概率分布. 在训练过程中, FCN 通常使用交叉熵损失函数, 该损失函数比较网络生成的类别概率分布与真实标签的分布, 并通过反向传播来更新网络的权重以减小损失. 在推理阶段, FCN 通过网络前向传播生成每个像素的类别概率分布. 随后, 通常还需要对输出的像素概念分布进行后处理, 如非极大值抑制, 以获取最终的分割结果.

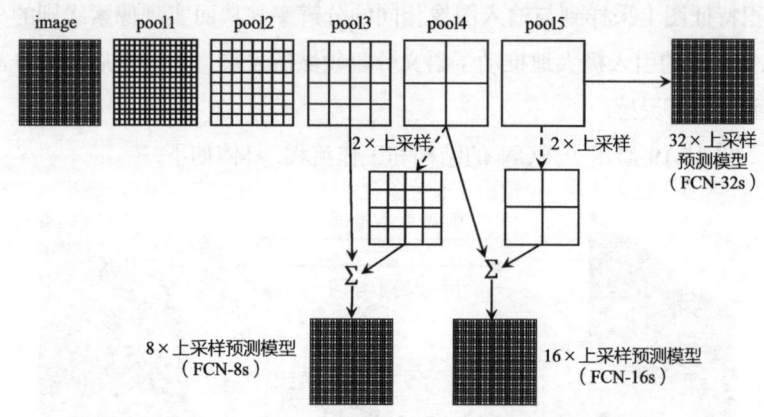

图 15.20　FCN 中利用跳跃连接方式进行特征融合

### 2. U-Net 模型

U-Net 是一种经典的语义分割网络架构 (Ronneberger et al., 2015), 它在医学图像分割等领域取得了显著的成就.[1] U-Net 的独特之处在于它采用了一种 U 形的编码器-解码器网络结构, 充分利用了高分辨率的特征图和上采样层, 以实现精确的像素级别分割.

图 15.21 展示了 U-Net 的结构. U-Net 的独特之处在于其编码器-解码器结构和跳跃连接的引入, 这些特性使其在语义分割领域表现出色.

从技术层面来看, U-Net 可以分为以下几个核心组成部分.

- 编码器 (encoder): U-Net 的编码器负责从输入图像中提取高级语义特征. 通常, 编码器由多个卷积层和汇合层构成, 逐渐减小特征图的尺寸, 同时捕获更高级别的特征信息, 有助于全局语义的理解.
- 解码器 (decoder): 解码器与编码器相对应, 其任务是将编码器提取的特征图还原到与原始输入图像相同的尺寸. 解码器通常包括反卷积层和上采样操作, 以逐步恢复特征图的分辨率.
- 跳跃连接 (skip connection): 跳跃连接是 U-Net 的关键创新. 它将

[1] U-Net 首先发表于医学图像领域的顶级会议 MICCAI, 被用于解决医学图像分割中的关键问题, 特别是医学图像识别和病灶定位任务, 后在自然图像分割、图像生成等任务中也有着广泛应用.

编码器和解码器中对应分辨率的特征图连接在一起，允许网络同时融合低级别和高级别的特征信息. 这有助于保留局部细节和全局语义信息，提高分割结果的精度.
- 输出层（output layer）：U-Net 的输出层通常是一个卷积层，其输出与输入图像具有相同的尺寸，但通道数等于任务中的类别数量. 输出层对每个像素进行分类，将其分配给相应的语义类别. 在二元语义分割中，通常使用 Sigmoid 激活函数进行像素级别的二元分类.

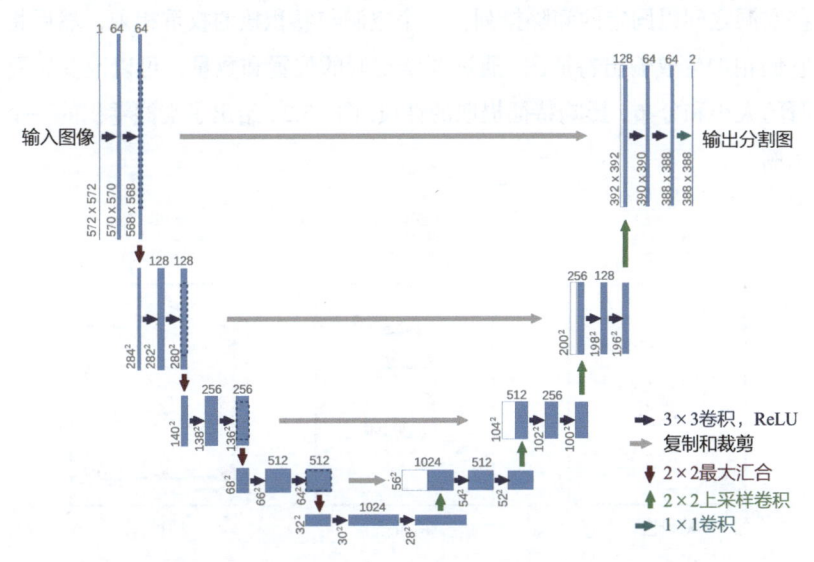

图 15.21　U-Net (Ronneberger et al., 2015) 的结构

U-Net 的独特架构使其非常适合像素级别的语义分割任务. 编码器-解码器结构和跳跃连接的有机结合使其能够同时考虑全局语义信息和局部细节，从而在医学图像分割等领域发挥重要作用，并被成功应用于自然图像分割等多个领域.

### 3. DeepLab 模型

DeepLab 是计算机视觉领域一种重要的语义分割方法 (Chen et al., 2017a)，其核心创新在于采用了空洞卷积（atrous convolution）[1] 和空洞空间金字塔汇合（Atrous Spatial Pyramid Pooling，ASPP）等关键技术，以提高语义分割任务的性能. 通过这些技术的应用，DeepLab 在分

[1] 也称 "扩张卷积"（dilated convolutions）.

割精度和速度方面取得了显著进展. 在 DeepLab 中, 特别值得关注的是其对于语义分割问题的独特视角. 与传统的卷积神经网络不同, DeepLab 将语义分割任务视为密集预测问题, 即在像素级别上对每个像素点进行分类. 这一任务要求网络能够有效地捕获图像中的局部和全局特征, 同时具备高分辨率的分割能力.

空洞卷积的核心思想是通过在卷积核中引入空洞(也被称为"孔洞")来扩大感受野, 以增加特征图的感受野, 同时减少参数数量. 空洞卷积与传统卷积操作相似, 但在卷积核中引入了一个或多个空洞, 这些空洞之间以固定的间隔排列, 每个空洞与卷积核的权重相乘, 然后将它们相加生成输出特征图. 通过调整空洞的位置和数量, 可以改变感受野的大小和分布, 影响特征提取的性质. 图 15.22 给出了空洞卷积的一个示例.

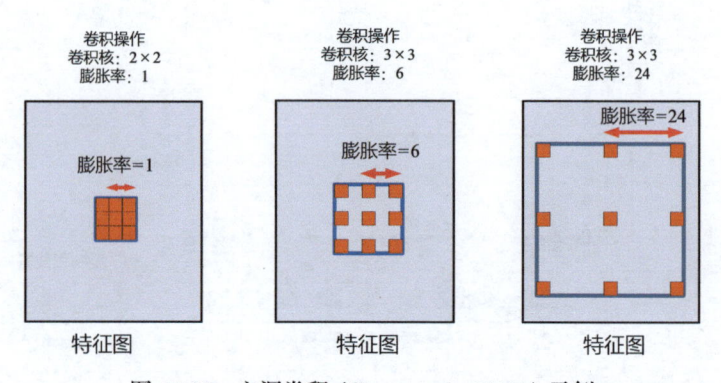

图 15.22 空洞卷积 (Chen et al., 2017a) 示例

和传统卷积操作相比, 空洞卷积具有明显的优点.

首先, 它能够增大感受野, 允许神经网络在更大的空间范围内获取信息, 对于处理包含大尺度结构或对象的图像非常有用, 如语义分割中的"建筑物""道路"等.

其次, 空洞卷积使用了更少的参数, 与传统卷积相比, 具有相同的感受野, 但参数数量更少, 降低了模型的计算复杂性, 有助于减少过拟合风险.

空洞空间金字塔汇合(ASPP)是另一项关键技术, 受到目标检测中 SPP-Net (He et al., 2015) 思想的启发. 它的主要目的是解决语义分割中不同目标和不同尺度的问题. ASPP 在网络的输入图像上应用不同大小的空洞卷积来提取特征. 然后, 它将不同尺度的特征合并, 生成多尺度的特征表示, 从而可以准确且有效地对任意尺度的区域进行分类. 这项技术使语义分割模型在处理不同大小和比例的目标时表现出色.

DeepLab 在后续的版本中升级成更为强大的骨干网络, 并引入了一些重要的改进. 例如, 图 15.23 展示了一个版本, 在 ASPP 结构中增加了一个分支, 用于感知图像的全局信息. 此外, DeepLab 还借鉴了目标检测中常用的特征融合方法, 进一步提升了性能.

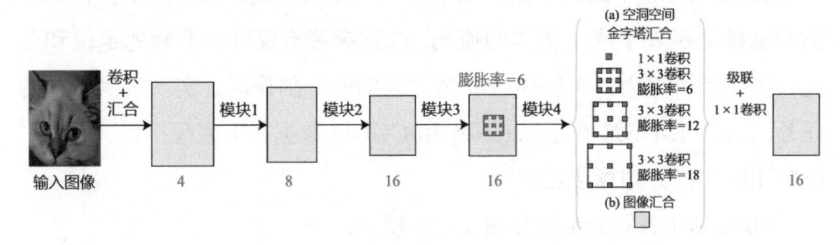

图 15.23  DeepLab-v3 (Chen et al., 2017b)

总的来说, DeepLab 系列模型的最大创新在于利用空洞卷积减少下采样, 以保留更多的细节信息, 有助于提升分割性能. 这些模型在众多图像分割任务中表现出色, 特别是在卫星图像、医学图像和自然图像等领域取得了较好成绩.

### 15.3.3  实例分割

实例分割是计算机视觉领域的一项重要任务, 它不仅要求模型识别图像中的不同物体类别, 还需要为每个物体生成一个唯一的标识, 以区分不同实例. 这一任务在目标检测和语义分割的基础上, 进一步提升了模型对物体的理解和推断能力, 因此它在众多领域中具有广泛的应用, 如自动驾驶、机器人导航、智能监控等.

实例分割面临的挑战在于同时解决物体检测和语义分割的问题. 模型不仅需要准确地定位和分类物体, 还要区分同一类别中的不同物体实例. 在实例分割任务中, 输出通常是一组分割掩码, 每个掩码对应于一个不同的物体实例, 并且用唯一的标识符进行标记. 本节将介绍实例分割中两个代表性的模型: Mask R-CNN (He et al., 2017) 和 YOLACT (Bolya et al., 2019).

**1. Mask R-CNN 模型**

Mask R-CNN 是计算机视觉领域中一项重要的实例分割方法 (He et al., 2017), 它在 Faster R-CNN 的基础上进行了扩展, 不仅能实现目标检测和物体分割的任务, 还能为每个检测到的物体生成高质量的掩码. 这一方法的引入显著提升了实例分割任务的性能, 使其能够更精确地识别和分割图像中不同的物体实例.

Mask R-CNN 的核心创新在于引入了掩码分支, 这个分支在目标检测的基础上额外生成了物体的掩码. 这意味着不仅可以准确地定位和分类物体, 还可以为每个物体生成像素级别的分割掩码, 实现实例分割的任务. Mask R-CNN 在 ImageNet 和 COCO 数据集上表现出色, 成为广泛应用的实例分割算法之一.

Mask R-CNN 的结构如图 15.24 所示.

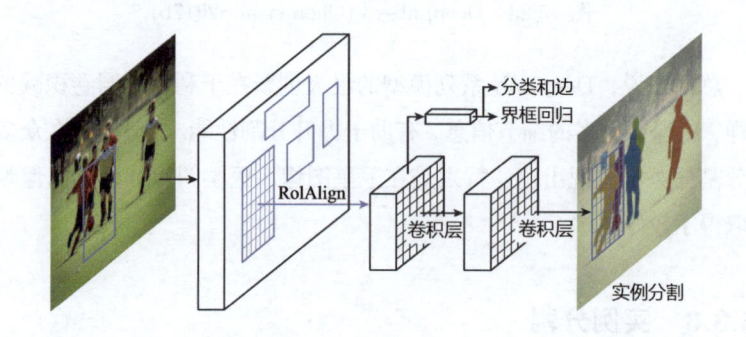

图 15.24 Mask R-CNN (He et al., 2017) 的结构

从图 15.24 中可以看出, Mask R-CNN 主要由以下几部分组成.

- RoIAlign 层: RoIAlign 层代表着一种改进的 RoI 汇合层, 其主要优势在于能够精确地对齐候选区域和特征图之间的像素. 传统的 RoI 汇合层通常将每个候选区域简单映射到一个固定大小的特征图上, 然而这种方法容易引发像素的位移和重叠, 进而降低分割的准确性. 相反, RoIAlign 层采用插值操作来解决这一问题, 因而能够更精确地对齐像素, 显著地提升分割任务的精度. 这一关键技术的引入为实例分割等任务的成功实现提供了有力支持.

- 卷积层: RoIAlign 层生成的特征图接下来经过一系列卷积层的处理, 捕捉每个目标的特征表达.

- 上采样层：经过卷积层处理后，特征图接下来被传送到一系列上采样层，其任务是将特征图的尺寸还原为与输入图像相同的大小.
- 分类和边界框回归：分类分支的作用是对每个候选区域进行分类，以确定它是否属于某个特定的目标类别. 与此同时，边界框回归分支负责对每个候选区域进行回归操作，以估计它相对于真实位置的偏移量.
- 实例分割：分割分支的主要任务是生成每个目标的掩码. 为实现这一目标，该分支将上采样层的输出传递至一系列卷积和上采样操作中，经过这些操作后，最终生成每个目标的掩码.

Mask R-CNN 的训练过程可以划分为两个关键阶段：预训练和微调. 首先，在预训练阶段，模型利用 ImageNet 数据集进行预训练，以便学习通用的特征表示. 这一步旨在使模型能够对图像中的各种特征有一定的认知.

接下来，在微调阶段，模型使用 COCO 数据集进行微调，学习目标检测和实例分割等具体任务. 微调过程使模型能够相应地适应这些任务的需求，达到更高的性能水平.

### 2. YOLACT 模型

YOLACT（You Only Look At Coefficients）(Bolya et al., 2019) 是一种实时的实例分割模型. 该模型利用全连接层生成语义向量，以及卷积层生成与空间相关性掩码，进而生成掩码系数（mask coefficient）和原型掩码（prototype mask）. 这种方式将实例分割问题转化为一个更为简化的线性组合任务，从而提高了计算效率和实时性能. 在处理分辨率为 550 像素 ×550 像素的输入图像时，YOLACT 能够以每秒 33 帧的速度进行推理，比 Mask R-CNN 的速度提升了 3 倍. 这使得 YOLACT 在需要高速实时实例分割的应用领域表现出色.

在 YOLACT 中，原型掩码充当了图像中某个特定类别的代表性区域的模板，可以被视为一种可视化的中间表示形式. 在通常情况下，一张图像会生成多个不同的"原型掩码"，每个模板都代表一个特定类别的典型区域. 在模型的训练过程中，网络会学习如何将输入图像的局部特征与这些模板匹配，实现像素级别的分类，将每个像素分配到适当的类别中. 这种机制有助于 YOLACT 更细致和准确地理解图像内容，提高了实例分割的性能.

如图 15.25 所示，YOLACT 的架构采用了 ResNet-101 作为特征提取的骨干网络，并利用 FPN 结构 (Ren et al., 2015) 实现了多尺度特征图的信息提取. YOLACT 的核心思想是将实例分割这一复杂任务分解为两个并行的子任务，子任务分别由 Protonet 分支和预测头（prediction head）分支高效地解决. 首先，Protonet 分支运用 FCN (Long et al., 2015) 生成一组与图像大小相匹配的原型掩码. 这些掩码独立于任何特定实例，表示各个类别的典型区域. 与此同时，预测头分支扩展了目标检测任务，添加了额外的头部，用于预测每个预测框的掩码系数向量，这一向量对原型掩码的空间表示进行编码. 接下来，通过对余下的候选实例应用非极大值抑制，YOLACT 通过线性组合 Protonet 分支和预测头的输出来生成每个实例的分割掩码. 最后，将预测的类别、边界框和分割掩码结合在一起，形成最终的实例分割结果. 这种并行任务分解的策略有助于提高实例分割的效率和性能.

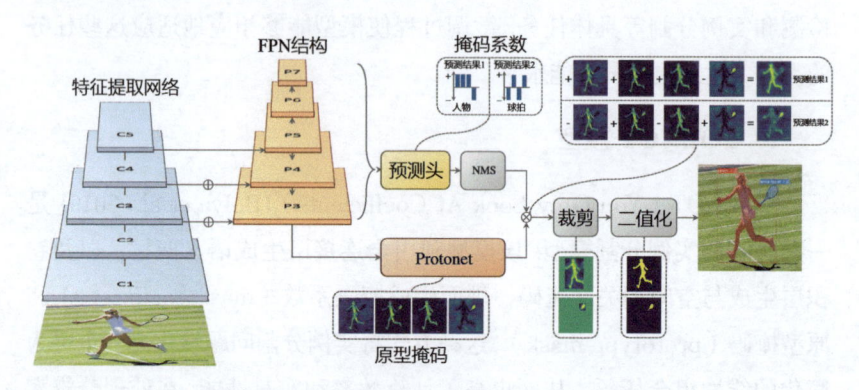

图 15.25　YOLACT (Bolya et al., 2019)

## 15.4　视频理解

视频理解作为计算机视觉领域的一个重要分支，致力于使计算机系统理解和分析视频数据. 随着数字媒体的急剧增加，视频内容已经成为互联网上最重要和最丰富的信息之一. 视频不仅包含了大量的视觉信息，还蕴含着丰富的语义和情感. 因此，实现对视频内容的理解和分析对于许多应用至关重要，如视频监控、内容推荐、自动驾驶、医学图像分析等.

视频理解任务远比静态图像理解复杂. 在视频中，时间是一个重要维度，需要考虑帧与帧之间的关联，以及对象在不同帧之间的运动. 视频理解面临的挑战包括目标检测与跟踪、动作识别、事件检测、视频生成等多个方面. 为了实现这些任务，研究者们提出了各种各样的算法和模型，涵盖了计算机视觉、机器学习和深度学习等多个领域.

本节将介绍与视频理解相关的数据集和评价指标，并简要介绍三种与视频理解相关的任务：基于 2D 卷积的动作识别、基于 3D 卷积的动作识别，以及时序动作定位.

## 15.4.1 数据集和评价指标

### 1. 数据集

**Kinetics-400** (Kay et al., 2017) 是由 Google 开发的一款大规模视频动作识别数据集[1]，包含 400 个不同的动作类别. 每个类别都包含大约 400 个短视频片段，每个视频片段都经过人工标注，以支持机器学习模型在动作识别任务中的训练和测试. 该数据集的视频来源于 YouTube，每个视频片段时长为 10 秒，以每秒 25 帧的速度进行采样. Kinetics-400 的目标是提供一个具有挑战性的基准数据集，涵盖各种领域的动作类别，包括体育、日常生活、社交互动、游戏等，如"跳水"、"跑步"、"拍照"和"烹饪"等. 由于其庞大规模，因此 Kinetics-400 数据集在视频动作识别研究和开发中得到了广泛应用.

[1] 数据集访问见"链接 45".

**UCF101** (Soomro et al., 2012) 是由美国佛罗里达大学开发的一个视频分类数据集[2]，其中包含 101 个不同的视频类别，每个类别约有 100 到 200 个视频片段. UCF101 数据集涵盖了多种人类动作类别，如"乒乓球"、"跑步"和"跳舞"等. 这些视频片段来自于 YouTube 和其他视频网站，具有各种不同的分辨率和帧率. 由于 UCF101 数据集中的视频片段在光照、视角、遮挡等方面存在较大的变化，同时视频片段的长度也不一致，因此它为视频分类和动作识别任务提供了一个富有挑战性的基准数据集. 在处理 UCF101 数据时，常常需要对视频进行截断或填充等预处理操作.

[2] 数据集访问见"链接 46".

**HMDB51**（Kuehne et al., 2011）是由麻省理工学院开发的一个视频分类数据集[1]，包含 51 个不同的视频类别，每个类别约有 100 到 200 个视频片段．HMDB51 数据集包括各种各样的人类动作，例如"打网球"、"跳跃"和"开车"等．这些视频片段来源于电影、电视剧和互联网视频，因此具有多种不同的分辨率和帧率．

**ActivityNet**（Heilbron et al., 2015）是一个大规模视频理解数据集[2]，由多伦多大学、卡内基梅隆大学、华盛顿大学和西班牙国家研究委员会等多个机构共同开发．该数据集包含 10024 个视频，总时长达到 24956 小时，视频长度各不相同，从几秒钟到几小时不等，是目前为止最大的视频理解数据集之一．ActivityNet 数据集涵盖了超过 600 个不同的活动类别，包括各种日常生活活动、体育活动、社交活动等，提供了丰富的注释信息，如视频的起始和结束时间、活动的类别标签、活动发生的位置等．这一大规模且多样化的数据集为视频分类、动作识别、行为检测等多项任务的研究和开发提供了有力的支持．

### 2. 评价指标

**准确率（Accuracy）**：不论是在动作识别还是动作定位任务中，我们都需要评估模型的分类准确性．在动作识别任务中，准确率表示模型正确预测的动作类别数量与总样本数量之间的比例．而 Top-$k$ 准确率则是一种更宽松的评估指标，它考虑了模型是否在前 $k$ 个预测中包含了正确的动作类别．例如，Top-1 准确率表示模型在第 1 个预测上动作类别的预测准确率，而 Top-5 准确率表示模型在前五个预测上动作类别的准确率．这些指标在评估模型性能时提供了不同的视角，有助于我们更全面地理解其分类效果．

**Intersection over Union（IoU）**：IoU 表示"交并比"，用于评估模型对动作定位的准确性．与目标检测中的计算方式类似，IoU 通过比较模型预测的动作区间与真实标注的动作区间之间的重叠程度来计算．具体而言，$\text{IoU} = \dfrac{\text{Interval of Overlap}}{\text{Interval of Union}}$，其中"Interval of Overlap"（重叠区间）表示模型预测区间和真实标注区间的交集，而"Interval of Union"（并集区间）表示它们的并集．这一指标帮助我们了解模型对于动作定位任务中的时间准确性，即模型是否能够准确地定位动作发生的时间段．

---

[1] 数据集访问见"链接 47"．

[2] 数据集访问见"链接 48"．

**Average Precision（AP）**：AP 用于评估动作定位任务中模型对动作发生时间的准确性. 类似于目标检测中的平均精度计算方式，它通过计算每个动作类别的精度-召回率曲线下的面积来衡量模型的性能. 将所有类别的 AP 取平均即可得到 mAP，考虑了不同类别之间的平衡性. 较高的 mAP 值表示模型在动作定位任务中表现较佳. 需要注意的是，不同的 IoU 阈值会导致不同的检测结果，进而影响每个类别的精度和召回率，因此，IoU 阈值的选择会对 mAP 的计算结果产生影响.

### 15.4.2  基于 2D 卷积的动作识别

基于 2D 卷积的动作识别方法是视频理解领域的重要分支之一. 这些方法首先利用卷积神经网络从视频帧中提取特征，然后使用这些特征对不同的动作类别进行分类. 2D 卷积网络具有良好的特征提取能力，能够捕捉到图像中的空间信息，因此在许多动作识别任务中表现出色. 其中一个显著的优势在于它能够快速融合图像分类领域的最新研究成果. 通过简单地改变网络的骨干结构，新的图像分类模型可以轻松地应用到基于 2D 卷积的动作识别中，为该领域的不断发展提供了有力支持.

**1. 平均值汇合**

由于视频实质上是由一系列图像帧（frame）组成的，每一帧可以视为一张图片，因此，我们可以直接将用于图像分类的模型应用于视频帧的识别任务中. 如图 15.26 所示，若一个视频包含 $T$ 帧，我们首先提取这些视频帧，然后将每一帧的图像输入同一个图像分类模型，这些不同帧的图像分类模型之间共享参数. 每一帧的图像都会通过图像分类模型，其特征提取一直进行到最后一个全连接层之前，这将产生每一帧图像的特征表示，我们用符号 $\boldsymbol{x}_1, \boldsymbol{x}_2, \ldots, \boldsymbol{x}_T$ 表示这些特征. 为简化表示，我们将这些特征简记为 $\boldsymbol{x}_t \in \mathbb{R}^d$.

接下来，融合各帧图像的特征，以获得固定维度的视频特征. 这个融合操作有两个关键作用：一方面，每一帧的特征 $\boldsymbol{x}_t$ 在本质上相当于对第 $t$ 帧的图像进行单独的图像分类，而视频中的动作通常会持续一段时间，因此仅仅考虑单帧特征会导致丢失整个视频的动作信息；另一方面，不同的视频持续时间各不相同，即视频的帧数 $T$ 不一致，然而后续的全连接层需要接受固定维度的特征向量作为输入. 因此, 必须对帧特征进行合并, 以满足后续处理的需求.

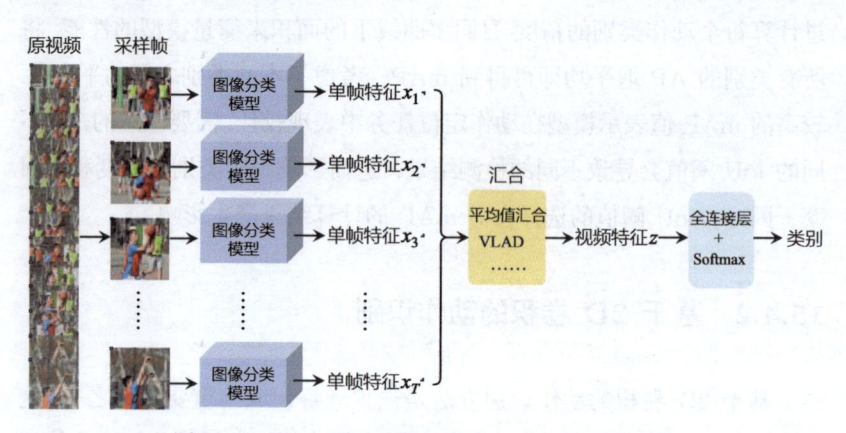

图 15.26 基于 2D 卷积的汇合方法进行动作识别

一种简单的汇合方法是进行平均值汇合, 表示形式如下:

$$z = \frac{1}{T}\sum_{t=1}^{T} \boldsymbol{x}_t \in \mathbb{R}^d, \tag{15.1}$$

得到视频特征 $z$, 最后经过一个全连接层和 Softmax 函数进行分类得到视频的类别预测.

在实际应用中, 通常会采取优化策略, 因为视频中的相邻帧往往包含几乎相同的内容. 一种常见的改进方法是首先对视频进行采样, 然后进行相应的操作, 从而显著减少计算量. 在平均值汇合方法中, 每一帧图像的特征对整个视频特征的贡献都是相等的. 然而, 在一个视频中如果包含多种动作, 并且每个动作的时序不同, 显然采用平均值汇合的方式来处理所有的帧特征在某些场景是不合适的.

**2. VLAD 方法**

视频特征表示和汇合是视频理解任务中的关键步骤. 为避免平均值汇合所带来的问题, VLAD ( Vector of Locally Aggregated Descriptors ) (Jégou et al., 2010; Arandjelović et al., 2016) 系列方法[1]是常用的主流汇合方法, 被广泛应用于视频理解任务中. VLAD 系列方法将特征划分为多个聚类, 并针对每个聚类内的特征进行聚合操作, 这样每个聚类都生成了一个聚

---

[1] VLAD 是词包模型的代表性方法之一, 可见图 3.10.

合后的特征. 最终, 所有这些聚合后的特征被汇总成一个全局的特征向量, 用作视频级别的特征表示. 与传统的平均值汇合方法只使用一个全局的平均值相比, VLAD 系列方法更加精细, 因为它能够刻画动作中的多个不同运动和实体.

VLAD 的计算过程分为四个主要步骤:

①局部特征提取: 即从视频中的每一帧提取局部特征. 这些局部特征通常是基于 2D 卷积的方法提取的, 例如, 采用卷积神经网络或其他图像处理技术, 用于捕捉每一帧的空间信息和动作特征.

②聚类: 对提取的局部特征进行聚类. 通常使用 $k$-means 聚类算法[1]将局部特征划分为多个聚类簇. 每个聚类簇代表视频中的一个视觉模式或特征模式. 聚类过程的目标是将相似的特征聚合在一起, 以便后续的聚合操作.

③聚合: 对每个聚类簇内的特征进行聚合. VLAD 采用了"聚类中心 – 特征向量"的形式来聚合信息. 具体而言, 对于每个聚类簇, 首先计算该簇内每个特征向量与聚类中心之间的差异, 然后将这些差异进行累加, 形成一个代表该聚类簇的 VLAD 向量.

④向量拼接: 一旦对每个聚类簇都生成了一个 VLAD 向量, 就将这些向量拼接在一起, 形成一个全局的 VLAD 特征向量. 这个全局特征向量包含视频中的关键信息, 可以用于动作识别任务.

**3. 基于 RNN 融合方法**

基于 RNN 融合方法是视频理解领域的一项重要技术, 它借助循环神经网络 (RNN)[2]的能力, 将不同时间步的信息有效地融合, 以实现对视频数据更深入的理解和分析. 在视频中, 时间序列信息是至关重要的, 因为视频帧之间存在时序关联, 动作、事件以及对象的演变都需要考虑时间维度. 基于 RNN 融合方法通过适应性地编码视频帧之间的时序关系, 使得模型不仅具备空间特征 (即图像特征), 还具备时序特征 (不同帧之间的相关性), 可在视频分析任务中发挥关键作用.

基于 RNN 融合方法首先抽取视频中的关键帧得到 $T$ 张图, 然后将这 $T$ 张图输入 CNN 网络得到图片特征, 再将这些特征全部输入 RNN 网络, 进行各个时间轴上图片特征的融合, 得到整个视频的融合特征, 最后将 RNN 最终时刻的特征连接一个全连接层得到分类结果. 如图 15.27

---

[1] $k$-means 算法是一种无监督学习方法, 用于将数据集中的样本分成 $K$ 个不同的簇, 以便使每个样本点都属于离其最近的簇的中心点. 它通过迭代的方式, 将样本点不断分配到最近的簇, 并更新每个簇的中心点, 直至收敛为止. 这个过程的优化目标是最小化簇内样本的均方距离, 即让同一簇内的样本点尽可能接近彼此, 不同簇之间的样本点尽可能分开.

[2] 循环神经网络的内容参见本书第 4 章.

所示，长期循环神经网络（Long-term Recurrent Convolutional Network，LRCN）(Donahue et al., 2017) 是一个采用图像分类模型提取帧特征，并结合 LSTM 进行特征汇合思路的常见方法.

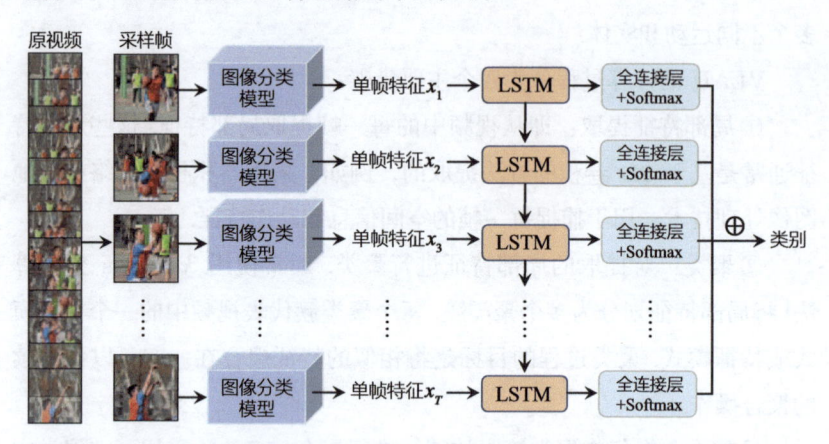

图 15.27 长期循环神经网络用于动作识别 (Donahue et al., 2017)

除了将特征分成两部分——CNN 提取图像特征、RNN 捕获各帧间时序关系——的思路，卷积长短时记忆网络（Convolutional LSTM，ConvLSTM）(Xingjian et al., 2015) 提出了将卷积操作和 LSTM 合二为一的方法. ConvLSTM 将各种状态和门控由一维向量变为三维张量，中间的运算从"矩阵乘向量"变成卷积核在三维张量上进行卷积. 这样的操作可以更有效地捕获空间和时间的关系，使得模型在视频理解等任务中表现出色. 然而，ConvLSTM 也面临一些挑战，如训练复杂性和计算成本较高. 此外，对于长序列和大规模视频数据，可能需要更多的计算资源和更长的训练时间. 因此，在实际应用中，需要权衡模型性能和计算资源的可用性.

**4. 双流法**

卷积神经网络在处理静态的外观信息方面表现出色，如物体的形状、大小、颜色、场景等. 然而，它通常无法较好地处理动态的帧间时序信息. 为了克服这个问题，引入了另一个专门处理时序信息的网络，即"光流网络"，以提取视频中的运动特征. 这种联合使用静态图像特征和帧间时序信息的方法被称为"双流法"（two-stream）(Simonyan et al., 2014). 双流法在基于 2D 卷积的动作识别领域具有重要的地位和较好的性能.

当视频中的主体物体随着时间产生运动时，双流法通过计算视频帧在时间轴上的水平和垂直梯度，推断出像素在图像中的运动方向和速度. 这为获取视频中未直接可见的运动信息提供了一种途径. 如图 15.28 所示，双流法采用两个网络，一个网络负责对视频帧进行图像分类，以挖掘场景和物体信息，另一个网络则从光流中提取帧之间的时序运动关系. 最后，这两者相互协作，将单帧静态图像信息与时序信息相结合，以提高动作识别的性能.

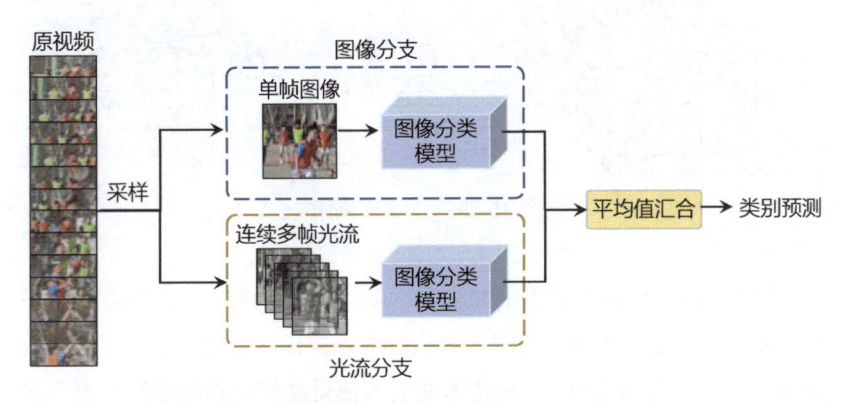

图 15.28　双流法用于动作识别 (Simonyan et al., 2014)

两个分支的网络结构基本相似，图像分支可以受益于预训练模型的参数初始化，而光流分支由于其首层卷积层的输入通道不同于常规的 RGB 通道，因此无法使用可供初始化的预训练模型，必须采用随机初始化. 这两个分支分别独立进行训练，最后将它们各自生成的类别预测概率进行融合，以得到最终的分类结果.

与仅使用图像分支相比，双流法通过光流分支学习视频帧之间的时序关系，可以显著提升分类准确率. 然而，双流法需要预先提取并保存所有视频的光流数据到硬盘中. 光流的计算代价较高，而光流结果也占据大量的硬盘空间.

### 15.4.3　基于 3D 卷积的动作识别

在处理视频识别任务时，传统的基于 2D 卷积的动作识别方法通常将视频分解为一系列帧，并使用独立的 2D 卷积网络来提取每一帧的特征. 然而，视频数据与图像不同，具有额外的时间维度. 为了更好地适应视频分析，研究人员提出了基于 3D 卷积的动作识别方法，将最初设计用于图像处理的 2D 卷积升级为适用于视频的 3D 卷积，如图 15.29 所示. 3D 卷积操作的卷积核维度是 $F_T \times F_H \times F_W$，其中 $F_T$ 表示时间维度上的卷积大小，$F_H$ 和 $F_W$ 表示空间维度上的卷积大小.

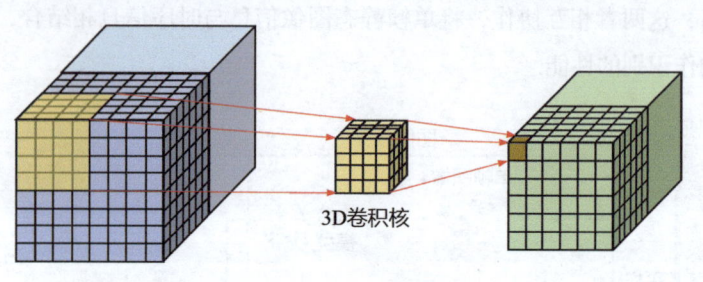

图 15.29　3D 卷积操作

基于 3D 卷积的动作识别方法中，3D 卷积层同时在时间维度（帧序列）和空间维度（图像帧内部）上执行卷积操作，有效地捕获了视频数据中的时序和空间信息. 这种技术的引入使得动作识别模型能够更全面地理解视频内容，从而更准确地进行动作分类等任务. 基于 3D 卷积的方法已经成为视频理解领域的重要突破，为处理时间序列数据提供了有力工具.

**1. C3D、Res3D 和 3D ResNet 模型**

基于 3D 卷积的动作识别方法在较早的时候就被提出，研究表明，与基于视频帧的 2D 卷积相比，3D 卷积能够显著提高其准确性，但当时并未引起广泛关注. 直到 Convolutional 3D（C3D）(Tran et al., 2015) 方法的出现，3D 卷积才开始引发广泛的研究兴趣与关注. C3D 可以被视为基于 3D 卷积的动作识别领域的重要里程碑[1]，对该领域的发展具有重大影响. 然而，由于 C3D 具有较大的参数量、训练难度较大，以及相对较浅的网络结构等局限性，目前使用并不广泛. 因此，研究人员已经提出多种新方法来克服这些问题.

C3D 模型的核心特点在于其一系列的 3D 卷积层，这些层专注于在时空域内提取视频序列的特征. C3D 网络的输入维度为 $3 \times 16 \times 112 \times 112$，即接受连续的 16 帧视频片段，每一帧的空间维度为 $112 \times 112$，包括 RGB

---

[1] 早期的 3D 卷积神经网络是由经典的 2D 卷积神经网络扩展得到的，C3D 可看作 "3D 版的 VGG-Net"，同样，Res3D/3D ResNet 可看作 "3D 版的 ResNet".

通道信息. C3D 将经典 VGGNet 中的 2D 卷积核 $3 \times 3$ 扩展为 3D 卷积核 $3 \times 3 \times 3$, 同时将 2D 汇合操作扩展为 $2 \times 2 \times 2$ 的 3D 汇合. 值得注意的是, 为了延迟时序信息的融合, C3D 中的第一个汇合层采用了 $1 \times 2 \times 2$ 的卷积核. 此外, C3D 还尝试了不同时间维度下的 3D 卷积核, 结果显示时间维度为 3 的卷积核表现最出色, 明显优于时间维度为 1 的卷积核（即 2D 卷积）.

对一个视频获取预测结果的过程如下：

① 将其分成连续的 16 帧, 形成一个视频片段.

② 将每个视频片段送入 C3D 模型, 进行特征提取, 去除最后的全连接层, 得到一个 4096 维的特征向量.

③ 取下一个 16 帧的片段, 与前一个片段有 8 帧的重叠, 同样提取特征. 如此重复, 直到覆盖整个视频.

④ 将所有视频片段的特征向量取平均, 得到视频级别的特征向量. 这个特征向量可用于训练好的 C3D 模型的分类任务. C3D 在动作识别、动作相似度标注、场景和目标识别等任务上, 以及在 6 个不同的基准数据集上的表现, 接近甚至超越了当时最优秀的模型.

Res3D (Tran et al., 2017) 和 3D ResNet (Hara et al., 2018) 与 C3D 模型的改动类似, 都对输入维度和卷积核尺寸进行了扩展. 不过值得注意的是, Res3D 的参数量是 C3D 的一半, 具体而言, Res3D 的参数量为 33.2M, 而 C3D 的参数量则高达 72.9M, 因此, Res3D 的运行速度明显快于 C3D.

**2. I3D 模型**

I3D (Carreira et al., 2017) 代表 3D 网络与双流法的巧妙融合. 在单纯使用 3D 网络时, 模型性能存在一定不足, 然而, 通过整合光流信息, I3D 实现了显著的性能提升. I3D 的独特之处在于, 它将双流法的两个分支网络从 2D 卷积扩展到了 3D 卷积. 这意味着它将原本在时空上操作的 2D 卷积层扩展成了同时考虑时间和空间维度的 3D 卷积层. 例如, I3D 将 Inception 模块[1]中 $3 \times 3$ 的 2D 卷积扩展为 $3 \times 3 \times 3$ 的 3D 卷积, 将 $1 \times 1$ 的 2D 卷积扩展为 $1 \times 1 \times 1$ 的 3D 卷积, 还将 $3 \times 3$ 的 2D 最大汇合扩展为 $3 \times 3 \times 3$ 的 3D 最大汇合.

此外, I3D 提出了一种 3D 卷积初始化方法, 即将在 ImageNet 上预

[1] Inception 模型内容参见本书 15.1.2 节.

训练的 2D 卷积神经网络参数应用到相应的 3D 卷积神经网络中，以此来初始化模型。这一方法既有助于加速网络的收敛，又能提升最终视频识别的准确率。具体操作时，将 2D 卷积核在时间维度上复制 $F_T$ 次，然后除以 3D 卷积核的时间维度 $F_T$，从而得到 3D 卷积核的初始化参数。

### 3. 低秩近似法

与 2D 卷积相比，3D 卷积的参数量和计算复杂度显著增加，这使得训练过程更加具有挑战性，同时也需要更大规模的训练数据。因此，对 3D 卷积进行低秩近似成为一种高效的优化策略。通常，对 3D 卷积进行低秩近似的算法将原本的 $F_T \times F_H \times F_W$ 三维卷积核分解为两部分：一部分是维度为 $1 \times F_H \times F_W$ 的 2D 卷积核，负责处理空间信息；另一部分是维度为 $1 \times 1 \times F_T$ 的 1D 卷积核，专门处理时间信息。这种分解方式类似于对原始三维张量进行了二维矩阵和一维向量的外积近似，如图 15.30 所示。然而，这种低秩近似并非没有代价，它会限制网络的表示能力。通常，为了弥补这一损失，研究者们会增加 2D 和 1D 卷积核的数量，以提高模型的表达能力。

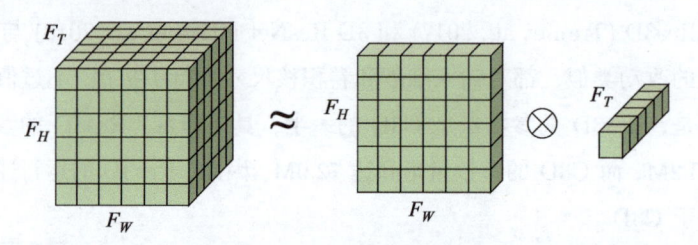

图 15.30　3D 卷积的低秩分解

2015 年，空间-时间分解卷积网络（Factorized Spatio-Temporal Convolutional Networks，FSTCN）(Sun et al., 2015) 首次引入了这种思想。不同于将每个 3D 卷积层都拆分成 2D 卷积和 1D 卷积，FSTCN 采用了一种创新的方法：在网络底层使用 2D 卷积来学习空间特征，在网络顶层使用 1D 卷积来学习时间特征。这种网络结构相对于完全采用 3D 卷积，大幅减少了参数数量。此外，FSTCN 还可以受益于在 ImageNet 上预训练的模型，用以初始化底层的 2D 卷积。然而，由于底层仅使用 2D 卷积提取图像特征，其对时序关系的捕捉能力相对有限。因此，FSTCN 额外引入了视频的运动信息作为网络的输入。

2018 年，P3D（Pseudo-3D）(Tran et al., 2018) 提出了一种近似策略，即使用一个 $1 \times 3 \times 3$ 的 2D 卷积核来处理空间维度，同时使用一个 $3 \times 1 \times 1$ 的 1D 卷积核来处理时间维度，以替代原本的 $3 \times 3 \times 3$ 的 3D 卷积核. 不同于 FSTCN，P3D 以 ResNet 作为其基础骨架网络，并将 ResNet 中的所有残差结构都替换为相应的 3D 结构，因此这一网络结构通常被称为 P3D ResNet. P3D 引入了三种不同的网络结构，并将它们有机地结合在模型中：P3D-A 首先执行 2D 空间卷积，然后执行 1D 时间卷积，将它们直接连接，仅在 1D 时间卷积和最终输出之间存在连接；P3D-B 同时执行 2D 空间卷积和 1D 时间卷积，然后将两者的结果相加；P3D-C 首先执行 2D 空间卷积，然后设计了一个短路分支，将 2D 空间卷积的输出和 1D 时间卷积的输出相加，可以被视为 P3D-A 和 P3D-B 之间的一种折中方案.

### 15.4.4 时序动作定位

时序动作定位（temporal action localization）[1] 是视频理解领域的一个关键任务，它涉及在给定视频中精确地识别和定位特定的动作或事件. 与动作识别任务不同，时序动作定位不仅需要识别视频中发生的动作，还需要确定动作发生的时间段. 这个任务在许多实际应用中具有重要价值，如视频监控、体育分析、视频编辑和智能视频搜索等.

时序动作定位的挑战在于视频数据通常包含大量的帧，而要精确定位动作的发生时间，通常需要在视频中的每一帧上进行分析. 此外，不同的动作可能有不同的持续时间和复杂性，因此需要考虑如何适应各种动作类型. 为了解决这些挑战，研究人员开发了各种算法和技术，包括基于滑动窗的算法、基于候选时序区间的算法等.

**1. 基于滑动窗的算法**

时序动作定位与目标检测领域有着紧密的联系，因此，其许多方法和策略借鉴了目标检测的思想. 基于滑动窗的时序动作定位算法基本思路类似于目标检测中的方法. 它首先在视频中定义一系列不同大小的滑动窗，在空间维度上对视频帧进行滑动，然后在时间维度上对这些窗口进行滑动. 接下来，算法逐一分析每个滑动窗内的时序区间，以确定其包

[1] 也被称为时序动作检测（temporal action detection）.

含的具体动作类别.

基于视频段的卷积神经网络（Segment-based CNN，S-CNN）(Shou et al., 2016) 是一种基于滑动窗的时序动作定位方法. 如图 15.31 所示，S-CNN 首先预定义了一系列滑动窗，这些窗口具有不同的长度，分别为 16 帧、32 帧、64 帧、128 帧、256 帧和 512 帧，涵盖了多种时序范围. 随后，S-CNN 使用这些不同长度的滑动窗在视频中沿时间维度进行滑动. 在滑动过程中，相邻两个滑动窗的位置重叠度为 75%. 每个滑动窗产生的未被截断的连续视频片段被称为一个视频段（segment）. 这些视频段的帧数统一采样到 16 帧，并被输入后续的网络中进行处理.

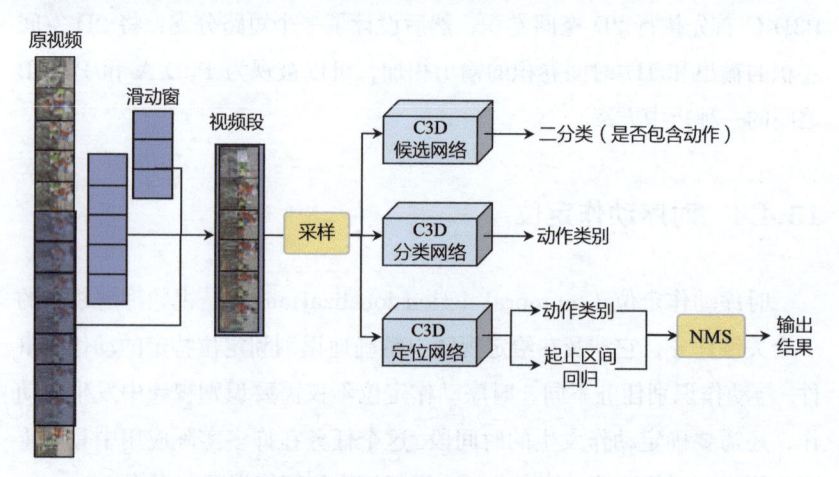

图 15.31 基于视频段的卷积神经网络 S-CNN (Shou et al., 2016)

在视频滑动窗和采样完成后，数据会经过三个网络进行预测. 这三个网络的输入数据相同，都是采样后时长为 16 帧的视频段. 它们共享相同的骨干网络结构，即 C3D 网络，唯一的区别在于最后一层全连接层的输出维度，这个维度会根据不同的任务而有所不同.

与 R-CNN 中对候选区域的处理类似，S-CNN 采用了候选网络首先判断经过采样的视频段是否包含动作. 这是一个二分类问题，其中输出为 "1"，表示视频段包含动作，输出为 "0" 则表示视频段是 "背景类"，即不包含动作. 具体地说，对于每个采样的视频段，如果它的滑动窗和真实动作起止时序区间的交并比大于 0.7，那么它被认定为正类（标记为 "1"），如果交并比小于 0.3，那么它被认定为负类（标记为 "0"）.

在候选网络筛选掉大量背景视频段后，分类网络被用来训练一个动作识别模型,该模型用于确定视频段属于哪个具体的动作类别.这是一个 $C+1$ 类别的分类问题,其中,"$C$"代表要识别的动作类别数,而"1"表示背景类.在训练过程中,特别对背景类样本进行采样,以确保背景类样本数与识别动作样本数的平均值接近.需要提及的是,分类网络的训练旨在为后续定位网络提供模型初始化,而在预测过程中,仅使用候选网络和定位网络.

为了确保网络的输出能够反映采样后的视频段与动作真实起止时序区间之间的重叠情况,我们需要引入一个定位网络(localization network).与分类网络不同的是,定位网络的任务不仅包括动作类型的预测(与之前的分类网络相同,为 $C+1$ 类的分类问题),还包括对输入视频段与真实动作起止时序区间之间的重叠程度(IoU)的预测.最终利用定位网络对视频段预测的 IoU 得分进行非极大化抑制来移除重叠得到预测结果.

**2. 基于候选时序区间的算法**

基于滑动窗的算法通常不采用端到端的训练方式.相反,它们首先使用在动作识别领域训练好的分类模型来提取未经裁剪的视频特征.然后,基于这些提取的特征进行后续训练.然而,这种离线特征提取对于时序动作定位任务未必是最优选择.因此,类似于两阶段目标检测算法,基于候选时序区间的时序动作定位算法将整个过程分为两个阶段:第一阶段生成可能包含动作的候选时序区间;第二阶段逐一评估每个候选时序区间的类别,并对其边界进行校正.最终,将两个阶段的预测结果合并,以获得未经裁剪的视频中动作的类别和起止时间的预测结果.

区域 3D 卷积网络(Region Convlutional 3D Network,R-C3D)(Xu et al., 2017)是一种基于候选时序区间的时序动作定位算法,其采用端到端的训练方式.R-C3D 首先运用 3D 卷积神经网络来提取视频特征.不同于最初的 C3D 网络,其将输入设计得更加灵活.这里,输入帧数可以根据 GPU 显存的容量来动态调整,以容纳最大帧数大小,这样有助于学习更加丰富的时空特征.

与 Faster R-CNN 中的锚点框类比,R-C3D 也预先定义了一组不同时间长度的锚点时序区间(anchor segment).每个锚点时序区间由两个参数描述,即区间中心 $c_k$ 和区间长度 $l_k$ 共同定义.通过将 C3D 网络输出的特征空间维度降至 1，其时间特征对应于时序位置。接下来，这些特征被输入两个分支网络。一个分支用于预测该时序位置对应的 $K$ 个锚点时序区间中每个区间是否包含动作，而另一个分支则负责预测对应区间的时序区间中心和时长修正量（$\Delta c_k, \Delta l_k$）。

锚点时序区间包含 $K$ 组不同长度的时序片段，在经过候选时序网络的边界修正后，这些候选时序区间的长度各不相同。然而，后续的网络需要接受具有固定维度的特征作为输入。因此，需要对不同的候选时序区间对应的特征进行区域兴趣（RoI）汇合。在执行 RoI 汇合之前，考虑到候选时序区间之间可能存在高度重叠且置信度较低的情况，首先使用非极大值抑制来消除这些冗余的候选时序区间。然后，对保留下来的候选时序区间执行 RoI 汇合。

在执行 RoI 汇合之后，特征进一步传递至两个全连接层，随后分为两个分支。其中一个分支负责进行类别预测，另一个分支负责进行边界修正。类似于候选时序网络中的边界修正，边界修正预测同样涉及时序区间中心和时长的修正量。这个修正过程是在候选时序网络的第一轮边界修正之后进行的第二轮修正。最终，整个 R-C3D 网络进行端到端的训练，损失函数包括四个部分：候选时序网络的分类交叉熵损失和修正量预测的平滑 $\ell_1$ 损失，分类分支的分类交叉熵损失和修正量预测的平滑 $\ell_1$ 损失。

**3. 自底向上的时序动作定位算法**

基于滑动窗和基于候选时序区间的时序动作定位算法通常属于自顶向下的方法。它们首先定义了一系列不同长度的滑动窗或锚点时序区间，然后判断每个滑动窗位置或锚点时序区间是否包含动作，并微调其边界以生成候选时序区间。这些自顶向下的方法受到预先定义的滑动窗或锚点时序区间的制约，因此所产生的候选时序区间可能缺乏灵活性，边界的精确性也有所不足。

下面将介绍自底向上的时序动作定位算法。这些算法首先局部预测视频动作的起始和结束时刻，然后将这些时刻组合成候选时序区间，最后对每个候选时序区间进行类别预测。和自顶向下的方法相比，自底向上的方法预测的候选时序区间边界更加灵活，精度也更高。

边界敏感网络（Boundary Sensitive Network，BSN）(Lin et al.,

2018）是一种常见的自底向上的时序动作定位算法. 对于未经剪辑的视频，BSN 首先将其均匀分割成多个视频片段，然后从每个片段中提取双流卷积神经网络的特征. 因此，一个未被剪辑的视频最终可以得到一个特征序列，即一个二维矩阵，其中每个特征向量对应一个视频片段.

获得视频特征序列后，通过 BSN 模块预测动作开始、动作结束，以及包含动作的时刻. 然后将开始和结束的时刻组合成候选时序区间. 接着，基于候选时序区间的特征进行每个候选时序区间包含动作的概率预测. 最后，为了消除候选时序区间之间的冗余，BSN 使用非极大值抑制进行后处理. BSN 模块的整体结构如图 15.32 所示，它包含以下三个子模块.

- 时序评估模块（temporal evaluation module）：此模块接受特征序列作为输入，经过两轮卷积操作和 ReLU 激活函数处理后，分为三个分支，每个分支产生一个概率序列. 这三个分支分别用于预测每个时刻是否包含动作、动作是否开始，以及动作是否结束的概率.
- 候选生成模块（proposal generation module）：在时序评估模块确定每个时刻为动作开始或动作结束后，此模块将这些时刻组合成候选时序区间. 候选时序区间组合完成后，接下来便提取这些候选时序区间的边界敏感特征.
- 候选评估模块（proposal evaluation module）：使用候选时序区间的 BSP 特征，经过全连接层、ReLU 激活函数和 Sigmoid 激活函数处理，得出候选时序区间的置信度. 这一置信度反映了候选时序区间与视频中动作真实起止区间之间的重叠程度. 最终，一个候选时序区间包含动作的概率可以通过以下公式计算得出：

候选评估模块预测的候选时序区间的置信度 × 候选时序区间开始位置的概率 × 候选时序区间结束位置的概率

在 BSN 的基础上，研究提出了边界匹配网络（Boundary-Matching Network，BMN）(Lin et al., 2019). BMN 能够高效地预测时序概率序列和所有候选时序区间的置信度，并且整个网络能够进行端到端训练. 值得一提的是，BMN 在 2019 年 ActivityNet 的候选时序区间和时序动作定位两项任务中获得了冠军.

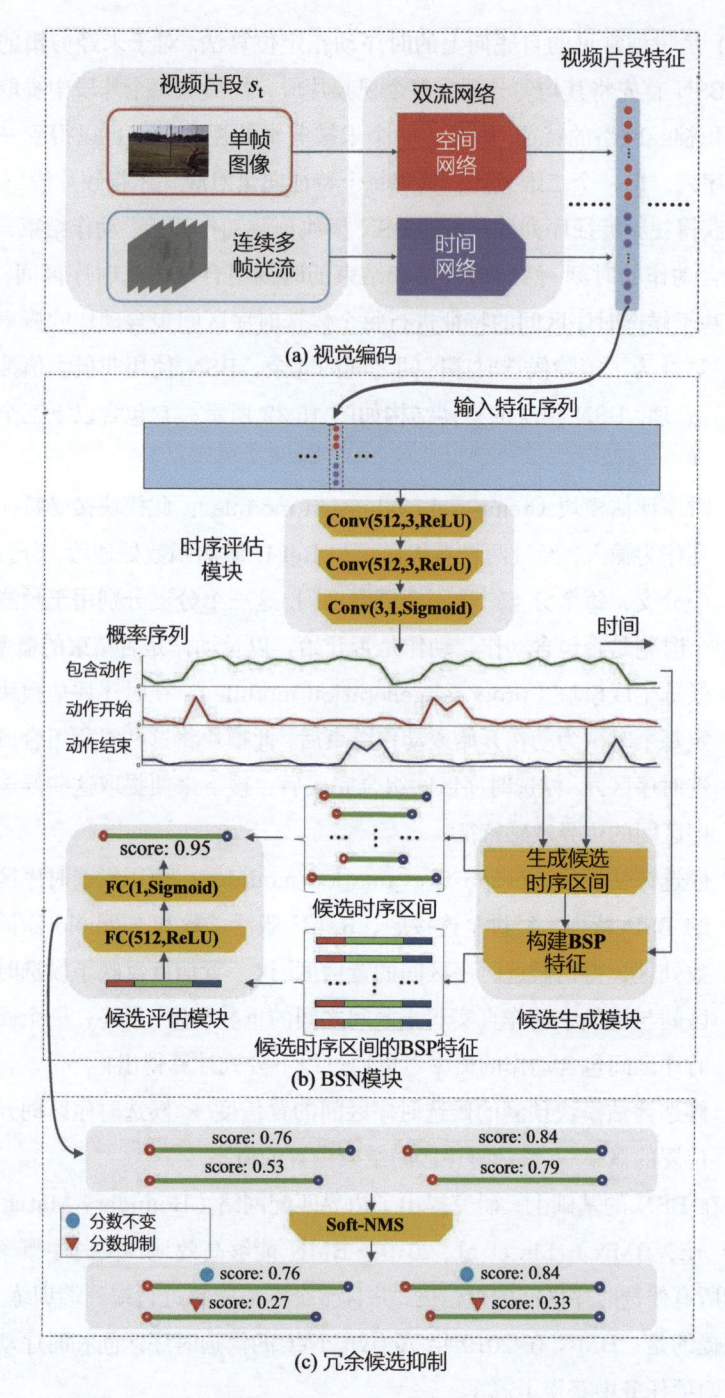

图 15.32　边界敏感网络 BSN (Lin et al., 2018) 的整体结构

## 15.5 总结与拓展阅读

本章系统探讨了计算机视觉领域的进阶主题和应用方法. 首先介绍了图像识别, 包括数据集的选择与评价指标的解释, 并研究了一系列经典的图像识别模型, 如 Inception、ResNet、SENet、EfficientNet 和 Vision Transformer. 其次, 详细探讨了目标检测, 包括数据集的选择与评价指标的介绍, 并研究了两种主要的目标检测方法: 二阶段方法 (如 R-CNN 系列) 和单阶段方法 (如 YOLO 系列). 然后介绍了图像分割, 包括数据集的选择与评价指标的解释, 以及语义分割和实例分割方法的详细介绍. 最后, 讨论了视频理解领域, 包括数据集和评价指标, 以及基于 2D 和 3D 卷积的动作识别、时序动作定位等关键主题, 为读者提供了关于计算机视觉进阶与应用领域的理解与知识.

扩展阅读建议: 读者可以进一步研究最新的计算机视觉研究论文和技术, 以及针对特定任务的深度学习模型和应用, 如自动驾驶、医学图像分析等领域的视觉应用. 阅读有关深度学习模型训练和调优的图书, 以便更好地理解和应用本章介绍的方法. 此外, 建议了解最新的计算机视觉竞赛和挑战赛, 以便将所学知识应用到实际问题中.

## 15.6 习题

习题 15-1　试解释 ResNet、ResNeXt 和 SENet 模型之间的区别和相似之处.

习题 15-2　什么是 Vision Transformer (ViT)? 试分析 ViT 与传统的卷积神经网络在图像分类任务上的不同之处.

习题 15-3　试解释二阶段目标检测方法和单阶段目标检测方法的主要区别, 并举例说明各自的代表性算法.

习题 15-4　Faster R-CNN 中的锚框是什么, 它们在目标检测中有什么作用?

习题 15-5　YOLO (You Only Look Once) 系列方法是如何进行实时目标检测的? 试简要描述不同版本 YOLO 方法的主要改进.

**习题 15-6**　语义分割和实例分割之间的区别是什么？试提供一个用例来说明这两种分割方法的应用.

**习题 15-7**　FCN、U-Net 和 DeepLab 是常用的语义分割模型，试分别解释它们的工作原理和特点.

**习题 15-8**　Mask R-CNN 和 YOLACT 是用于实例分割的方法，它们的不同之处在哪里？它们是如何实现的？

**习题 15-9**　基于 2D 卷积的动作识别方法有哪些？试比较这些方法之间的差异和优劣.

**习题 15-10**　了解基于 3D 卷积的动作识别方法后，试解释 C3D、Res3D/3D ResNet 和 I3D 之间的差异.

## 历史的天空

**周炯槃**
（1921—2011）

中国工程院院士、通信技术专家. 本科毕业于上海交通大学. 获美国哈佛大学理学硕士学位. 他创建了我国第一座实验电视台——北邮教学电视台，后又领导研制了飞点扫描彩色电视实验系统，填补了国内空白. 20 世纪 60 年代，他首次把卷积码引入无线数字通信信道的纠错和检错，在国家科研项目"6401"的实验样机中取得成功；20 世纪 70 年代应用伪随机码理论于抗衰落技术，指导完成了对流层散射数据传输通信设备的研制，装备六大军区使用，获 1978 年全国科学大会奖；20 世纪 80 年代指导研制报纸传真压缩传输设备，领导和建立了我国数字化卫星报纸传真网. 长期对信息理论进行深入研究，其专著《信息理论基础》获 1988 年国家教委特等奖.

# 参考文献

ARANDJELOVIĆ R, GRONAT P, TORII A, et al., 2016. NetVLAD: CNN architecture for weakly supervised place recognition[C]//Proc. IEEE Conf. Comp. Vis. Patt. Recogn. Las Vegas, IEEE: 5297-5307.

BOCHKOVSKIY A, WANG C Y, LIAO H Y M, 2020. YOLOv4: Optimal speed and accuracy of object detection[J]. arXiv preprint arXiv:2004.10934.

BOLYA D, ZHOU C, XIAO F, et al., 2019. YOLACT: Real-time instance segmentation[C]//Proc. IEEE Int. Conf. Comp. Vis. Seoul, IEEE: 9157-9166.

CARREIRA J, ZISSERMAN A, 2017. Quo vadis, action recognition? a new model and the kinetics dataset[C]//Proc. IEEE Conf. Comp. Vis. Patt. Recogn. Hawaii, IEEE: 4724-4733.

CHEN L C, PAPANDREOU G, KOKKINOS I, et al., 2017a. DeepLab: Semantic image segmentation with deep convolutional nets, atrous convolution, and fully connected CRFs[J]. IEEE Trans. Pattern Anal. Mach. Intell., 40(4): 834-848.

CHEN L C, PAPANDREOU G, SCHROFF F, et al., 2017b. Rethinking atrous convolution for semantic image segmentation[J]. arXiv preprint arXiv:1706.05587.

CHEN T, KORNBLITH S, SWERSKY K, et al., 2020. Big self-supervised models are strong semi-supervised learners[C]. Advances in Neural Inf. Process. Syst. Virtual, MIT: 22243-22255.

CORDTS M, OMRAN M, RAMOS S, et al., 2016. The cityscapes dataset for semantic urban scene understanding[C]//Proc. IEEE Conf. Comp. Vis. Patt. Recogn. Las Vegas, IEEE: 3213-3223.

DONAHUE J, HENDRICKS L A, GUADARRAMA S, et al., 2017. Long-term recurrent convolutional networks for visual recognition and description[J]. IEEE Trans. Pattern Anal. Mach. Intell., 39(4): 677-691.

DOSOVITSKIY A, BEYER L, KOLESNIKOV A, et al., 2020. An image is worth 16×16 words: Transformers for image recognition at scale[J]. arXiv preprint arXiv:2010.11929.

EVERINGHAM M, 2007. The PASCAL visual object classes (voc) challenge[J].

GHIASI G, LIN T Y, LE Q V, 2018. DropBlock: A regularization method for convolutional networks[C]//Advances in Neural Inf. Process. Syst. Montréal, MIT: 10750-10760.

GIRSHICK R, 2015. Fast R-CNN[C]//Proc. IEEE Int. Conf. Comp. Vis. Santiago, IEEE: 1440-1448.

GIRSHICK R, DONAHUE J, DARRELL T, et al., 2014. Rich feature hierarchies for accurate object detection and semantic segmentation[C]//Proc. IEEE Conf. Comp. Vis. Patt. Recogn. Zurich, IEEE: 580-587.

GUO M H, XU T X, LIU J J, et al., 2022. Attention mechanisms in computer vision: A survey[J]. Computational Visual Media, 8(3): 331-368.

HARA K, KATAOKA H, SATOH Y, 2018. Can spatiotemporal 3D CNNs retrace the history of 2D CNNs and ImageNet?[C]//Proc. IEEE Conf. Comp. Vis. Patt. Recogn. Utah, IEEE: 6546-6555.

HE K, ZHANG X, REN S, et al., 2015. Spatial pyramid pooling in deep convolutional networks for visual recognition[J]. IEEE Trans. Pattern Anal. Mach. Intell., 37(9): 1904-1916.

HE K, ZHANG X, REN S, et al., 2016. Deep residual learning for image recognition[C]//Proc. IEEE Conf. Comp. Vis. Patt. Recogn. Las Vegas, IEEE: 770-778.

HE K, GKIOXARI G, DOLLÁR P, et al., 2017. Mask R-CNN[C]//Proc. IEEE Int. Conf. Comp. Vis. Hawaii, IEEE: 2961-2969.

HEILBRON F C, ESCORCIA V, GHANEM B, et al., 2015. ActivityNet: A large-scale video benchmark for human activity understanding[C]//Proc. IEEE Conf. Comp. Vis. Patt. Recogn. Boston, IEEE: 961-970.

HU J, SHEN L, SUN G, 2018. Squeeze-and-excitation networks[C]//Proc. IEEE Conf. Comp. Vis. Patt. Recogn. Utah, IEEE: 7132-7141.

HUANG G, LIU Z, VAN DER MAATEN L, et al., 2017. Densely connected convolutional networks[C]//Proc. IEEE Conf. Comp. Vis. Patt. Recogn. Boston, IEEE: 4700-4708.

IOFFE S, SZEGEDY C, 2015. Batch normalization: Accelerating deep network training by reducing internal covariate shift[C]//Proc. Int. Conf. Mach. Learn. Lille, ACM: 448-456.

JÉGOU H, DOUZE M, SCHMID C, et al., 2010. Aggregating local descriptors into a compact image representation[C]//Proc. IEEE Conf. Comp. Vis. Patt. Recogn. Hersonissos, IEEE: 3304-3311.

KAY W, CARREIRA J, SIMONYAN K, et al., 2017. The kinetics human action video dataset[J]. arXiv preprint arXiv:1705.06950.

KRIZHEVSKY A, 2009. Learning multiple layers of features from tiny images[J]. Technique Report: 1-60.

KRIZHEVSKY A, SUTSKEVER I, HINTON G E, 2012. ImageNet classification with deep convolutional neural networks[C]//Advances in Neural Inf. Process. Syst. California, MIT: 1097-1105.

KUEHNE H, JHUANG H, GARROTE E, et al., 2011. HMDB: A large video database for human motion recognition[C]//Proc. IEEE Int. Conf. Comp. Vis. Barcelona, IEEE: 2556-2563.

LECUN Y, BOTTOU L, BENGIO Y, et al., 1998. Gradient-based learning applied to document recognition[J]. Proceedings of the IEEE: 1-46.

LI X, WANG W, HU X, et al., 2019. Selective kernel networks[C]//Proc. IEEE Conf. Comp. Vis. Patt. Recogn. Los Angeles, IEEE: 510-519.

LIN T, ZHAO X, SU H, et al., 2018. BSN: Boundary sensitive network for temporal action proposal generation[C]//Proc. Eur. Conf. Comp. Vis. Munich, Springer: 3-19.

LIN T, ZHAO X, DING S, et al., 2019. BMN: Boundary-matching network for temporal action proposal generation[C]//Proc. IEEE Int. Conf. Comp. Vis. Seoul, IEEE: 3882-3891.

LIN T Y, MAIRE M, BELONGIE S, et al., 2014. Microsoft COCO: Common objects in context[C]//Proc. Eur. Conf. Comp. Vis. Zurich Springer: 740-755.

LONG J, SHELHAMER E, DARRELL T, 2015. Fully convolutional networks for semantic segmentation[C]//Proc. IEEE Conf. Comp. Vis. Patt. Recogn. Boston, IEEE: 3431-3440.

MIN LIN S Y, Qiang Chen, 2014. Network in network[C]//Proc. Int. Conf. Learn. Representations. Boston, IEEE: 1-14.

REDMON J, FARHADI A, 2017. YOLO9000: Better, faster, stronger[C]// Proc. IEEE Conf. Comp. Vis. Patt. Recogn. Honolulu, IEEE: 7263-7271.

REDMON J, FARHADI A, 2018. YOLOv3: An incremental improvement[J]. arXiv preprint arXiv:1804.02767.

REDMON J, DIVVALA S, GIRSHICK R, et al., 2016. You only look once: Unified, real-time object detection[C]//Proc. IEEE Conf. Comp. Vis. Patt. Recogn. Las Vegas, IEEE: 779-788.

REN S, HE K, GIRSHICK R, et al., 2015. Faster R-CNN: Towards real-time object detection with region proposal networks[C]//Advances in Neural Inf. Process. Syst. Montréal, MIT: 91-99.

RONNEBERGER O, FISCHER P, BROX T, 2015. U-Net: Convolutional networks for biomedical image segmentation[C]//Medical Image Computing and Computer-Assisted Intervention. Berlin, Springer: 234-241.

SHOU Z, WANG D, CHANG S F, 2016. Temporal action localization in untrimmed videos via multi-stage cnns[C]//Proc. IEEE Conf. Comp. Vis. Patt. Recogn. Las Vegas, IEEE: 1049-1058.

SIMONYAN K, ZISSERMAN A, 2014. Two-stream convolutional networks for action recognition in videos[C]//Advances in Neural Inf. Process. Syst. Montréal, MIT: 568-576.

SOOMRO K, ZAMIR A R, SHAH M, 2012. UCF101: A dataset of 101 human actions classes from videos in the wild[J]. arXiv preprint arXiv:1212.0402.

SUN C, SHANG W, LIANG S, et al., 2015. Human action recognition using factorized spatio-temporal convolutional networks[C]//Proc. IEEE Int. Conf. Comp. Vis. Santiago, IEEE: 4597-4605.

SZEGEDY C, LIU W, JIA Y, et al., 2015. Going deeper with convolutions[C]// Proc. IEEE Conf. Comp. Vis. Patt. Recogn. Boston, IEEE: 1-9.

SZEGEDY C, IOFFE S, VANHOUCKE V, et al., 2016a. Inception-v4, Inception-ResNet and the impact of residual connections on learning[J]. arXiv preprint arXiv:1602.07261.

SZEGEDY C, VANHOUCKE V, IOFFE S, et al., 2016b. Rethinking the inception architecture for computer vision[C]//Proc. IEEE Conf. Comp. Vis. Patt. Recogn. Las Vegas, IEEE: 2818-2826.

TAN M, LE Q V, 2019. EfficientNet: Rethinking model scaling for convolutional neural networks[C]//Proc. Int. Conf. Mach. Learn. Long Beach, ACM: 6105-6114.

TRAN D, BOURDEV L, FERGUS R, et al., 2015. Learning spatiotemporal features with 3D convolutional networks[J]. IEEE Trans. Pattern Anal. Mach. Intell., 37(9): 524-536.

TRAN D, RAY J, SHOU Z, et al., 2017. Convnet architecture search for spatiotemporal feature learning[J]. arXiv preprint arXiv:1708.05038.

TRAN D, WANG H, TORRESANI L, et al., 2018. A closer look at spatiotemporal convolutions for action recognition[C]//Proc. IEEE Conf. Comp. Vis. Patt. Recogn. Utah, IEEE: 6450-6459.

UIJLINGS J R, VAN DE SANDE K E, GEVERS T, et al., 2013. Selective search for object recognition[J]. Int. J. Comput. Vision, 104: 154-171.

WANG C Y, LIAO H Y M, WU Y H, et al., 2020. CSPNet: A new backbone that can enhance learning capability of CNN[C]//Proc. IEEE Conf. Comp. Vis. Patt. Recogn. Workshops. Seattle, IEEE: 390-391.

XIE S, GIRSHICK R, DOLLÁR P, et al., 2017. Aggregated residual transformations for deep neural networks[C]//Proc. IEEE Conf. Comp. Vis. Patt. Recogn. Hawaii, IEEE: 1492-1500.

XINGJIAN S, CHEN Z, WANG H, et al., 2015. Convolutional LSTM network: A machine learning approach for precipitation nowcasting[C]//Advances in Neural Inf. Process. Syst. Montréal, MIT: 802-810.

XU H, DAS A, SAENKO K, et al., 2017. R-C3D: Region convolutional 3D network for temporal activity detection[C]//Proc. IEEE Int. Conf. Comp. Vis. Venice, IEEE: 5794-5803.

ZHENG Z, WANG P, LIU W, et al., 2020. Distance-IoU loss: Faster and better learning for bounding box regression[C]//Proc. Conf. AAAI. New York, AAAI: 12993-13000.

ZHOU B, ZHAO H, PUIG X, et al., 2017. Scene parsing through ADE20K dataset[C]//Proc. IEEE Conf. Comp. Vis. Patt. Recogn. Hawaii, IEEE: 633-641.

ZOPH B, LE Q V, 2016. Neural architecture search with reinforcement learning[J]. arXiv preprint arXiv:1611.01578.

# 附 录

# 附录 A
# 向量、矩阵及其基本运算

深度学习模型涉及较多向量和矩阵运算及操作. 下面简要介绍向量和矩阵的基础知识, 以及向量和矩阵的基本运算.

## A.1 向量及其基本运算

### A.1.1 向量

向量（vector）是指由 $n$ 个实数组成的有序数组, 称为 $n$ 维向量. 若无特殊说明, 那么一般将其表示为一个列向量. 如

$$\boldsymbol{x} = \begin{bmatrix} x_1 \\ x_2 \\ \vdots \\ x_n \end{bmatrix}, \tag{A.1}$$

其中, $x_n$ 为向量第 $n$ 维元素.

### A.1.2 向量范数

范数（norm）是具有"长度"概念的函数. 在线性代数、泛函分析及相关的数学领域, 范数是一个函数, 其为向量空间内所有向量赋予非 0 的正长度或大小. 较常用的向量范数有:

- 1-范数. $\|\boldsymbol{x}\|_1 = \sum_{i=1}^{N} |x_i|$, 即向量元素绝对值之和. 在损失函数（loss function）中, 常用的 $\ell_1$ 损失函数即为此形式.
- 2-范数. $\|\boldsymbol{x}\|_2 = (\sum_{i=1}^{N} |x_i|^2)^{\frac{1}{2}}$, 即欧几里得范数（Euclid norm）,

常用于计算向量长度. 在损失函数中, 一般取误差向量 2-范数的平方作为 $\ell_2$ 损失函数.

- $\infty$-范数. $\|\boldsymbol{x}\|_\infty = \max_i |x_i|$, 即所有向量元素绝对值中的最大值.
- $p$-范数. $\|\boldsymbol{x}\|_p = (\sum_{i=1}^N |x_i|^p)^{\frac{1}{p}}$, $(p \geqslant 1)$, 即向量元素绝对值的 $p$ 次方和的 $1/p$ 次幂.

### A.1.3 向量运算

设有向量 $\boldsymbol{x} = (x_1, x_2, \ldots, x_n)^\top$ 和 $\boldsymbol{y} = (y_1, y_2, \ldots, y_n)^\top$, 则:

- 向量加法. $\boldsymbol{x} + \boldsymbol{y} = (x_1 + y_1, x_2 + y_2, \ldots, x_n + y_n)^\top$.
- 向量减法. $\boldsymbol{x} - \boldsymbol{y} = (x_1 - y_1, x_2 - y_2, \ldots, x_n - y_n)^\top$.
- 向量数乘. $\lambda \boldsymbol{x} = (\lambda x_1, \lambda x_2, \ldots, \lambda x_n)^\top$, 其中 $\lambda$ 为标量 (scalar).
- 向量点积 (dot product), 又称向量内积 (inner product). $\boldsymbol{x} \cdot \boldsymbol{y} = \boldsymbol{x}^\top \boldsymbol{y} = x_1 y_1 + x_2 y_2 + \cdots + x_n y_n$.

## A.2 矩阵及其基本运算

### A.2.1 矩阵

在数学上, 一个 $m \times n$ 的矩阵是一个由 $m$ 行、$n$ 列元素排列成的矩形阵列. 矩阵里的元素可以是数字、符号或数学式. 如式 (A.2) 是一个 4 行 3 列的矩阵 $\boldsymbol{A}$:

$$\boldsymbol{A} = \begin{bmatrix} 8 & 9 & 1 \\ 3 & 10 & 3 \\ 5 & 4 & 8 \\ 7 & 16 & 3 \end{bmatrix}, \tag{A.2}$$

其中, 从左上角数起的第 $i$ 行第 $j$ 列的元素被称为矩阵第 $(i,j)$ 项, 通常记为 $a_{ij}$、$A_{ij}$、$A_{i,j}$ 或 $A_{[i,j]}$. 在上述例子中, $A_{4,2} = 16$. 如果不知道矩阵 $\boldsymbol{A}$ 的具体元素, 通常也会将它记为 $\boldsymbol{A} = [a_{ij}]_{m \times n}$.

## A.2.2 矩阵范数

类似向量范数，常用的矩阵范数如下：

- 列范数. $\|\boldsymbol{A}\|_1 = \max_{1 \leqslant j \leqslant n} \sum_{i=1}^{m} |a_{ij}|$，即 $\boldsymbol{A}$ 的每列绝对值之和的最大值.
- 行范数. $\|\boldsymbol{A}\|_\infty = \max_{1 \leqslant i \leqslant m} \sum_{j=1}^{n} |a_{ij}|$，即 $\boldsymbol{A}$ 的每行绝对值之和的最大值.
- 2-范数. $\|\boldsymbol{A}\|_2 = \sqrt{\lambda_{\max}(\boldsymbol{A}^\top \boldsymbol{A})}$，其中 $\lambda_{\max}(\boldsymbol{A}^\top \boldsymbol{A})$ 为 $\boldsymbol{A}^\top \boldsymbol{A}$ 的特征值绝对值的最大值.
- F-范数. $\|\boldsymbol{A}\|_F = \left( \sum_{i=1}^{m} \sum_{j=1}^{n} |a_{ij}|^2 \right)^{1/2}$.
- $p$-范数. $\|\boldsymbol{A}\|_p = \left( \sum_{i=1}^{m} \sum_{j=1}^{n} |a_{ij}|^p \right)^{1/p}$，$(p \geqslant 1)$.

## A.2.3 矩阵运算

若 $\boldsymbol{A}$ 和 $\boldsymbol{B}$ 都为 $m \times n$ 的矩阵，则：

- 矩阵加法. $(\boldsymbol{A} + \boldsymbol{B})_{ij} = A_{ij} + B_{ij}$.
- 矩阵减法. $(\boldsymbol{A} - \boldsymbol{B})_{ij} = A_{ij} - B_{ij}$.
- 矩阵数乘. $(\lambda \boldsymbol{A}) = \lambda A_{ij}$，其中 $\lambda$ 为标量.
- 矩阵点乘. $(\boldsymbol{A} \odot \boldsymbol{B})_{ij} = A_{ij} \cdot B_{ij}$.
- 矩阵转置. $(\boldsymbol{A}^\top)_{ij} = A_{ji}$.
- 矩阵向量化. 是将矩阵表示为一个列向量，一般用 vec 向量化算子表示. 若 $\boldsymbol{A} = [a_{ij}]_{m \times n}$，则 $\text{vec}(\boldsymbol{A}) = [a_{11}, a_{21}, \ldots, a_{m1}, a_{12}, a_{22}, \ldots, a_{m2}, \ldots, a_{1n}, a_{2n}, \ldots, a_{mn}]^\top$.

在深度学习的实际工程实现中，均首先将矩阵向量化，以便将矩阵运算转化为高效快捷的向量运算.

# 附录 B
# 微积分

微积分（calculus）是机器学习中必不可少的数学基础，它主要研究函数的极限、导数、微分、积分，以及相关的应用问题. 在机器学习中，微积分被广泛应用于优化问题、概率分布等领域. 本附录将介绍微积分的基本概念和方法，包括导数、微分、泰勒公式、积分，以及常见函数的导数等. 同时，我们还会介绍矩阵微积分，这在深度学习中也是十分重要的. 通过学习本附录的内容，读者将掌握微积分的基本知识和使用技巧，为学习和研究机器学习算法打下数学基础.

## B.1 微分

### B.1.1 导数

微积分的基础之一是导数（derivative）. 在数学和物理中，导数是衡量一个函数在某一点上的变化率的一种工具. 它可以被理解为函数的斜率或切线的斜率. 导数在最优化问题中被经常用到，例如，在深度学习优化损失函数时，求取导数可以帮助我们找到函数的最小值或最大值. 因此，理解导数的概念和应用对于机器学习和深度学习的理解至关重要.

对于定义域和值域都是实数域的函数 $f:\mathbb{R}\to\mathbb{R}$，若 $f(x)$ 在点 $x_0$ 的某个领域 $\Delta x$ 内，极限

$$f'(x_0) = \lim_{\Delta x \to 0} \frac{f(x_0 + \Delta x) - f(x_0)}{\Delta x} \tag{B.1}$$

存在，则称函数 $f(x)$ 在点 $x_0$ 处可导，$f'(x_0)$ 被称为其导数，或导函数，也可记为 $\dfrac{\mathrm{d}f(x_0)}{\mathrm{d}x}$. 从几何意义上看，导数表示的是函数在 $x_0$ 点的切线

斜率，如图 B.1 所示.

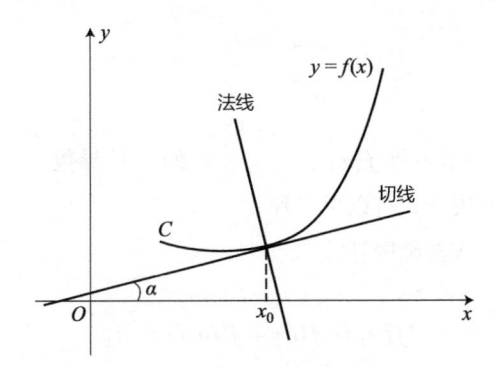

图 B.1 函数导数的几何意义

对于一些简单的函数，可以通过求导法则求导，例如：
- 对于常数函数 $f(x) = c$，其导数为 $f'(x) = 0$.
- 对于幂函数 $f(x) = x^n$，其导数为 $f'(x) = nx^{n-1}$.
- 对于指数函数 $f(x) = a^x$，其导数为 $f'(x) = a^x \ln a$.
- 对于对数函数 $f(x) = \log_a x$，其导数为 $f'(x) = \dfrac{1}{x \ln a}$.

## B.1.2 可微函数

给定一个连续函数，计算其导数的过程被称为微分（differentiation）. 若函数 $f(x)$ 在其定义域包含的某区间内每一个点都可导，那么称函数 $f(x)$ 在该区间内可导. 如果一个函数 $f(x)$ 在定义域中的所有点都存在导数，则 $f(x)$ 为可微函数（differentiable function）. 可微函数一定连续，但连续函数不一定可微（或可导）. 例如，绝对值函数 $|x|$ 为连续函数，但在点 $x = 0$ 处不可导.

## B.1.3 泰勒公式

泰勒公式（Taylor's formula）是用无限次可导的函数在某一点附近展开成多项式的公式. 在实际应用中，在已知某一点的各阶导数值的情况下，可用这些导数值做系数构建一个多项式来近似函数在该点的邻域中的值. 通常，由于无法无限次求导，所以只取前几项作为近似值.

对于可导函数 $f(x)$，在 $x = a$ 处的泰勒展开式为

$$f(x) = \sum_{n=0}^{\infty} \frac{f^{(n)}(a)}{n!}(x-a)^n, \tag{B.2}$$

其中，$f^{(n)}(a)$ 表示函数 $f(x)$ 在 $x = a$ 处的 $n$ 阶导数.

常见的泰勒展开式有以下三种.

第一种：一次泰勒展开式

$$f(x) \approx f(a) + f'(a)(x-a). \tag{B.3}$$

第二种：二次泰勒展开式

$$f(x) \approx f(a) + f'(a)(x-a) + \frac{1}{2}f''(a)(x-a)^2. \tag{B.4}$$

第三种：三次泰勒展开式

$$f(x) \approx f(a) + f'(a)(x-a) + \frac{1}{2}f''(a)(x-a)^2 + \frac{1}{6}f'''(a)(x-a)^3. \tag{B.5}$$

在实际应用中，我们可以根据需要取不同阶数的泰勒展开式来逼近函数，以达到所需的精度.

## B.2 积分

积分（integration）是微积分中的另一个重要概念，是微分的逆过程. 积分通常可以分为不定积分和定积分，其几何意义表示函数在某个区间上的面积或体积，这种面积或体积通常有物理和统计学上的意义，例如，计算物体的体积、质量等.

### B.2.1 不定积分

不定积分（indefinite integral）又被称为原函数，是指对于一个函数 $f(x)$，能够找到另一个函数 $F(x)$，使得 $F'(x) = f(x)$，则称 $F(x)$ 为 $f(x)$

的一个不定积分，记作 $\int f(x)\mathrm{d}x = F(x) + C$，其中 $C$ 为常数.

不定积分具有以下性质.

- 线性性：$\int (af(x) + bg(x))\,\mathrm{d}x = a\int f(x)\mathrm{d}x + b\int g(x)\mathrm{d}x$.
- 反函数性质：$\int f'(x)\mathrm{d}x = f(x) + C$，其中 $C$ 为常数.
- 分部积分：$\int f(x)g'(x)\mathrm{d}x = f(x)g(x) - \int g(x)f'(x)\mathrm{d}x$.
- 积分换元法：设 $u = g(x)$，则 $\int f(g(x))g'(x)\mathrm{d}x = \int f(u)\mathrm{d}u$.
- 有限区间上的连续函数可积性：如果 $f(x)$ 在区间 $[a,b]$ 上连续，则 $f(x)$ 在 $[a,b]$ 上可积.

### B.2.2　定积分

定积分（definite integral）是指在一定区间上，将区间分成若干个小区间，对每个小区间上的函数值求和，再求和得到的极限. 若函数 $f(x)$ 在区间 $[a,b]$ 上连续，则 $f(x)$ 在 $[a,b]$ 上的定积分表示为 $\int_a^b f(x)\mathrm{d}x$.

定积分的计算方法如下.

- 几何意义：$\int_a^b f(x)\mathrm{d}x$，表示 $x = a$ 和 $x = b$ 两点间曲线与 $x$ 轴之间的面积. 当 $f(x) \geqslant 0$ 时，表示曲线上方的面积减去曲线下方的面积.
- 求和逼近：将区间 $[a,b]$ 等分成 $n$ 个小区间，将每个小区间上的函数值相加，乘以小区间长度 $\Delta x$，再求和. 当 $\Delta x \to 0$ 时得到定积分的值.
- 牛顿-莱布尼茨公式：若 $f(x)$ 在 $[a,b]$ 上连续，则 $\int_a^b f(x)\mathrm{d}x = F(b) - F(a)$，其中 $F(x)$ 为 $f(x)$ 的一个不定积分.

### B.2.3　常见积分公式

除了根据定义计算积分，还有一些常见的积分公式，可以在计算积分时加快计算速度. 下面列举了一些常见的积分公式.

- 幂函数积分：$\int x^n \mathrm{d}x = \dfrac{x^{n+1}}{n+1} + C$，其中 $C$ 为常数.
- 指数函数积分：$\int \mathrm{e}^x \mathrm{d}x = \mathrm{e}^x + C$，$\int a^x \mathrm{d}x = \dfrac{a^x}{\ln a} + C$，其中 $a > 0$，$a \neq 1$.

- 三角函数积分：$\int \sin x \mathrm{d}x = -\cos x + C$，$\int \cos x \mathrm{d}x = \sin x + C$，$\int \tan x \mathrm{d}x = -\ln|\cos x| + C$，$\int \cot x \mathrm{d}x = \ln|\sin x| + C$.
- 反三角函数积分：$\int \dfrac{\mathrm{d}x}{\sqrt{1-x^2}} = \arcsin x + C$，$\int \dfrac{\mathrm{d}x}{1+x^2} = \arctan x + C$.
- 分式函数积分：$\int \dfrac{1}{x} \mathrm{d}x = \ln|x| + C$，$\int \dfrac{1}{x^2+a^2} \mathrm{d}x = \dfrac{1}{a} \arctan \dfrac{x}{a} + C$.
- 对数函数积分：$\int \ln x \mathrm{d}x = x \ln x - x + C$.

需要注意的是，常见积分公式只适用于常见的积分形式，对于一些不常见的积分形式，可能需要采用其他方法进行求解.

## B.3 矩阵微积分

矩阵微积分（matrix calculus）在现代数学和工程领域有广泛的应用. 在工程领域，矩阵微积分常被用于解决信号处理（signal processing）、控制理论（control theory）和图像处理（image processing）等问题. 在数学领域，矩阵微积分被用于研究微分方程、泛函分析和拓扑学等问题. 此外，矩阵微积分还被应用于机器学习、数据挖掘和深度学习等领域.

在机器学习和深度学习中，经常会涉及对矩阵进行微积分的操作. 矩阵微积分是一种将微积分中的概念和方法推广到矩阵的数学工具. 本附录将介绍矩阵微积分的基础知识.

### B.3.1 矩阵微分

对于一个矩阵值函数 $f(\boldsymbol{X}): \mathbb{R}^{m \times n} \to \mathbb{R}^{p \times q}$，其导数定义为

$$f'(\boldsymbol{X}) = \lim_{\Delta \boldsymbol{X} \to \boldsymbol{0}} \frac{f(\boldsymbol{X} + \Delta \boldsymbol{X}) - f(\boldsymbol{X})}{\Delta \boldsymbol{X}}, \tag{B.6}$$

其中，$\Delta \boldsymbol{X}$ 是 $\boldsymbol{X}$ 的微小变化量. 与标量函数类似，矩阵函数的导数也可以用 Jacobi 矩阵（或 Jacobian 矩阵）[1] 表示

---
[1] Jacobi 矩阵是一个重要的线性变换矩阵，在数学、物理和工程等领域都有广泛的应用. 它描述了一个向量函数在一点处的导数，可以看作多元函数的梯度向量的转置. 在深度学习中，Jacobi 矩阵经常用来计算反向传播过程中的梯度. 例如，在神经网络中，激活函数的导数就可以通过其对应的 Jacobi 矩阵来计算. 此外，Jacobi 矩阵还被广泛应用于优化算法（如牛顿法和拟牛顿法）和微分方程数值解等领域.

$$f'(\boldsymbol{X}) = \frac{\partial f(\boldsymbol{X})}{\partial \boldsymbol{X}} = \begin{bmatrix} \frac{\partial f_{11}(\boldsymbol{X})}{\partial x_{11}} & \frac{\partial f_{11}(\boldsymbol{X})}{\partial x_{12}} & \cdots & \frac{\partial f_{11}(\boldsymbol{X})}{\partial x_{mn}} \\ \frac{\partial f_{12}(\boldsymbol{X})}{\partial x_{11}} & \frac{\partial f_{12}(\boldsymbol{X})}{\partial x_{12}} & \cdots & \frac{\partial f_{12}(\boldsymbol{X})}{\partial x_{mn}} \\ \vdots & \vdots & \ddots & \vdots \\ \frac{\partial f_{pq}(\boldsymbol{X})}{\partial x_{11}} & \frac{\partial f_{pq}(\boldsymbol{X})}{\partial x_{12}} & \cdots & \frac{\partial f_{pq}(\boldsymbol{X})}{\partial x_{mn}} \end{bmatrix}, \quad \text{(B.7)}$$

其中,$f_{ij}(\boldsymbol{X})$ 表示 $f(\boldsymbol{X})$ 的第 $i$ 行、第 $j$ 列元素.

### B.3.2 矩阵积分

矩阵的积分可以类比于标量的积分,但需要注意的是,矩阵的积分并不满足交换律. 对于矩阵的积分,我们有以下两个常见的定义.

**1. Riemann 积分**

Riemann 积分是最常见的积分定义方式之一. 对于矩阵函数 $f(\boldsymbol{X})$,我们将其积分区间 $[a,b]$ 平均分成 $N$ 份,得到点集 $\{X_i\}$,其中,$X_i = a + (i-1)\frac{b-a}{N}$. 则 $f(\boldsymbol{X})$ 的 Riemann 积分可以表示为

$$\int_a^b f(X) \mathrm{d}X \approx \sum_{i=1}^N f(X_i) \frac{b-a}{N}, \quad \text{(B.8)}$$

其中,$\frac{b-a}{N}$ 表示每份区间的长度.

**2. Lebesgue 积分**

Lebesgue 积分是另一种常见的积分定义方式,它可以避免一些 Riemann 积分的局限性,如对于非可数个点的函数,Riemann 积分定义并不适用,而 Lebesgue 积分则可以处理这种情况. Lebesgue 积分的定义基于测度论(Measure Theory),要想理解它,我们需要具备一些数学背景知识.[1]

---

[1] 关于 Lebesgue 积分的更多内容,可以参考一些经典的数学分析教材,如 Walter Rudin 的《数学分析原理》(*Principles of Mathematical Analysis*).

## B.4 常见函数的导数

下面列举一些常见函数的导数公式.

- 幂函数的导数：$(x^n)' = nx^{n-1}$，其中 $n$ 为实数.
- 指数函数的导数：$(a^x)' = a^x \ln a$，其中 $a > 0$ 且 $a \neq 1$.
- 对数函数的导数：$(\log_a x)' = \dfrac{1}{x \ln a}$，其中 $a > 0$ 且 $a \neq 1$.
- 三角函数的导数：
  - 正弦函数的导数：$(\sin x)' = \cos x$.
  - 余弦函数的导数：$(\cos x)' = -\sin x$.
  - 正切函数的导数：$(\tan x)' = \sec^2 x$.
  - 余切函数的导数：$(\cot x)' = -\csc^2 x$.
- 反三角函数的导数：
  - 反正弦函数的导数：$(\arcsin x)' = \dfrac{1}{\sqrt{1-x^2}}$，其中 $-1 < x < 1$.
  - 反余弦函数的导数：$(\arccos x)' = -\dfrac{1}{\sqrt{1-x^2}}$，其中 $-1 < x < 1$.
  - 反正切函数的导数：$(\arctan x)' = \dfrac{1}{1+x^2}$.

需要注意的是，这里只列举了一些常见函数的导数公式，实际上还有很多函数的导数公式，需要根据具体情况进行推导和计算.

此外，以下还列举了常见的矩阵求导公式：

- $\dfrac{\partial}{\partial x} Ax = A$.
- $\dfrac{\partial}{\partial x} x^\top A x = (A + A^\top) x$.
- $\dfrac{\partial}{\partial x} x^\top A^\top x = (A + A^\top) x$.
- $\dfrac{\partial}{\partial X} \operatorname{tr}(AX) = A^\top$.
- $\dfrac{\partial}{\partial X} \operatorname{tr}(AXB) = A^\top B^\top$.
- $\dfrac{\partial}{\partial x} |Ax - b|_2^2 = 2A^\top(Ax - b)$.

- $\dfrac{\partial}{\partial X}|AX-B|_{\mathrm{F}}^{2}=2(AX-B)A.$
- $\dfrac{\partial}{\partial x}x^{\top}x=2x.$

其中，$x$ 是列向量，$X$ 是矩阵，$A$ 和 $B$ 是矩阵，$b$ 是列向量，$|\cdot|_2^2$ 表示二范数的平方，$|\cdot|_{\mathrm{F}}^2$ 表示 Frobenius 范数的平方.

## B.5 链式法则

链式法则（chain rule）是微积分中的求导法则，用于求得一个复合函数的导数，是微积分求导运算中的一种常用方法. 在历史上，第一次使用链式法则的是德国哲学家、逻辑学家、数学家和科学家莱布尼茨（Gottfried Wilhelm Leibniz），他在求解平方根函数（square root function）和 $a+bz+cz^2$ 函数的复合函数，即 $\sqrt{a+bz+cz^2}$ 的偏导数（partial derivative）时使用了该方法. 由于在深度学习的模型训练中通常仅涉及一阶导数，因此本附录仅讨论一元或多元函数的一阶导数情形.

已知导数定义为

$$f'(x)=\frac{\mathrm{d}f}{\mathrm{d}x}=\lim_{h\to 0}\frac{f(x+h)-f(x)}{h}. \tag{B.9}$$

假设有函数 $F(x)=f(g(x))$，其中 $f(\cdot)$ 和 $g(\cdot)$ 为函数，$x$ 为常数，使得 $f(\cdot)$ 在 $g(x)$ 处可导，并且 $g(\cdot)$ 在 $x$ 处可导；则有 $F'(x)=f'(g(x))\cdot g'(x)$，即 $\dfrac{\partial F}{\partial x}=\dfrac{\partial f}{\partial g}\cdot\dfrac{\partial g}{\partial x}$. 关于其数学证明如下.

**证明** 根据可导的定义

$$g(x+\delta)-g(x)=\delta g'(x)+\epsilon(\delta)\delta, \tag{B.10}$$

其中，$\epsilon(\delta)$ 是余项，当 $\delta\to 0$ 时，$\epsilon(\delta)\to 0$.
同理

$$f(g(x)+\alpha)-f(g(x))=\alpha f'(g(x))+\eta(\alpha)\alpha, \tag{B.11}$$

其中，当 $\alpha\to 0$ 时，$\eta(\alpha)\to 0$.

现对 $F(x)$ 有

$$\begin{aligned}F(x+\delta)-F(x) &= f(g(x+\delta))-f(g(x))\\ &= f(g(x)+\delta g'(x)+\epsilon(\delta)\delta)-f(g(x))\\ &= \alpha_\delta f'(g(x))+\eta(\alpha_\delta)\alpha_\delta,\end{aligned} \quad (B.12)$$

其中，$\alpha_\delta = \delta g'(x) + \epsilon(\delta)\delta$.

注意，当 $\delta \to 0$ 时，$\frac{\alpha_\delta}{\delta} \to g'(x)$ 及 $\alpha_\delta \to 0$，因此 $\eta(\alpha_\delta) \to 0$. 故

$$\frac{f(g(x+\delta))-f(g(x))}{\delta} \to f'(g(x)) \cdot g'(x). \quad (B.13)\square$$

举个例子，若 $F(x) = (a+bx)^2$，则根据链式法则，可得函数 $F(\cdot)$ 对自变量 $x$ 的导数为

$$f(t) = t^2, \; g(x) = a+bx, \; \frac{\partial F}{\partial x} = \frac{\partial f}{\partial t} \cdot \frac{\partial t}{\partial x} = 2t \cdot b = 2g(x) \cdot b = 2b^2x + 2ab.$$

## B.6  随机梯度下降

梯度下降法（gradient descent）是最小化损失函数（或目标函数）常用的一种一阶优化方法，通常也被称为"最速下降法"。若要使用梯度下降法找到一个函数的局部极小值，则必须对函数上当前点对应梯度（或者是近似梯度）的反方向的规定步长距离点进行迭代搜索. 若向梯度正方向进行迭代搜索，则会接近函数的局部极大值点，这个过程被称为"梯度上升法".

下面以二维空间梯度下降法为例. 如图 B.2(a) 所示，假设实值函数 $f(\boldsymbol{x})$ 定义在平面上，其中 $\boldsymbol{x} \in \mathbb{R}^2$ 表示二维空间中的一点. 蓝色曲线表示等高线（水平集），即函数 $f$ 为常数的集合构成的曲线. 若函数 $f$ 在点 $\boldsymbol{x}_0$ 处可微且有定义，那么函数 $f$ 在 $\boldsymbol{x}_0$ 点沿其梯度相反的方向 $-f'(\boldsymbol{x}_0)$ 下降最快. 因而，若

$$\boldsymbol{x}_1 = \boldsymbol{x}_0 - \gamma f'(\boldsymbol{x}_0). \quad (B.13)$$

对于 $\gamma > 0$ 为一个足够小的数值成立，那么 $f(\boldsymbol{x}_0) \geqslant f(\boldsymbol{x}_1)$. 考虑到这一点，我们可以从函数 $f$ 的局部极小值的初始估计 $\boldsymbol{x}_0$ 出发，并考虑序列 $\boldsymbol{x}_0, \boldsymbol{x}_1, \boldsymbol{x}_2, \ldots$ 使得

$$\boldsymbol{x}_{n+1} = \boldsymbol{x}_n - \gamma_n f'(\boldsymbol{x}_n) \quad n \geqslant 0. \tag{B.14}$$

因此，可得到

$$f(\boldsymbol{x}_0) \geqslant f(\boldsymbol{x}_1) \geqslant f(\boldsymbol{x}_2) \geqslant \cdots \tag{B.15}$$

在理想情况下，序列 $f(\boldsymbol{x}_n)$ 会收敛到我们期望的极值点. 注意，在整个收敛过程中，每次迭代的步长 $\gamma$ 可以改变. 每次沿梯度下降方向移动的步骤如图 B.2(b) 所示.

在图 B.2(b) 中，红色的箭头指向该点梯度的反方向（某点处的梯度方向与通过该点的等高线垂直）. 沿着梯度下降方向，函数将最终到达"中心"，即函数 $f$ 取得最小值的对应点 $\boldsymbol{x}^*$.

在此需要指出的是，梯度下降法在每次迭代求解机器学习目标函数最优解时，需要计算所有训练集样本的梯度. 如果训练集很大，特别是在深度学习中，训练数据动辄上万甚至上百万条，那么可想而知，这种方法的效率会非常低下. 同时，由于硬件资源（GPU 显存等）的限制，这一做法在实际应用中基本不现实. 所以在深度学习中常使用随机梯度下降法来代替经典的梯度下降法更新参数和训练模型.

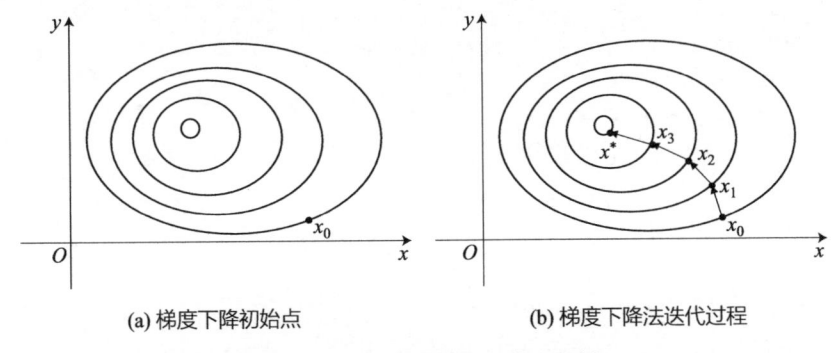

(a) 梯度下降初始点　　(b) 梯度下降法迭代过程

图 B.2　二维空间梯度下降法示例

随机梯度下降法（SGD）通过每次计算一个样本来对模型参数进行迭代更新，这样可能只需几百或者几千个样本便可得到最优解，相比于

上面提到的梯度下降法迭代一次需要全部的样本，SGD 这种方法的效率自然较高. 不过，与此同时，随机梯度下降法由于每次计算只考虑一个样本，使得它每次迭代并不一定都是模型整体最优化的方向. 如果样本噪声较多，基于随机梯度下降法的模型很容易陷入局部最优解而收敛到不理想的状态. 因此，在深度学习中，仍然需要遍历所有的训练样本，每遍历一次训练集样本，我们就称训练经过了"一轮". 只不过在深度学习中将 SGD 做了简单的改造，每次选取"一批"样本，利用这批样本上的梯度信息完成一次模型更新，每在一批数据上训练一次，我们称之为一个"batch"训练. 因此基于"批处理"数据的随机梯度下降法被称为"批处理"的 SGD. 实际上，批处理的 SGD 是在标准梯度下降法和随机梯度下降法之间的折中. 由于将 64 或 128 个训练样本作为"一批"数据，在一批样本中能获得相对单个样本更健壮的梯度信息，因此批处理的 SGD 相比经典的 SGD 更加稳定. 目前对于深度神经网络的训练，如卷积神经网络、递归神经网络等，均采用批处理随机梯度下降法.

# 附录 C
# 线性代数

在当今科学与工程领域中，矩阵及其相关概念在各种应用中起着至关重要的作用，而线性代数则是深入研究矩阵及其应用的理论基础. 线性代数涉及的概念和工具不仅适用于数学领域，也应用于许多其他领域，如计算机科学、物理学、经济学、工程学等. 本附录将探讨矩阵类型、特征值与特征向量、矩阵分解等内容. 这些概念和工具在实际应用中都具有广泛的应用价值，希望通过本附录的学习，读者能够了解线性代数的相关知识，进而更好地掌握深度学习相关的技术内容.

## C.1　线性代数与深度学习

线性代数是深度学习中必不可少的数学基础. 在深度学习中，神经网络通常用矩阵和向量表示，矩阵乘法则作为神经网络中最常用的运算之一. 深度学习涉及的许多核心概念，例如张量、矩阵、向量空间、线性变换、特征值和特征向量等，也都来自于线性代数.

线性代数在深度学习中的应用非常广泛，主要包括：数据的表示和处理，模型的设计和训练，以及模型解释和可视化等. 例如，在图像处理中，将图像转化为矩阵形式，并对矩阵进行变换和操作，可以实现图像的降维、滤波和特征提取等任务；在模型训练中，线性代数则被用于计算损失函数、求解参数更新方向和更新参数等；在模型解释和可视化中，线性代数可以帮助我们理解模型的特性，例如分析激活值、卷积核和层之间的关系等.

总之，线性代数作为深度学习的数学基础，是深度学习从理论到实践的重要组成部分. 理解线性代数的基本概念和技能，可以让我们更好地理解和应用深度学习算法.

## C.2 矩阵类型

通过对附录 A 的学习，我们了解了矩阵的基本知识. 矩阵是线性代数中的重要概念之一，是一个由数字排成的矩形阵列. 在实际应用中，我们常常需要使用不同类型的矩阵来描述不同的数学问题. 以下是几种常见的矩阵类型.

- 方阵（square matrix）：是行数和列数相等的矩阵. 例如，一个 $n \times n$ 的矩阵就是一个方阵. 方阵在很多场合下都起着重要的作用，例如，求解线性方程组和计算特征值等问题.
- 对称矩阵（symmetric matrix）：是一种特殊的方阵，它满足 $\boldsymbol{A}^\top = \boldsymbol{A}$，即矩阵的转置等于它本身. 对称矩阵在很多问题中都具有对称性，例如，在卷积层中，卷积核通常被定义为一个对称矩阵. 这是因为卷积核在提取图像特征时需要考虑图像的旋转和镜像等对称性，而对称卷积核能够更好地满足这种对称性.
- 单位矩阵（identity matrix）：是一种特殊的方阵，记作 $\boldsymbol{I}$. 在单位矩阵中，所有的对角线元素都为 1，而其他元素均为 0，在深度学习中，单位矩阵可用于初始化神经网络的权重矩阵，以提高网络的训练效果.
- 上三角矩阵（upper triangular matrix）和下三角矩阵（lower triangular matrix）：上三角矩阵的定义是指所有主对角线下方的元素都为零；而下三角矩阵则相反，所有主对角线上方的元素都为零. 上三角矩阵和下三角矩阵都具有一些重要的性质. 例如，它们的行列式等于主对角线上的元素之积. 在数值计算中，上下三角矩阵常常用于求解线性方程组和矩阵分解等问题. 其中，LU 分解就是一种基于上下三角矩阵的矩阵分解方法.
- 正定矩阵（positive definite matrix）：若一个矩阵 $\boldsymbol{A}$ 是正定矩阵，则它满足对于任意非零向量 $\boldsymbol{x}$，都有 $\boldsymbol{x}^\top \boldsymbol{A} \boldsymbol{x} > 0$. 正定矩阵在优化和信号处理等领域中有着广泛的应用.
- 稀疏矩阵（sparse matrix）：其大部分元素都是零. 与稠密矩阵相比，因其大量的零元素可以被忽略，稀疏矩阵可以更加高效地存储和计算. 稀疏矩阵在图像处理、网络分析和计算机图形学等领域中

- 有着广泛的应用.
- 奇异矩阵（singular matrix）：其行列式[1]为 0. 奇异矩阵在矩阵求逆[2]时没有逆矩阵，因为逆矩阵的行列式为原矩阵的行列式的倒数，当原矩阵的行列式为 0 时，其倒数不存在. 奇异矩阵在实际问题中也有一些应用，例如，降维算法中的主成分分析、特征值分解等.

## C.3　特征值与特征向量

特征值（eigenvalue）与特征向量（eigenvector）是矩阵理论中的一个重要概念. 给定一个 $n \times n$ 的矩阵 $A$，若存在标量 $\lambda$ 和非零向量 $x$，使得下式成立

$$Ax = \lambda x, \tag{C.1}$$

则称 $\lambda$ 为矩阵 $A$ 的一个特征值，$x$ 为对应的特征向量. 特征值与特征向量是相关联的一组概念，其中特征向量描述的是矩阵 $A$ 在变换中不变的方向，而特征值则表示这个方向上的伸缩比例.

特征值和特征向量在线性代数中有着广泛的应用，例如，可用于计算矩阵的行列式、逆矩阵、矩阵的对角化等. 在深度学习中，特征值分解也被广泛地应用于图像处理、语音识别、自然语言处理等领域，其中的应用包括降维、特征提取、数据压缩等.

## C.4　矩阵分解

矩阵分解（matrix decomposition，或 matrix factorization）是将一个矩阵分解为多个矩阵的乘积的过程. 常见的矩阵分解方法包括 LU 分解、QR 分解、奇异值分解等. 这些分解方法在求解线性方程组、求解特征值和特征向量、矩阵压缩等方面都有广泛应用.

---

[1] 行列式，记作 $\det(A)$ 或 $|A|$，是一个在方阵上计算得到的标量. 行列式可以被看作有向面积或体积的概念在一般的欧几里得空间中的推广. 行列式在线性代数中有着广泛的应用，包括求解线性方程组、计算矩阵的逆和行列式的性质等.

[2] 矩阵求逆是指对于一个方阵 $A$，找到一个矩阵 $B$，使得 $AB = BA = I$，其中 $I$ 是单位矩阵. 矩阵 $B$ 称为矩阵 $A$ 的逆矩阵，通常用 $A^{-1}$ 表示.

### C.4.1 LU 分解

LU 分解是一种常用的矩阵分解方法,它将一个矩阵分解为一个下三角矩阵和一个上三角矩阵的乘积. LU 分解的主要优点是计算量小,同时可以较快地求解线性方程组.

给定一个 $n \times n$ 的矩阵 $A$,其 LU 分解可以表示为 $A = LU$,其中,$L$ 为下三角矩阵,$U$ 为上三角矩阵. 具体地说,LU 分解的过程如下.

① 将矩阵 $A$ 的第一列做归一化处理,即首先将矩阵 $A$ 的第一列的第一个非零元素设为 1,然后将该列的其他元素都除以该元素的值.

② 对于矩阵 $A$ 的第一列以外的每一列,首先用 $A$ 中前面的列减去一个倍数的第一列,使得该列的第一行元素为 0. 然后将该列的第一个非零元素设为 1,将该列的其他元素都除以该元素的值.

③ 将 $A$ 中所有经过第①步和第②步处理后的元素放在 $L$ 中,将经过第②步处理后剩下的元素放在 $U$ 中.

在实际计算中,可以使用高斯消元法[1]来实现 LU 分解. 由于 LU 分解可以事先将系数矩阵分解为两个三角矩阵,因此,在求解多个线性方程组时,可以大大减少计算量,提高求解效率. 此外,在求解非常大的线性方程组时,使用 LU 分解可以通过并行计算加快求解速度.

[1] 高斯消元法是一种求解线性方程组的方法,它基于矩阵的初等变换,将原始的线性方程组转化为简化行阶梯形矩阵,进而求解出方程组的解.

### C.4.2 QR 分解

QR 分解是将一个矩阵分解为一个正交矩阵和一个上三角矩阵的乘积的过程,即 $A = QR$,其中 $Q$ 是一个正交矩阵,$R$ 是一个上三角矩阵. QR 分解在很多数学问题中都有重要的应用,例如,最小二乘法、特征值计算、线性方程组求解等.

QR 分解的实现方法有多种,其中一种比较常用的方法是使用 Gram-Schmidt 正交化[2]过程. 对于一个 $m \times n$ 的矩阵 $A$,Gram-Schmidt 正交化过程的步骤如下.

① 对 $A$ 的第一列做归一化处理,得到向量 $v_1$.

② 对 $A$ 的第二列减去其在 $v_1$ 方向上的投影,得到一个与 $v_1$ 正交的向量 $v_2$,然后对 $v_2$ 做归一化处理.

③ 对 $A$ 的第三列减去其在 $v_1$ 和 $v_2$ 张成的平面上的投影,得到一

[2] Gram-Schmidt 正交化是一种常用的线性代数技术,用于将一组线性无关的向量转换为一组相互正交的向量,即每两个向量之间的内积为 0. 该技术在计算机科学、物理学、工程学等领域应用广泛.

个与 $v_1$ 和 $v_2$ 正交的向量 $v_3$，然后对 $v_3$ 做归一化处理.

④重复上述过程，得到一个正交矩阵 $Q$，然后令 $R = Q^\top A$，$R$ 即为上三角矩阵.

使用 Gram-Schmidt 正交化过程求解 QR 分解的时间复杂度为 $\mathcal{O}(mn^2)$，但是在实际应用中由于矩阵的稀疏性，通常会使用更高效的算法，例如 Householder 变换[1] 和 Givens[2] 旋转等.

### C.4.3 奇异值分解

奇异值分解（Singular Value Decomposition，SVD）是一种常见的矩阵分解方法，可以将一个矩阵分解为三个矩阵的乘积，即 $A = U\Sigma V^\top$，其中 $A$ 是一个 $m \times n$ 的矩阵，$U$ 是一个 $m \times m$ 的酉矩阵[3]，$\Sigma$ 是一个 $m \times n$ 的对角矩阵，其对角线上的元素称为奇异值，按照从大到小的顺序排列，$V$ 是一个 $n \times n$ 的酉矩阵.

奇异值分解可以用于矩阵压缩、数据降维、矩阵近似和矩阵求逆等问题. 例如，可以利用奇异值分解对图像进行压缩，从而减小存储和传输开销；也可以利用奇异值分解进行数据降维，从而加快机器学习算法的运行速度.

奇异值分解的计算通常通过数值方法来实现，例如，使用迭代法或特征值分解等方法. 在实际应用中，由于奇异值通常会存在大量重复，因此可以通过截断奇异值的方式来进行矩阵近似，从而达到压缩或降维的效果.

---

[1] Householder 变换是通过将向量映射到一个正交向量空间来实现矩阵正交化的方法.

[2] Givens 旋转是通过在二维平面内旋转向量来实现矩阵正交化的方法.

[3] 酉矩阵是指复数域上的方阵，其满足矩阵乘以其共轭转置矩阵等于其逆矩阵，即 $UU^\dagger = U^\dagger U = I$，其中 $U^\dagger$ 表示 $U$ 的共轭转置矩阵，$I$ 表示单位矩阵. 酉矩阵在复数域上起到了和正交矩阵在实数域上相似的作用，被广泛地应用于量子力学、通信等领域.

# 附录 D
# 概率论

概率论是数学中一个重要的分支,广泛应用于自然科学、工程、金融、计算机科学等领域. 在深度学习领域中,概率论是一个必不可少的基础知识,对于理解深度学习模型的设计、推断和优化方法至关重要. 本附录将会介绍概率论的一些基本概念和理论,并探讨它们在深度学习中的应用. 我们将从样本空间、事件和概率的概念入手,介绍条件概率分布和贝叶斯定理,并深入探讨期望和方差等基本概念.

## D.1 概率论与深度学习

概率论是深度学习领域中的重要数学工具,它为深度学习提供了严密的数学基础和理论支持. 深度学习中的许多模型和算法都基于概率论的基本概念和定理.

首先,深度学习中的许多问题可以被视为概率推断问题. 例如,图像分类、语音识别和自然语言处理等任务都可以用概率模型来描述,其中输入数据可以被看作随机变量,分类或预测结果也可以被看作另一组随机变量. 通过建立概率模型并利用贝叶斯推断等方法,可以从数据中学习出模型参数和结构,从而实现分类、预测等目的.

其次,在深度学习中,概率论还被广泛应用于模型的正则化、不确定性估计和决策等方面. 例如,随机失活[1]是常用的深度学习正则化技术,它们基于概率论的随机性质来减少过拟合和提高泛化性能. 而贝叶斯神经网络[2]则是一类能够估计模型参数不确定性的概率模型. 此外,概率论还可以用于优化算法,如随机梯度下降法中的批处理采样.

概率论是深度学习中不可或缺的数学基础,在深度学习中的很多问题都可以用概率论来建模、分析和解决. 对于学习深度学习的读者来说,掌握概率论的基本概念和定理,对于理解深度学习的算法和应用,以及

---

[1] 相关内容参见本书 10.4 节.

[2] 贝叶斯神经网络是一种基于贝叶斯统计方法的神经网络模型. 与传统神经网络不同,贝叶斯神经网络不仅能够根据给定的输入数据输出预测结果,还可以给出每个预测结果的置信度和不确定性.

进行相关研究都非常有帮助.

## D.2 样本空间

在概率论中，我们通常关注的是一个随机试验的结果. 这个随机试验有许多可能的结果，而这些结果的集合被称为样本空间（sample space）.

例如，抛掷一枚硬币就是一个简单的随机试验. 样本空间就是硬币的两种可能面，即正面和反面，用 $\Omega$ 表示

$$\Omega = \{\text{正面}, \text{反面}\}. \tag{D.1}$$

对于一个复杂的随机试验，其样本空间可能是无限大的. 例如，掷一个骰子就有 6 种可能的结果，用 $\Omega$ 表示，即

$$\Omega = \{1, 2, 3, 4, 5, 6\}. \tag{D.2}$$

样本空间的概念是概率论中非常基础的概念，在深度学习中也常常涉及. 例如，在处理分类问题时，我们可以将每个样本的标签看作一个随机变量，它可以有多个不同的取值，这些取值构成一个样本空间.

## D.3 事件和概率

事件和概率是概率论的重要概念. 一个事件是样本空间的一个子集，概率是对该事件发生的可能性的度量.

在概率论中，事件通常用大写字母 $A$、$B$、$C$ 等来表示，而概率通常用 $P(A)$、$P(B)$、$P(C)$ 等来表示. 其中，$P(A)$ 表示事件 $A$ 发生的概率.

在确定一个事件的概率时，我们可以采用以下两种方法.

- 经典概型：当样本空间中所有事件的发生可能性相同的时候，我们可以采用经典概型来计算事件的概率. 例如，抛掷一枚均匀的硬币，

正反两面的发生概率相同，因此，正面朝上和反面朝上的概率均为 0.5.
- 统计概型：当样本空间中所有事件的发生可能性不相同的时候，我们需要采用统计概型来计算事件的概率. 例如，在掷骰子的情况下，掷出每一个点数的概率并不相同，因此我们需要进行实验来确定每个事件的发生概率.

## D.4 条件概率分布

条件概率分布（conditional probability distribution）是指在给定某个事件发生的前提下，另一个事件发生的概率分布. 具体地说，假设 $A$ 和 $B$ 是两个事件，$P(B) > 0$，则在给定 $B$ 发生的条件下，$A$ 发生的概率为 $P(A|B)$. 条件概率可以用以下公式来计算

$$P(A|B) = \frac{P(A \cap B)}{P(B)}, \tag{D.3}$$

其中，$P(A \cap B)$ 表示 $A$ 和 $B$ 同时发生的概率. 条件概率在概率论中有广泛的应用，尤其是在贝叶斯统计中.

在机器学习中，条件概率分布也是一个重要的概念. 例如，在朴素贝叶斯分类[1]中，我们需要计算给定某个类别 $c$ 的条件下某个特征向量 $\boldsymbol{x}$ 的概率分布 $P(\boldsymbol{x}|c)$. 又如，在概率图模型[2]中，条件概率分布是连接随机变量之间关系的基本元素.

## D.5 贝叶斯定理

贝叶斯定理（Bayes Theorem）是概率论中一个重要的定理，也是贝叶斯推断的核心. 该定理描述了在已知某一条件下，另一事件发生的概率.

具体地说，设 $A$ 和 $B$ 为两个事件，其中 $B$ 发生的概率 $P(B) \neq 0$. 则有

---

[1] 朴素贝叶斯（Naive Bayes）是一种基于贝叶斯定理和特征独立假设的简单机器学习分类算法. 它的基本思想是首先根据训练数据中各个特征对分类的条件概率进行学习，然后根据贝叶斯定理计算每个类别的后验概率，选择具有最高后验概率的类别作为分类结果.

[2] 概率图模型（probabilistic graphical models）是一种用图形化的方式来表达概率分布的方法. 它主要包括贝叶斯网络和马尔可夫网络两种类型. 概率图模型是机器学习和人工智能领域中广泛应用的一种工具，常用于建模和分析复杂系统中的不确定性和不完全信息.

$$P(A|B) = \frac{P(B|A)P(A)}{P(B)}, \tag{D.4}$$

其中，$P(A|B)$ 表示在事件 $B$ 已经发生的条件下，事件 $A$ 发生的概率，$P(B|A)$ 表示在事件 $A$ 已经发生的条件下，事件 $B$ 发生的概率，$P(A)$ 表示事件 $A$ 发生的先验概率，$P(B)$ 表示事件 $B$ 的先验概率.

贝叶斯定理可以用于分类、回归、聚类等许多机器学习问题. 在分类问题中，我们通常需要根据已知的训练数据计算出不同类别的先验概率和条件概率，并利用贝叶斯定理计算出后验概率，从而确定测试数据所属的类别.

## D.6　随机变量、期望和方差

### D.6.1　随机变量

随机变量（random variable）是指在随机试验中可能的结果所对应的数值变量，它的取值依赖于随机试验的结果，是一个随机的量. 随机变量可以分为离散随机变量（discrete random variable）和连续随机变量（continuous random variable）两类.

离散随机变量是只能取有限或可数的数值的随机变量，例如，投硬币的结果只有正面和反面两种情况，掷骰子的结果只有 $1 \sim 6$ 共 6 种情况. 离散随机变量的取值通常是用一个概率分布函数（probability distribution）来描述的. 具体地说，记 $X$ 为离散随机变量，有 $N$ 个有限取值 $\{x_1, \ldots, x_N\}^1$，则 $X$ 取每种可能值 $x_n$ 的概率为

$$P(X = x_n) = p(x_n), \quad \forall n \in \{1, \ldots, N\}, \tag{D.5}$$

[1]一般用大写字母表示一个随机变量，用小写字母表示该变量的某个具体取值.

其中，$p(x_1), \ldots, p(x_N)$ 称为离散随机变量 $X$ 的概率分布，并且满足

$$\sum_{n=1}^{N} p(x_n) = 1, \tag{D.6}$$

$$p(x_n) \geqslant 0, \quad \forall n \in \{1, \ldots, N\}. \tag{D.7}$$

连续随机变量是可以取任意实数值的随机变量，例如身高、体重等. 连续随机变量的概率密度函数（Probability Density Function, PDF）是一个函数，它描述了在连续随机变量取某个值附近的概率. 在实践中，我们通常使用积分来计算连续随机变量的概率，例如，概率密度函数在某个区间上的积分就是这个区间内的概率. 具体地说，记 $p(x)$ 为连续随机变量 $X$ 的概率密度函数，则 $p(x)$ 为可积函数，并且满足

$$\int_{-\infty}^{+\infty} p(x)\mathrm{d}x = 1, \tag{D.8}$$

$$\text{s.t.} \quad p(x) \geqslant 0. \tag{D.9}$$

### D.6.2 期望

期望（expectation）是统计学中的一个重要概念，用于表示随机变量的平均值或中心位置. 在概率论中，期望被定义为一个随机变量的所有可能取值乘以它们对应的概率的总和. 具体地说，对于 $N$ 个取值的离散随机变量 $X$，其概率分布为 $p(x_1), \ldots, p(x_N)$，则 $X$ 的期望定义为

$$\mathbb{E}[X] = \sum_{n=1}^{N} x_n p(x_n), \tag{D.10}$$

对于一个连续随机变量 $X$，其概率密度函数为 $p(x)$，则其期望定义为

$$\mathbb{E}[X] = \int_{-\infty}^{\infty} x p(x) \mathrm{d}x, \tag{D.11}$$

期望有很多重要的性质，例如：
- 线性性：对于任意两个随机变量 $X$ 和 $Y$，以及任意常数 $a$ 和 $b$，有 $\mathbb{E}[aX + bY] = a\mathbb{E}[X] + b\mathbb{E}[Y]$.
- 加法法则：对于任意两个随机变量 $X$ 和 $Y$，有 $\mathbb{E}[X+Y] = \mathbb{E}[X] + \mathbb{E}[Y]$.
- 乘法法则：对于任意两个随机变量 $X$ 和 $Y$，有 $\mathbb{E}[XY] = \mathbb{E}[X]\mathbb{E}[Y]$，当 $X$ 和 $Y$ 相互独立时成立.

### D.6.3 方差

随机变量 $X$ 的方差（variance）用来定义它的概率分布的离散程度，通常用 $\mathrm{Var}(X)$ 表示. 方差的计算公式为

$$\mathrm{Var}(X) = \mathbb{E}[(X - \mathbb{E}(X))^2] = \mathbb{E}(X^2) - [\mathbb{E}(X)]^2, \tag{D.12}$$

其中，$\mathbb{E}(X)$ 为随机变量 $X$ 的期望.

离散随机变量的方差公式为

$$\mathrm{Var}(X) = \sum_{n=1}^{\infty}(x_n - \mathbb{E}(X))^2 p(x_n), \tag{D.13}$$

连续随机变量的方差公式为

$$\mathrm{Var}(X) = \int_{-\infty}^{\infty}(x - \mathbb{E}(X))^2 p(x)\mathrm{d}x, \tag{D.14}$$

方差描述了随机变量的分布在均值附近的分散程度，方差越大，表示随机变量的取值越分散；方差越小，则表示随机变量的取值越集中. 在实际应用中，方差常常用来评估一个模型的性能，方差越小，表示模型的拟合程度越好，误差越小.

## D.7 常见的连续随机变量概率分布

连续随机变量在深度学习中具有重要的作用. 在深度学习模型中，往往需要对连续的输入数据进行建模，例如图像、音频、文本等. 而这些连续的数据通常可以看作某种连续随机变量的取值. 因此，对这些数据的处理需要借助概率分布和连续随机变量的知识.

此外，在深度学习中，也经常需要使用到连续随机变量的期望和方差等统计量来进行模型的优化. 例如，在训练神经网络时，常常需要计算损失函数关于模型参数的梯度，而这个梯度的计算涉及期望的计算.

因此，深度学习和连续随机变量密切相关，掌握连续随机变量和概

率分布的相关知识可以帮助我们更好地理解深度学习模型的设计和优化.下面列举了一些常见的连续随机变量的概率分布及其特点.

① 均匀分布（uniform distribution）：是一种最简单的概率分布，其概率密度函数在区间 $[a,b]$ 内的取值相等，表示在该区间内任何数值的出现概率相同. 均匀分布的概率密度函数为

$$p(x) = \begin{cases} \frac{1}{b-a}, & a \leqslant x \leqslant b, \\ 0, & \text{其他}. \end{cases} \tag{D.15}$$

② 正态分布（normal distribution）：又被称为高斯分布（Gaussian distribution），是自然界中非常普遍的一种分布. 正态分布的概率密度函数呈"钟形"曲线，并且左右对称，中心峰值位于均值处，随着数据的离散程度增加，曲线变得越来越平缓. 正态分布的概率密度函数为

$$p(x) = \frac{1}{\sigma\sqrt{2\pi}} e^{-\frac{(x-\mu)^2}{2\sigma^2}}, \tag{D.16}$$

其中，$\mu$ 表示均值，$\sigma$ 表示标准差.

③ 指数分布（exponential distribution）：是一种描述等待时间的分布，常用于描述事件的间隔时间或到达时间间隔. 指数分布的概率密度函数为

$$p(x) = \begin{cases} \lambda e^{-\lambda x}, & x \geqslant 0, \\ 0, & x < 0, \end{cases} \tag{D.17}$$

其中，$\lambda$ 表示事件发生率.